식품의 원리

식품의 원리 (『물성의 원리』 증보개정판)

제1판 제1쇄 발행 2018년 08월 07일
개정판 제1쇄 발행 2021년 08월 16일
증보판 제1쇄 발행 2025년 06월 20일

지은이 최낙언
펴낸이 임용훈

마케팅 오미경
편 집 전민호
용 지 (주)정림지류
인 쇄 올인피앤비

펴낸곳 예문당
출판등록 1978년 1월 3일 제305-1978-000001호
주소 서울시 영등포구 문래동 6가 19 문래SK V1 CENTER 603호
전화 02-2243-4333~4 | **팩스** 02-2243-4335
이메일 master@yemundang.com | **블로그** www.yemundang.com
페이스북 www.facebook.com/yemundang | **인스타그램** @yemundang

ISBN 978-89-7001-719-8 14470
      978-89-7001-645-0 (세트)

· 본사는 출판물 윤리강령을 준수합니다.
· 이 책은 저작권법에 의하여 보호를 받는 저작물이므로 무단전재와 무단복제를 금합니다.
· 파본은 구입하신 서점에서 교환해 드립니다.

그림으로 이해하는 식품의 과학
식품의 원리
How Food Works

최낙언 지음

PROLOG
모든 식품 현상은 분자에서 시작된다

　나는 1989년부터 식품회사 연구소에서 근무하면서 아이스크림 등 여러 제품 개발 업무를 했다. 그 과정에서 다른 개발자보다는 증점, 겔화, 유화, 동결 등 물성에 관련된 업무를 많이 한 편이다. 그러다 2012년부터 식품에 관한 책을 쓰기 시작했다. 여러 책을 쓰면서 정작 내가 경험한 것을 책으로 정리하지 않는 것이 계속 마음에 걸렸다. 그러나 물성에 관한 책을 쓰기는 너무나 막막했다. 물성은 식품 종류만큼 다양하고, 세상 어디에도 식품의 물성을 실전적으로 다룬 책은 없어서 어떻게 정리하면 좋을지 방향조차 잡기 힘들었다. 그렇다고 내가 경험했던 것을 나열식으로 쓰기도 싫었다. 맛처럼 주관적이고 유행에 따라 흔들리기 쉬운 주제도 최대한 모든 음식에 적용할 만한 보편적 원리 위주로 쓰려 하면서, 이보다 훨씬 객관적이고 논리적인 물성 현상을 나열식으로 쓰기는 싫었다.
　많은 사람이 음식과 맛에 관심이 있지만 '물성이 맛의 핵심이다'라는 말에 동의하는 사람은 별로 없을 것이다. '물성'이란 단어조차 모르는 사람이 대부분일 것이다. 물성은 그 자체로도 너무나 매력적이고 음식의 맛과 향에 절대적인 영향을 주는 데도 그렇다. 달걀 하나로 만들 수 있는 요리법이 수백 가지인데, 조리법에 따라 달라지는 것은 식품 성분이나 영양이 아니라 물성이다. 아무리 라면을 좋아하는 사람도 불어 터진 라면을 좋아하지 않고, 아무리 아이스크림을 좋아해도 녹아 흐르는 것을 좋아하지는 않는다. 맛이나 향기 성분이 달라진 것이 아니라 단지 물성만 변한 것인데 그렇다. 우리는 고기를 굽거나 면을 익힐 때도 식감에 집중한다. 물성이 제대로 되어야 맛도 제대로 나기 때문이다.

　이처럼 물성이 중요하지만, 원하는 대로 물성을 구현하기는 쉽지 않다. 맛 성분은 1%, 향기 성분은 0.1%, 색소도 0.01% 이하를 적절히 첨가하는 것으로 해결되는 경우가 많지만, 물성은 식품의 모든 성분에 관여하고 모든 공정 조건과 순서까지 잘 맞아야 제대로 구현되기 때문이다. 달걀을 풀어서 익히는 경우와 삶은 달걀을 물에 풀려고 하는 경우가 완전히 다른 것처럼 물성은 첨가하는 순서만 바꾸어도 결과가 완전히 달라지기도 한다.

　물성은 건축물의 구조나 뼈대와 같고, 맛과 향은 벽지나 실내장식과 비슷하다. 구조(Structure)가 있어야 맛과 향을 부여할 수 있다. 그런데 요즘은 식품회사 연구원도 신제품을 개발할 때 이미 만들어진 뼈대에 향미 정도만 바꾸는 경우가 많다. 물성의 원리를 알기 힘든 것이다. 식품의 한 분야에 오래 종사한 사람도 새로운 유형의 식품을 개발하려 할 때 어려움을 겪는 이유가 물성의 구조를 새로 익혀야 하기 때문이다. 식품 분야가 나뉘고 각각의 제조 기술이 다른 이유도 물성 때문인데, 분야별로 다양한 기술이 존재할 뿐 그 원리를 통합적으로 설명하는 책이나 교육은 없다. 그러니 새로운 식품을 배우려면 기존에 완성된 레시피와 공정을 답습하면서 체득하는 것이 거의 유일한 방법이다.

나는 이런 식품 제조 기술의 뼈대를 구성하는 물성의 원리를 체계적으로 정리하고 싶었지만, 시작조차 힘들었다. 내가 경험을 충분히 쌓은 것은 아이스크림뿐이고, 나머지 경험이라고 해봐야 유화 향료, 증점안정제, 초콜릿, 젤리, 푸딩, 음료, 두부 등에 발을 살짝 담근 정도였다. 분야별 실무적 기술서를 찾기도 힘들어 책 쓰기를 계속 미루어 왔다. 그러다 시간이 지난다고 마땅한 책이 나올 가능성도 없어 보여서 일단 시작해 보기로 했다. 먼저 식품의 98%를 차지하는 탄수화물, 단백질, 지방, 물의 특성을 오로지 분자의 관점에서 설명해 보고자 한 것이다.

이들 4가지 성분은 식품의 주성분일 뿐 아니라 생명체의 주성분이고 물성에도 주성분이다. 더구나 이들에 대한 자료는 온갖 식품 화학책에 빠지지 않고 설명되어 있을 정도로 많다. 나는 그들의 특성을 오로지 분자 구조에 나타난 특성만으로 설명해 보려 했다. 이들 성분의 특성을 분자의 크기와 형태 그리고 움직임만으로 설명할 수 있어야 다른 미지의 성분도 같은 원리로 설명할 수 있고, 그래야 식품의 모든 성분이 관여하는 물성을 원리 중심으로 설명할 수 있을 것으로 생각했다. 우여곡절 끝에 책을 마무리할 수 있었고, 그리고 나서야 『물성의 기술』을 쓸 수 있었으니 원래 목적은 충분히 달성한 셈이다. 원고를 다 쓰고 정말 후련한 마음에 마무리 글을 '숙제를 마치며'라고 썼을 정도다.

그러다 이 책을 〈맛 시리즈〉의 첫 번째로 정하는 바람에 역할이 바뀌기 시작했다. 내가 맛에 관해 처음 쓴 책은 2013년 『Flavor 맛이란 무엇인가』이다. 그 이후로 그때그때 필요에 따라 책을 쓰다 보니 내용이 중복되거나 분산되는 경우가 많아졌다. 그래서 2020년부터 5권을 골라 〈맛 시리즈〉로 정하고 각각의 역할에 맞게 다듬는 작업을 시작했다. 이 책이 첫 번째이고,

두 번째가 『물성의 기술』이다. 맛의 모든 구성 요소를 정리한 『맛의 원리』가 세 번째, 맛의 다양성을 만드는 향을 정리한 『향의 언어』가 네 번째, 그리고 맛을 감각하고 지각하는 원리를 다룬 『감각 착각 환각』이 마지막이다. 맛 하나를 설명하는 데 5권의 책이 필요할까 싶겠지만, 맛은 우리가 태어난 이후 날마다 경험한 것이라 너무 익숙한 것일 뿐, 조금만 깊이 파고들면 풀기 힘든 질문들과 마주하게 된다. 오죽하면 내가 오미(五味)에 관해 각각 따로 책을 쓰고 있을 정도다.

내가 이 책을 '맛 시리즈'의 첫 번째로 선택한 것은 맛이 감각수용체에 적합한 형태의 분자가 결합하면서 시작되는 이유도 있지만, 다른 모든 식품 현상도 분자에서 시작되기 때문이다. 우리가 왜 그 음식을 좋아하는지를 탐구하다 보면 결국 그 음식에는 어떤 성분이 있어서 감칠맛이 나고, 어떤 성분이 있어서 향이 그렇게 좋고, 어떤 성분 때문에 그렇게 부드럽고 탄력이 있는지 궁금해진다. 이런 궁금증을 해결하려면 식품을 구성하는 분자를 알아야 한다.

책 제목을 『식품의 원리』로 바꾼 이유

이 책을 맛 시리즈의 첫 번째로 정하면서 5권에 담긴 내용을 요약 정리해 '식품에 관한 생각 정리' 챕터를 추가했지만, 아쉬움이 많았다. 그러다 다른 책들의 개정 작업이 일단락되어 이번에 본격적인 개정판 작업을 하게 되었다. 『물성의 기술』이 출간되어 굳이 이 책에 넣을 필요가 없어진 부분도 있고, 그림도 고칠 것이 많았다. 이 책이 내가 처음으로 그림을 직접 그려 넣기 시작한 것이라 그만큼 서툴고, 원하는 것이 잘 표현하지 못한 것이 많았다. 그래도 이번에 그림을 대부분 새롭게 그리면서 그런 아쉬움이 많이 해소되었다.

    그리고 이번에 Part III를 추가했다. 식품에서 적은 양으로 특별한 기능을 부여하는 성분들에 대한 설명이다. 색소, 맛 성분, 향기 물질, 증점제, 유화제, 보존료, 항산화제, 비타민, 미네랄 등은 식품에 미량 들어 있는 성분인데, 이들이 어떤 원리로 적은 양으로 특별한 기능을 하는지 그 원리와 특성을 정리했다. 이들의 종류는 다양해도 각각 특정 기능을 하는 원리만 설명하면 되어서 종류에 비해 분량은 많지 않다. 이렇게 다루는 주제가 물성에서 식품의 모든 성분으로 확장되어 책 제목을 『물성의 원리』에서 『식품의 원리』로 바꾸게 되었다. 내가 식품을 공부하고 이해하는 데 도움이 되었던 모든 이론과 그림을 담을 수 있게 된 것이다.

    맛뿐 아니라 식품을 제대로 이해하려면 결국에는 분자를 알아야 한다. 맛을 느끼는 것도 감각수용체에 적합한 형태의 분자가 결합하면서 시작되며, 음식으로 역할도 식품이 분자 단위로 분해되고 흡수되면서 시작된다. 몸에 흡수된 분자는 에너지원으로 소비되거나, 다시 우리 몸을 구성하는 부품으로 재조립된다. 식품은 분자 단위로 분해되어야 활용이 되고, 그것의 가치는 내 몸의 활용에 달린 것이다. 심지어 독이나 약도 해당하는 물질이 가진 특성이 아니라 내 몸이 반응하는 특성이다. 이런 의미와 식품의 역할을 온전히 이해하려면 식품과 내 몸 둘 다 알아야 하지만, 몸은 워낙 복잡하여 공부가 쉽지 않다. 반면 식품을 구성하는 분자는 생각보다 단순하다. 그러니 분자의 특성과 한계를 제대로 알면 식품에 대한 허황한 기대나 불필요한 불안에서 벗어날 수 있다. 문제는 그동안 식품을 분자 측면에서 이해하려는 노력은 너무나 부족했다는 점이다. 그래서 분자의 기능과 내 몸의 기능을 거꾸로 말하는 경우가 너무 많았다. 그만큼 식품과 건강에 관한 지식이 혼란스럽고, 애써 공부해 봐야 시간에 따라 가치가 뒤집히는 쓸모없는 공부가 되는 경우가 많았다.

나는 식품의 분자적 특성을 있는 그대로 이해하는 능력을 키우는 것이 맛뿐 아니라 식품의 모든 현상을 가장 효과적이고 통합적으로 공부하는 방법이라고 생각한다. 식품의 모든 현상을 통째로 이해하고 싶다면 분자부터 공부하는 방법 말고는 다른 방법이 없는 것 같다. 그리고 어떤 사람은 이 방법이 가장 쉽고 빠른 공부법이 될 수 있다. 그동안 식품을 공부하고 싶어 하는 비전공자들을 많이 만났지만 마땅한 책이 없어서 아쉬울 때가 많았다. 그나마 이 책이 그런 아쉬움을 다소 달랠 수 있을 것 같다. 사실 이 책의 전작도 식품을 전공한 사람보다 비전공자에게 반응이 좋았다. 과학은 알지만, 식품은 잘 모르는 사람에게는 식품의 성분과 원리를 자연과학의 보편적인 원리로 설명한 것이 이해의 연결 고리로 작용한 것 같았다.

자기 경험을 설명할 이론이 있어야 자신감이 생긴다. 요즘 K-푸드의 인기가 갈수록 높아지고 있는데, 우리 음식을 원리로 설명할 수 있다면 훨씬 더 힘을 얻을 것이다. 이번 작업이 자기 경험을 지혜로 바꾸려 하는 분들에게 작은 도움이 되었으면 좋겠다.

2025. 4. 최낙언

PROLOG _ 모든 식품 현상은 분자에서 시작된다

Part I. 식품을 어떻게 공부하면 좋을까?

1장. 가장 쉽고 쓸모 있게 식품을 공부하는 법 014
1. 생명이 복잡하다고 식품마저 복잡할 이유는 없다
2. 단순화할수록 깊이가 생긴다
3. 식품의 핵심 성분은 네 가지뿐이다

2장. 분자 구조로 식품을 읽는 법 070
1. 크기: 분자는 1㎚(나노미터)이다
2. 운동: 분자는 초음속으로 영구운동을 한다
3. 형태: 분자 형태에 모든 정보가 들어 있다

Part II. 식품을 지배하는 4가지 원자와 분자

1장. 물은 가장 단순하면서 심오한 분자이다 120
1. 물이 있어야 생명이 있다
2. 물의 특별함은 수소결합에서 나온다
3. 수질: 무엇이 물의 품질을 달라지게 하는가?
4. 용해도를 알면 물성의 절반을 이해할 수 있다

2장. 탄수화물은 포도당의 다양한 형태이다 196
1. 달면 삼키고 쓰면 뱉어야 하는 이유
2. 전분은 우주에서 가장 거대한 분자이다
3. 셀룰로스는 지상에서 가장 풍부한 유기화합물이다

3장. 단백질은 종류만큼 기능이 다양하다 240
1. 생명의 정교함은 단백질의 정교함에서 온다
2. 생명의 역동성은 단백질의 흔들림에서 온다
3. 단백질의 다루기 까다로운 만능 소재이다
4. 단백질의 소재별 특성

4장. 지방이 가장 단순하고 안정적이다 294
1. 지방산의 특성은 길이와 꺾인 형태가 결정한다
2. 세포막으로 경계를 만들어야 생명이 시작된다
3. 제5 영양소, 이소프레노이드

Part III. 적은 양으로 식품의 특징을 바꾸는 분자들
1. 식품첨가물과 식물의 2차 대사산물의 공통점 338
2. 색소: 0.001%로 식품에 흥미를 부여하는 분자 346
3. 향 성분: 0.01%로 음식의 다양성을 만드는 분자 366
4. 맛 성분: 1%로 맛의 균형을 조절하는 분자 372
5. 보존료: 0.01%로 미생물을 억제하는 유기산 386
6. 식이섬유와 증점다당류: 1%로 식감을 바꾸는 분자 392
7. 유화제와 용매 398
8. 아미노산과 미네랄: 식물도 만들기 힘든 것 408
9. 에너지 대사, 활성산소와 항산화제 424
10. 비타민과 조효소 430

부록 _ 식품의 가시에 대한 나의 생각 정리 450

EPILOGUE _ 그림으로 이해하는 식품의 과학

PART
1

식품을 어떻게
공부하면 좋을까?

1장. 가장 쉽고 쓸모있게 식품을 공부하는 법

1. 생명이 복잡하다고 식품마저 복잡할 이유는 없다

식품은 단순하다, 내 몸의 활용이 복잡할 뿐

　내가 2013년 이후 끈질기게 답을 찾으려 노력해 본 것은 "맛이란 무엇인가?"라는 질문이었다. 합성 향료에 대한 오해를 풀기 위해 쓴 책의 제목이 『Flavor, 맛이란 무엇인가』가 되는 바람에 어쩔 수 없이 과학이 설명할 수 있는 맛의 현상을 최대한 찾아본 것이다. 그 결과를 정리한 책이 『맛의 원리』이고, 이후로도 몇 차례의 개정판 작업을 거치며 맛에 관한 생각을 가다듬어 보고 있다. 책을 쓰면서 많이 느낀 점은 "과학이 맛의 전부를 설명할 수는 없지만, 그래도 생각보다 많은 부분을 설명한다"는 것이었다.

　이번 책은 아마도 "식품이란 무엇인가?"라는 질문에 대한 답을 찾아가는 과정일 것 같다. 이 질문도 답을 찾기는 쉽지 않겠지만, 그래도 맛보다는 훨씬 쉬운 것 같다. 맛이라는 현상은 식품의 성분(화학)과 내 몸의 상호작용(생리학) 그리고 그때의 경험이 만드는 심리 작용(심리학) 등이 동시에 작동하지만, 이 질문은 식품 자체만 다루면 되기 때문이다.

식품 자체는 생각보다 단순하다. 자동차가 복잡하다고 연료까지 복잡할 필요가 없는 것처럼 내 몸이 복잡한 것이지 식품 자체가 복잡한 것은 아니다. 우리가 음식을 먹는 목적의 90% 정도는 살아가는 데 필요한 ATP(에너지)를 얻기 위함이다. 만약에 하루 2,400Cal를 탄수화물이나 단백질로 소비한다면 600g이 필요하다. 1년이면 219kg이다. 이것은 수분이 없는 분말 형태일 때 양이고, 음식물은 보통 70% 이상이 물이므로 730kg에 해당한다. 1년에 우리 몸의 절반이 새로 만들어진다고 하는데, 그러면 40kg 정도가 몸을 만드는 데 사용되는 것이고, 나머지 690kg은 물과 이산화탄소로 분해되면서 ATP를 만드는 데 소비된다. 하루에 필요한 미네랄의 총량이 10g이 안 되고, 비타민의 총량도 0.1g에 불과하니 양 측면에서 식품의 역할은 정말 간단하다.

자동차에서 매일 소비되는 연료처럼 우리 몸은 끊임없이 열량소를 보충해야 한다. 우리는 산소를 이용해 포도당 같은 열량소를 이산화탄소와 물로 완전히 분해하고, 이때 만들어지는 ATP를 생명의 배터리로 사용하며 살아간다. 과거에는 탄수화물 섭취량이 80%가 넘었으며, 지금도 그 비중이 60%가 넘는다. 탄수화물은 쌀로 먹든, 밀로 먹든, 옥수수로 먹든, 감자로 먹든 모두 전분 형태이고, 분해되면 결국 포도당이 된다. 고기를 먹었다면 20여 종의 아미노산, 지방을 먹었다면 10여 종의 지방산으로 분해하여 흡수한 후 열량소로 소비한다.

음식이 건강에 미치는 핵심적인 요인은 양이지 결코 종류가 아니다. 종류는 굶주리거나 과식하지 않고 항상 적절한 양을 섭취할 때나 따질 문제이다. 초식 동물은 탄수화물만 먹고, 육식 동물은 단백질을 먹고 살지만 외관이나 수명에는 큰 차이가 없다. 사람도 스님은 신념 때문에 고기를 멀리하고, 이누이트족은 식물이 자라기 힘든 조건 때문에 고기만 먹고 살지만, 큰 차이가 없었다. 이처럼 정반대로 먹더라도 수명이나 건강에 큰 차이가 없는 것은 자동차의 연료가 다르다고 차의 수명이나 성능이 크게 다르지 않은 것과 비슷하다.

자동차에 꾸준히 공급해야 하는 것이 부품이 아니라 연료인 것처럼 사람도 비타민, 미네랄 같은 조절소가 아니라 열량소를 꾸준히 먹어야 한다. 열량소는 분자 단위로 분해 후 흡수하여 이산화탄소와 물로 연소하는 것이라 종류는 별로 중요하지 않다. 자기 몸이 잘 소화 흡수하여 태울 수 있는 것이면 된다. 세상에는 수만 가지 요리와 식재료가 있지만 그것은 겉모습일 뿐이고 실제 구성 성분은 비슷하다. 그러니 나라마다 음식이 완전히 달라도 적당히 먹으면 제 수명을 누릴 수 있다. 그동안 수많은 장수촌과 장수 음식

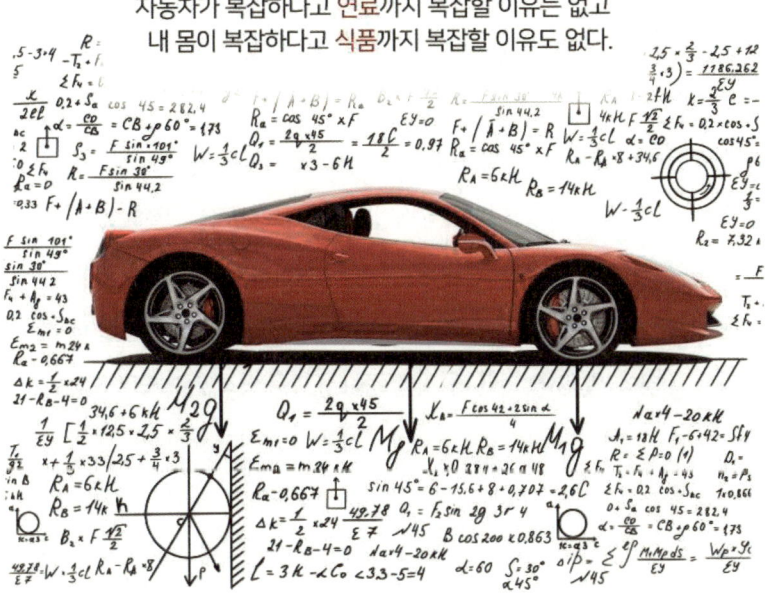

자동차가 복잡하다고 연료까지 복잡할 이유는 없고
내 몸이 복잡하다고 식품까지 복잡할 이유도 없다.

이 등장했지만 공통적인 음식은 없고, 제각각이라는 사실 자체가 종류는 중요하지 않다는 반증이다. 나는 식품은 양 문제가 80% 정도이고, 종류의 문제는 20%가 안 되는 것 같다.

음식이 복잡할 필요가 없다는 또 다른 증거는 콩팥이 망가질 때 사용하는 투석액의 성분이 너무나 단순하다는 것에서 찾을 수 있고, 병원에서 음식을 먹지 못할 때 제공하는 포도당 주사의 성분도 너무나 단순하다는 것에서도 찾을 수 있다. 사실 모든 세포는 독립된 우주이며 필요한 모든 것을 스스로 만들어 살아간다. 우리 몸의 모든 세포가 똑같은 풀세트의 유전자를 가지고 있어서 다른 세포가 하는 것은 전부 자기도 할 수 있다. 단지 다세포 생명체로 살아가기 위해 역할 분담을 하느라고 일부 기능을 꺼두었을 뿐이다. 식물은 심지어 포도당까지 직접 합성하여 자신이 필요한 모든 유기물을 스스로 만들어 살아간다. 식물이 애써 만든 열량소를 음식물 형태로 섭취하는 동물이 식물보다 자신에 필요한 물질을 합성할 여력이 부족할 이유가 없다. 음식물로 충분히 섭취하다 보니 몇 가지 기능을 잊어버린 것뿐이다.

인간의 유전자가 2만 종이 넘으니 이를 통해 합성하는 단백질의 종류가 2만 종이 넘고, 이때 만들어진 효소(단백질)를 통해 합성하는 분자 또한 수만 종이 넘는다. 그런데 고작 비타민 몇 종을 합성하지 않는다고 온갖 호들갑을 떠는 사람들이 있다. 우리 몸이 만드는 분자 중 비타민보다 소중하지 않은 분자는 무엇이 있을까? 생존에 정말 중요하고 치명적인 분자는 외부에 의존하지 않고 스스로 만드는 것이 생존의 기본 전략이다. 중요한 것은 우회경로도 있어서 그 가치가 쉽게 드러나지 않는 것뿐이다. 묵묵히 내 몸 안에서 쉬지 않고 열심히 일하는 분자를 무시하고 비타민처럼 단순한 분자를 숭배하는 것은 원시인이 자동차에 키를 꽂으면 자동차가 살아난다고 생각하여 자동차 키를 숭배하는 것만큼이나 원시적인 생각이다. 비타민은 합성할 수 없는 것이 아니고 음식을 통해 충분히 공급되기 때문에 어느 순간 합성 능력을 잃었는데 살아가는 데 아무 이상 없어서 그런 기능이 있다는 것조차 모르게 된 분자일 뿐이다.

우리 몸이 진짜로 합성할 수 없는 것은 미네랄이다. 미네랄은 원자 상태라 어떠한 생물도 합성할 수 없다. 동시에 소모성이 아니라 한번 몸에 들어오면 영원히 쓸 수 있다. 단지 이들이 우리 몸에서 빠져나가는 것을 완벽하게 차단할 수 없어서 손실되는 양을 음식을 통해 보충한다. 그래봐야 우리 몸 세포의 미네랄 조성은 식물과 큰 차이가 없고, 다른 동물 세포와도 차이가 없어서 뭐든 적당히 먹으면 해결된다. 유일하게 챙겨야 할 미네랄이 혈액 미네랄의 86%를 차지하는 소금(NaCl)이다. 식물은 피가 없으므로 흙에 아무리 나트륨이 많아도 전혀 흡수하지 않고 칼륨만 흡수한다. 그래서 채소와 과일 등 식물은 칼륨이 나트륨보다 100배 이상 많다. 정말 극심한 Na/K 불균형 상태라 초식하는 동물은 항상 소금을 갈망한다. 소금을 보충하지 않으면 이온 불균형으로 죽기 때문이다. 인간도 건강전도사의 주장처럼 채소를 많이 먹고, 물도 많이 마시고, 저염식도 강하게 실천하면 칼륨 쇼크로 언제든 심장이 멈출 수 있다. 지금은 소금이 들어간 음식이 워낙 많아 건강에 강박적으로 집착하지 않는 이상 부족할 가능성이 별로 없을 뿐이다.

식품이 복잡해 보이는 이유는 겉모습만 보기 때문이다

 이처럼 식품의 역할은 매우 단순하고, 우리가 항상 신경 써야 하는 건 음식의 양이지 종류가 아닌데 항상 주목받는 것은 특정 음식의 효능을 과장하거나 반대로 위험을 과장하는 극단적 주장들이다. 문제는 그런 효능론과 유해론은 시간에 따라 계속 바뀌어왔고 앞으로도 계속 그럴 것이라는 점이다.

 2019년에는 48년간 하루 세 끼 라면만 먹는 박병구 할아버지 이야기가 화제된 적이 있다. 할아버지가 라면만 먹게 된 것은 '장협착증'으로 음식을 제대로 먹지 못하게 된 1972년 이후이다. 수술도 했지만 음식을 먹기 힘들어 날로 기력이 쇠하던 중 "라면을 먹으면 속이 확 풀린다"라는 지인의 말을 듣고 라면을 먹어 봤는데, 정말 거짓말처럼 속이 뻥 뚫리는 시원함과 함께 포만감을 느끼고 이제 살았다는 삶의 희망을 보게 됐다고 한다. 더구나 그가 매일 먹은 것은 '안성탕면' 1종뿐이다. 처음에는 '해피라면'을 먹다가 단종되어 30년 이상을 안성탕면 한 가지만 먹고 다른 식사나 간식은 먹지 않았지만, 91세까지 노환으로 귀가 잘 안 들리는 것을 제외하고는 건강을 유지했다.

 라면 못지않게 항상 악평이 쏟아지는 음식이 햄버거다. 그런데 50년간 오직 '빅맥'만 먹고도 혈당과 콜레스테롤 모두 정상 수치를 유지하는 사람도 있다. 돈 고스키라는 이 남성은 1972년 5월 17일부터 2022년까지 총 3만 2,943개의 빅맥을 먹었는데, 그는 자신이 먹은 개수를 기록하고, 연도별 용기와 영수증까지 모았는데, 그가 50년 동안 빅맥을 먹지 않은 날은 약 8일 정도뿐이라고 한다. 눈 폭풍으로 인근 맥도날드 매장이 문을 닫았을 때와 햄버거를 먹지 않길 바랐던 어머니가 돌아가셨을 때를 제외하고 매일 빅맥을 사 먹었다.

이것 말고도 방송에는 정말 저렇게 먹고도 살 수 있나 싶을 정도로 특이하게 먹는 사람들이 많이 등장하는데, 건강 검사를 해보면 특이한 소견이 나오지 않고 앞으로는 좀 더 골고루 먹으라는 의사의 충고로 마무리하는 경우가 대부분이다. 사실 저 두 사람은 남들보다 특이하거나 좋은 몸을 가져서 라면이나 햄버거만 먹고도 버틸 수 있는 것이 아니다. 단조로운 음식의 단점을 자기 몸에 익숙한 음식이 주는 장점과 과식하지 않는 장점으로 채운 것이다. 사실 좋은 식품을 과식하는 것보다 소위 나쁘다는 음식을 소식하는 것이 건강에는 더 좋을 수 있다.

세상에는 자연 그대로의 좋은 음식을 골고루 먹으라는 충고가 넘치지만, 반려동물은 초가공식품인 사료만 먹을 때 오히려 건강하고, 갓난아이도 가공식품의 꽃인 분유만 먹고도 건강하다. 오히려 자연 그대로 파괴되지 않는 영양분을 찾다가 건강을 망친 사례는 너무나 많다. 불에 가열하는 화식만큼 원래 성분을 파괴하고 변형하는 공정도 없는데, 화식이 생식보다 안전하고 건강하다. 가공식품의 문제점으로 온갖 첨가물 타령을 하지만, 식품첨가물은 기본적으로 식물의 2차 대사산물과 같은 성분이고, 실제 우리가 날마다 섭취하는 독성 물질의 대부분은 천연 식물에서 유래한 것이다.

다행히 이번 책은 식품에 관한 이런 오해나 편견을 줄이려는 목적이 전혀 아니다. 내가 아무리 구구절절 설명한다고 한순간에 풀릴 문제도 아니다. 이번에는 단지 식품을 있는 그대로 바라보는 방법을 소개하려 한다. 분자의 크기, 형태, 움직임만으로 식품 성분의 특성을 설명해 보려 한다. 그러면 정말 많은 식품 현상이 연결되어 보일 것이다. 그만큼 식품의 역할과 내 몸의 역학을 구분할 수 있는 계기가 마련되고 혼란스러운 건강 정보에서 벗어날 수 있을 길이 보일 것이다.

특별한 효능이 있다면 그것은 음식이 아니라 내 몸이 하는 일이다

비타민 C의 기능은 무엇일까? 비타민 C의 효능에 대해서는 정말 말이 많지만, 분자의 구조나 구체적 메커니즘으로 설명하는 사람은 없다. 어떤 사람은 면역력을 높이고 피부를 좋게 하고 감기나 암도 예방할 수 있다고 말하지만, 비타민 C 분자 자체는 산화 형태로 바뀌면서 2개의 수소를 제공한다는 것 말고는 다른 어떠한 기능도 없다. 그런데 우리 몸이 이렇게 단순한 분자를 활용하여 어떻게 의미를 만드는지 그 과정에 관한 설명은 없이 갑자기 효능으로 비약하기 때문에 온갖 거짓말이 만들어지는 것이다. 이것은 식품의 다른 온갖 성분에도 마찬가지다. 보존료라고 하면 모두 뿔 달린 괴물처럼 무서워하지만, 실제 그 분자가 어떻게 생긴 것인지 아는 사람은 드물다. 여러 유기산의 분자를 그려주고 그중 어떤 것이 방부제(보존료)인지 구분하라면 전혀 못 하고, 어떻게 그 단순한 성분이 미생물의 성장을 억제할 수 있는지 기작도 모르면서 무작정 비난부터 하는 것이다.

비타민 C의 하루 권장량은 100mg(0.1g)으로 나머지 모든 비타민 필요량을 합한 양의 4배가 넘을 정도로 가장 많이 필요하다. 그리고 그 존재감을 처음 드러낸 물질이기도 하다. 중세 대항해 시대 선원에게 가장 심각한 질병은 비타민 C 결핍으로 인한 괴혈병이었다. 비타민 C가 풍부한 채소와 과일은 장기간 보관이 어려워 비스킷, 빵, 건과일, 육포 등을 주로 섭취하다 보니 비타민 C 결핍이 발생해 급격하게 쇠약해지거나 잇몸에서 피가 나고, 심할 경우 사망에 이르렀다. 영국 군의관 제임스 린드(James Lind)가 라임, 과일, 채소 등을 식단에 활용하면서 영국 선원들과 군인들이 괴혈병에서 벗어날 수 있었다. 그러다 430여 년이 지난 1912년에 구체적 성분이 밝혀지고, 1933년에는 비타민 중에서 처음으로 화학적 합성도 가능해졌다.

사실 비타민 C는 합성하기 가장 쉬운 비타민이기도 하다. 포도당에 간단한 과정을 거쳐 L-굴로노락톤(GLU)을 만들고, 여기에 한 단계만 추가하면 비타민 C가 된다. 문제는 모든 식물과 대부분의 동물이 이 마지막 단계를 촉매하는 L-굴로노락톤 산화효소(GULO)를 가지고 있는데, 인간을 포함한 극소수의 동물만 이 효소가 없다. 이 효소만 복구할 수 있다면 인류도 얼마든지 비타민을 합성할 수 있다. 인간의 2만여 개의 유전자 중 단 하나의 유전자 손상으로 일어난 일에 지나친 관심이 쏠린 것이다.

비타민 C의 1일 권장량은 나라마다 다른데, 실제 부족한 증상을 해결하는 데 필요한 양은 하루에 단지 10mg에 불과하다. 우리는 매일 1.7kg이 넘는 음식을 먹고, 이들 대부분이 분자 단위로 연소하면서 에너지(ATP)를 생

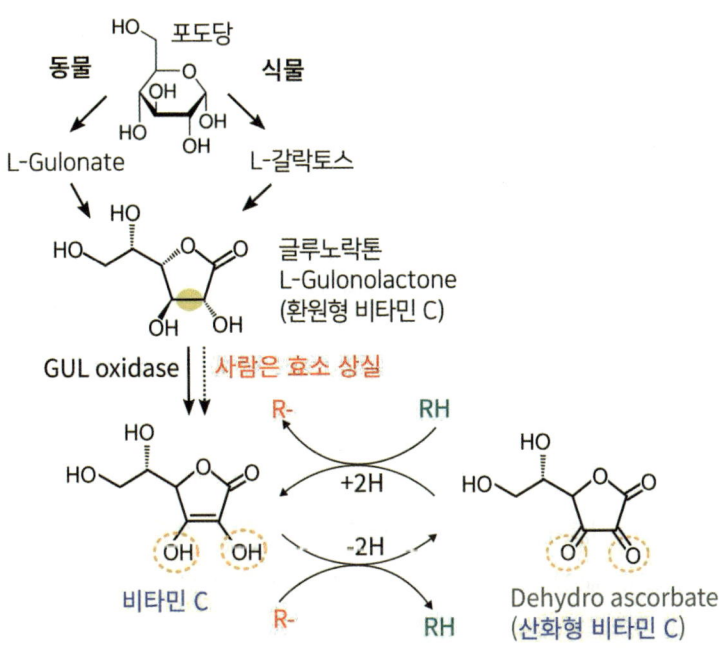

비타민 C의 합성 경로와 사람이 합성하지 못하는 이유

산하는데, 그 순간마다 생성되는 활성산소를 어떻게 하루에 0.1g도 안 되는 비타민 C가 우리 몸을 보호할 수 있는지부터 설명해야 할 것이다. 핵심은 항산화제가 아니고 항산화 시스템이다.

비타민 C는 여러 기능이 있지만 괴혈병으로 드러난 것처럼 가장 중요한 기능은 콜라겐 합성 과정에서 조효소로 쓰일 때이다. 이것에 대해서는 나중에 3장 단백질 편에서 자세히 설명하겠지만 콜라겐 합성에 필요한 요소는 정말 많다. 비타민 C는 그중 정말 극히 일부 기능이고, 흔히 말하는 비타민 C의 효능은 실제로는 대부분 콜라겐이 하는 일이다. 요즘은 콜라겐을 찬양하는데, 콜라겐을 먹으면 콜라겐이 증가한다는 생각은 뼈를 갈아 먹으면 뼈가 튼튼해진다는 주장이나 셀룰로스가 포도당으로 되어 있으니 셀룰로스를 먹으면 밥을 먹을 필요가 없다는 주장만큼이나 허망한 것이다. 문제는 그런 주장이 너무나 잘 통한다는 것이다.

나는 항상 식품이나 생물 현상은 양 순으로 공부하라고 말한다. 자연은 결코 쓸데없는 짓을 많이 해도 살아남을 수 있을 정도로 호락호락하지 않기 때문이다. 콜라겐은 우리 몸의 10만 종에 달하는 단백질 중에 30%를 차지할 정도로 압도적으로 많고, 비타민 C는 비타민 필요량의 70%를 차지할 정도로 많다. 가장 흔하고 많은 성분도 엉터리로 평가하는 것이 건강 정보이다. 이뿐 아니라 우리 몸에 가장 많이 필요한 열량소인 탄수화물을 독극물처럼 취급하고, 미네랄 중에 가장 많이 필요하고 유일하게 따로 챙겨 먹어야 하는 소금(염화나트륨)도 건강의 적으로 매도한다. 단백질(아미노산) 중에 가장 흔하고 부작용이 적은 글루탐산을 MSG라고 비난했고, 우리 몸에 가장 안전하고 효과적인 에너지 저장 수단인 지방도 가장 너저분하게 비난한다. 동물에게 가장 중요한 호르몬과 담즙산의 전구체이자 뇌의 단일 성분 중 가장 많고 중요한 콜레스테롤에 대해서는 최악의 사기극이라고 할 정도로 헛소리가 많다. 이처럼 우리 몸에 가장 많고, 중요한 성분마저 제대로 된 평가가 없는데, 다른 성분에 대해서는 또 얼마나 엉터리가 많을지 너무나 의심스러워서 나는 기존의 건강 정보를 그대로 수용할 수가 없었다.

비타민 C는 카복실기를 가진 유기산도 아닌데 특이하게도 락톤산의 구조를 가지고 수소이온을 내놓아 신맛이 난다. 락톤산의 공명구조로 수소이온을 내놓기 때문에 분자 자체가 유난히 불안정하다. 거의 모든 식물과 동물이 비타민 C를 만드는데 인간이 유독 비타민 C 결핍증을 겪은 것은 그 특유의 불안정성 때문이다. 이런 불안전성 자체가 비타민 C를 쓸모 있게 해주는 핵심 속성이고, 비타민 C만의 특이한 현상이다. 그런데도 마치 모든 비타민에 특성이 있는 것처럼 호도하여 1940년대 미국에서 벌어졌던 비타민 광풍과 가공식품에 대한 불안감의 원초를 만들었다. 사실 비타민은 어쩌다 이름만 비타민으로 묶였을 뿐 서로 아무런 관련 없는 분자이다. 단지 우리 몸이 지금은 합성하지 않아 지나치게 신비화되었을 뿐, 우리 몸이 2만 종의 유전자를 통해 만드는 다른 어떤 성분보다 기능이 뛰어나거나 특별하지는 않다.

어떻게 해야 틀리지 않는 기준을 찾을 수 있을까?

내가 식품회사에 다니다가 2008년부터 식품 공부를 다시 시작한 것은 가공식품과 첨가물에 대한 오해와 편견이 너무 많아서였다. 불량지식의 근본적인 원인은 독에 대한 두려움일 텐데, 개별적인 독성물질에 대한 자료는 많아도 독이란 무엇인지에 대한 본질적인 답변은 없었다. 이는 논문을 찾는다고 해결될 문제가 아니었다.

MSG의 안전성 논란이 한창일 때 관련 논문을 검색해 보니 MSG가 안전하다는 논문이 8,000건, 위험하다는 논문이 2,000건 정도 나왔다. 식품 이슈가 수십~수백 건인데 각각의 논문을 본다고 답이 나올 것 같지 않았고, MSG가 안전하다는 논문이 8,000건이 아니라 100만 건이 나온다 해도 소비자를 설득하는 데 전혀 도움이 안 될 것 같았다. 사실 MSG의 안전성 논란은 이미 40년 전에 시작된 것이고, 이전까지의 설명 방식으로는 아무도 속 시원히 안전성 논란을 해결하지 못했는데 기존의 방법을 답습해 봐야 무슨 소용 있겠느냐는 생각이었다.

그런데 MSG라는 분자 자체에 집중하자 문제는 너무나 단순해졌다. MSG(Mono sodium glutamate)는 문자 그대로 글루탐산 1분자와 나트륨 1분자가 결합한 것이다. 발효를 통해 만들어진 글루탐산이 물에 잘 녹도록 나트륨 한 개를 결합했을 뿐이다. 글루탐산은 20가지 아미노산 중에서도 단백질에 가장 많고, 나트륨도 미네랄 중 가장 많이 먹는다. 그리고 MSG 제조 과정에서 다른 오염물질이 발견된 적이 없으니 섭취량이 많은지 적은지만 확인하면 되는 문제이다. 내가 MSG와 관련해서 한 말 중 가장 잘 통한 것은 MSG의 독성(LD50)은 소금의 1/7이고 사용량은 1/6이니 MSG가 소금보다 40배 이상 안전하다는 말이었다. 이 간단한 문제를 40년 동안 끝내지 못하고 논란만 키운 것이다.

이후에도 가공식품과 첨가물에 관한 안정성 이슈를 닥치는 대로 확인해 봤지만, 안전에 관해 적용되는 유일한 진리는 "독과 약은 하나이고, 양이 결정한다. 물질에 따라 독이 되는 양만 다르다는 것이다"라는 것뿐이다. 물, 산소, 포도당, 비타민, 소금, 미네랄 등 어떠한 것도 필요량보다 많이 먹으면 해롭지 않은 것이 없고, 세상에서 가장 강한 독인 보톡스도 적절히 희석하면 약으로 쓸 수 있듯이 충분히 낮은 농도에서 독이 될 것은 없었다. 모두 화학이나 합성을 두려워하지만, 세상의 모든 물질은 원자로 이루어진 화학물질이다. 분자는 크기와 형태를 가지고 영구히 운동할 뿐 어떠한 의도나 의지도 없다.

문제는 "독과 약은 하나다"라는 것과 "만물이 원자로 된 화학물질이다"라는 진리를 온전히 받아들이는 사람이 별로 없다는 것이다. 이 말을 인정하는 사람도 일상의 문제가 되면 전혀 다르게 생각한다. 똑같은 물질도 천연물질이라고 하면 부작용이 발견되어도 적게 먹으면 괜찮다고 가볍게 생각하고, 첨가물이라고 하면 아무리 안전성이 증명되었다고 해도 "단 한 분자라도 해롭다", "아직 과학이 밝히지 못한 위험성이 잠재되어 지금은 안전하다 해도 축적되거나 복합작용으로 언젠가 대재앙이 될 수 있다"라는 말을 믿는다. 똑같은 면역의 부작용이지만 복숭아, 땅콩 등 천연물에 알레르기 반응이 있다면 내 몸의 문제라고 생각하고, 백신처럼 인간이 만든 것에 부작용이 있다면 백신의 문제라고 생각한다. 사람마다 백신에 반응이 다른 것은 백신마다 성분이 다른 것이 아니라 사람마다 몸이 다르고 면역체계가 달라서 인데도 그렇다.

나의 첫 번째 목표는 분자 구조로 분자의 특성을 읽는 것이었다

지금도 가공식품에 대한 비난이 많지만, 15년 전에는 가공식품이 나쁘고 모든 첨가물은 위험하다는 보도가 지금보다 100배 정도 많았다. 이슈는 너무나 다양했고, 그들의 주장을 반박하려면 절대 틀려서는 안 되었다. "가공식품이나 첨가물이 위험할 수 있다"라고 말하는 것은 100건 중의 99개가 틀리고 1개만 맞아도 대박이지만, "안전하다"라고 말하는 것은 100건 중의

1개만 틀려도 감당할 수 없는 재앙이기 때문이다. 그러니 나는 가장 먼저 식품에 관해 가장 틀리지 않는 판단 기준을 마련할 방법부터 찾아야 했다.

　식품에 대한 합리적인 평가는 논문을 찾거나 인터넷을 뒤진다고 답이 나올 것도 아니었다. 식품의 효능이나 위험을 말하는 논문은 실제로 장기간 사람에게 이중맹검 수준의 객관적인 실험을 할 수 없으니, 고작 기억에 의존한 설문조사를 통해 원하는 통계가 나오면 발표하는 식이었다. 이는 워낙 실험자의 의도와 편견이 개입한 것이라 전혀 믿을만하지 않다. 인터넷은 더하다. 비타민 C를 검색하면 0.01초 안에 수천만 건의 자료를 찾아준다. 그것이 무슨 소용이겠는가?

　그래서 나는 남들과 반대로 남들이 발견하지 못한 새로운 사실을 찾기 위해 밑으로 파는 대신 기존에 이미 밝혀진 사실로부터 그것을 연결하는 공통적인 원리와 패턴을 찾아보기로 했다. 컴퓨터처럼 생명 현상에도 그 기반이 되는 원리는 생각보다 단순할 것이고, 오랜 진화의 역사를 통해 정교하게 연결되었을 것으로 생각했다. 내가 PC를 접하고 쓰기 시작한 것은 1984년부터이다. 당시에는 용량이 65K에 불과했다. 지금의 컴퓨터는 0과 1의 디지털 기본 원리는 전혀 바뀌지 않고 용량이 커지고 속도만 빨라졌는데 점점 정교한 로직이 돌아가면서 빠르게 기능이 확장되었고, 지금은 인공지능이 구현되고 있다. 만약 지금의 속도로 10년 정도만 발전해도 컴퓨터를 처음 접한 사람은 과거 기계어나 어셈블리어로 코딩하던 단순성을 상상조차 하기 힘들 것이다.

　식품에도 근본을 이루는 단순한 원리가 있을 것이라는 나의 믿음은 여러 식품의 물성을 다룬 경험에서 나온 것이기도 하다. 맛은 상황과 사람에 따라 평가가 달라지지만, 물성은 원리도 객관적이고 평가도 객관적이다. 지방은 탄소 길이가 1개에서 24개로 길어지는 동안 분자의 특성이 선형적인 관계를 보이고, 탄수화물도 포도당에서 맥아당, 물엿, 덱스트린을 거쳐 전분이 될 때까지 일정한 경향성을 벗어나지 않는다. 특정 분자가 그 경향성을 벗어나는 경우 없이 모두 설명이 된다. 이런 분자들로 만들어지는 물성 현상도 개발자의 의도나 희망과 무관하게 분자들이 오로지 자신의 속성대로 움직인다. 불안정한 조성의 유화는 시간이 지나면 여지없이 분리가 일어나고, 경시 변화가 일어나는 재료는 시간이 지나면 여지없이 노화된다. 물성은 원리를 알면 언제든지 원리대로 똑같이 재현되었다.

『물성의 원리』가 과학으로 설명할 수 있는 맛의 현상에 대한 것이었다면, 이번 책 『식품의 원리』는 분자 구조로 설명할 수 있는 모든 식품 현상이 될 것 같다. 내가 식품을 다시 공부하려 했을 때 맨 처음 해본 것이 분자 구조로 색소의 원리를 이해하려는 것이었고, 그다음이 분자 구조로 각 중점다당류의 특성을 이해하는 것이었다. 이들이 가능해지자 나머지 온갖 식품 현상도 분자의 특성으로 해석해 봤는데, 내가 경험한 현상은 모두 설명할 수 있었다. 이런 과정에서 분자의 역할과 내 몸의 역할만 확실히 구분해도 온갖 식품에 관한 오해를 푸는 데 결정적 수단이라는 것을 확신하게 되었다.

식품은 다양한 분자의 총합일 뿐이고, 흔히 생각하는 식품의 역할은 식품 성분이 하는 것이 아니라 우리 몸이 하는 것이다. 이것은 맛의 현상만 자세히 들여다봐도 자명해진다. 우리는 맛있는 음식을 먹으면서 행복감을 느끼지만, 음식을 구성하는 성분 자체에는 맛도 향도 없다. 내 몸에 일치하는 수용체가 있으면 우연히 결합할 수 있을 뿐이다. 그런 분자를 감각할 수용체를 만드는 것도 내 몸이고, 감각한 신호를 바탕으로 맛있다는 느낌과 행복감을 만드는 것도 나의 몸과 뇌이다. 심지어 색도 없다. 식품 성분 중에

0.01%도 안 되는 빛의 파장과 공명할 수 있는 구조를 가진 분자가 빛을 흡수할 뿐이다. 빛의 흡수에 맞춰 세상을 아름답게 색칠하는 것도 나의 뇌이다. 그래서 뇌의 V4 영역이 손상되면 흑백의 세상이 된다. 독과 약도 마찬가지다. 분자 자체에는 특정 크기와 형태가 있지 내 몸을 이롭게 하거나 헤칠 의도나 기능은 전혀 없다. 우연히 우리 몸의 호르몬(조절) 수용체나 효소 등에 결합할 수 있는 형태를 가져서 부족한 자극을 보충하면 약이 되고, 과도한 자극을 부여하면 독이 될 뿐이다.

이것이 분자의 실체이지만 진정으로 받아들이기는 쉽지 않다. 소금은 자체에 짠 기운이 있고, 설탕은 자체에 단 기운이 있다고 느끼고, 약이라고 하면 분자가 선하고, 독이라고 하면 분자 자체에 독기가 있어서 내 몸에 들어오면 뭔가 칼질을 할 것만 같다. 그런데 약이나 독이 되는 분자를 다른 분자와 구조를 비교해 보면 어떠한 특별함도 없다. 그러면 특별함을 그 분자가 아니라 내 몸의 반응에서 찾아야 할 텐데, 자꾸 거꾸로 하니 항상 틀리는 것이다. 결국 그동안의 식품 공부의 문제는 분자의 현상과 내 몸의 현상을 구별하지 못한 것으로 생각한다.

- 분자의 기능과 내 몸의 기능을 구분하지 못하고 섞어서 말한다.
- 분자를 있는 그대로 보려 하지 않고 과도한 의미를 부여한다.
- 파편화된 지식을 제멋대로 짜깁기하여 비약이 심하다.
- 단순화해야 연결할 수 있는데, 오히려 군살을 덧씌우기만 한다.

2. 단순화할수록 깊이가 생긴다

단순화해야 깊이가 생긴다

 나는 식품과 관련된 건강 정보의 반대말이 물리학이라고 생각한다. 물리학은 단 하나의 방정식으로 우주의 모든 현상을 설명하겠다는 단순성의 추구로 상식으로는 도저히 이해할 수 없는 양자역학의 세계와 빛의 속도로도 수백억 년이 필요한 우주까지 흔들림 없이 일관되게 설명한다. 반면에 건강 정보는 말하는 사람마다 다르고 오늘 말 다르고 내일 말 다르다.
 식품도 최소한의 깊이를 가지려면 물리학처럼 단순성이 필요한데, 나는 이런 단순성을 위해 그나마 시도해볼 만한 것이 분자의 구조만으로 그 분자의 특성 및 역할을 이해하는 것이라고 생각했다. 하지만 이런 시도는 없어서 분자 구조식은 그저 형식적으로 그려보는 그림이었을 뿐이다. 그 누구도 분자 구조 자체로 분자의 특성을 설명하려 하지 않았다. 그 간단한 증거는 인터넷에서 글루탐산이라는 아미노산의 분자 구소를 찾아보면 된다. 인간은 패턴 찾기의 달인이다. 보여주는 훈련을 하면 아무 차이가 없는 병아리를 감별하고 위조지폐도 감식한다. 하지만 인터넷에서 글루탐산 구조식을 찾아보면 언뜻 모두 같은 분자라는 느낌이 들지 않을 정도로 제각각이다. 같은 규칙으로 그림을 그려야 그나마 유형으로 분류하고 패턴을 찾기 쉬울 텐데 그런 기본적인 시도를 한 흔적이 없는 것이다.

내가 분자의 형태 자체로 식품 현상을 최대한 해석해 보려 했던 배경에는 2005년에 향기 물질을 첨가물로 관리하려는 식약처의 요구에 대응하기 위해 3,000여 종의 분자 구조를 일일이 찾아본 경험이 있다. 향기 물질은 각 향료회사 고유의 비법으로 인정받고 워낙 소량이 사용되어 첨가물로도

인터넷에서 검색해 본 글루탐산의 분자 구조의 다양한 표현 형태

관리하지 않으며 업계의 재량에 맡겼는데, 우리나라가 세계 최초로 국가에서 관리하겠다는 바람에 전 세계의 향기 물질 리스트를 받아서 사용현황을 정리해야 했다. 워낙 이명이 많아서 분자 구조까지 찾아보면서 말이다. 그 작업을 하면서 든 생각은 세상에 그렇게 다양한 향기 물질이 있지만 그 구조는 상당히 제한적이라는 것이었다. 그래서 2009년 식품 공부를 새롭게 하면서 가장 먼저 해본 것이 색소의 분자 구조를 해석해 보는 것이었다.

흔히 식품첨가물이라고 하면 인간이 만든 전혀 새로운 화학물질로 오해하는데, 첨가물 중 합성 감미료와 합성색소 정도만 자연에 없는 분자이지 다른 분자는 출처만 다를 뿐 천연의 분자와 똑같은 것들이다. 그래서 색소가 갖추어야 할 조건이 뭐기에 천연에 첨가물로 쓰기 좋은 분자가 없을까 궁금했다. 이때 도움이 된 것은 식품 책이 아니라 색소 화학책이었다. 식품에 주로 사용하는 합성색소는 5종에 불과해서 공통점을 찾기 힘들었지만, 물감 등에 사용되는 색소는 1,000종이 넘고, 그런 색소 개발 과정에서 발견한 색의 원리가 잘 정리되어 있었다. 색소 분자의 공통성이 이해되자 내가 많이 다루어 본 증점다당류, 유화제 등에도 적용해 보았다. 그러자 많은 현상의 원리가 이해되고 여러 의문이 꼬리에 꼬리를 물고 풀려갔다. 어떠한 식품 책보다 분자 자체가 스스로 특징을 잘 설명해 주었다. 나는 고작 분자의 크기, 형태, 움직임만으로 그렇게 다양한 현상이 잘 설명이 되는 것이 놀라웠다. 굳이 실험하지 않고 논문에 의지하지 않아도 설명되는 발견의 재미가 내가 다시 식품 공부를 지속하게 해준 결정적 동력원이 되어주었다.

보는 것이 아는 것이라고 했다. 만약 식품 분자가 내 몸에 들어와서 하는 일을 직접 볼 수 있다면 그 즉시 지금의 혼란스러운 건강 정보는 모두 사라질 것이다. 문제는 분자가 내 몸에 들어왔을 때 벌어지는 일들을 직접 볼 수 없다는 점이다. 더구나 식품은 약이 아니라 개별 분자가 우리 몸에 미치는 영향이 강하지 않고, 사람에게 매일 그것만 먹일 수도 없다. 우리 몸은 시험관의 비커처럼 투입량이 그대로 결과물이 되는 것이 아니라 시간이 지나면 능동적으로 대응하기 때문에 특정 실험을 한다고 그 분자의 역할을 정확하게 파악할 수 있는 것도 아니다.

분자 현상을 직접 관찰할 수 없다면 분자의 구조식으로 그 특성을 유추하는 것이 차선책일 텐데, 나는 아직 식품 분자의 특성을 구조식으로 설명하는 것을 보지 못했다. 너무나 아쉬운 대목이다. 그래서 이번 기회에 내가 했던 분자의 특성을 파악하는 방법을 소개하려 한다. 전혀 거창하거나 특별한 방법이 아니라 식품에 등장하는 분자의 구조식을 나타난 형태별로 묶고, 크기별로 나열하여 관찰하는 것이다. 그러다 보면 일정한 패턴이 보일 것이다. 수학에서 방정식을 알면 어떤 미지의 값도 쉽게 구할 수 있듯이, 분자도 유형별로 순서대로 나열하면 특성을 예측할 수 있다. 시작인 물질과 끝인 분자를 알고, 특정 분자가 어디에 위치하는지 알아야 공부가 쉽고 간결해지고 식품을 종합적으로 파악할 기반을 마련할 수 있다. 단순한 원리를 찾지 못하면 그 복잡다단한 식품 현상을 파악할 방법이 없다. 이렇게 해야 식품의 분자도 예외적이나 특별한 분자가 없고, 혹시 어떤 분자를 먹었을 때 특별한 효능이나 독성을 보인다면 그것은 그 분자 자체의 기능이 아니라 내 몸의 기능임을 알 수 있게 된다.

전분과 셀룰로스는 똑같은 포도당으로 되어 있는데 왜 셀룰로스는 소화하기 힘든지 같은 질문에 "셀룰로스 분해효소가 없어서"라는 답변이 얼마나 어설픈 것인지도 알게 된다. 풀이나 나무는 같은 셀룰로스인데 소에게 풀 대신 나무를 먹여도 되는지를 물어보면 답하지 못할 것이다. 자연에 유전자의 수평적 이동이 얼마나 많고, 생존 투쟁이 얼마나 치열한지를 생각하면 그런 답변으로 얼버무리기 힘들 것이다. 사실 엄마 젖에 탄수화물은 왜 소화하기 쉬운 포도당이나 설탕 대신 소화하기 힘든 유당으로 되어 있는지에 대한 답만 찾으려고 해도 우리 분자의 특성을 파악하려는 노력이 얼마나 부족했는지 알 수 있게 된다.

분자 구조식으로 분자의 특성을 이해하기 시작하면 내 몸과 식품의 관계를 이해하는 데 도움이 되지만, 식품을 하는 사람에게 훨씬 직접적으로 도움이 되는 것은 물성 현상을 이해하는 것이다. 물성 현상은 개별 분자의 특성이 활용하고 극대화하는 기술이라 물성의 원리를 이해하면 할수록 분자를 이해하는 능력이 향상되고, 분자를 이해하면 할수록 물성을 다루기 쉬워진다. 이 책은 원래 『물성의 기술』을 쓰기 위한 준비 작업으로 식품의 98%를 차지하는 탄수화물, 단백질, 지방, 물의 특성을 오로지 분자의 관점에서 설명한 것이다. 그래서 『물성의 원리』라는 제목으로 출간되었는데, 분자의 관점에서 식품을 이해하는 것이 모든 식품의 가장 기본적인 원리를 이해하는 것이라 생각하여 이번에 『식품의 원리』로 제목을 바꾸고 대폭 개정·증보했다. 식품에서 물성은 생각보다 중요하고, 가장 원리적인 접근이 필요한 공부이다.

물성에는 모든 식품 성분이 논리적으로 연결된다

　몇 년 전 대체육에 관한 관심이 뜨거웠다. 식물성 재료로 만들어서 동물을 사육해 얻어지는 것보다 환경 등에 좋다는 주장이다. 하지만 환경이나 건강만 생각한다면 우리에게는 훨씬 좋은 대안이 있다. 바로 두부이다. 대체육은 첨가물과 가공 기술의 끝판왕이라고 할 수 있는 초가공식품이고, 두부는 콩에 칼슘 같은 응고제 말고는 첨가되는 것도 없다. 두부가 대체육에 비해 부족한 면은 가격이나 친환경이 아니라 식감과 맛이다. 대체육을 개발할 때 힘든 점은 고기의 향미보다 질감을 구현하는 것이다. 그러니 물성이 향보다 근본적인 기술이라 할 수 있다. 고급스러운 맛은 향보다 식감에서 오는 경우가 많다.

　이런 물성의 구현에는 원리적인 접근이 필요한데 식품 공부는 지난 50년간 별로 달라진 것 같지 않다. 요즘은 식품을 어떻게 배우는지 궁금해서 졸업생에게 pH와 산도, 약산과 강산은 어떻게 다르고, 달걀을 삶으면 왜 굳느냐고 물어보면 답변이 과거와 달라진 것이 없다.

　식품을 전공한 사람에게 달걀을 삶으면 왜 굳는지 물으면 "단백질이 변성되어서"라고 답할 것이다. 그런데 단백질의 변성이 어떤 의미인지, 도대체 어떤 상태에서 어떤 상태로 변해서 액체가 고체가 되느냐고 물으면 대부분은 대답이 궁색해질 것이다. 보통은 굳어 있는 것도 가열하면 녹고, 잘 흐르게 되는데 달걀은 왜 반대로 굳는지 물으면 그 원리를 정확히 설명하지 못한다. 달걀이 굳는 원리를 모르니 소시지, 어묵, 치즈, 두부 등도 같은 원리로 응고된다는 것을 몰라 개별적인 현상이 되어 버린다. 그러니 콩 단백질을 10년 이상 다룬 두부 전문가가 우유 단백질을 다루는 치즈 전문가가 되려면 처음부터 다시 시작해야 한다. 액체 상태의 달걀과 액체인 기름을 넣고 저을 뿐인데 왜 반고체의 마요네즈가 되고, 액체인 생크림을 마구 휘핑만 했는데 왜 고체가 되는지 원리를 모른다. 그러니 아이스크림이 형태를 유지하는 데 핵심적인 역할을 겔화제(증점다당류)가 아니라 유화제가 한다는 것을 아무리 설명해도 이해하지 못한다. 이런 원리를 모르는 사람도 통상의 마요네즈를 만들고, 아이스크림을 만드는 데는 아무 문제가 없다. 오랜 경험을 통해 완성된 처방전과 공정 조건을 따르면 잘 만들어진다. 단지 기존의 틀을 벗어나 새로운 것을 만들려고 할 때가 문제일 뿐이다.

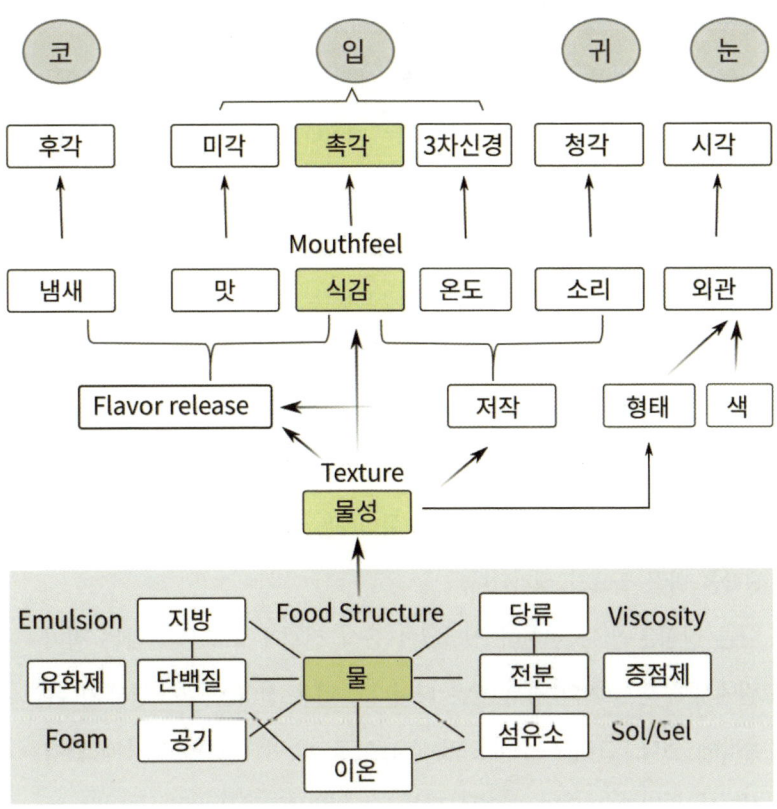

물성의 구성과 맛에 미치는 영향

물성은 원리의 탐구라 확장성이 높다

 물성은 한 번 그 원리를 알고 나면 여러 현상에 응용하기 쉽다는 것이 아주 큰 장점이다. 그동안 물성을 과학적으로 이해하고 활용하려는 노력은 찾아보기 힘들었는데, '분자요리(Molecular gastronomy)'가 과학적 접근의 시작인 것 같다. 1992년 프랑스의 화학자 에르베 디스(Herve this)가 창시한 분자요리는 조리할 때 일어나는 변화를 분자 수준에서 탐구했다. '수비드(Sous vide)' 조리법은 물성을 과학적으로 다룬 대표적인 예이다. 수비드는 재료를 비닐봉지에 넣고 진공 포장하여 낮고 일정한 온도에서 장시간 요리한다. 온도와 시간 설정에 과학적 원리가 있다. 쇠고기의 근육 단백질 중 미오신은 50℃에서 변성되고, 액틴은 65.5℃에서 변성된다. 대부분의 식중독균은 55℃에서 죽고, 맛과 향을 더해주는 메일라드 반응(갈변 반응)은 160℃ 정도에서 잘 일어난다. 이러한 과학적 사실에 기초하여 아주 부드러운 스테이크를 만들려면 미오신은 변성되면서 액틴은 변성되지 않는 50~65.5℃ 사이에서 가열하면 된다. 여기에 식중독균을 고려하면 55℃를 넘겨야 하고, 온도가 높을수록 시간을 줄일 수 있으므로 60~65℃ 사이에서 가열하면 안전하면서 아주 부드럽게 익혀진 스테이크를 만들 수 있다. 온도를 61℃로 설정하면 며칠이 지난 후에도 미디엄 레어 상태 그대로 보존된다. 시간이 지난다고 점점 더 구워지는 것이 아니라는 이야기다. 익는다는 것에 대한 생각을 바꿀 필요가 생겨난다.

 또 다른 장점은 열이 천천히 전달되어 음식 전체가 고루 익는다는 점이다. 그릴에서 구운 고기의 경우 겉은 타버리고 안은 설익는 '온도경사'가 존재할 수밖에 없다. 그러나 수비드 방식으로 조리하면 이런 온도경사 없이 고기 전체를 완벽한 미디엄 레어로 만들 수 있다. 그리고 열만 들어갈 뿐 아무것도 빠져나올 수 없기에 재료의 성분이 그대로 남게 된다. 단지 고온에서만 일어나는 갈변 반응이 없어서 특유의 맛과 향을 얻을 수 없다. 그래서 수비드로 조리한 고기를 다시 팬에 살짝 굽거나 토치로 겉을 굽기도 한다. 수비드 자체가 최고의 고기 요리법도 아니고, 모두 그런 식으로 요리해야 하는 것은 아니지만, 이 요리법이 우리에게 확실하게 알려주는 사실이 있다. 과학으로 설명할 수 있는 것은 과학으로 이해하면 불필요한 시행착오를 줄일 수 있고, 재현성도 높고, 뜻밖의 아이디어로 이어질 수도 있다는 것이다. 물성은 식품 현상 중에서 가장 과학적으로 설명할 수 있는 현상이다. 그리고 몇 가지 핵심적 원리를 이해하면 수만 가지 물성 현상을 통합적으로 이해할 수 있기도 하다.

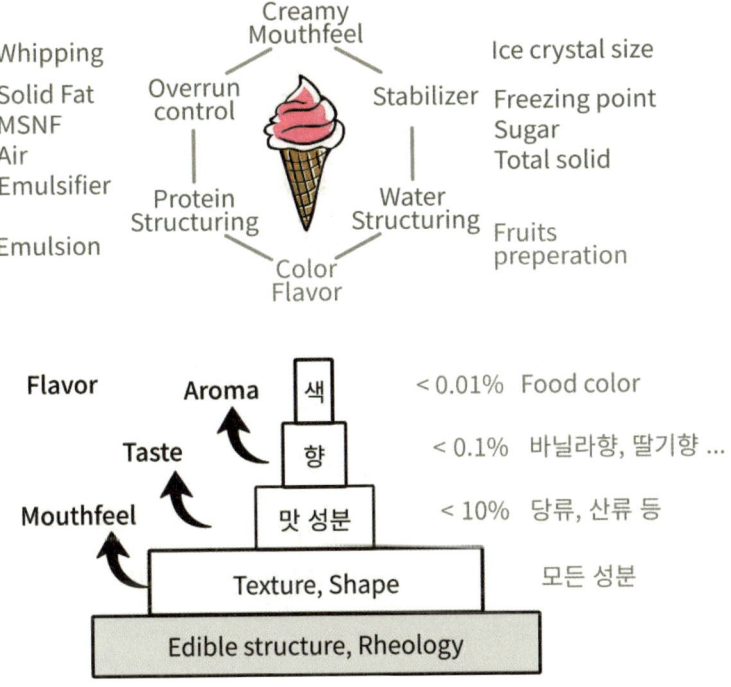

우리는 바삭바삭한 제품을 정말 좋아한다. 고기도 겉은 바삭거리고 속은 촉촉하게 물성의 대조를 이루는 것을 좋아한다. 대부분은 부드러운 것, 사르르 녹는 것을 좋아하지 딱딱하거나 질긴 것은 좋아하지 않는다. 그렇다고 물처럼 녹아 있는 것도 좋아하지 않는다. 완전히 녹은 것은 싫고 뭔가 씹히는 것이 있어야 하지만, 입안에서 씹으면 쉽게 부서지거나 사르르 녹아야 좋아한다. 나름 모순적으로 보이는 이 두 가지 욕망도 영양과 흡수 두 가지 측면에서 보면 충분한 이유가 있다. 딱딱하다는 것은 건더기에 영양이 있다는 증거이고, 녹는다는 것은 몸에서 흡수된다는 의미와 같다. 계속 고체를 유지하면 소화가 되지 않는다는 의미이므로 환영받기 힘든 반면, 입에서 잘 녹는 음식은 항상 사랑을 받았다. 그 대표적인 것이 바로 아이스크림이다.

  아이스크림의 달콤하고 풍부한 맛은 조직이 입안에서 부드럽게 사르르 녹지 않으면 그 매력이 반감된다. 아이스크림이 가진 부드러움의 비밀은 바로 바람(공기)에 있다. 부피의 절반이 공기이다. 요즘은 기술과 기계가 좋아져 쉽게 만드는 것처럼 보이지만, 일정한 비율로 공기를 넣기는 쉬운 일이 아니다. 재료와 공정 그리고 설비의 삼박자가 맞아야 가능하다. 집에서 만든 아이스크림은 맛이 떨어지고, 한번 녹은 아이스크림을 다시 부드럽게 만들기 힘든 이유가 설비와 공정의 차이다. 빵도 절반이 바람이다. 빵을 반죽하면 단백질이 풀리면서 탄력이 있는 조직이 만들어진다. 그리고 발효와 굽기를 통해 이산화탄소가 생기면서 부풀어 올라 탄력 있고 부드러운 조직이 되어 빵의 매력에 큰 몫을 한다. 이처럼 물성의 공부는 생각보다 연결되어 있어서 하나라도 제대로 알려면 모든 것을 알아야 하고, 하나를 제대로 알면 모든 것에 적용할 수 있다. 이 사실을 가장 단순하면서 복합적인 식재료인 달걀을 통해 설명해 보고자 한다.

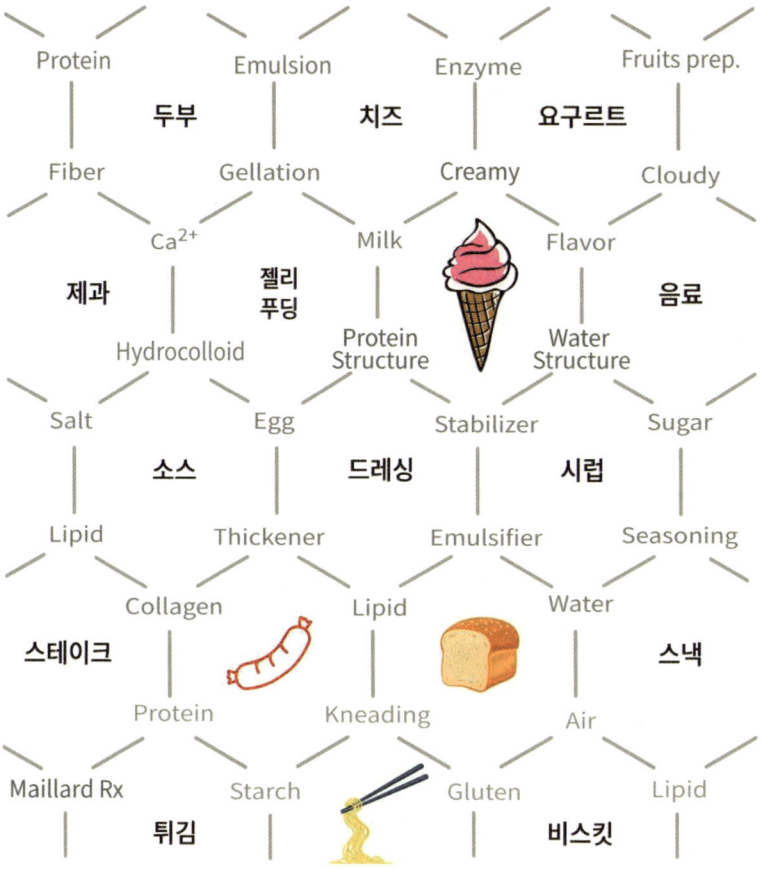

- 41 -

달걀 하나에도 식품의 모든 원리가 들어 있다

　달걀만큼 단순해보이면서 모든 것을 갖춘 식재료가 또 있을까? 단언컨대 이보다 다양한 용도로 쓰이고 유용한 식재료는 또 없을 것이다. 달걀은 특유의 색과 향이 있고, 여러 가지 물성을 부여하는 힘이 있다. 달걀의 응고성은 달걀찜, 푸딩 등에서 탱탱한 물성을 주고, 다른 물질과 결합하는 특성은 부침개나 튀김을 만들 때 결합의 역할을 하고, 콩소메나 맑은장국에서 청정제로도 사용된다. 지방이 없는 난백은 기포성이 좋아서 거품을 이용한 시폰케이크, 머랭의 기본원료가 된다. 동시에 유화력도 좋은데, 마요네즈가 대표적인 경우이다. 달걀의 유화력을 이용하면 마요네즈 말고도 다양한 소스를 만들 수 있다. 달걀만큼 저렴한 가격에 훌륭한 풍미를 부여하고 물성을 부여하는 원료는 달리 없다.

　이런 달걀이 내게 처음 특별한 의미로 다가온 것은 요리에 관한 가장 뛰어난 책의 하나로 꼽히는 해롤드 맥기가 저술한 『음식과 요리(On Food and Cooking)』를 읽으면서다. 닭은 원래 하루에 하나씩 알을 낳아 12개를 채운 뒤 품으려 하는데, 인간이 계속 달걀을 가져가 버리니 12개를 채우려고 계속 낳는다는 것이다. 그의 책은 가히 식재료의 백과사전이라고 할 만큼 온갖 식재료에 관해 잘 서명하고 있다. 그런 그의 말 중에서 내게 가장 의미심장하게 다가온 것은 그가 음식에 대한 과학적 탐험을 시작하게 된 계기가 '왜 달걀은 익으면 굳는 것일까?'에 대한 물음이었다는 사실이다. 달걀을 삶으면 굳는다는 사실은 보통 사람들이 보기에는 너무나 당연한 현상이지만, 물리학 전공자에게는 자연 현상과는 너무나 다른 행태일 수밖에 없다. 대부분의 물질은 온도가 올라가면 부드러워지거나 녹아버린다. 그런데 달걀은 반대로 굳는다. 식품을 하는 사람은 달걀을 삶으면 굳는 게 당연하다고 여길 뿐 왜 그렇게 되는지 제대로 설명할 사람은 별로 없다.

우리는 신비한 것을 당연시하고 당연한 것을 신비하게 느끼는 경우가 많다. 병아리는 액체 상태인 달걀에서 태어난다. 그나마 달걀보다 훨씬 작은 크기의 병아리가 나오면 이해가 쉬운데, 달걀을 꽉 채운 병아리가 부화하여 나온다. 외부에서 어떤 물질을 공급해 준 적도 없는데 어떻게 액체에서 뼈, 살, 발톱, 깃털이 만들어질 수 있을까? 답은 간단하다. 우리 몸의 70%가 물이고, 고형분이 30%라는 사실을 떠올리면 된다. 달걀도 70%가 물이고 30%는 건더기다. 즉 "달걀은 건더기가 무려 30%나 되는데 어떻게 액체 상태일 수 있단 말인가!"가 제대로 된 질문이지 "어떻게 작은 달걀에서 그렇게 커다란 병아리가 나오는가?"는 제대로 된 질문이 아닌 것이다.

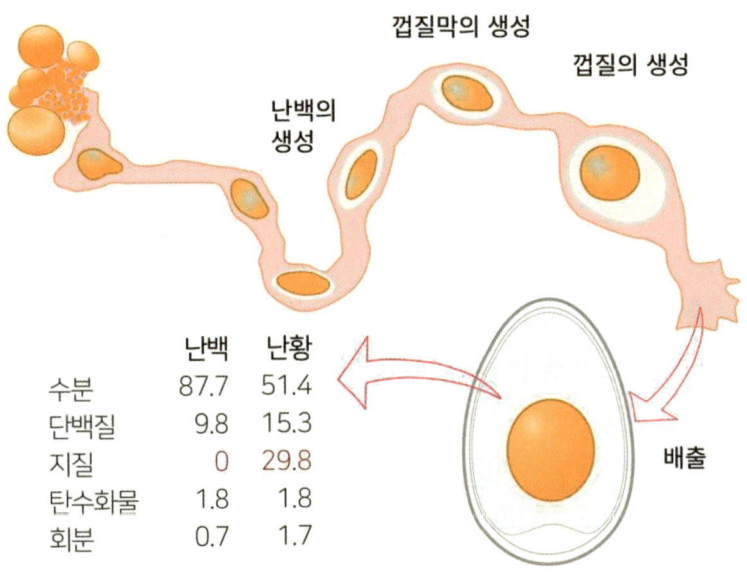

달걀의 생성 과정과 성분 조성

다양한 것은 요리법이지 식재료가 아니다

달걀흰자의 88%는 물이고, 고형분은 12%이다. 노른자는 51%가 고형분이다. 4배 이상의 차이가 나는데 겉모습이 비슷해 보이는 것은 정말 특이한 현상이다. 또한 흰자에는 지방이 없고, 노른자에는 지방이 30%나 된다. 달걀의 특성을 성분만으로 설명할 수 있다면 이 책의 목적은 충분할 것이다.

달걀 하나에도 정말 많은 요리법이 있다. 요리법이 달라지면 달걀의 성분이나 영양이 아니라 경험과 즐거움이 달라진다.

한 개의 달걀은 백몇십 원에 불과하다. 이처럼 싼 달걀이지만, 무궁무진한 요리법으로 요리사를 괴롭힌다. 주로 미국이나 영국 요리사에게 해당하지만, 간단한 아침 달걀 요리 하나에도 A4 몇 장을 채우고도 남을 요리법이 있다.

예를 들어 프라이를 보자. 뒤집지 않고 한쪽만 익히는 서니사이드업, 뒤집긴 하지만 살짝 굽는 오버이지, 완전히 익히는 오버하드 등으로 나뉜다. 영국이나 미국 고급 호텔의 아침 식사는 다른 건 몰라도 달걀만큼은 요리사가 직접 불을 때서 즉석에서 요리하는 게 원칙이다. 초보 요리사를 골탕 먹이는 스크램블드에그도 있고, 끓는 물에 예쁘게 익혀내는 수란(水卵)도 있다. 치즈 등 고명을 얹어 오븐에서 굽는 시어드에그도 있으며 반숙이나 완숙 달걀은 기본이다.

내게 감동적이었던 달걀 프라이는 뉴칼레도니아의 한 호텔에서 메이드 복을 입은 뚱뚱한 원주민 아주머니가 두꺼운 무쇠솥에 기름을 엄청나게 붓고 자글자글 끓이다가 프라이 주문이 들어오면 튀기듯이 만든 프라이다. 흰자의 겉은 바삭했지만 질기지 않았고, 노른자는 밑면에서부터 윗면까지 익힌 정도가 다 달랐다. 미디엄 웰던에서 레어까지 노른자의 층위가 만들어졌던 것이다. 노른자의 아래쪽은 살짝 씹혔고, 위쪽은 크림처럼 입안에 가득 퍼졌다. 달걀은 신이 준 선물이라는 이야기는 하나도 틀리지 않았다.

-『추억의 절반은 맛이다』 박찬일, P168~170.

SNS를 보면 간혹 오므라이스용으로 달걀을 익히는 동영상이 올라온다. 그 과정을 볼 때마다 달걀 하나로 그처럼 다양한 변신이 가능하다는 것에 놀라는 경우가 많다. 최근에는 일명 '감동란' 만드는 방법이 화제가 되기도 했다. 달걀은 맛도 매력이지만 물성 또한 매력이다. 감동란은 단순히 생달걀과 익은 달걀의 중간인 상태도 아니고, 너무 익어서 질기고 퍽퍽한 상태도 아니다. 전체적으로 수분이 많아 촉촉하면서 부드럽고, 먹으면서 목이 메지

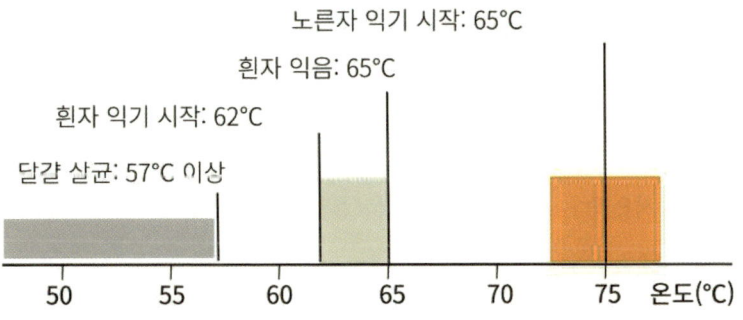

도 않는다. 몇 개는 순식간에 먹을 수 있다.

최근 '이상적인 달걀 익히는 법'이 화제가 되기도 했다. 흰자는 65℃에서 익지만, 노른자는 75℃ 이상에서 익는다. 겉에서 가열하면 흰자를 원하는 만큼 익히기는 쉽지만, 속의 노른자를 익히기 힘들다. 가열 후 겉을 식혀서 속으로 열전달을 하는 과정을 반복할 필요가 있다. 컴퓨터 시뮬레이션을 한 결과 100℃의 물에서 2분간 달걀을 익힌 다음, 30℃의 물에서 2분간 식혀서 겉을 식히고 속으로 열 전달하는 과정을 32분간 반복하면 겉과 속을 같은 정도로 익힐 수 있다. 굳이 이 방식으로 달걀을 익힐 필요는 없지만, 이상적인 요리법도 논리적 현상이라는 것 정도는 기억할 필요가 있다.

달걀은 왜 가열하면 굳을까?

달걀이 익으면 굳는 것이나 밀가루를 반죽하면 탄성이 생기는 것, 달걀흰자를 휘핑하면 거품이 생기는 것, 두부를 응고시키기 위해 콩물을 끓이는 것은 모두 같은 현상이다. 생명체 안에서 실뭉치처럼 둘둘 말아져 있던 (Folding) 단백질이 길게 풀려서(Unfolding) 서로 엉키게 되는 현상인 것이다. 효소 등 대부분 단백질은 잘 접혀서 말려져 있다. 여기에 물리력이 가해지거나 가열하는 방법 등으로 운동성이 증가하면 길게 풀어지고, 길게 풀린 단백질은 주변의 단백질이나 다른 분자들과 결합하고 엉켜서 점도가 높아지거나 단단한 겔로 굳게 된다.

워낙 간단한 설명이지만 이것이 이 책에서 가장 핵심적인 주제로 다루어질 '폴리머'의 역할이다. 이 원리는 너무나 많은 제품에 적용되고 있으며 다른 성분에도 적용된다. 이것만 제대로 이해해도 물성 현상의 많은 부분이 쉽게 풀리게 된다.

여기에 물을 움직이게 하는데 1% 정도의 폴리머면 된다는 기준을 더하면 달걀이 굳은 것이 오히려 약해 보인다. 흰자는 단백질이 10% 정도인데 그 정도의 단단함밖에 안 되느냐는 생각 말이다. 중국 둥난대 연구팀은 같은 흰자를 이용해 150배 강력한 겔을 만들기도 했다. 연구팀은 흰자만 분리해 물을 섞은 뒤 원심분리기에 돌리면서 침전물 위에 뜬 물을 걸러내고, 특별히 개발한 계면활성제를 넣고 70℃로 가열한 뒤 4℃의 물에 식혀서 흰자 겔을 만들었는데, 보통의 흰자를 익힌 것보다 강도가 무려 150배나 높았다고 한다. 이렇게 완성된 겔의 단백질 함량은 날달걀과 크게 다르지 않았다. 단백질은 12~15%였고 물이 80%였다. 연구팀은 이온성 계면활성제가 달걀 단백질을 잘 풀고 일정한 간격으로 질서정연하게 응집하도록 만들어 재료의 강도가 급격히 증가했다고 설명했다. 이 이온성 계면활성제는 효과가 너무 강력해서 식품에 연구 결과를 적용할 수는 없지만 단백질의 정교한 풀림이 얼마나 강력한 물성을 보일 수 있는지를 알려주는 좋은 사례이다.

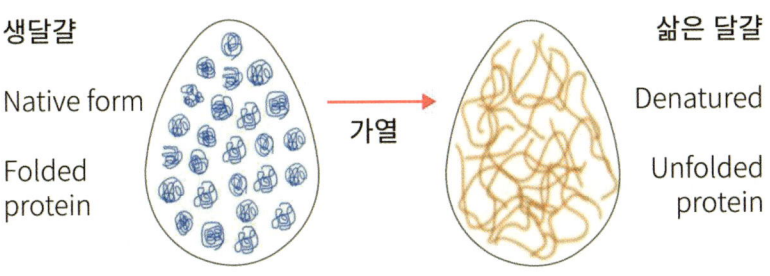

달걀의 겔화 원리

왜 머랭을 만들 때 흰자만 사용할까?

달걀흰자를 거품기로 저으면 몇 분 안에 한 컵 분량의 눈처럼 새하얀 거품을 얻게 되는데, 이 거품은 볼을 뒤집어도 떨어지지 않고 꼭 달라붙어 있을 만큼 응집력이 뛰어나다. 이런 능력 덕분에 달걀은 여러 요리, 빵 등에서 없어서는 안 될 구성 요소가 되었다.

그런데 왜 거품을 내려면 일정 시간 동안 강력히 교반해야 할까? 달걀의 단백질은 원래 개별로 둘둘 말린 상태이다. 그래서 서로 얽히지 않고 따로따로 자유롭게 움직인다. 그러다 강하게 교반하면 풀린다. 풀려서 수분을 흡수할 공간이 생겼으니, 점도가 증가하고 서로 엉키어 굳을 수 있다. 단백질은 친수성과 소수성 아미노산의 불균일한 배치로 친수성이 많은 쪽은 물 쪽으로, 소수성이 많은 쪽은 기름이나 공기 쪽으로 배치될 수 있다. 이때 기름이 있어서 기름을 감싸는 것을 유화라고 하고, 기름은 없이 공기를 감싸면 휘핑이 된다. 풀어진 단백질이 공기 등을 감싸면 액체 내에 표면적들이 더 증가하고, 표면들의 마찰력 증가에 의한 점도의 증가는 더욱 빨라진다. 점도가 증가할수록 단백질에 제대로 힘이 가해지고, 점점 빠른 속도로 단백질이 풀어진다. 휘핑 현상이 시작되는 데는 시간이 걸리지만, 일단 휘핑되면 순식간에 완성되는 이유이다. 강력한 교반은 거품을 만드는 역할을 하지만 거품이 완성된 후에는 거품을 깨는 역할도 한다. 그래서 최적점을 알고 그 순간에 교반을 멈추는 경험과 기술이 필요하다.

멋진 거품이 형성되는 것을 훼방하는 가장 큰 적은 지방이다. 단백질의 소수성 아미노산은 공기보다 기름을 좋아한다. 기름이 없어서 소수성인 공기를 감싸고 있는 것인데, 만약에 지방이 등장하면 당연히 공기 대신 지방을 감싸게 된다. 그러면 거품이 일지 않는다. 지방이 가장 효과적인 소포제 역할을 하는 것이다. 그런 의미에서 달걀노른자도 피해야 한다. 흰자에는 지방이 없지만 노른자에는 지방이 많다. 그리고 다른 종류의 유화제도 피해야 한다. 같은 표면적을 두고 유화제와 단백질이 경쟁한다. 거품의 안정성은 유화제보다 단백질이 좋은데, 유화제가 차지하는 표면적이 넓을수록 단백질은 제 역할을 하지 못해 거품의 안정성이 떨어진다. 물론 거품이 완성된 후에는 달걀노른자와 지방을 섞어주어도 문제가 없다.

이런 머랭의 원리를 알면 생크림의 휘핑과 마요네즈의 원리 그리고 아이스크림에 공기를 주입하는 원리도 알 수 있다. 그런데 달걀을 식초에 넣으면 껍데기는 녹고, 알을 탱탱하게 익을까? 달걀의 단백질은 가열이나 휘핑뿐 아니라 알칼리나 산에 의해서도 굳을 수 있다. 중국의 피단은 오리알이나 달걀을 흙, 재, 소금, 석회, 쌀겨를 섞어 만든 알칼리에 두 달 이상 담가서 만든 것이다. 그리고 강산에 의해서도 단백질이 풀려 굳을 수 있다.

달걀을 익히는 여러 방법

달걀 껍데기는 탄산칼슘으로 만들어진다

닭이 먼저일까? 알이 먼저일까? 알을 낳는 동물의 출현이 훨씬 먼저이고 닭은 진화적으로 나중에 출현해서 알을 낳는다. 벌레의 알은 키틴 등으로 되어 있고, 곤충의 알, 물고기, 양서류나 파충류 등의 알도 제각각이다. 달걀에서 수정된 생식세포는 노른자 표면에 위치하고 알부민 또는 흰자로 둘러싸여 있다. 알부민은 다시 내막과 외막으로 둘러싸여 있고, 그 바깥에 껍데기가 있다.

닭은 20시간 정도에 걸쳐 껍데기를 형성하는데 껍데기의 97% 정도는 탄산칼슘의 결정이고, 단백질 매트릭스에 의해 안정화되어 있다. 인간의 뼈도 콜라겐이라는 단백질 매트릭스에 인회석의 결정이 안정화된 구조이다. 껍데기는 손상과 미생물 오염으로부터 알을 보호하고, 건조를 방지하고, 배아 가스와 물 교환을 조절하며 배아 발생에 필요한 칼슘도 제공한다. 껍데기에 기체 교환을 허용하는 좁은 기공이 있고 큐티클은 껍질의 마지막 바깥층을 형성한다. 주성분은 탄산칼슘이고 탄산염들은 일반 유기물과 반대로 pH가 낮을수록 용해도가 급증한다. 그러니 달걀을 식초에 넣어두면 껍데기는 녹고, 알은 응고되는 것이다.

한편, 완전 영양 식품이라면 왜 쉽게 부패하지 않을까? 하는 의문이 들 수 있다. 참고로 시중에 냉장 유통되는 달걀의 유통기한은 45일이다. 달걀 흰자는 난(卵)알부민이 가장 많은 단백질이고, 다음이 난(卵)트랜스페린(Ovotransferrin), 난백점소 등이다. 흰자 단백질에는 흰자에 점성을 주는 오보뮤신(Ovomucin), 라이소자임(Lysozyme), 아비딘(Avidin) 등 여러 단백질 분자로 구성된 미생물의 증식을 막기 위해 물리적 및 생화학적 방어 시스템을 가지고 있다. 껍데기와 막은 물리적 방어를 그리고 흰자의 점성과 pH

등은 박테리아의 증식을 저해한다. 달걀흰자는 자연 방어 수단으로 여러 단백질을 가지고 있으며 이들은 박테리아 세포벽의 효소분해, 금속 및 비타민과 결합하는 방식으로 미생물을 억제한다.

라이소자임은 박테리아 세포벽 성분을 가수분해하여 세균에 대응하는데 이 물질은 식품의 자연 방부제로 사용할 정도다. 난(卵)트랜스페린은 철-결합 단백질 그룹인 트랜스페린의 일종으로 철에 가역적으로 결합하는 능력이 있다. 세균이 철분을 이용하여 증식하는 것을 막는 것이다. 아비딘은 수용성 비타민인 비오틴과 결합하는 성질이 있어 비오틴이 필요한 박테리아나 효모의 성장을 억제한다. 오보뮤신과 여기서 유도된 펩타이드는 미생물의 확산을 막는 구조와 점성을 부여하고 일부 바이러스를 억제하는 능력이 있다.

생달걀을 먹으면 세균을 죽이는 라이소자임이 내 몸에도 손상을 주지 않을까? 철분을 결핍시키는 트랜스페린이 우리 몸의 철분 흡수도 막지 않을까? 또는 아비딘이 비타민인 비오틴의 흡수를 막지 않을까? 하는 의문이 들 수도 있다. 만약에 식품첨가물에 이런 성분이 있다면 난리가 났을 텐데, 천연물이라 의문 자체가 없다.

달걀의 향은 황화수소 하나로도 충분하다

나는 분자에는 악의도 선의도 없고, 향을 구성하는 냄새 물질에 좋은 냄새를 내는 물질과 나쁜 물질은 따로 없다고 말하는데, 그 대표적인 예가 달걀 냄새의 핵심 물질인 황화수소(H_2S)일 것이다. 달걀 냄새는 매우 복잡한 성분일 것 같지만 황화수소 한 가지로도 충분히 재현할 수 있다.

사람들은 냄새가 아주 강하면 이상한 냄새가 난다고 인상을 찡그린다. 달걀 1개를 먹을 때는 아무 일이 없지만 한꺼번에 여러 개를 먹으면 입에서 불쾌한 냄새가 날 수 있다. 황화수소의 농도가 진해졌기 때문이다. 황을 포함한 냄새 물질은 워낙 강력하여 극미량으로는 특징과 매력을 부여하지만 지나치면 바로 균형을 깨는 이취로 작용한다.

심지어 과량의 황화수소는 위험성도 높다. 2018년 부산의 한 폐수처리업체에서 황화수소(H_2S)로 추정되는 물질이 누출되어 근로자 4명이 의식불명에 빠진 사건이 있었다. 황화수소는 비중이 공기보다 1.2배 무거워서 아래쪽으로 쌓이게 된다. 미량으로도 강한 향이 나며, 100ppm이 넘으면 후각신경이 마비돼 냄새를 맡을 수 없게 되고 이때부터 질식 위험이 따른다. 호흡효소와 결합력이 커서 다량이면 매우 유독하여 700ppm 이상에 노출되면 즉시 호흡정지로 사망할 수 있다. 우리 몸에서 극미량으로 2차 신경전달 기능을 하기 때문이다. 우리 몸에 미량이 필요하지만 많으면 그만큼 위험하다.

마늘을 먹으면 혈관이 넓어져 혈류량이 증가하는 것이 이런 황화수소의 작용이라고 추정한다. 황화수소가 쥐의 혈압을 떨어뜨려 고혈압을 예방한다는 연구 결과와 암 발생 위험을 낮춘다는 연구 결과도 있다. 독과 약은 양에 의해 결정되고, 악취 물질도 적절히 희석하면 매력으로 작용하며, 반대로 좋은 향기 물질도 양이 지나치면 불쾌감을 유발한다.

하나라도 제대로 알려면 결국에는 모든 것을 알아야 한다

달걀은 과거부터 귀한 음식이라 50년 전에는 특별한 날에나 먹을 수 있었다. 단백질, 지방이 풍부하여 과거 탄수화물 위주의 식사에서 동물성 단백질을 저렴하게 보충할 수 있었다. 그래서 우유와 함께 완전식품으로 찬양받기도 했다. 한편, 노른자의 지방은 LDL 콜레스테롤 그 자체라고 할 수 있다. 그래서 미국에서는 버터 등과 함께 심장병의 주범으로 몰리기도 했고, 지금도 그 여파로 식품의 포장지에 콜레스테롤 함량을 표기할 정도다. 이 콜레스테롤 논란이 얼마나 비과학적이고 어처구니없는 거짓말인지는 나중에 '지방-이소프레노이드' 편에서 다루겠지만, 콜레스테롤 1분자를 만드는데 36단계의 효소와 산소가 11분자, Acetyl-CoA가 18분자, NADPH가 18분자, ATP가 16분자 필요하다는 점과 자연은 결코 쓸데없는 짓을 많이 해도 살아남을 수 있을 정도로 호락호락하지 않다는 점을 생각하면 지금의 콜레스테롤 인식이 얼마나 잘못된 것인지 본능적으로 알 수 있게 될 것이다. 실제 달걀에서 문제가 되는 것은 단백질이 풍부하여 알레르기의 원인이 되거나 관리를 잘못하면 살모넬라에 의한 식중독 사고의 주요 원인이 될 수 있다는 것 정도에 불과하다.

결국 식품에서도 하나를 알려면 전부를 알아야 하고,
하나를 제대로 알면 모든 것을 알 수 있는 구조이다.
그만큼 제대로 된 공부법이 필요하다.

분자의 특성으로 물성을 이해하고 에너지의 흐름으로 대사를 이해하면 식품의 공부가 생명의 공부로 연결된다. 자연에는 매듭이 없다. 식품 현상이 자연의 현상과 따로 구분되는 현상이 아니다. 자연에는 경계가 없고, 자연의 모든 현상은 같은 법칙의 지배를 받는다. 생명의 바탕은 분자 현상이고, 분자에는 의도나 의지가 없다. 단지 크기, 형태, 움직임만 있다. 그들이 어떻게 움직이고 통제되는지를 이해하는 것이 생명현상 이해하는 시작이다. 자연이나 생명의 기본 법칙을 우리가 먹고 마시는 음식을 통해서 재발견해 보는 것도 나름 재미있는 도전이다.

식품은 관심이 많은 만큼 오해와 편견도 많다. 사람들은 화학적이라고 하면 무조건 피하려 하는데 만물은 원자로 된 화합물이고, 무생물인 원자와 생명인 세포 사이에는 오로지 분자만 있다. 분자는 어떠한 의도나 의지도 없이, 단지 각각의 분자가 가지고 있는 크기와 형태의 특성에 따라 잠시도 쉬지 않고 맹렬히 움직일 뿐이다. 그게 분해이자 합성이고, 용해도이자 결정화이고, 부드러움이자 단단함이고, 흐름성이자 응고성이다. 그런 물성의 하모니가 결국 생명현상의 기본이다.

그동안 식품과 생명의 대부분을 이루는 물, 탄수화물, 단백질, 지방 자체에 대한 이해 없이 무작정 단편적인 실험을 제 입맛대로 해석하여 효능과 위험을 과장해 왔다. 분자 자체가 큰지 작은지 물에 녹는지 지방에 녹는지와 같은 가장 기본적인 특성도 파악하지 않고 단편적 실험 결과로 제멋대로 해석하는 바람에 사회적 혼란과 엉뚱한 피해자를 만드는 경우가 너무나 많았다. 콜레스테롤 논란, 사카린 논란 등이 그런 사례이다. 분자를 통해 식품의 특성을 파악하는 방법이 결코 어렵거나 복잡한 것이 아닌데, 모두 시도해보지 않고 외면했을 뿐이다.

3. 식품의 핵심 성분은 네 가지뿐이다

4원자, 4분자, 4성분

나는 식품을 공부할 때 무조건 양이 많은 순서로 공부하라고 말한다. 감미료는 몇 가지나 될까? 단당류, 이당류, 당알코올 등 교과서에 수록된 수많은 감미료를 나열할 수 있지만, 실제로는 "설탕 한 가지뿐입니다"라는 대답이 오히려 정확하다. 감미료 시장의 80%를 설탕이 차지하기 때문이다. "산미료는 몇 종일까?"라는 질문 역시 "구연산 한 가지뿐입니다"라고 대답하는 것이 훨씬 정확하다. 식품에는 정말 다양한 유기산이 있지만 산미료 시장의 60%는 구연산이 차지한다. 실제 시장과 현실은 너무나 냉정하여 많이 사용하는 것은 그만큼 장점이 많다는 이야기이다. 그러니 그 장점을 확실하게 아는 것이 중요하고, 나머지는 그 한계를 이해하는 수단으로 공부하면 좋을 것이다. 가장 많이 쓰이는 것을 가장 많이 공부하고, 나머지는 어떤 경우에만 쓸모가 있는지 정도만 공부해도 충분하다.

식품이나 생명 현상에는 평범한 것이 훨씬 가치가 있다. 흔한 것이 독성이 적다. 필수 아미노산은 합성 능력이 없는 만큼 대사 능력도 떨어져 과하면 독이 되기 쉽다. 비필수 아미노산은 우리 몸이 언제든지 합성하고, 분해하여 제거한다. 그러니 훨씬 안전하고 많은 것은 그만큼 가치가 있다는 증거이다. 그래서 식품이나 생명 현상은 양 순서로 파악해야 한다고 생각한다. 자연이 쓸데없는 짓을 많이 해도 생존할 수 있을 정도로 호락호락하지 않기 때문에 많은 것에는 필연적 이유가 있다고 믿기 때문이다. 그런 측면에서 생명체나 식품에서 가장 중요한 원료는 물이다. 우리 몸도 65% 정도가 물이다. 태어날 때는 90% 정도인데 자라면서 줄어들어 그 정도만 남은 것이다. 채소는 95%가 물이고, 식물에 충분한 물을 확보하는 것보다 중요한 일은 없다. 동물도 3일 굶는 것보다 3일간 물을 못 마시는 것이 훨씬 위중한 상태를 불러온다. 물만 제대로 알아도 식품과 생명 현상의 절반은 아는 셈이다.

4가지 성분

세포 성분	식물 (%)	동물	
		평균(%)	최소(%)
물	75	66	>60
탄수화물	18	0.5	0
단백질	3	16	8
지방	0.5	13	2
미네랄	2.5	4.5	

$C_{18}H_{36}O_2$
스테아르산

4가지 분자

$C_6H_{12}O_6$
포도당

$C_5H_9O_4N$
글루탐산

물

식물에는 탄수화물이 많다. 광합성은 포도당을 만드는 과정이고, 포도당을 변형하면 과당과 설탕 등 수많은 당류가 만들어지고, 포도당을 길게 이으면 전분이나 셀룰로스 또는 식이섬유가 된다. 식물에서 물과 탄수화물을 합하면 93% 정도이니 식물은 탄수화물 생명체라 할 수 있다. 동물은 단백질이 많다. 필수적인 지방의 함량은 2% 정도에 불과하고 먹거리가 충분하여 에너지가 남으면 지방으로 비축해서 지방의 함량이 증가하지만, 생존에 그렇게 많은 지방이 필요하지는 않다. 미네랄의 양도 5% 미만이고, 뼈를 구성하는 양을 빼면 2% 미만이다.

생명체의 95%는 물, 탄수화물, 단백질, 지방이라 이것만 제대로 알면 95%를 아는 셈이다. 식품도 마찬가지이다. 이들은 식품의 물성을 좌우하는 핵심 성분이라 이들을 공부하는 것이 물성 공부이고, 물성 공부가 식품 성분의 공부라고 할 수 있다. 그래서 이 책이 식품 공부의 시작으로 적절하다고 생각한다. 분자 구조를 통해 이들 성분의 특성을 파악하는 방법을 안다면 이보다 좋은 식품 공부법도 없을 것이다.

식품을 구성하는 원소는 단순하다. 탄소(C), 수소(H), 산소(O)만 있으면 인체뿐 아니라 대부분 생명체를 구성하는 분자(중량)의 93%가 설명되고, 여기에 질소만 추가하면 96%가 설명된다. 탄소가 모든 유기화합물의 뼈대가 될 수 있는 것은 4개의 강력한 결합이 가능하기 때문이다. 탄소섬유는 가벼운 탄소가 단단한 결합을 해서 철에 비해 무게는 1/4에 불과하지만 10배의 강도, 7배의 탄성을 갖고 있다. 탄소로만 이루어진 다이아몬드가 단단하기로 유명한 것을 생각하면 쉽다.

세상은 원자로 이루어져 있고, 만물은 화학물질이다. 그중 식품은 4가지 원소로 된 분자가 96%를 차지한다. 분자는 크기와 형태를 가지고 영구히 운동하며, 식품은 그런 다양한 분자의 집합일 뿐이다. 분자에 의미를 부여하는 것은 내 몸으로 세상에 독이나 약이 되는 분자는 없고, 분자에는 선의도 악의도 없다. 그것을 독이나 약으로 받아들이는 시스템(몸)이 존재할 뿐이다. 그런데 그들은 마치 분자에 의도나 의지가 있어서 천연이 언젠가 인간을 이롭게 하고, 가공은 언젠가 인간을 위험하게 할 악의가 숨겨진 것인 양 분자에 과도한 의미를 부여한다. 그래서 그들의 말은 사람마다 달랐고, 10년을 넘기지 못하고 뒤집혔다.

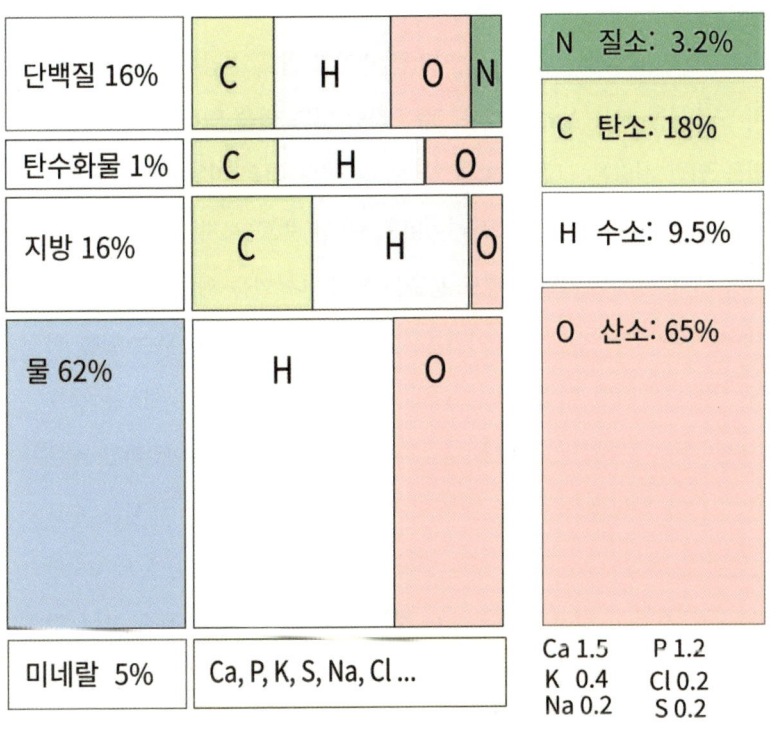

우리 몸을 구성하는 4가지 성분과 4가지 원소의 비율

세포 안의 분자 현상을 들여다볼 수 있으면 모든 문제가 해결된다

나는 식품 공부의 가장 큰 어려움이 분자 현상을 직접 볼 수 없다는 점이 아닌가 생각한다. 만약 분자의 움직임과 변화를 직접 볼 수 있으면 너무나 쉽게 이해할 수 있을 텐데, 인류는 빛의 속도로 수억 년 거리의 천체는 관측할 수 있어도 식품의 0.1mm 안에서 벌어지는 분자 현상은 관측할 수 없다. 분자는 너무 작고, 너무 많고, 너무 빨리 움직이기 때문이다. 이런 분자의 특성을 그나마 체계적 설명하는 것이 화학이고 식품에서는 식품 화학인데, 다들 '화학'이라 하면 거부감이 있어서 공부하려 하지 않는다. 식품은 다양한 분자의 총합이고, 식품의 기술은 이런 분자들이 어떻게 이합집산하고 상호작용을 하는지 이해하고 다루는 기술이다.

이것은 마치 독도법이 어렵다고 지도를 버리고 말로 설명하는 것과 같다. 분자의 구조식을 보는 눈을 키우는 것은 지도 읽는 법을 익히는 것과 같다. 독도법을 익힌 사람은 그렇지 않은 사람보다 훨씬 적은 시행착오로 원하는 곳 어디든지 갈 수 있다. 만약 드라이버를 단 한 번도 보지 못한 사람에게 드라이버는 나사를 푸는 일 외에도 문틈을 벌리거나 얼음 깨는 용도로도 쓰인다고 하면 어떨까? 실제 드라이버를 본 사람은 드라이버로 무슨 일을 하더라도 전혀 거부감이 없겠지만, 드라이버를 보지 못한 사람은 새로운 용도를 설명할 때마다 헷갈릴 것이다. 마찬가지로 설탕을 고작 감미료라고 배운 사람은 그것이 점도를 높이기도 하고, 미생물 성장을 돕거나 억제할 수도 있고, 빙점을 낮추거나 비점을 높일 수도 있는 등의 다른 기능을 말해주면 정말 헷갈릴 것이다. 구조식을 본다는 것은 실제 드라이버를 직접 보는 것과 같다. 시간이 지날수록 많은 정보를 유추해 낼 수 있고, 헷갈림이 적어지는 공부이다.

"보행자 사고의 50%가 ○○에서 일어난다. ○○은 도로의 1%도 안 된다. 다른 지역보다 50배나 사고율이 높은 것이다. 이런 사실을 확인하고 ○○을 없앴더니 이 지역의 사고율이 확연히 줄어들었다." 이 이야기를 언뜻 들으면 잘한 일처럼 보인다. 그런데 ○○이 건널목이었다면 어떨까? 누구나 말도 안 되는 엉터리라고 생각할 것이다. 보자마자 의미를 알 수 있기 때문이다. 그런데 우리 몸에 분자가 하는 일은 눈에 보이지 않는다. 그래서 식품과 건강 지식에는 건널목을 없애자는 주장이 설득력 있게 받아들여지는 경우가 많다.

한때 심장병 수술 후 부정맥 현상이 일어나 사망률이 높아지자 부정맥 현상을 없애는 약을 개발했다. 그 결과, 약을 먹은 환자의 부정맥 발생은 줄었지만, 사망자는 오히려 4만 명이 늘었다. 건강한 심장은 평소에 오히려 불규칙하게 박동하면서 여러 변화에 대응한다. 결국 부정맥이 살기 위한 마지

보행자 사고가 잦은 지역을 없애면 교통사고가 줄어들까?

막 필사의 노력이었다면 약이 이런 기회를 없애버린 것이다. 골다공증으로 위험한 노인에게 칼슘 영양제를 먹였는데 골다공증과 사망률만 증가한 경우도 있다. 칼슘을 먹는다고 저절로 뼈로 가는 것이 아니기 때문이다. 미국에서 호흡기질환 사망자 수가 가장 많은 주는 애리조나라고 한다. 그러면 애리조나 주가 살인적으로 공기가 나쁠 것이라 추정하기 쉽지만, 이곳은 오히려 미국에서 공기가 가장 좋은 주 중 하나다. 결국 호흡기 질환자가 요양 때문에 공기가 좋은 애리조나 주로 이주해 온 것이라 봐야 한다. 감기에 걸리면 열이 나고 아프다. 예전에는 감기에 해열제를 많이 사용했다. 감기 인플루엔자를 사멸시키는 것이 아니라 혈류를 줄여 면역세포와 인플루엔자의 싸움을 감소시켜 열이 덜 나고 덜 아프게 한 것이다. 치료된 것이 아니라 지연된 것이므로 면역이 제대로 생성되지 않는다. 이처럼 우리가 볼 수만 있다면 풀릴 문제가 너무나 많다. 그래서 병원도 점점 영상의학이 핵심이 되어가고 있다.

  제임스 웹 우주망원경(JWST)은 미국 항공우주국(NASA) 등이 13조 원을 투입해 개발되었다. 덕분에 135억 년 전의 우주 관측도 가능하고, 550km 거리에서 축구공을 볼 수 있는 수준이라고 한다. 이 망원경에는 테니스장 크기의 5겹 차광막이 있다. 태초의 우주를 보려면 지구에서 망원경 없이 볼 수 있는 가장 희미한 별보다도 100억 배 더 희미한 물체를 감지할 수 있어야 한다. 이를 위해 망원경 자체에서 나오는 열이 간섭을 막고 망원경을 -223℃의 극저온 상태로 유지해야 하기 때문이다. 과학이 우주를 보는 데는 이렇게 큰 노력과 성과를 보이지만, 내 눈앞의 오렌지 1mm 안에서 일어나는 분자 현상을 들여다볼 방법이 없다. 볼 수 있다면 모든 것이 바뀔 텐데, 너무나 아쉽다.

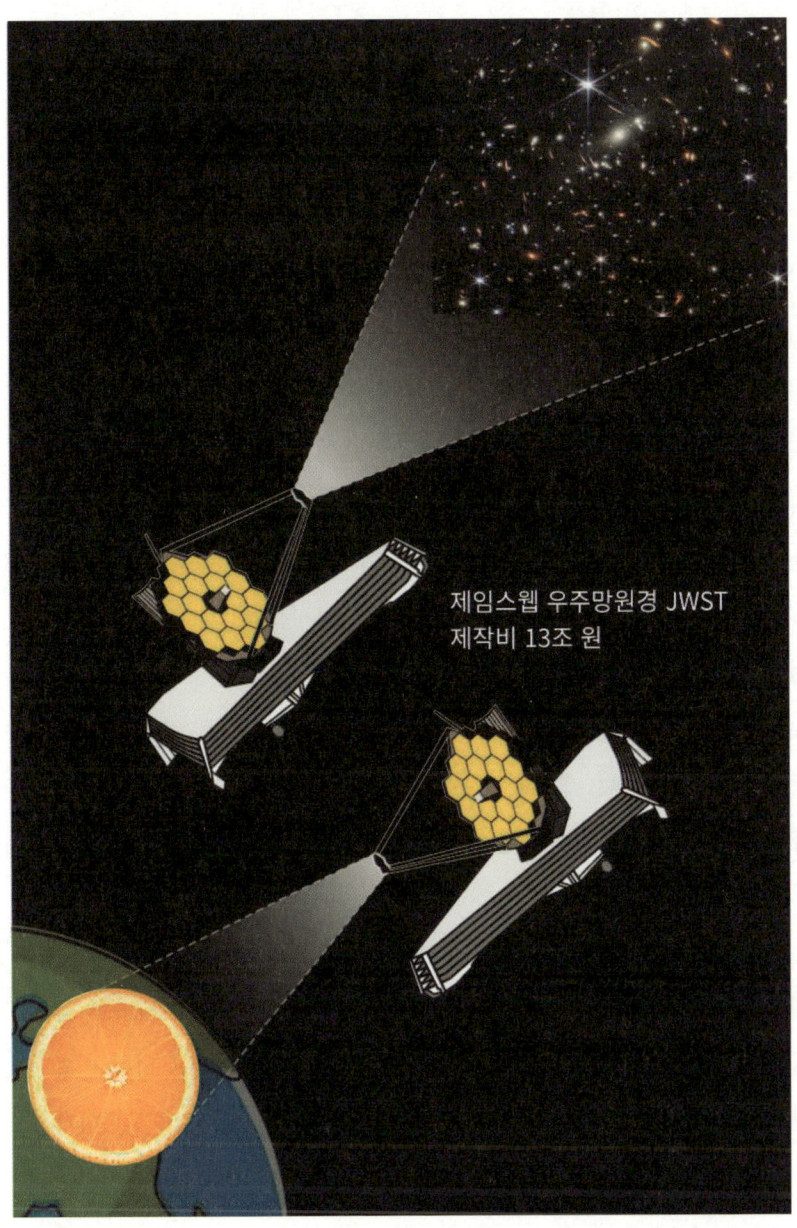

나는 어쩌다 보니 남들과 반대 방향으로 공부하게 되었다. 학계 등이 사안을 세분화하여 새로운 것, 특별한 것을 찾아 아래로 깊이 파는 것에 몰두할 때 나는 반대로 양이 많고, 흔하고 평범한 것 즉, 식품에 가장 많은 것의 의미를 탐구하게 되었다. 우리 몸은 왜 하필 20가지 아미노산 중에 글루탐산을 감칠맛으로 느끼는지 이해하기 위해 글루탐산의 온갖 기능을 탐구하다가 『내 몸의 만능 일꾼 글루탐산』을 쓰면서 어설픈 과학보다 진화의 역경을 견딘 내 몸이 훨씬 합리적이고 현명하다는 사실만 재확인했다. 그 책을 쓰면서 식품과 건강에 대해 떠들어 대는 사람에게 만약 신이 당신에게 딱 한 가지 분자를 필요한 만큼 몸 안에 저절로 만들어지게 하는 기적을 선물해 준다면 어떤 분자를 선택할지 명쾌하게 정할 수 있는지 묻고 싶었다. 그렇게 좋은 기회를 제대로 살릴 정도로 종합적인 가치 판단 능력을 갖춘 사람이 있는 것 같지는 않다. 그랬다면 지금처럼 건강 정보가 뒤죽박죽이고 쓸모없지 않을 것이다.

나는 세상에서 가장 확실한 공부가 직접 해보는 것이라 생각한다. 식품의 성분에 대해 뭐가 좋니 나쁘니 하는 사람에게 단 한 번이라도 세포 하나를 설계해 보라고 하고 싶다. 세포의 크기는 얼마로 정하고, 몇 개의 분자가 필요하고, 살짝 꼬집어도 붕괴하지 않고 버티는 구조를 만들려면 어떻게 해야 하는지 고민하다 보면 기존의 지식이 얼마나 부분적이고, 파편화된 것인지 알게 된다. 제대로 된 기준과 관점이 있어야 개별적인 지식이 제자리를 찾아가 연결되고 쌓여서 힘이 되고 의미가 될 텐데, 지금의 지식은 너무나 제각각이고 쓸데없는 덕지덕지 붙어있어 온전한 형태를 볼 수 없다. 군더더기는 사라져야 실체가 보이고 제짝을 찾아 결합이 일어날 텐데, 군살을 덜어내기는커녕 누더기로 덧칠만 하고 있다.

사실 나는 건강에 관한 단편적인 실험 결과를 전혀 참고하지 않는다. 학계에서는 사안을 파편화하여 새로운 사실을 밝히는 논문에 집착하지, 전체적인 의미를 파악하려는 노력은 하지 않기 때문이다. 그러니 MSG 논란뿐 아니라 채식(비건)과 육식(저탄고지)처럼 정반대의 음식을 가지고 싸울 때도 명쾌히 판정할 능력이 없다. 가장 단순한 성분인 물도 몸에 가장 이상적인 물이 뭔지, 가장 맛있는 물이 뭔지 기준을 세울 능력도 없으면서 식품에 관한 온갖 효능과 선악 타령만 한다. 그러니 나는 그런 정보에 신경 쓰느니 차라리 분자라도 조금 더 제대로 아는 것이 훨씬 좋다고 생각한다.

다음에 등장하는 두 개의 그림은 내가 식품 분자의 특성과 식품의 역할을 최대한 단순화하여 각각 요약해 본 것이다. 아직 덜 완성되고 특별한 것도 아니지만 이 책을 끝까지 읽고 다시 돌아봤을 때, 가장 단순화된 원리를 가지고 모든 식품 현상을 해석해 보려는 나의 시도가 전혀 의미 없는 것은 아니라고 느껴진다면 나에게는 대성공이라고 생각한다. 단순화하려는 시도가 없으면 깊이가 생기기 힘든데, 식품과 건강 정보는 그동안 단순화하려는 시도가 없었던 바람에 전혀 깊이가 없어서 외부의 사소한 바람에도 통째로 흔들린다고 생각하기 때문이다.

식품 분자의 특성을 한 장으로 그린다면

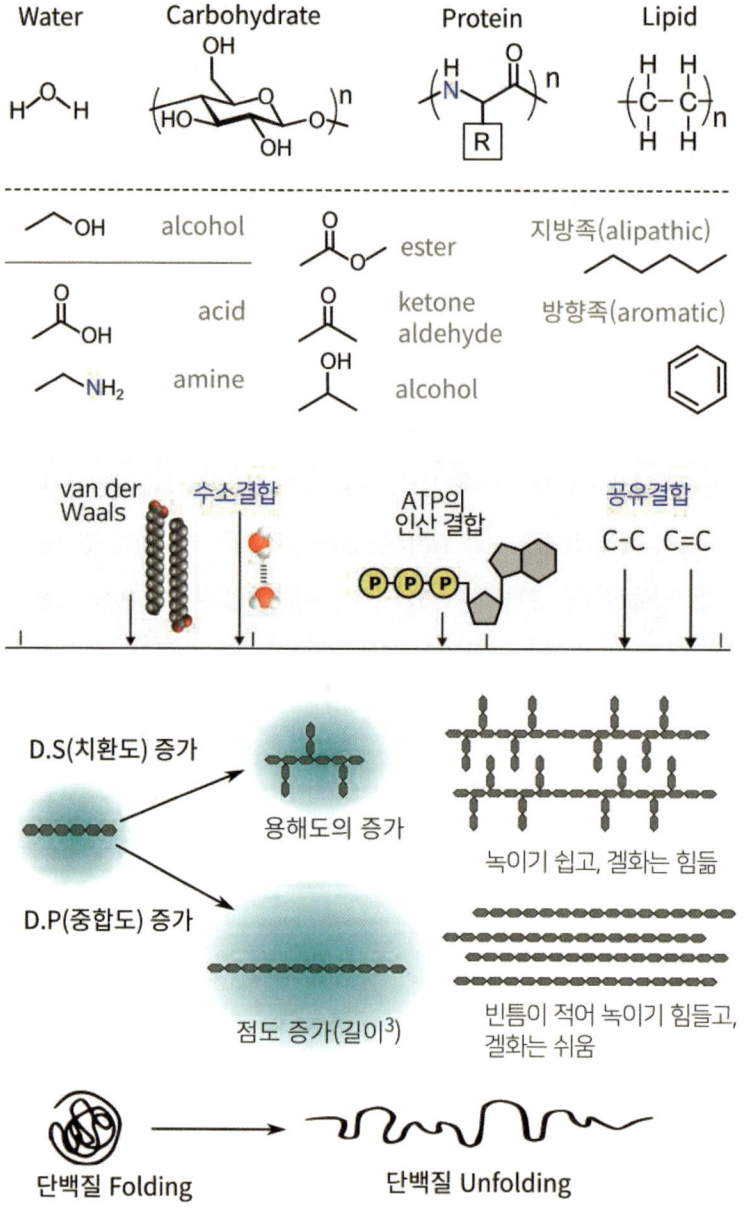

식품의 역할을 한 장으로 그린다면

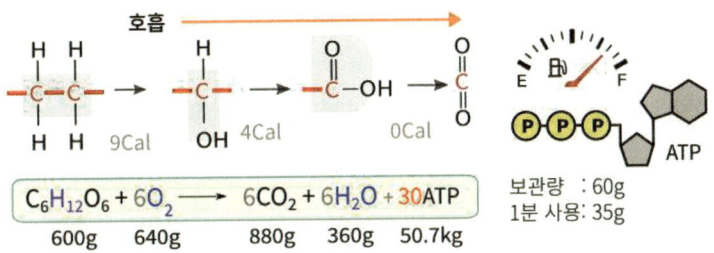

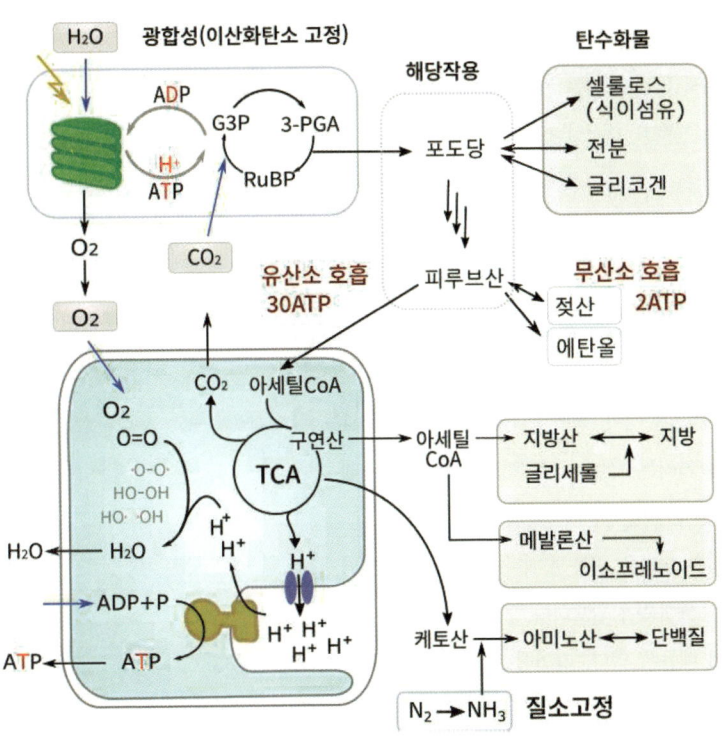

식품 공부에도 좋은 학습법과 지도 원리가 필요하다

식품은 다양한 분자의 합이지만, 그것은 단순히 물질로 존재하지 않고 우리 몸에 들어와 여러 상호작용을 하므로 그 본질을 보기는 쉽지 않다. 식품을 제대로 이해하려면 먼저 분자를 보는 눈을 길러 인간의 관점으로 오염된 해석부터 제거해야 한다. 지식의 융합은 뭔가를 단순히 섞는 것이 아니다. 군살을 제거하면 실체가 드러나고 융합은 저절로 일어난다.

- 양 순서대로, 생명현상은 많은 순서로 공부한다.
- 생명현상에서는 양이 많은 것이 그만큼 쓸모가 많은 것이다.
- 산업에서 많이 쓰이는 것은 그만큼 경쟁력이 있는 것이다.
- 기원과 경로를 추적한다.
- 경로의 초기 단계의 물질 - 어디에나 조금은 있다.
- 합성이 쉬운데 포기한 것 - 음식에 흔하다.
- 합성이 어려운데 많이 만드는 것 - 충분한 이유가 있다.
- 중요한 것은 우회경로가 있어서 진가가 쉽게 드러나지 않는다.
- 단순화하여 연결하기.
- 많이 연결된 것이 중요한 것이다.
- 의미와 가치는 사물이 아니라 관계에 있다.
- 패턴 찾기, 하늘 아래 새로운 것은 없다.
- 자연에는 놀라운 공통성(패턴)과 모듈성이 있다.
- 적합한 플랫폼이 필요하다.
- 자연에 매듭은 없다. 자연이 빚은 결대로 통째 이해해야 한다.
- 전체를 봐야 부분의 의미가 새로워지고 재미있어진다.

- 만물은 원자로 된 화합물이고, 식품은 다양한 분자의 총합이다.
- 물, 탄수화물, 단백질, 지방 4가지 분자가 식품의 대부분이다.
- 분자에는 크기, 형태, 움직임이 있지 의지나 의도는 없다.
- 분자는 구조식으로 이해하는 것이 가장 효과적이다.
- 화학의 도움이 없이는 식품 안을 0.1mm도 들여다볼 수 없다.
- 분자 구조식을 보는 법을 모르는 것은 독도법을 모르고 미지를 탐험하는 것과 같다. 문제는 그런 사람이 너무 많다는 것이다.

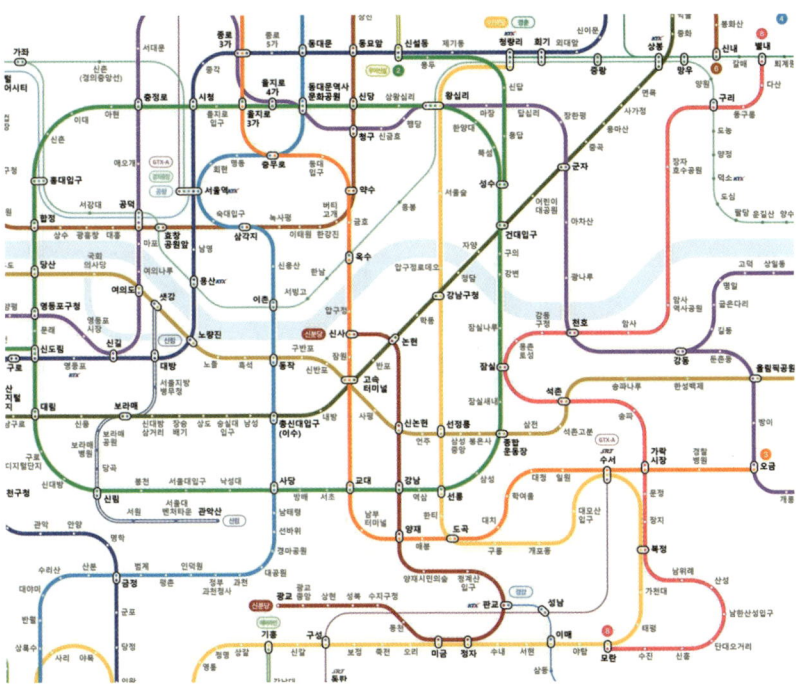

2장. 분자 구조로 식품을 읽는 법

1. 크기: 분자는 1nm(나노미터)이다

식품이나 물성 공부에 왜 크기를 아는 것이 중요할까?

  나는 분자를 이해하는 첫 단계가 크기의 의미를 이해하는 것이라고 생각한다. 나 역시 식품 공부를 다시 시작하면서 크기의 중요성을 조금씩 알게 되었으며, 대부분 사람은 분자의 크기에 관심이 없다. 크기를 알면 알 수 있는 정보가 너무나 많은데도 그렇다. 우리는 눈에 안 보이면 그저 작다고 생각하지, 얼마나 작은 것인지는 제대로 알려고 하지 않는다. 설탕의 분자 크기가 10^{-9}m이고 바이러스의 크기가 10^{-7}m라고 하면, 사람들은 그 크기의 차이를 100m 높이의 산과 10,000m인 산의 차이라고 생각하지 않고 그저 똑같이 작을 뿐이라고 생각한다. 나는 이 문제를 해결하는 것이 분자와 분자들이 만들어 내는 현상을 이해하는 출발점이라고 생각한다.

  분자를 공부할 때 왜 크기부터 알아야 할까? 미지의 세계를 탐험할 때 크기가 가장 핵심적인 정보일 가능성이 높기 때문이다. 이것은 일정한 시간과 비용을 받고 여러 미지의 산 중 하나를 골라 탐사하는 임무라고 생각해 보면 쉽게 알 수 있다. 산을 고를 때 어떤 정보가 가장 중요할까? 산의 위치? 지형? 그곳의 식물과 동물? 아마도 산의 높이일 것이다. 산의 높이가 100m인지 1,000m인지 10,000m인지에 따라 모든 것이 달라지기 때문이다.

높이가 10의 1승이면 10m .... 언덕

높이가 10의 2승이면 100m .... 낮은 산

높이가 10의 3승이면 1,000m .... 큰 산

높이가 10의 4승이면 10,000m ..... 지구에는 없는 산

문제는 눈에 보이는 산의 경우 높이의 중요성을 말하면 바로 이해할 수 있지만, 분자의 경우 아무리 그 크기의 중요성을 말해도 체감하기 힘들다는 것에 있다. 원자는 지름이 10^{-10}m, 분자는 10^{-9}m, 세균은 10^{-6}m 정도다. 그러면 분자는 원자보다 얼마나 크고 세균은 분자보다 얼마나 클까? 여기에서 크기는 지름이 아니고 부피이다. 지름이 10배 차이이면 크기가 10배가 아니라 1,000배, 10^3 차이이면 1,000배가 10억 배 차이이다. 아무리 이렇게 설명을 해줘도 분자가 세포보다 얼마나 작은 것인지 체감하기 힘들다.

우리는 아주 커도 체감하지 못한다

분자(10^{-9}m)가 작다는 것을 체감하기 힘든 것처럼 반대로 아주 큰 것도 체감하기 힘들다. 우리는 실감하는 크기는 한눈에 보이는 10km 정도일 것이다. 100km 정도만 되도 운전하면서 좀 멀다는 느낌이지 체감하기 힘든 크기다. 태양의 지름은 140만 km(1.4×10^9m)이다. 이 크기도 실감하기 힘드니 관측이 가능한 우주의 크기는 얼마일지 물으면 10의 100승, 1,000승, 1만 승 등이 마구 등장한다. 우주의 반경을 465억 광년 정도로 추정하면 4.4×10^{26}m이다. 10^{30}만 해도 지금 추정하는 우주의 크기보다 1조 배나 큰

것이다. 빛의 속도로 465억 년을 가야 하는 크기를 10^{26}으로 표현하는 순간 별것 아닌 것처럼 느껴지는 왜곡이 발생한다. 이런 왜곡은 아주 작은 것을 표현할 때도 똑같이 발생한다. 그러니 분자가 얼마나 작은지도 실감할 수 없다.

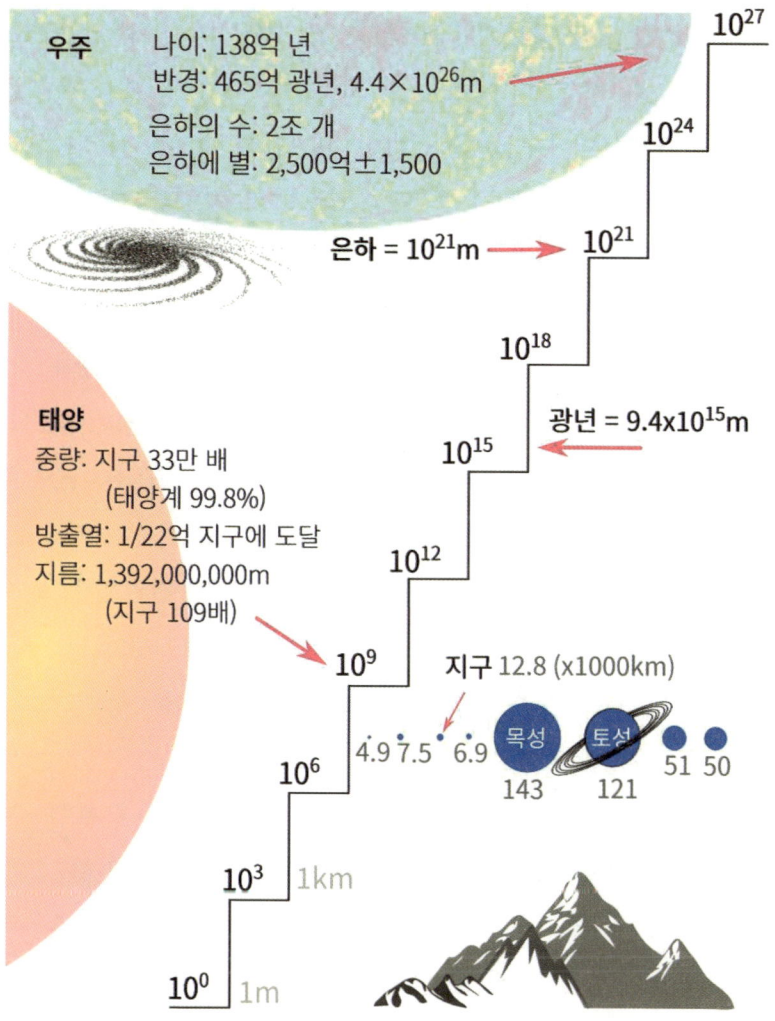

아주 작아도 체감하지 못한다

 분자의 크기는 얼마일까? 분자마다 다르겠지만 '제각각'이라는 생각은 사람의 키가 얼마냐는 질문에 "제각각"이라고 답하는 것처럼 쓸모없다. 반면, "한국 성인 평균 키는 남성 172.5cm, 여성 159.6cm, 세계 평균은 남성 173cm, 여성 161cm이다"라는 답변에는 힘이 있다. 키가 크다는 것에 객관적 기준도 정할 수 있고, 성인 키의 변화를 추적해 보면 정보를 유추할 수도 있다.

 분자의 크기도 제각각이지만 평균을 알아야 의미를 알 수 있다. 분자는 여러 원자로 이루어지므로 원자의 크기인 0.1nm보다 커야 하고, 10nm보다 클 수는 없다. 10nm는 1nm의 1,000배라 그것 하나를 만드는 데 효소가 1,000배나 필요하다. 실제 식품에 가장 흔한 단분자인 포도당이 0.5nm, 이당류인 설탕의 크기 1nm, 긴 편에 속하는 지방이 2nm, 아미노산이 포도당과 설탕 사이의 크기이니 식품을 구성하는 분자는 1nm라고 해도 무방하다. 이처럼 기준이 되는 크기가 있어야 비교가 가능하다. 세균이나 유화물은 1μm, 진핵세포나 혀에 입자감이 느껴지는 크기는 20μm라고 기준을 가져야 한다. 그래야 길을 가다가 키가 100m인 코끼리를 만나면 경악하듯 전분 입자가 100μm인 것을 발견했다고 하면 경악할 수 있다. 분자의 크기에도 범위가 있고 세포의 크기에도 범위가 있는데, 우리는 크기의 기준이 없어서 정말 놀라야 할 것에 놀라지 않고, 아주 사소한 것에 놀라고 신기해한다.

 생물학은 세포에서 출발하는 데 원핵세포(세균)와 진핵세포(우리 몸 세포)를 마치 세균과 우리 몸 세포가 비슷한 크기인 것처럼 그린다. 그리고 세부 구조를 설명한다. 시작부터 엉터리인 것이다. 원핵세포는 1μm 정도이고, 진핵세포는 20μm 이상이라고 하면, 부피나 질량의 차이는 20x20x20인 8,000

배의 차이이다. 실제 차이는 평균 1만 배 정도라고 하니 땅이 1평인 사람과 땅이 1만 평인 사람이 할 수 있는 차이와 비슷하고, 직원이 10명인 회사와 10만 명인 회사의 역량 차이와 비슷하다. 크기를 모르니 시작부터 잘못된 것이다.

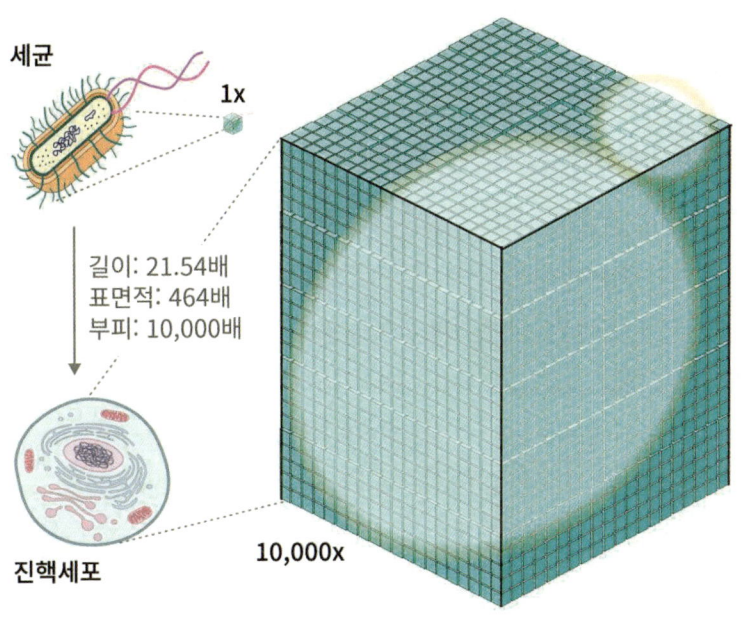

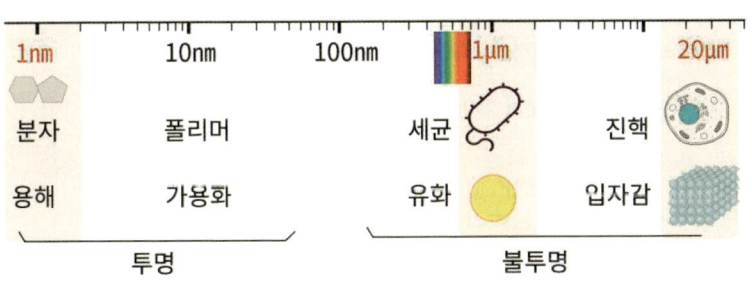

기준이 되는 크기(지름): 분자는 1nm, 세균은 1㎛, 진핵세포는 20㎛

크기가 색을 만들기도 한다. 용해되면 투명, 유화하면 흰색

 분자의 크기를 알기 전에 알아두면 유용한 크기가 흰색의 크기와 입자감의 크기이다. 모든 색은 색소가 만든다고 생각하지만, 사실 자연계에 흰색 색소는 존재하지 않는다. 단지 빛을 모두 산란시키는 형태가 있을 뿐이다. 물방울, 공기 방울, 기름방울처럼 재질과 관계없이 크기만 적당하면 모두 흰색이다. 백합이 눈같이 하얗게 보이는 이유는 꽃잎 세포 속에 있는 미세한 기포 때문이고, 조류의 깃털, 모피의 불투명한 흰색도 기포의 효과이다. 연체동물이나 산호류 등의 흰색은 탄산칼슘의 미세한 입자 덕분이다. 맥주나 탄산음료에서 미세한 거품이 올라올 때 흰색이 되고, 안개도 공기 중에 작은 물방울이 빛을 산란시켜 흰색이 된다. 달걀흰자를 휘핑하면 미세한 공기와 지방 입자가 만들어지면서 흰색이 되고, 아이스크림이나 생크림을 휘핑해도 하얗게 된다. 생우유도 균질하여 유화물의 크기를 $10\mu m$ 전후에서 $2\mu m$로 줄이면 훨씬 하얗게 된다.

 이런 흰색 효과는 입자의 크기가 가시광선의 파장보다 약간 큰 $1\mu m$ 전후에서 가장 커진다. 빛의 반사 능력은 크고, 입자의 숫자도 많아지기 때문이다. 어떤 물질이든 $1\mu m$ 정도의 크기로 쪼개면 $0.01g$ 양으로도 $100g$의 물을 완전히 하얗고 불투명하게 만들 수 있을 정도다. $1\mu m$보다 작아지면 약간 푸른 기운을 띤 백색이 되고, 더 작아지면 청백색이 된다. 빛의 파장(0.4~$0.7\mu m$)보다 훨씬 작은 $0.1\mu m$ 이하가 되면 반투명해진다. 어떤 물질이든 분자 단위로 완전히 녹으면 분자 크기가 $1nm$ 전후이므로 투명하다. 빛이 분자 사이를 마음껏 지나갈 수 있기 때문이다. 그러니 용해, 가용화, 유화의 기준은 크기이다. 유화물은 크기가 $1\mu m$ 전후이고, 가용화는 $0.1\mu m$ 이하이다.

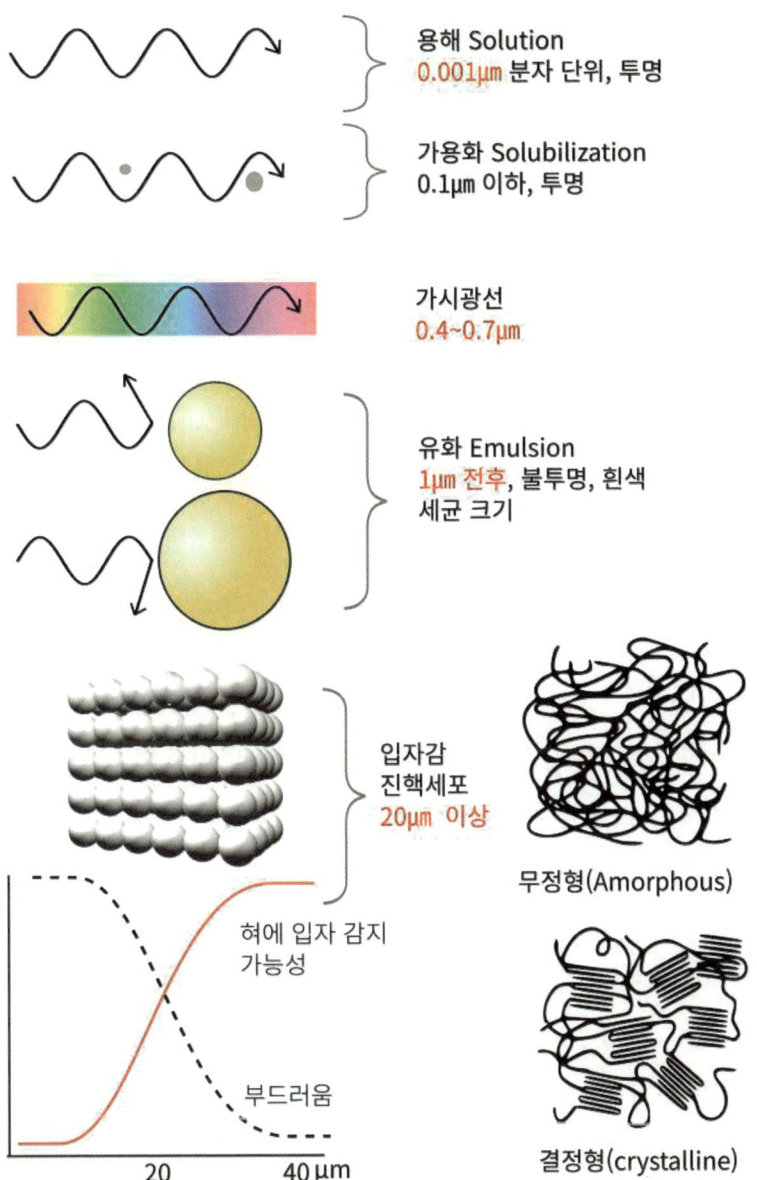

크기를 알면 검증이 쉬워진다

음료에 지방 성분을 사용하려 할 때 왜 아무리 여러 유화제를 사용하고 공정을 조정해도 기름이 분리될까? 하고 고민한 적이 있다. 그러다 알게 된 사실은 유화제 교재에 흔히 등장하는 유화 모식도가 완전히 엉터리라는 것이었다. 유화를 설명하는 모식도는 어느 교재나 비슷하다. 대부분 친수기와 친유기를 모두 가진 유화제가 작은 구형을 이루고 있는 모습을 하고 있다. 이런 모식도를 보면 유화물이 매우 안정적으로 유지될 것 같지만 사실은 전혀 말도 안 되는 모식도이다.

유화(乳化)는 말 그대로 우유처럼 만드는 것이고, 우유에서 뿌옇게 보이는 지방구는 1~10㎛ 정도다. 반면, 유화제는 지방산에 친수성 분자가 결합한 것이라 길이가 0.002㎛(2㎚) 정도다. 유화 모식도에서 유화물의 크기는 유화제 길이에 몇 배에 불과하므로 유화제(2㎚)의 크기를 기준으로 해석하면 유화물의 크기는 10㎚도 안 된다. 빛의 파장보다 40배 작으므로 빛이 그냥 통과하는 가용화이며 어떤 유화제로도 이렇게 만들 수 없다. 식품 유화제로 유화할 수 있다면 유화물에서 유화제의 크기를 눈에 보이지도 않을 수준의 가는 실선으로 표시해야 할 것이다.

나는 그림 하나로 왜 식품용 유화제로는 물과 기름을 섞을 수 없는지, 왜 단백질이 식품 유화의 주인공인지 알 수 있었다. 결국 유화 교과서에 등장하는 유화 모식도마저 크기를 무시한 엉터리였고, 생물의 시작인 세포를 설명하는 그림도 실제 크기를 무시한 엉터리였던 셈이다. 이처럼 이론이 허술하니 복잡한 식품 현상을 이해하는 데 별 도움이 되지 않는다.

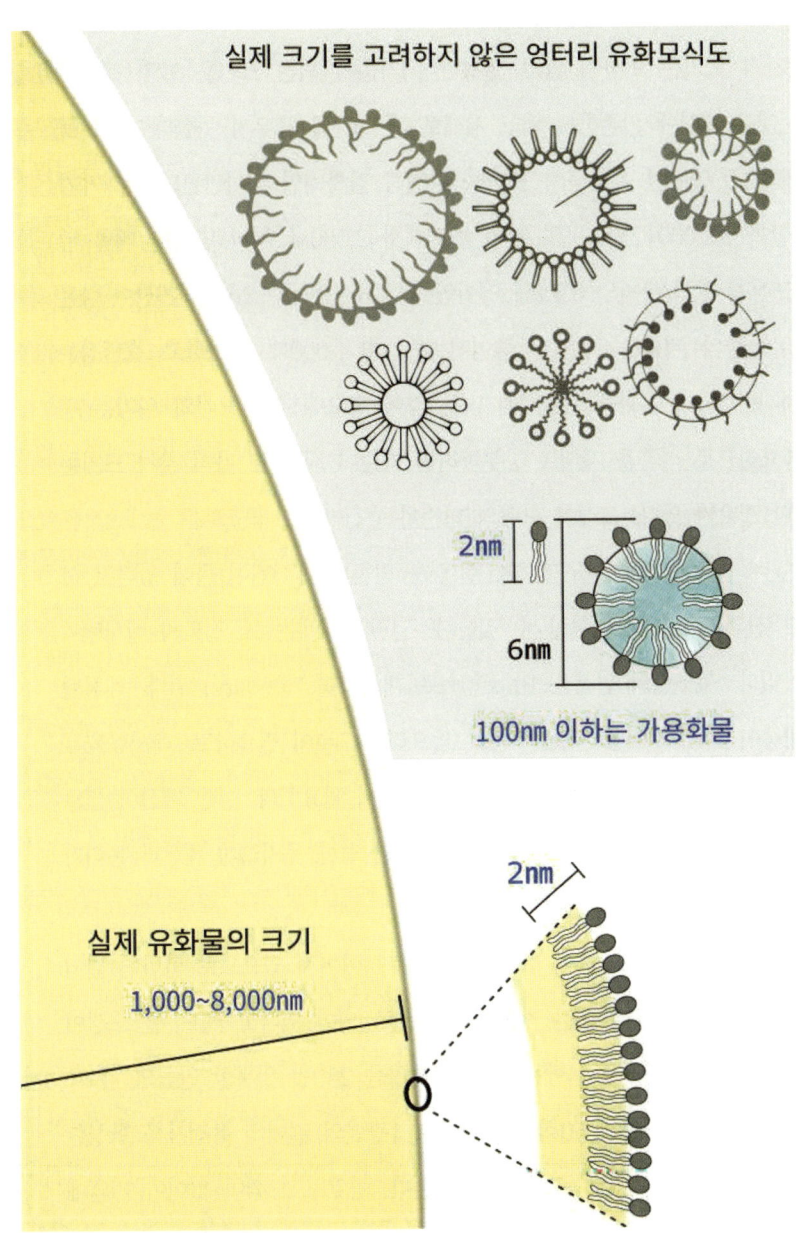

표면적, 크기를 줄일수록 더 많은 유화제가 필요하다

분자의 크기는 변하지 않고 일정한데 기준이 되는 크기를 알지 못하니 모든 것을 경험에 의존하게 되고 제대로 된 이론을 세우지 못한다. 예를 들어 $2\mu m$(2,000nm)인 지방구의 표면을 완전히 감싸려면 얼마만큼의 유화제가 필요할까? (2,000+2)nm 구의 부피 면적에서 2,000nm 부피 면적을 빼면 된다. 그러면 전체 부피의 0.3%의 양이면 충분히 감쌀 수 있다는 계산이 나온다. 유화물의 지름을 1/10로 줄이면 개수가 1,000배 증가하고 표면적은 100배 증가하니 유화제는 100배 많은 양이 필요해진다. 크기의 의미는 정말 중요하므로 식품을 제대로 공부하려면 기준이 되는 몇 가지 분자 크기는 기억할 필요가 있다. 그래야 판단의 기준이 생긴다.

누군가 달걀 1개에 축구장 하나를 덮을 만큼의 레시틴이 들어 있다고 하면 그 진위를 어떻게 판단할 수 있을까? 달걀 1개에는 1g 정도의 레시틴이 들어 있다. 축구장의 면적을 100x70m로 계산하면 7,000m^2이 된다. 레시틴의 비중이 1 정도이므로 $1\mu m$ 두께로 덮으려면 7kg이 필요하고, 레시틴을 1분자 두께로 덮으려면 길이가 2nm이므로 14g이 필요하다. 이런 계산이 별로 재미가 없겠지만 식품의 과학도 정교해지려면 경험 못지않게 계산과 논리가 필요하다는 것은 알아야 한다.

세포마다 핵이 있고, 핵에 DNA 30억 개가 이어져 있으므로 합하면 길이가 1.8m 정도다. 우리 몸은 30조 개 세포로 되어 있다고 해도 별 느낌이 없다. 둘을 곱해보면 내 몸에는 지구와 태양을 250번 왕복할 만큼의 긴 유전자의 줄이 있고, 평생 50회 분열하므로 1광년의 길이의 유전자를 합성한다는 사실을 계산해 보면 조금 느낌이 온다. 공부도 느낌이 있어야 기억에 남고, 필요할 때 꺼내어 쓸 수가 있다.

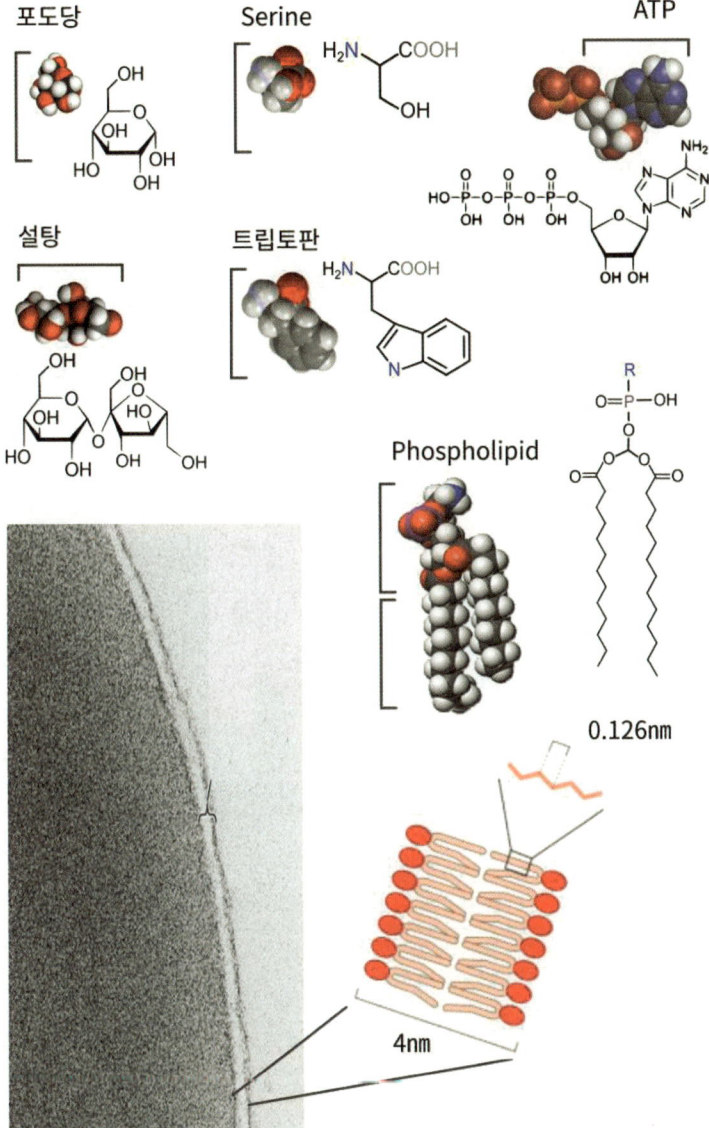

식품에서 대표적인 분자의 크기

전분은 우주에서 가장 큰 분자이다

크기에 대해 '분자 1nm, 세균 1㎛, 진핵세포 20㎛' 정도만 외우면 식품을 보는 눈이 크게 달라질 수 있다. 오른쪽의 감자 현미경 사진을 보자. 세포 안에 보이는 전분립의 크기가 전혀 다르게 보일 것이다. 굳이 감자라는 정보를 주지 않아도 다세포인 것으로 진핵세포를 유추할 수 있고, 진핵세포는 지름이 20㎛ 이상인 것을 생각하면 사진에 등장하는 입자가 5㎛ 정도는 되어 보일 것이다. 그러니 세포 안에 어떻게 그렇게 큰 입자가 있느냐고 놀라야 정상이다.

감자의 저장 세포는 100㎛ 정도로 진핵세포 중에서도 매우 큰 편이고, 전분립 중 가장 큰 것은 50㎛에 이른다. 그럼 50㎛(50,000nm) 크기의 전분 입자 안에는 0.5nm인 포도당이 몇 개나 들어갈 수 있을까? 무려 1,000조 개이다. 이 공간이 포도당으로 가득 차지는 않지만, 전분은 우주에서 가장 큰 분자라고 하기에 충분하다. 그 크기를 알면 왜 전분을 호화하고 노화하는 데 시간이 걸리는지도 이해할 수 있다.

전분의 종류와 크기

전분 종류	아밀로펙틴 (%)	아밀로스 (%)	호화 온도	크기(㎛)	노화 속도	투명도
쌀	80	20	75~80	3~8	빠름	불투명
찹쌀	100	0	70~75	3~8	매우 느림	투명
옥수수	72~79	21~28	70~75	10~15	빠름	불투명
찰옥수수	100	0	65~70	10~15	매우 느림	투명
밀	72	28	75~80	8~25	빠름	불투명
감자	78	22	60~65	5~36	중간	중간
고구마	80	20	65~70	5~19	중간	중간
타피오카	83	17	60~65	15~20	느림	중간

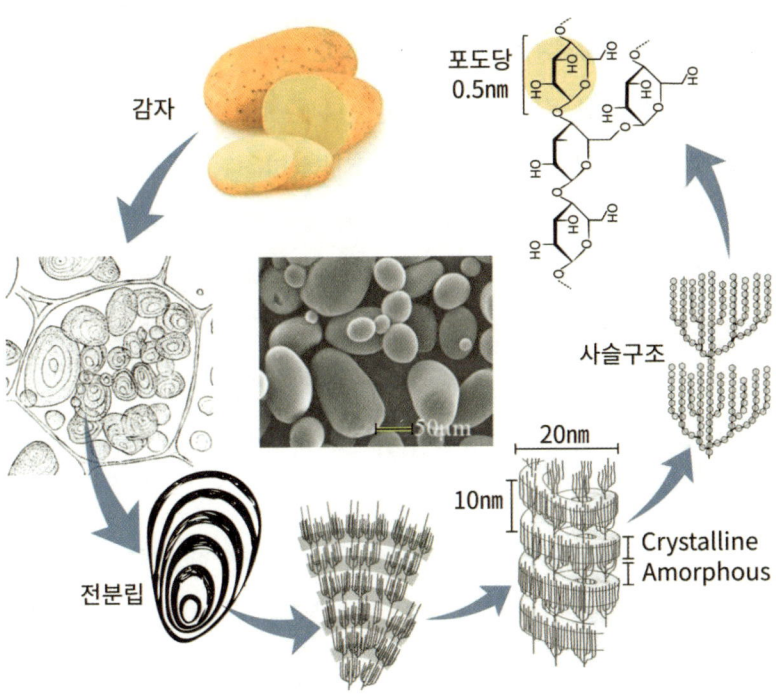

전분 안에 포함된 포도당의 숫자

지름	길이 x	개수 x
포도당 0.5nm	1	1
5nm	10	1,000
50nm	100	1,000,000
500nm	1,000	(10억) 1,000,000,000
(5μm) 5,000nm	10,000	(1조) 1,000,000,000,000
(50μm) 50,000nm	100,000	(1천 조) 1,000,000,000,000,000

크기가 기능을 제한하고 기능이 크기를 제한한다

진핵세포는 원핵세포(세균)보다 10,000배 정도 크다. 이게 왜 중요할까? 생명 현상은 크기가 기능을 제한하고, 기능이 다시 크기를 제한하기 때문이다. 생명체가 그것을 뒷받침할 시스템 없이 크기를 키운다는 것은 불가능하다. 예를 들어 흙과 나무로 1층 건물은 지을 수 있지만 100층을 쌓아 올리지는 못한다. 건물을 쌓아 올릴수록 아래층은 위층의 무게를 감당할 강도가 필요하다. 같은 재료면 두껍게 만들어야 하는데, 이것은 다시 아래층이 감당해야 할 무게를 증가시켜 점점 더 두껍게 써야 하는 무한루프에 빠지게 한다. 이처럼 건물 짓는 것도 여러 제한이 있으며, 마찬가지로 생명체에도 엄격한 크기의 제한이 있다.

개미와 코끼리를 비교하면 크기뿐 아니라 생김새가 확연히 다르다. 코끼리는 굵은 통나무 같은 다리에 두툼한 몸통을 가졌지만, 개미는 문자 그대로 개미허리를 가졌다. 만약 개미를 코끼리 크기로 확대하면 어떻게 될까?

크기에 따라 적합한 형태도 달라진다

길이가 L배 커지면, 표면적은 L^2, 부피는 L^3으로 커진다. 키 1cm, 몸무게 6mg인 개미를 키 4m로 400배 키우면 표면적은 160,000배, 무게는 64,000,000배가 된다. 도저히 그 무게는 개미허리의 형태로 버티지 못한다. 결국 코끼리만한 크기가 되면 코끼리 형태가 될 수밖에 없다.

반대로 코끼리를 개미 크기로 줄이면 표면적 비율이 400배로 증가하여 체중 대비 훨씬 많은 에너지를 써야 체온을 유지할 수 있다. 추운 지역의 동물이 몸집을 키워야 유리하고, 더운 지역 동물이 몸집을 줄여야 유리한 이유가 여기에 있다. 공룡이 큰 몸집을 가진 것도 에너지를 덜 쓰면서 체온과 대사 능력을 유지하기 위함이라고 한다. 실제로 작은 항온동물인 땃쥐는 동물계에서 알아주는 엄청난 대식가이다. 코끼리는 하루에 체중 100kg당 6% 정도의 음식을 먹는데 땃쥐는 384%를 먹을 때도 있다. 체중 당 무려 64배를 먹어야 살 수 있다. 크기에 따라 수명이 달라질 정도다.

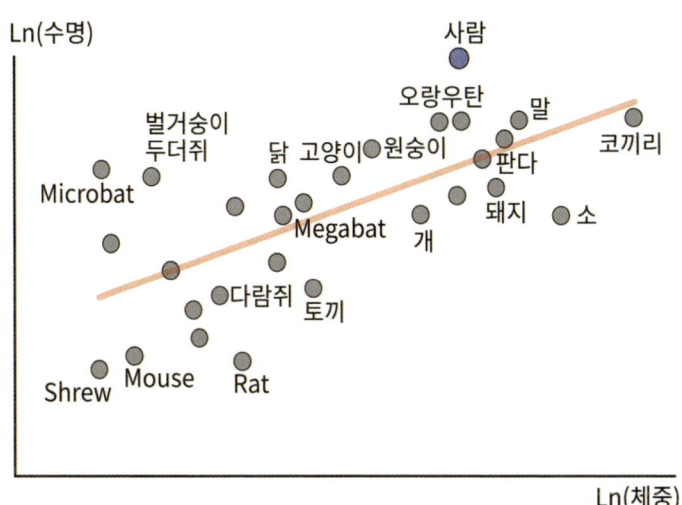

체중과 수명의 관계

크기가 커지면 상대적으로 표면적 비율이 낮아진다

크기와 표면적의 관계는 맛에서도 중요하다. 입으로 음식물을 씹는 것은 삼킬 수 있는 크기로 줄이는 목적이지만, 크기를 줄이면 중량 대비 표면적 비율이 늘어나 맛으로 느낄 확률도 늘고, 향이나 맛 성분이 추출될 확률도 급속히 늘어난다.

입자를 작게 쪼갤수록 표면적 비율이 늘어서 마찰력이 늘고, 흐름성이 낮아진다. 그래서 액체가 고체처럼 변하기도 한다. 식용유와 달걀을 이용하여 마요네즈를 만들 수 있는데, 둘 다 액체이지만 마요네즈로 만들면 반고형의 상태가 된다. 화학적인 변화가 일어난 것이 아니라 강하게 교반하는 과정에서 엄청난 숫자의 지방구가 만들어지면서 그만큼 표면적이 급격하게 늘어나 벌어지는 일이다. 표면적이 늘면 마찰력이 커져서 움직이지 못하고 고체가 된다. 화학적 성질이 변하지 않았다는 것은 이렇게 만들어진 마요네즈를 냉동실에서 얼렸다 녹이면 유화가 깨지면서 다시 액체인 달걀과 식용유로 분리되는 것으로 확인할 수 있다.

표면적을 늘리면 접촉(마찰) 면적이 늘어 물성이 달라지는 현상은 생각보다 물성에 중요하다. 분말이 고체도 액체도 기체도 아닌 제4의 물성을 가지는 이유는 표면적 현상 때문이다. 분말은 쏟으면 액체처럼 흘러내리지만, 가만히 있으면 고체처럼 고정되어 있고, 불면 기체처럼 날아가지만, 어떤 때는 절대로 흐르지 않는다.

나는 예전에 두부용 응고제를 개발한 적이 있다. 그때 사용한 원료는 식용유, 염화마그네슘, 물 이렇게 단 3가지뿐이었다. 제품 콘셉트 상 유화제나 달걀 같은 단백질은 전혀 쓰지 않고, 완전히 액체인 식용유와 물에 염화마그네슘만 첨가해서 반고체 상태의 유화물을 만든 것이었다. 이처럼 조건만 잘 맞추면 전혀 유화제를 쓰지 않고도 마요네즈와 똑같은 형상의 반고형 유화물을 만들 수 있다.

액체와 액체가 만나서 유화제 없이도 반고체인 유화가 된다는 것도 재미있지만, 그 유화물을 물에 넣으면 바닥에 가라앉는 현상도 흥미롭다. 물에 가라앉는 기름을 만들 수도 있는 것이다. 마그네슘을 포화 상태로 만들면 물이 모두 마그네슘과 결합한 상태라 조건만 잘 맞추면 유화제 없이 유화할 수 있고, 비중이 매우 높아서 유화물을 물에 떨어뜨리면 전혀 녹지 않고 물 밑에 가라앉는다. 이 현상의 기술적인 내용은 『물성의 기술』 책에서 다루었지만, 표면적의 변화가 그 물체의 물성을 완벽하게 바꿀 수 있다는 것 정도는 기억할 필요가 있다.

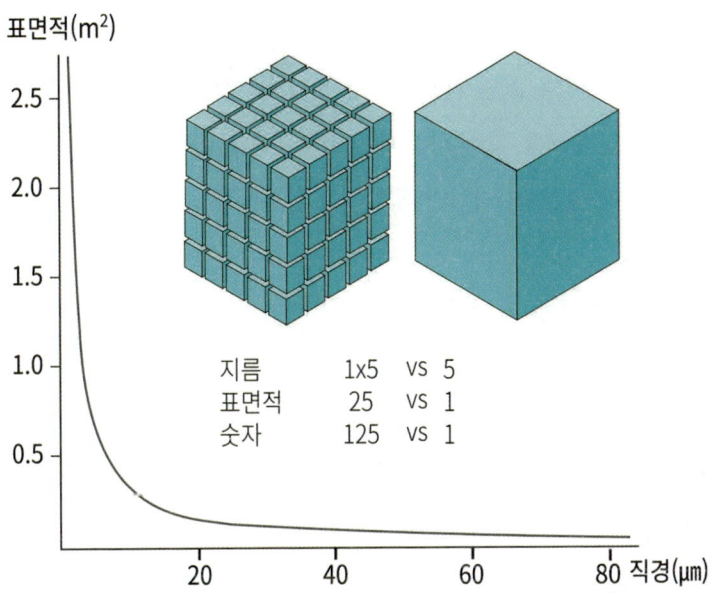

- 87 -

크기가 표면적을 바꾸고, 표면적은 반응성과 속도를 바꾼다

표면적이 늘면 반응할 수 있는 확률이 훨씬 증가한다. 산소와 반응이 활발해져 산화 안전성이 떨어지기도 하고, 용매의 작용이 활발하여 추출이 빨라지기도 한다. 세포 안에는 많은 미세구조물이 있어서 표면적이 매우 넓고, 효소도 있어서 시험관에서보다 생화학 반응이 매우 빨리 일어난다. 물방울의 크기를 1㎛로 줄이면 효소가 없이도 생화학 반응이 저절로 일어난다고 한다.

2015년 남홍길 교수 등이 연구한 결과에 따르면 인산, 리보스, 염기를 섞은 물을 분사해 지름이 1㎛ 정도인 초미세 물방울을 만들자, RNA의 구성 성분인 리보뉴클레오사이드 4종이 저절로 만들어졌다고 한다. 보통의 물에서는 일어나지 않는 반응이다. 남 교수는 마이크로 물방울에서 생화학 반응이 자발적으로 일어나거나 반응이 수천 배나 빠른 것을 보고, RNA 같이 복잡한 물질도 합성이 되는지 실험했다. 그러자 물방울의 크기가 작아질수록 표면적이 증가하고, 물방울 표면 안팎에는 강한 전기장 등이 형성되었다. 이런 요인들이 물방울 자체를 '촉매'처럼 만들어준 것이다. 생명 반응이 효소와 같은 생화학적 요인뿐 아니라 표면적과 같은 물리적 현상에 의해서도 크게 달라질 수 있다. 그리고 크기는 물성 자체를 바꾸기도 한다.

다이아몬드는 천연 광물 중 가장 단단한 물질이다. 그래서 깨지거나 부서질지언정 구부러지지 않는다. 그런데 크기가 점점 작아져 나노미터 수준으로 작아지면 구부러지고 탄성도 생긴다고 한다. 매사추세츠 공대의 연구 결과에 따르면 보통 크기의 다이아몬드는 인장 변형의 한계치가 1%에도 훨씬 못 미치는데, 나노 크기의 다이아몬드는 9%나 되었다고 한다. 크기가 달라지면 다이아몬드처럼 단단한 물체의 물성까지 달라지는 것이다.

식품에서 가장 까다로운 공정의 하나인 유화는 결국 크기의 관리 기술이다. 크기가 작아지면 그만큼 표면적이 넓어져 많은 양의 유화제가 필요하지만, 침강이나 상승 속도가 느려져 안정화된다. 예를 들어 지름이 100㎛인 입자가 침강하는 데 11.5초가 걸린다면 1㎛로 줄인 것은 32시간이 걸리고 0.01㎛로 1조 배 줄인 것은 36년이 걸린다. 크기는 지름이 아니고 지름의 3승 배이므로 크기를 줄인다는 것이 얼마나 힘든 것이고 큰 변화인지를 제대로 이해할 필요가 있다.

요즘 미세먼지가 정말 걱정이다. 지름이 10㎛보다 작은 경우 '부유먼지', 지름이 2.5㎛보다 작은 경우 '미세먼지'라고 부르는데, 사람의 머리카락 지름이 50~100㎛이므로 이들은 눈에 보이지 않고, 단지 집합체로 뿌옇게 보인다. 큰 먼지는 빨리 가라앉고 사람의 코털이나 기관지 점막에서 걸러지지만, 부유먼지는 폐 속까지 들어오고, 미세먼지는 혈관까지 흡수되어 인체에 큰 피해를 준다. 미세먼지는 잘 가라앉지도 않아 제거가 안 되는 '최악의 먼지'이다. 이처럼 크기 자체에 큰 의미가 있다.

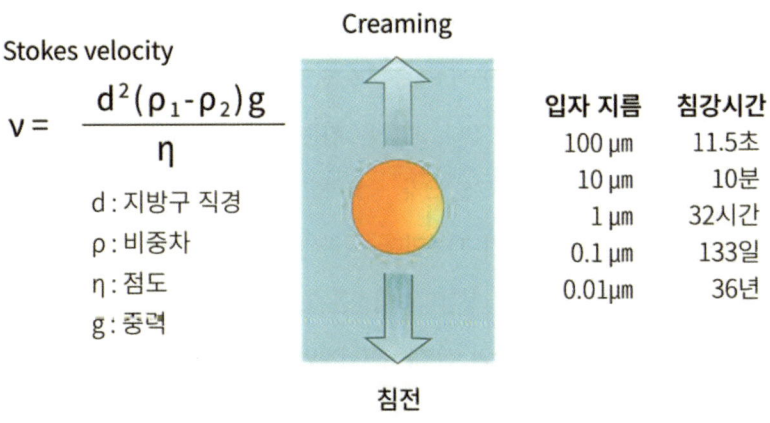

입자의 크기와 침강/분리 속도의 관계

화학의 단위는 무게(kg)가 아닌 개(Mol)

식품은 다양한 분자의 총합이고, 분자를 설명하는 과학이 화학인데, 화학에 등장하는 원소기호와 몰(Mol)이라는 단위는 우리에게 생소하다. 몰은 도대체 어떤 단위일까? 우리가 일상적으로 쓰는 양의 단위가 무게 kg이라면 화학에서 쓰는 양의 단위는 개수이다. 화학의 반응이 개수의 비율로 일어나기 때문이다. 탄소가 4개의 원자와 결합할 수 있으면 수소도 4개(CH_4), 염소도 4개(CCl_4) 결합한다. 그래서 무게를 대신 개수를 사용한다. 하지만 원자 하나의 무게는 너무 가볍다. 그래서 등장하는 숫자가 6.022×10^{23}이다. 어떤 분자든 이 숫자만큼 있으면 분자량에 해당하는 무게가 된다. 물 분자는 6.022×10^{23}개면 18g, 포도당은 180g이 되는 것이다. 그리고 기체가 되면 부피가 22.4ℓ로 같다. 어려운 것이 아니라 날씨를 섭씨 대신 화씨로 말하면 불편한 것처럼 몰로 표시하면 불편한 것이다. 식품에서 몰 단위를 사용할 일은 거의 없지만 개수의 의미는 확실히 알 필요가 있다.

용액에서 총괄성(Colligative properties)은 용액에 녹아 있는 용질의 종류나 무게가 아니라 용질의 개수에 의해서만 결정되는 성질을 말한다. 녹은 입자의 개수에 비례해서 삼투압, 끓는점 오름, 어는점 내림, 증기 압력 내림이 변한다. 전분당의 경우 분해율이 높을수록 단맛이 강한 것은 무게 대비 분자의 개수가 많은 것과 관계 깊다. 과학은 기준과 개수를 따지는 학문이다. 음료를 만들 때 당산비(당도/산도)가 중요하고, 국물을 만들 때 염도가 중요한 것은 판단의 기준이 되기 때문이다. 국물의 평균 염도가 1.0이란 것을 알면 '이것은 왜 0.7인데 안 싱겁지? 이것은 1.4인데 왜 안 짜지?' 같은 생각이 가능해진다. 온도가 날씨의 전부는 아니지만 날씨의 기본을 알 수 있는 것처럼 음식도 구체적 수치를 확인하면 기준을 찾기 쉬운 경우가 많다.

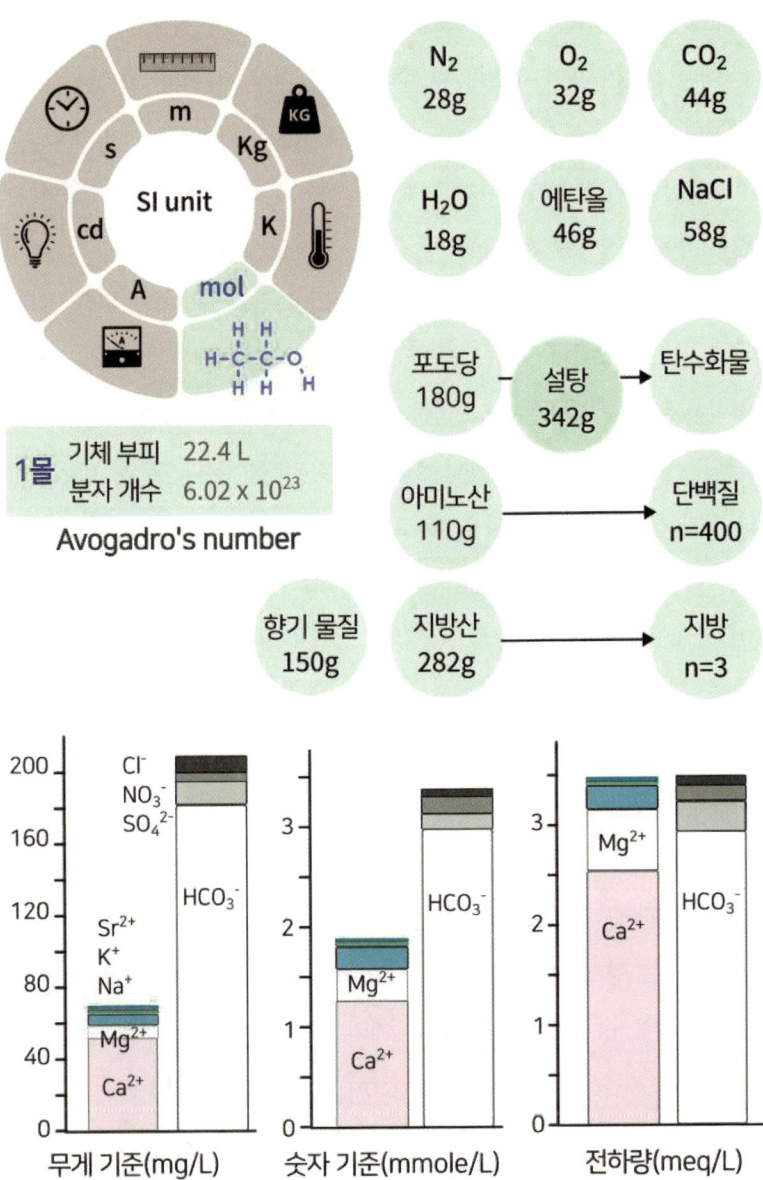

분자는 1㎚, 작은 만큼 숫자로는 엄청나게 많다

세상의 1억 종이 넘는 화합물 중에 약 11,000종 정도가 식품의 향기 물질이다. 어떤 분자가 향기 물질이 될 수 있을까? 가장 기본적인 요소는 분자의 크기이다. 향기 물질을 코로 느끼기 위해서는 휘발성이 있어야 한다. 따라서 무조건 크기가 1㎚ 이하이고, 분자량으로는 300 이하, 평균 150이 되지 않은 작은 분자여야 한다.

내가 크기의 의미를 처음 생각해본 것은 향의 특징을 설명하기 위한 것이었다. 세상의 온갖 향미가 0.1%도 안 되는 향기 물질에 의한 것이라고 말하면 사람들은 잘 믿지 않는다. 그러면 사과 한 입을 베어 먹으면 우리 코에 전달되는 향기 물질은 몇 개나 될 것 같은지 물어본다. 사과 10g에 0.1%의 향기 물질이 있고, 씹었을 때 코로 휘발되는 양이 그중 1%라고 하면 0.0001g이다. 향기 물질은 평균 분자량이 150 정도로 150g이 6×10^{23}개이니 0.0001g이라면 4×10^{17}개 즉, 40경 개 정도가 된다. 아주 적은 양인데도 상상을 초월하게 많은 개수라는 것을 알면 개 코가 예민한 것이 아니라 단지 개 코가 사람의 코보다 덜 둔감하다는 사실을 알게 된다. 개는 후각수용체가 특별한 것이 아니라 코가 함요 구조로 면적이 17배쯤 넓고, 세포의 밀도가 10배, 후각 세포의 섬모가 길어서 세포 당 후각수용체도 많다. 이런 사실을 알면 후각에 관한 많은 '신비'를 제거할 수 있다.

이 설명으로는 향기 물질의 분자량, 아보가드로수가 등장하여 그 느낌이 잘 전달되지 않을 수 있으므로 또 다른 예를 들어보겠다. 각설탕에 존재하는 설탕 분자의 지름은 1㎚ 정도이므로 1㎤은 $10^7 \times 10^7 \times 10^7$㎚ = 10^{21}과 비슷하다. 설탕 분자를 한 줄로 길게 이으면 10^{21}㎚, 10^{14}㎝, 10^{12}m, 10^9km(1,000,000,000km, 10억km)가 되며, 이는 지구를 25,000바퀴 감을 수 있는 숫자이다. 이를 분자량으로 계산하면 설탕($C_{12}H_{22}O_{11}$)은 342g이면 6×10^{23}개이므로 1cm³ 크기의 설탕은 무게가 1.6g 정도라 2.8×10^{21}개라고 계산할 수 있다. 설탕 분자의 지름 1nm, 눈에 보이는 작은 자갈 1mm로 확대하면 각설탕 한 개는 높이 10km의 모래성이 된다. 그런데 우리는 물 한 잔에 각설탕 하나를 넣어도 단맛을 잘 느끼지 못한다. 그 절묘한 둔감화가 오히려 신비한 것이다. 그런데 이것의 느낌은 별로 없다. 개미가 냄새 길을 따라 이동하는 것, 나비가 멀리서 찾아오는 페로몬의 신비 등도 향기 물질의 숫자를 알면 납득이 쉬워진다.

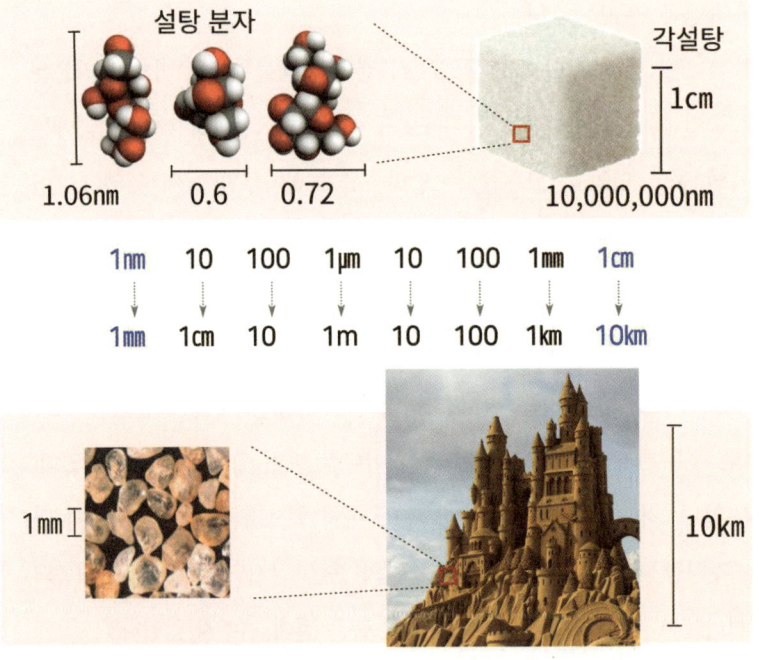

1cm³ 각설탕에 포함된 설탕 분자의 수 = 10km³ 모래성의 1mm³ 모래 숫자

2. 운동: 분자는 초음속으로 영구운동을 한다

브라운 운동은 영구운동이다

　1827년 6월 런던의 한 연구실, 스코틀랜드의 식물학자 로버츠 브라운은 책상에 놓인 자신의 현미경을 들여다보기 시작했다. 현미경 렌즈 아래에는 한 방울의 물이 있었고, 그 물에는 달맞이꽃의 꽃가루가 들어 있었다. '이 작은 입자가 어떻게 생명의 전령을 퍼뜨릴까?'에 대한 연구의 일환이었다. 브라운은 현미경을 들여다보면서 입자들이 움직이지 않기를 기다렸다. 처음에는 활발히 움직여도 시간이 지나면 조용히 침전할 것으로 생각했기 때문이다. 그러나 꽃가루 입자는 결코 가라앉지 않았다. 입자들은 끝없이 모든 방향으로 운동했다. 그냥 움직이는 것이 아니라 마치 춤을 추는 것 같았다. 위아래, 앞뒤, 지그재그로 왔다 갔다 하고, 마치 회오리치는 작은 태풍에 던져지는 것처럼 마구 움직였다. 이런 광란의 춤은 잠시도 쉬지 않고 계속되었다. 브라운이 아무리 오랫동안 기다려도 춤은 절대 멈추지 않았다.

　19세기 초반 과학자들은 스스로 계속 움직이는 것은 생명뿐이라고 알고 있었다. 가장 작다고 알려진 원생동물보다 훨씬 더 작은 꽃가루 입자가 정말 살아 있을까? 그렇다면 꽃가루 입자가 가장 기본적인 생명 단위일까? 이것이 생명의 비밀이며 생명은 이런 미소한 운반체로 전달되는 것일까? 브라운은 이런 생각에 사로잡혔다. 그러나 그는 신중한 과학자였다. 다른 가능성도 관찰하기 시작한 것이다. 그는 이 움직임이 생명과 관련 없다는 사실도 금방 알아냈다. 암석 가루나 검댕입자처럼 얻을 수 있는 것이라면 무엇이든 작게 분쇄하여 물에 넣고 현미경으로 관찰하자 죽은 줄 알았던 물질이 춤을 추었다. 출처와 관계없이 달맞이꽃 꽃가루와 똑같은 모습으로 춤을 춘 것이다. 건조된 꽃가루, 100년 이상 된 이끼 포자, 유리 조각, 금속, 심지어 운석 조각까지도 곱게 갈아 관찰하자 마치 영구기관을 가진 듯 어김없이 춤을 추었다. 입자의 크기 효과를 조사하자, 크기가 작을수록 더 빨리 움직였다. 이것이 바로 '브라운 운동'이라 불리는 현상이다.

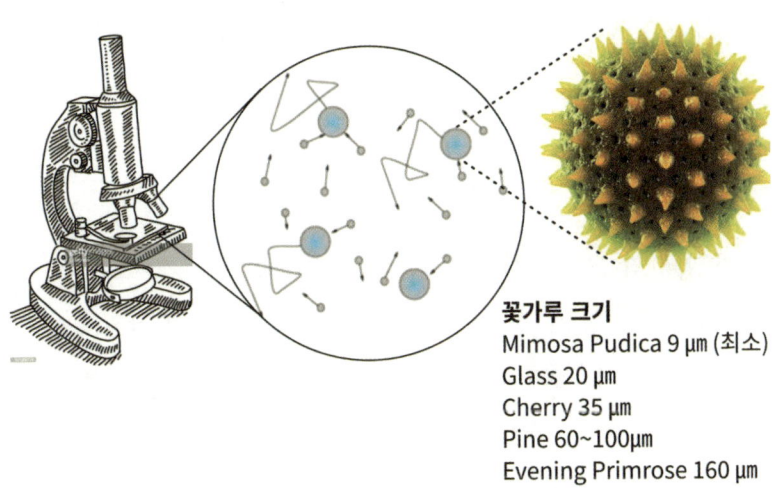

꽃가루 크기
Mimosa Pudica 9 μm (최소)
Glass 20 μm
Cherry 35 μm
Pine 60~100μm
Evening Primrose 160 μm

브라운 운동 모식도

우리가 세포의 소기관을 현미경으로 자세히 관찰하려면 먼저 단단히 고정해야 한다. 세포도 움직이고 내부 소기관들은 훨씬 심하게 움직이기 때문이다. 2017년 노벨화학상은 생체분자를 고화질로 관찰할 방법을 개발한 3명의 과학자에게 돌아갔다. 저온 전자현미경 관찰법은 관찰할 생체 용액을 -196℃로 순식간에 동결하여 단백질을 원래 형태대로 관찰 가능한 방법이다. 단백질은 워낙 작은 입자라서 극저온에서야 움직임을 멈출 정도로 맹렬하게 움직인다. 이보다 훨씬 느린 원생동물을 관찰하는데도 운동이 너무 빨라 CMC같은 증점제를 투입하여 용액을 고점도로 만들어 천천히 움직이도록 한 뒤 관찰한다. 단백질을 고정하지 않고 관찰할 방법은 없는 것이다.

원자의 크기는 광속에 가깝게 회전하는 전자의 운동 덕분이다

작은 물질은 왜 그렇게 활발히 움직이는 것일까? 이 운동의 의미를 깊이 생각해 보는 사람은 많지 않은 것 같다. 영구기관에는 관심이 많아도 실제로 존재하는 영구운동에는 별로 관심이 없는 것이다.

만약 전자가 초속 10m의 속도로 수소 원자 외곽을 돌면 1초에 몇 바퀴나 돌게 될까? 수소 원자의 지름이 0.1nm 정도이니 외경은 0.314nm 정도이고, 초속 10m는 바꾸면 10×10^9nm이다. 이것을 외경(0.314nm)으로 나누면 초당 320억 회를 회전한다는 계산이 나온다. 초속 10m는 평범한 속도이지만 원자가 워낙 작아서 엄청나게 회전한다. 빛은 광속으로 움직이고, 원자 주변의 전자는 광속의 1% 정도의 속도로 영원히 회전한다. 그 작은 수소 원자의 궤도를 전자가 2,200km/s 정도의 속도로 회전하면 도대체 어떤 느낌일지 상상조차 힘들다. 이런 전자의 영원한 운동이 모든 분자 요동의 근본 원인이고 생명의 동력일 것이다.

원자의 중량 자체가 대부분 운동이라고 한다. 원자의 중량은 대부분 핵이 차지하는데, 핵을 구성하는 양성자는 약 1.7×10^{-27}kg이고 에너지로 환산하면 약 938.3MeV이다. 양성자는 3개의 쿼크로 구성되었는데 이들의 질량은 모두 합해도 9.4MeV에 불과해 중량의 1% 정도만 설명한다. 그러면 99%의 중량은 어디에서 오는 것일까? 이들 쿼크는 그 작은 양성자 공간을 광속에 가까운 속도로 날아다닌다. 그 엄청난 운동에너지가 질량으로 측정된 것이라고 한다. 우리의 몸을 구성하는 모든 소립자를 합해도 그 자체의 무게는 2%에 불과하고, 98%는 그들이 광속으로 영원히 운동하는 것에서 나온다고 하니 우리 몸무게의 대부분은 운동이라 할 수 있을 것이다.

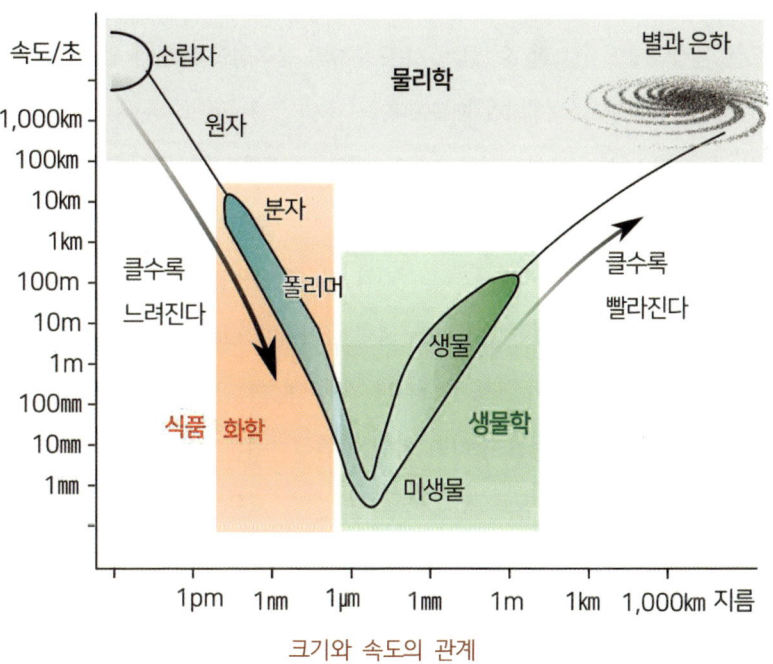

크기와 속도의 관계

공기 중의 분자는 항상 초음속으로 움직인다

　누가 실험실 한쪽에서 약간의 암모니아를 엎질렀다면 실험실 다른 구석에 있는 학생은 한참 지나야 그 냄새를 맡을 것이다. 이를 보면 분자가 별로 빨리 움직이는 것 같지 않아 보인다. 그런데 19세기 말 맨체스터 대학의 과학자 제임스 줄은 암모니아 분자가 초속 600m로 움직인다는 계산을 내놓았다. 계산 대로면 길이가 10m도 되지 않는 실험실에서 암모니아를 떨어뜨렸으니 곧바로 냄새를 맡아야 하는데 왜 일정 시간이 필요할까?

　암모니아 분자가 초속 600m로 운동한다는 계산은 사실이다. 아무리 무시무시한 위력의 태풍도 초속 40m를 넘기 힘든데, 기체가 초속 600m로 움직인다는 것은 아무리 튼튼한 건물이라도 순식간에 무너뜨릴 정도의 무시무시한 속도다. 그런데 분자는 태풍이 불 때도, 바람 한 점 없는 고요한 순간에도 심지어 완벽히 밀폐된 실내 공간 안에서도 무조건 같은 속도로 움직인다. 그런 움직임에도 고요할 수 있는 것은 분자의 움직임이 방향성 없이 순식간에 좌충우돌하면서 상쇄되기 때문이다.

　공기 중의 질소 분자(N_2)는 지름이 0.3㎚이고, 주변에 4㎚ 간격으로 다른 질소가 있는데 100㎚ 정도를 이동하는 순간 다른 분자와 충돌한다. 초속 500m가 넘는 속도로 움직이면서 초당 50억 회 충돌하며 조용히 확산하는 것이다. 그래서 아무리 고요한 순간에도 냄새는 퍼져나가고, 공간 전체에 골고루 퍼진다. 그래서 공기의 조성은 어디나 계속 비슷한 것이다. 만약 이런 기체의 충돌과 확산이 없다면 우리는 방에 가만히 누워 자다가 코 주변의 산소가 고갈되어 질식할지 모르고, 고속도로는 산소 고갈로 위험하며, 동굴이나 저지대는 이산화탄소만 가득할 것이다.

물의 움직임은 격렬하다

물속의 꽃가루가 브라운 운동을 하면서 흔들리는 것은 주변의 물 분자가 꾸준히 꽃가루를 흔들기 때문이다. 물 분자의 크기는 0.2nm에 불과하고, 가장 작은 꽃가루가 9,000nm이므로 보통 물보다 지름이 10,000배 이상 크고, 부피는 1조 배 이상 크다. 그 작은 물 분자들이 자기보다 1조 배 큰 꽃가루를 끊임없이 뒤흔드는 것이다. 이런 물의 격렬한 진동이 결국 모든 생명 현상의 근본이고 모든 생명체가 그렇게 많은 물이 필요한 근본적인 이유일지도 모른다. 물은 우리 몸무게의 60% 이상이지만, 숫자로는 99%가 넘는다.

우리가 보는 매크로의 세계는 보통 클수록 빨리 움직이는데, 세상의 기반을 이루는 분자의 세계는 반대로 작을수록 빨리 움직인다. 그래서 미시의 세계는 정말 현실의 세계와 숫자의 감각이 완전히 다르다. 물은 삼투압에

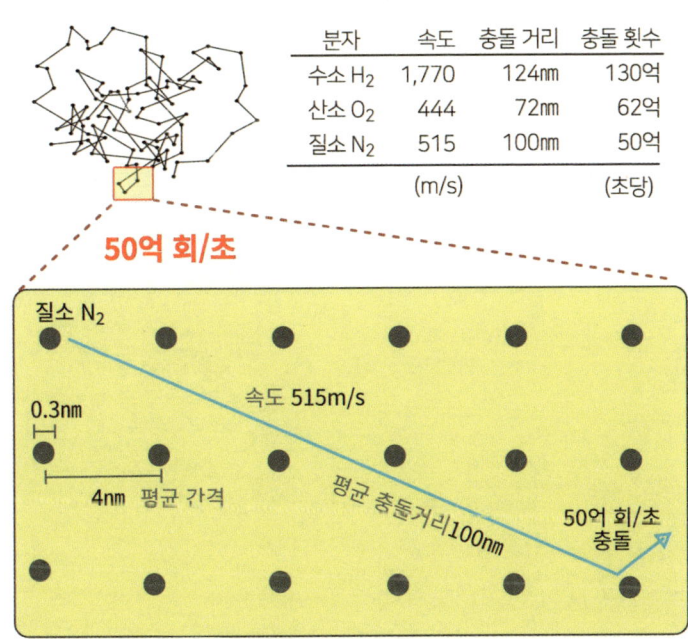

분자	속도	충돌 거리	충돌 횟수
수소 H$_2$	1,770	124nm	130억
산소 O$_2$	444	72nm	62억
질소 N$_2$	515	100nm	50억
	(m/s)		(초당)

따라 아쿠아포린(Aquaporin)이라는 전용 통로를 통해 출입한다. 이때 물의 통과 속도는 초당 30억 개 정도다. 1초에 30억 개의 물 분자가 나란히 서서 하나씩 차례로 통과하는 것이다. 현실에서는 도저히 상상하기 힘든 속도가 미시 세계에서는 일상이다.

그런데 30억 개의 물 분자를 한 줄로 세우면 길이가 얼마나 될까? 물 분자는 보통 0.28㎚ 간격으로 이어지는데, 30억 개면 85cm 정도다. 1초에 30억 개는 아주 빠르고 많아 보여도 1m도 되지 않는 길이이며, 그 무게도 0.00000000000009g에 불과하다. 나노의 세계는 워낙 작아서 숫자가 많고 빠르지만, 그래봐야 적은 양이고, 짧은 길이이다.

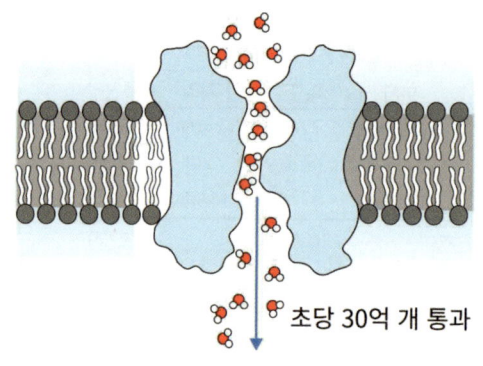

초당 30억 개 통과

30억 개/초

항상 무작위로 춤추는 근육

근육은 액틴과 미오신이라는 단백질로 구성되어 있으며, 아주 정밀하고 치밀한 구조를 자랑한다. 근육이 수축하기 위해서는 일렬로 늘어서 있는 미오신 단백질들이 가장 가까이에 있는 액틴 섬유를 화학적 힘으로 끌어당기는데, 이는 마치 미세한 줄다리기와 같다. 이런 수축과 이완을 통해 우리는 걷고 뛰거나 물건을 들 수 있다.

근육의 세부 구조는 현미경으로도 관찰이 힘들어서 1990년대에 들어서야 구체적인 관측이 가능해졌고, 근육 운동에 ATP가 필요한지는 알았지만 어떻게 근육을 움직이게 하는지는 몰랐다. 일본 오사카 대학의 야나기다 토시오와 연구진은 그 작은 움직임들을 검출할 수 있는 장치를 개발했다. 관찰 결과 ATP 분자 한 개를 미오신에 주면 미오신은 정확히 한 걸음만 움직이는 것이 아니라 두 걸음, 세 걸음 또는 다섯 걸음을 걷고, 심지어 뒤로 즉 반대로 움직이기도 했다. 그래서 미오신 자체는 마구잡이로 움직이며, 방향성은 그런 움직임의 통계일 뿐이라고 결론지었다.

우리는 철봉에 1분도 매달리기 어려운데, 고기는 사후강직이 일어나면 몇 시간 동안 철봉에 매달린 듯한 수축 상태를 유지한다. 이미 죽어서 더 이상 ATP가 공급되지 않는데도 그렇다. 이처럼 미소 세계의 운동은 우리의 상식과 많은 차이가 있다. 근육은 원래 마구 움직이려 하고 생명은 ATP나 칼슘의 농도 조절을 통해 그런 마구잡이 운동에 방향성을 부여하는 것이다. 끊임없이 움직이는 것은 근육뿐 아니라 세포에서 화학물질을 운반하는 운반체 분자, 단백질 접힘, 효소의 작용, 심지어 DNA 분자의 기능 수행 등과 같은 생명의 기초가 되는 현상 모두에게 있다. 분자는 끊임없이 좌충우돌 움직임이고, 우리는 겨우 그 방향성을 통계적으로 알 수 있을 뿐이다. 이런 면에서 의미 없는 랜덤한 움직임을 억제하는 것이 생명의 시작이라고 할 수 있을 것이다.

분자가 끊임없이 움직이기에 변화가 꾸준히 일어난다

세포 안에서 일어나는 일도 분자의 나노 현상이고, 식품의 모든 현상도 분자의 나노 현상이다. 분자를 구성하는 원자는 핵 주위를 전자가 엄청난 속도로 돌고 있는 상태이다. 138억 년 전 우주가 태어난 순간부터 지금까지 한 번도 쉬지 않고 돌고 있으며, 이 우주의 수명이 다하는 날까지 돌고 있을 것이다. 그 움직임이 분자의 요동을 만들고 식품은 시간에 따라 꾸준히 변한다. 우리는 그것을 '경시 변화'라고 한다.

식품에는 수많은 경시 변화가 있다. 그래서 젤리의 이수현상, 분말의 흡습 및 케이킹, 전분의 호화 및 노화 현상, 당액의 석출, 재결정 현상 등이 발생한다. 천일염을 숙성하면 칼륨과 마그네슘 같은 간수 성분이 빠지는 이유, 초콜릿에서 표면에 지방이 보이는 블루밍이 발생하는 이유, 심지어 냉동고에 얼려진 아이스크림의 얼음 입자와 크기가 변하는 이유도 이 운동 때문이다.

젤리 중에는 위아래 맛과 색이 다른 2층 젤리가 있는데, 이때는 수용성 색소보다 유용성 색소가 유리하다. 젤리는 단단해 보이지만 분자들 사이에는 끊임없는 요동이 있다. 유용성 색소는 물과 친하지 않아 그대로 있지만 수용성 색소는 물의 움직임에 떠밀려 다른 층으로 이동하여 색상의 경계가 흐려지기 쉽다. 이런 것들을 통해 젤리 속 분자의 움직임이나 물의 움직임을 간접적으로나마 알 수 있다.

온도란 움직임의 정도다

온도는 분자의 움직임의 정도다. 분자의 운동은 분자의 크기와 온도에 따라 달라지는데 움직임이 가장 적은 상태가 고체이고, 움직임이 빨라지면 액체 그리고 더 빨라지면 기체로 변한다.

- 고체: 분자의 운동력이 분자 간의 인력보다 작아서 진동만 하는 상태.
- 액체: 운동력=인력, 자유롭게 파트너를 바꾸는 정도로 움직이는 상태.
- 기체: 운동력이 인력보다 커서 각자 자유롭게 마음대로 떠도는 상태.

▶ **보일 법칙:** 온도가 일정하면, 기체 분자는 일정 속력으로 운동한다. 부피가 절반으로 감소하면, 단위 부피당 입자 수가 2배로 증가한다. 자연히 단위 면적당 작용하는 힘의 크기도 2배가 되어 압력이 증가한다.

▶ **샤를 법칙:** 온도가 높아지면, 기체의 운동 속도가 증가한다. 입자의 단위 시간당 벽면 충돌 횟수가 증가한다. 벽면에 가해지는 힘의 크기가 증가하고, 내부 압력이 증가한다. 내부 압력이 외부 압력 크기와 같아질 때까지 부피 팽창이 일어난다.

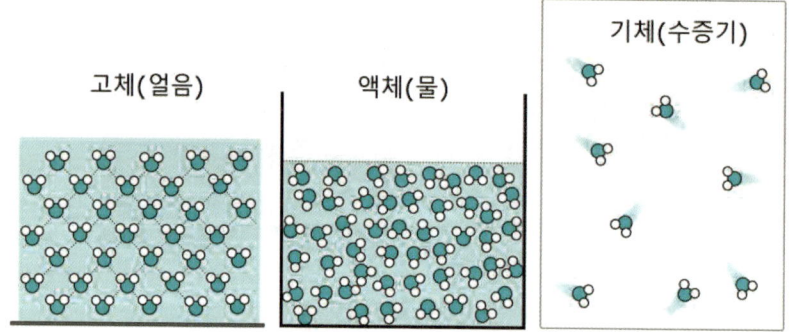

물의 고체, 액체, 기체 상태

과거에는 춥고 배고픈 것처럼 서러운 게 없다고들 했다. 생존을 위해 영양분과 온도만큼 중요한 것이 없다는 뜻이다. 미생물조차 영양분과 온도가 중요하지만, 식품은 분자 현상이라 온도만 중요하다. 온도에 따라 식품의 많은 것이 달라진다. 보통 온도가 높아지면 분자의 움직임 증가해 점성이 낮아지고, 온도가 낮아지면 움직임이 적어지고 점도가 높아진다. 조청이나 물엿을 넣어 마른 멸치를 볶을 때 뜨거운 상태에서는 적당한 점도가 나중에 식게 되면 서로 달라붙고 딱딱해져 먹기가 불편해지는 이유이다. 온도가 높을수록 추출이 잘되는 것도 마찬가지다. 온도는 단순히 이런 물리적 상태를 달리하는 것에 멈추지 않고 화학적 특성까지 완전히 바꾸기도 한다. 고온에서 색이 만들어지고 향이 만들어지는 것과 같은 변화도 일어난다.

우리의 생존에 온도가 중요한 것은 단백질의 변성과 관련이 높다. 효소와 같은 단백질은 온도에 매우 민감한데, 온도가 낮으면 반응이 느려져 정상적인 대사가 일어나지 않고, 온도가 높으면 단백질의 구조가 변형되어 작동을 멈추고 사망에 이르기도 한다. 사실 인간은 체온이 27℃ 이하가 되면 저온 쇼크로 죽고, 42℃ 이상이 되면 고온 쇼크로 죽는다. 온도에 따른 단백질의 변화가 그만큼 민감하다는 뜻이다.

온도도 공간적이라 그만큼 격렬하다

우리는 -273℃의 극저온도 알고, 몇만 ℃의 고온도 안다. 그래서 10℃ 정도의 차이는 가볍게 생각하는 경우가 많다. 그런데 온도는 크기와 마찬가지로 입체이다. 분자가 10배 빨라졌다고 느끼는 것은 전후, 좌우, 상하의 3차원적으로 빨라졌다는 뜻이니, 온도가 10℃ 높아진 것은 운동이 1,000배 활발해졌다고 봐야 한다. 그래야 온도에 따른 식품의 변화나 물성의 변화를 이해하는 데 효과적이다.

온도가 높아지면 운동이 활발해지고 반응이 빨라지고 품질의 변화 속도가 빨라진다. 일반 냉장고보다 김치냉장고에서 훨씬 오래 김치를 보관할 수 있는 것은 냉장고 온도는 10℃ 이하인 데 비해 김치냉장고 온도는 0℃ 전후이기 때문이다. 단지 온도가 10℃ 낮아졌을 뿐인데 유통기간은 그렇게 길어진다. 0℃의 물이 100℃가 되는 동안 온도가 10℃ 오를 때마다 10%씩 더 뜨거워진 것이 아니라, 10℃ 오를 때마다 2~3배 더 뜨거워진다고 생각하는 것이 맞다. 변화의 속도가 10℃마다 2~3배 이상 빨라지기 때문이다. 심지어 10배씩 변하는 것도 있다.

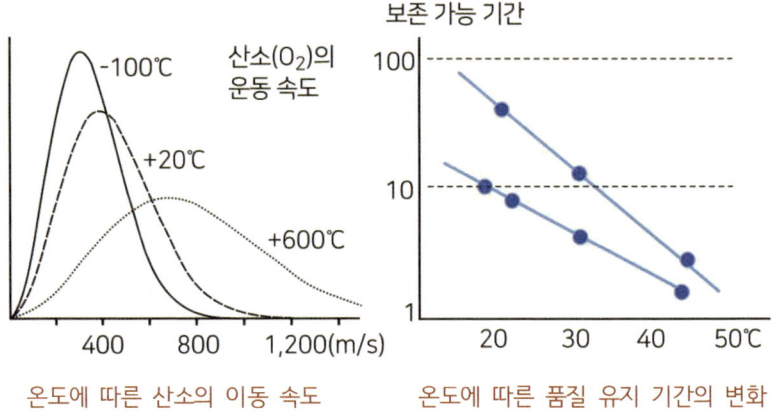

온도에 따른 산소의 이동 속도   온도에 따른 품질 유지 기간의 변화

3. 형태: 분자 형태에 모든 정보가 들어 있다

앞서 분자 크기의 중요성에 관해 설명했지만, 분자(10^{-9}m)는 세균(10^{-6}m)보다 1,000배가 아니라 10억 배 작다는 것과 작다는 것은 같은 양일 때 숫자가 그만큼 많다는 것 정도만 확실히 알면 괜찮다. 분자의 운동도 상상을 초월하게 빨리 움직인다는 것과 커질수록 천천히 움직인다는 정도만 알아도 된다. 하지만 분자 형태의 문제는 단순하지 않다. 사실 모든 분자가 각각 다른 형태를 가지고 있으니, 형태로 분자의 특성을 설명하는 것은 불가능하다고 할 수도 있다.

다행히 식품은 물, 탄수화물, 단백질이 주성분이다. 탄수화물은 단당류가 많지 않고 전분이나 셀룰로스가 대부분이고, 동물의 아미노산은 99% 단백질로 결합한 상태이다. 그러니 물과 폴리머의 관계만 알아도 95%는 해결되는 것이다. 개별 분자의 형태를 읽는 법은 Part 3에서 필요하기 때문에 여기서는 지방, 탄수화물, 단백질이 모노머에서 폴리머가 될 때 형태의 특성만 이해하면 된다.

지방은 탄화수소로 형태가 단순하고 소수성이다

지방산의 특성은 무엇보다 이해하기가 쉽다. 탄소화합물 중 가장 단순한 형태인 탄화수소에 유기산이 결합한 형태이기 때문이다. 탄화수소는 길이가 길어지면 분자 간에 결합하는 힘이 강해져서 녹는 온도, 끓는 온도가 높아진다. 이 특성이 지방산에 그대로 적용된다.

탄소가 하나인 것은 메탄이고 도시가스의 주성분이다. -162℃에도 기체가 되므로 액체로 유지하려면 고압을 견디는 설비가 필요하다. 우리가 흔히 쓰는 부탄가스는 탄소가 4개이고 0℃가 넘어야 기화가 된다. 추운 겨울이나 사용 중에 온도가 낮아지면 연료가 남아 있는 상태에서도 기화가 되지 않아 쓸 수 없는 이유이다. 그래서 탄소가 3개인 프로판을 혼합하는데 프로판은

알칸(알케인) 분자의 길이에 따른 물리적 성질의 변화

이름	분자식	녹는점 ℃	끓는점 ℃	밀도20℃	비고
메탄	CH_4	-183	-162	(기체)	천연가스(주성분), 연료
에탄	C_2H_6	-172	-89	(기체)	천연가스(부성분), 원료
프로판	C_3H_8	-188	-42	(기체)	LPG(연료)
부탄	C_4H_{10}	-138	0	(기체)	LPG(연료, 라이터 연료)
펜탄	C_5H_{12}	-130	36	0.626	휘발유의 성분(연료)
헥산	C_6H_{14}	-95	69	0.659	휘발유의 성분, 추출 용매
옥탄	C_8H_{18}	-57	126	0.703	휘발유의 성분
데칸	$C_{10}H_{22}$	-30	174	0.730	휘발유의 성분
도데칸	$C_{12}H_{26}$	-10	216	0.749	휘발유의 성분
테트라데칸	$C_{14}H_{30}$	6	254	0.763	디젤유의 성분
헥사데칸	$C_{16}H_{34}$	18	280	0.775	디젤유의 성분
옥타데칸	$C_{18}H_{38}$	28	316	(고체)	디젤유, 파라핀 왁스
에코센	$C_{20}H_{42}$	37	343	(고체)	디젤유, 파라핀 왁스

-42℃ 이상이면 기화되기 때문이다. 처음부터 프로판을 쓰면 기화에는 문제가 없으나 열량이 작아서 연비에 불리하다. 탄소 수 5~12개가 휘발유의 성분이고, 14개 이상은 디젤유 성분이다. 많은 열량을 내지만 고압의 기화 장치가 필요하다. 항공기나 배처럼 커다란 엔진을 쓰는 장치는 길이가 더 긴 분자를 쓴다.

분자의 길이가 길어지면 무게도 증가하고 분자끼리의 결합도 증가한다. 포화지방은 쭉 뻗은 직선형이라 길이가 길수록 서로 결합하는 힘이 커서 녹는 온도와 끓는 온도가 높다. 폴리에틸렌은 지방산과 똑같은 구조인데 단지 수백 개 이상 모였다고 그렇게 단단한 플라스틱(HDPE, LDPE)이 된다. 이런 특성은 모든 폴리머에 적용된다.

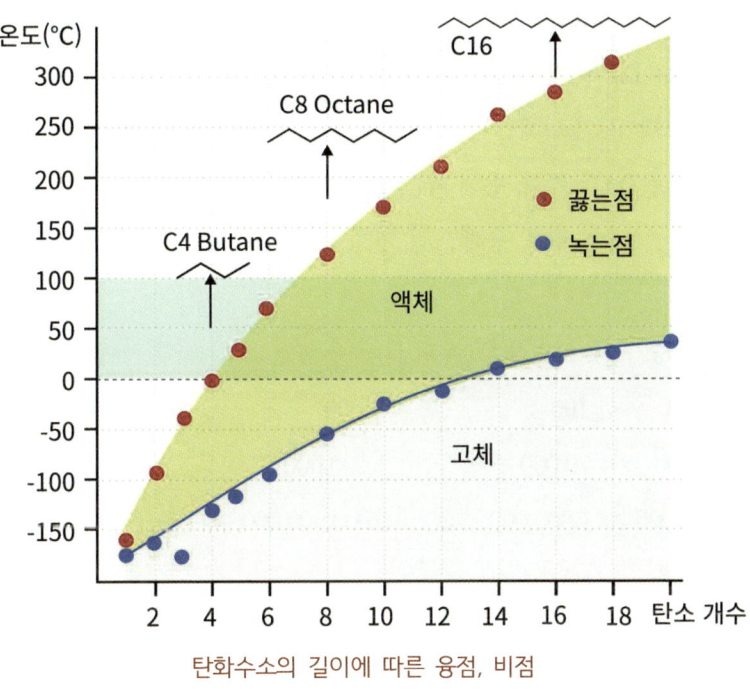

탄화수소의 길이에 따른 융점, 비점

탄수화물은 친수성 다당류이다

탄수화물은 대부분 포도당이 엄청나게 많이 결합한 형태이다. 단백질처럼 20가지 아미노산의 조합이 아닌 한 가지 분자라 훨씬 단순하다. 포도당이 스프링 형태로 공간이 넓게 연결된 것이 전분이고, 빈틈이 없이 직선형으로 조밀하게 연결된 것이 셀룰로스이다. 식이섬유는 포도당 이외에 직선형 구조에 가지 구조가 추가된 형태이다.

이런 탄수화물의 특성을 알기 위해서는 몇 개의 분자가 결합했는지를 나타내는 DP(Degree of Polymerization: 중합도 = 길이)와 형태의 특성을 나타내는 DS(Degree of substitution: 치환도)만 알면 충분한 경우가 많다.

D.P(중합도) = 사슬의 길이, 길이의 3승 효과.
    Higher D.P = 고점도, 수화속도 느림.
    Lower D.P = 저점도, 수화속도 빠름.
D.S(치환도) = 사이드 체인의 많고 적음, 친수기/소수기.
    Higher D,S = 수화, 용해 빠름, 증점 현상.
    Lower D.S = 수화, 용해 느림, 겔화 현상.

길이 L배 증가 시, 표면적 L^2, 부피 L^3.

10	100	1,000
100	10,000	1,000,000
1,000	1,000,000	1,000,000,000

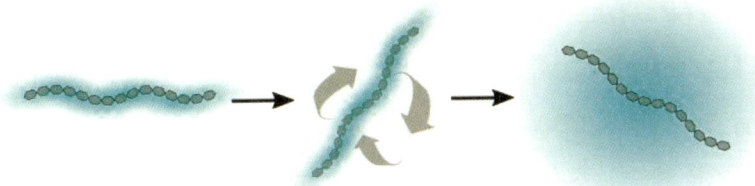

D.P 효과: 길이의 3승 배, 입체적으로 회전하면서 공간을 점유한다.

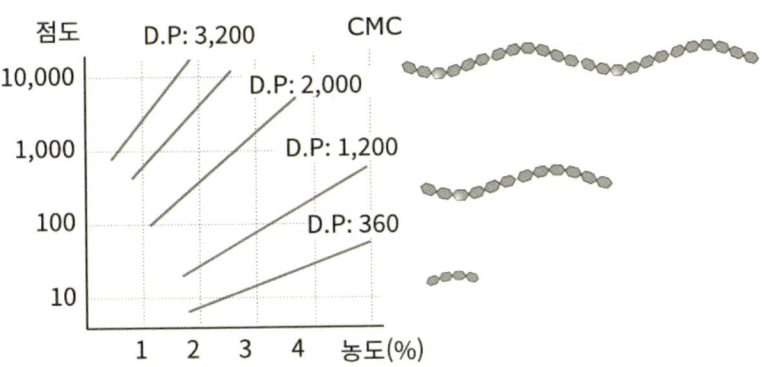

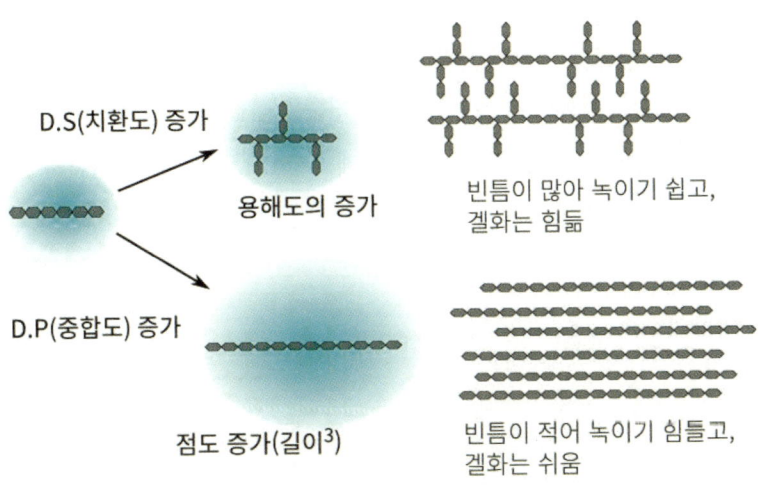

다당류의 형태와 용해도, 점도의 관계

단백질의 형태가 다양한 만큼 기능도 다양하다

2024년 노벨화학상은 화학과는 아무 관련이 없는 A.I 소프트웨어 개발자인 구글 딥 마인드의 CEO 데미스 허사비스와 존 점퍼 박사가 받았다. 단백질의 구조를 예측하는 프로그램의 개발한 공로였다. 노벨상은 보통 연구 결과가 나온 지 10~20년 지나서 받는데 이번에는 불과 6년 만에 받았다. 그만큼 단백질의 구조를 예측하는 것이 힘들고, 중요하기 때문이다. 단백질은 형태가 기능을 좌우한다. 단백질의 형태를 알아야 그것이 어떤 분자와 어떻게 결합하는지 등을 알고 적합한 신약도 개발할 수 있는데, 지난 50년간 단백질을 구성하는 아미노산의 순서를 알아도 실제 어떤 형태를 가질 것인지 예측하기는 너무나 힘들었다.

식품 현상에서는 다행히 이런 복잡한 접힘의 문제를 고민할 필요가 없다. 단백질을 어떻게 효과적으로 풀고, 풀어진 단백질을 어떻게 활용하는지만 중요하기 때문이다. 달걀을 익힐 때처럼 원래의 구형으로 잘 접혀있는 상태(Native, Folding)의 단백질을 한 줄로 길게 풀리는 상태(Unfolding, 변성; Denaturation)로 만들어 주변의 다른 단백질과 뒤엉켜 굳게 할지, 기름을 감싸서 유화를 할지, 머랭처럼 공기를 감싸서 거품을 만들지만 다르다. 삶은 달걀(변성된 단백질)을 어떻게 접어서 원래의 액체 상태로 되돌릴지(Refolding)는 고민하지 않는다.

단백질(추출/용해) →	풀림(Unfolding) →	겔화(Matrix)
온도, pH 이온강도 단백질 종류	가열 물리적 힘 pH, 이온	온도, Ca,Mg **유화(Coating)**

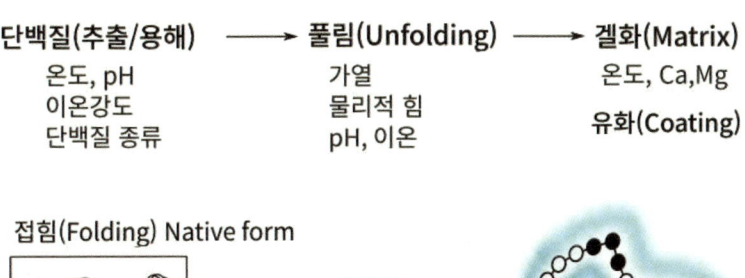

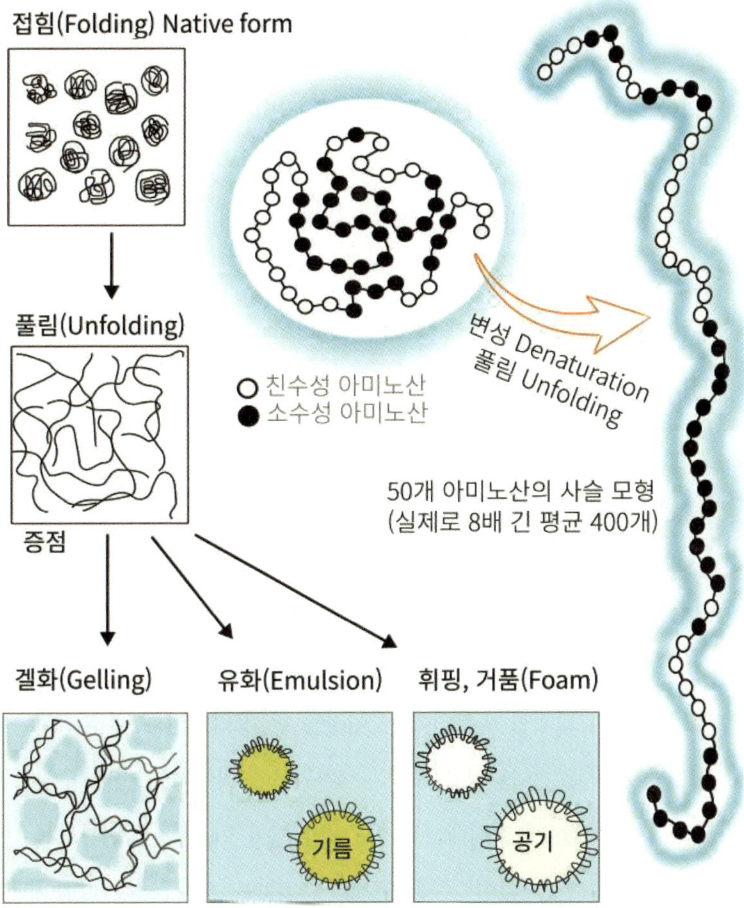

단백질의 변성(풀림) 조건과 활용

처음과 끝을 연결하면 의미가 드러난다

식품의 기본 원자: CHON

식품의 기본 분자: 물, 포도당, 아미노산, 지방산(에틸렌).

식품의 기본 성분: 물, 탄수화물, 단백질, 지방이다.

- 탄수화물: 포도당에서 전분과 셀룰로스.
- 단백질: 아미노산에서 구형 단백질과 선형단백질.
- 지방: 아세틸-CoA에서 지방산과 지방.
  　　　에틸렌에서 폴리에틸렌(HDPE, LDPE).
- 이소프레노이드: 터펜(향기 물질), 콜레스테롤, 카로티노이드.
- 페닐알라닌: 방향족 향기 물질, 타닌, 폴리페놀, 리그닌.
- 핵산: DNA, RNA.

이어지는 Part II에서는 식품의 폴리머 현상을 다룬다. 어떤 모노머에서 시작하여 어떻게 결합하여 폴리머가 되는지, 폴리머가 되면서 성격이 어떻게 변하는지를 살펴보는 것이다. 개별 분자의 특성을 일일이 공부하는 것보다 시작과 끝을 파악하고 특정 분자를 만나면 어느 위치에 있는 것인지를 파악하는 것이 훨씬 효과적인 공부법이다. 이것을 한 장의 그림으로 온전히 표현하고 싶지만, 자연은 3차원이고 종이는 2차원이라 아무래도 한계가 있다. 그래도 최대한 간결하게 정리해 보겠다. 이번 장이 이 책의 절반가량을 차지하는데, 식품에 그만큼 많이 존재하고 많은 역할을 하다 보니 설명이 좀 긴 편이다. Part III에서는 개별 분자의 특성을 다루는데 이들은 특정 기능을 하는 것이라 특정 원리만 설명하면 되기에 오히려 설명은 간단하다.

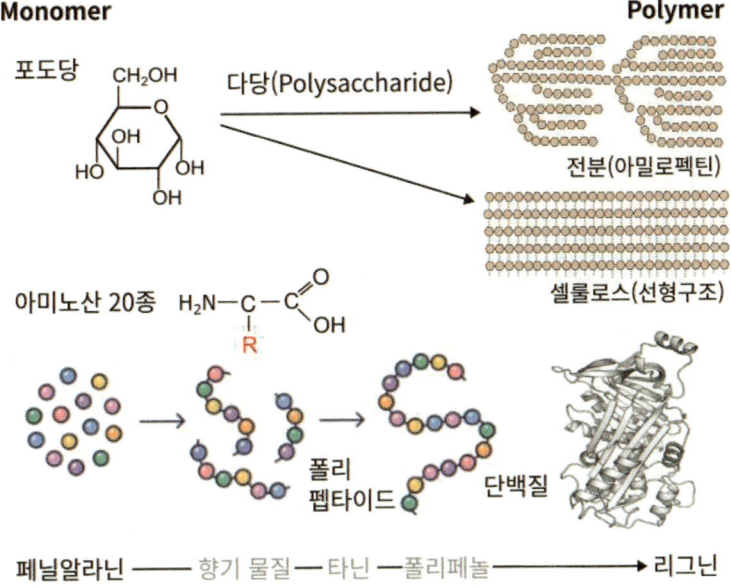

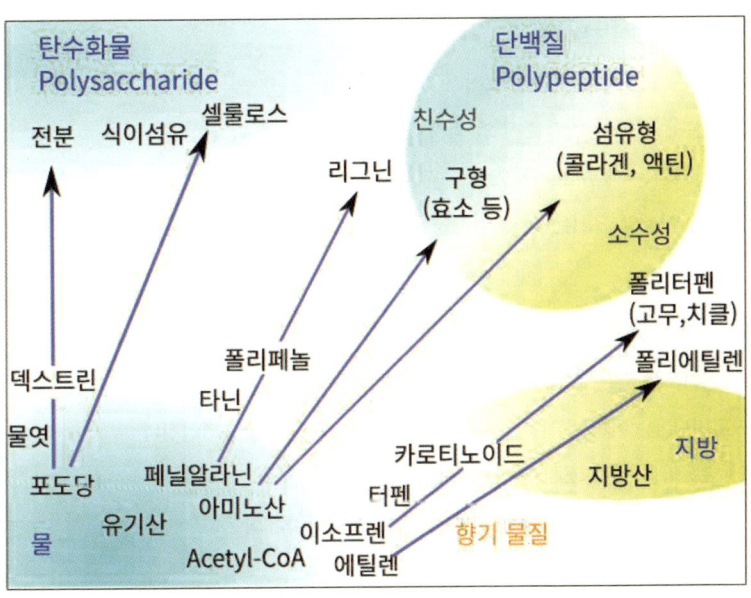

분자 구조식을 읽는 법

A. 크기: 폴리머의 길이와 사이드체인

- 물성에서 크기보다 중요한 정보는 없다.
  - 표면적은 길이의 제곱이고, 크기는 길이의 세제곱이다.
  - 1nm의 분자보다 100nm는 100배가 아니라 1,000,000배 크다.
  - 향, 맛, 색소, 의약품 등의 분자 크기는 1nm 전후이다.
  - 바이러스는 $0.1\mu m$, 세균은 $1\mu m$, 진핵세포는 $20\mu m$ 정도다.
- 폴리머의 길이가 공간을 지배한다.
  - 모노머는 1nm 전후이고, 폴리머를 형성하여 길어진다.
  - 분자가 길어지면 운동은 느려지고 분자끼리의 결합력은 증가한다.
- 유화물의 지름은 $1\mu m$ 전후이다. 분자 10억 개.
  - 크기가 바뀌면 화학적인 특성마저 바뀐다.
  - 입자의 지름이 줄면 표면적 비율이 늘어나고 반응성이 증가한다. 마찰력이 늘어 이동속도가 감소하고 유화 상태는 안정화된다.
- 크기에 따라 성질이 달라진다.
  - 용해: 1nm 크기인 분자 단위로 녹아서 투명하다.
  - 가용화: $0.1\mu m$ 이하의 입자로 빛의 파장보다 작아서 투명하다.
  - 유화: $1\mu m$ 크기는 매우 효과적으로 빛을 산란시켜 불투명하다.
  - 미분: $20\mu m$ 이상의 크기는 혀로 입자를 느낄 수 있다.

B. 운동: 온도는 운동의 정도다

- 분자는 영구운동, 결코 멈추지 않고 영원히 움직인다.
  - 마이크로미터(μm) 이하는 작을수록, 온도가 높을수록 움직임이 빨라진다.
  - 분자의 요동이 다양한 경시 변화의 원인이 된다.
  - 공기 중의 질소는 4nm, 100nm 정도에서 충돌, 초당 50억 회 정도.
- 온도란 분자의 움직임 정도다.
  - 고체는 진동하고, 액체는 파트너를 계속 바꾸고, 기체는 자유롭게 공간을 초음속

으로 이동하면서 서로 충돌한다.
- 물은 얼린 상태에서도 운동 속도만 감소할 뿐 멈추지 않고 진동한다.
• 유유상종: 친수성은 친수성끼리, 친유성은 친유성끼리 점점 모이려 한다.
• 상전이(相轉移)에는 충분한 에너지가 필요하다.
- 액체는 액체를 유지하려 하고, 고체는 고체를 유지하려 한다.
- 결정 핵(Seed)이 있으면 그것을 따라 하는 분자가 많아진다.

C. 형태: 극성/비극성, 모노머/폴리머
• 극성 vs 비극성.
- 지방은 주로 탄소와 수소로 된 단순하고 비극성(친유성)의 분자다.
- 산소가 포함되면 극성이 생기고 반응성과 친수성이 커진다.
- 극성이 증가할수록 결합력이 커져서 융점과 비점이 높아진다.
• 모노머 vs 폴리머.
- 유기물은 주로 폴리머의 양이 많고, 모노머의 양은 적다.
• 폴리머의 특성은 사슬의 길이와 사이드체인이 결정한다.
- DP(중합도, 체인 길이): 100~1000, 1백만.
   길수록 점도는 급격히 증가하고 수화 속도가 느려진다.
- DS(치환도, 사이드체인 수): 0~3.
   높은 DS = 사이드체인이 많고 균일하면 쉽게 녹고, 겔화되기 힘들다.
   낮은 DS = 적고 불균일하게 분포하여 녹이기 힘들고, 겔화가 쉽다.

PART
2

식품을 지배하는
4가지 원자와 분자

1장. 물은
가장 단순하면서
심오한 분자이다

1. 물이 있어야 생명이 있다

물이 있어야 생명이 있다

생명체를 이루는 성분 중에서 가장 많은 것은 항상 물이다. 나는 양이 많은 만큼 중요하므로 많이 공부해야 한다고 믿기 때문에 식품 공부의 60%는 물이어야 한다고 생각한다. 그런데 물을 이해하는 것은 정말 쉽지 않다. 그래서 전작에서는 가장 이해하기 쉬운 지방을 먼저 다루고 물을 가장 나중에 다루었다. 그래도 이번 책에서는 양의 순서로 다루고 싶어서 물을 먼저 다루게 되었다.

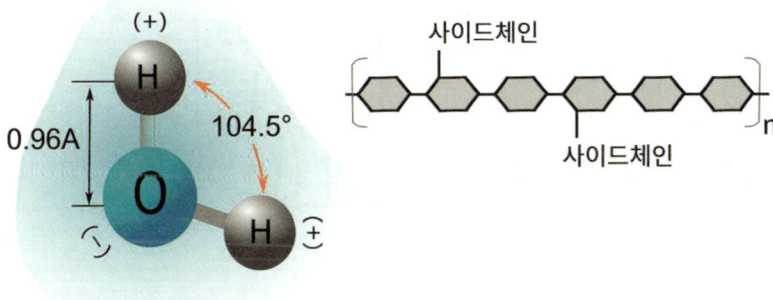

지구 표면은 71%가 물로 덮여 있고, 모든 생명의 기초 역시 물이며, 우리 체중의 55~70%도 물이다. 물은 생명에 있어서 가장 중요한 분자이고, 다른 물질로 대체 불가능하다. 물은 생명에 가장 중요한 영양원이고 생명체를 움직이는 물주머니라고 할 수 있다. 지구 밖에 생명을 탐색할 때도 가장 먼저 확인하는 것이 물의 존재 여부다. 세상에는 정말 다양한 생물이 살지만, 물이 없이 사는 생물은 없다. 인간도 예외가 아니어서 체중의 65% 정도가 물이다. 체중이 70kg이면 항상 45kg의 물을 들고 다니는 셈이다. 그런데 사람들은 이 45kg에 별로 주목하지 않는다. 금이 45kg이라면 귀하다고 생각할 텐데, 물은 쉽게 구할 수 있어서인지 너무 가볍게 생각한다. 게다가 45kg은 아주 부담스러운 무게이다. 다이어트로 5kg만 줄여도 몸이 날아갈 듯 가벼운데 사람들은 항상 45kg의 물을 들고 다니는 이유에 별로 관심이 없다.

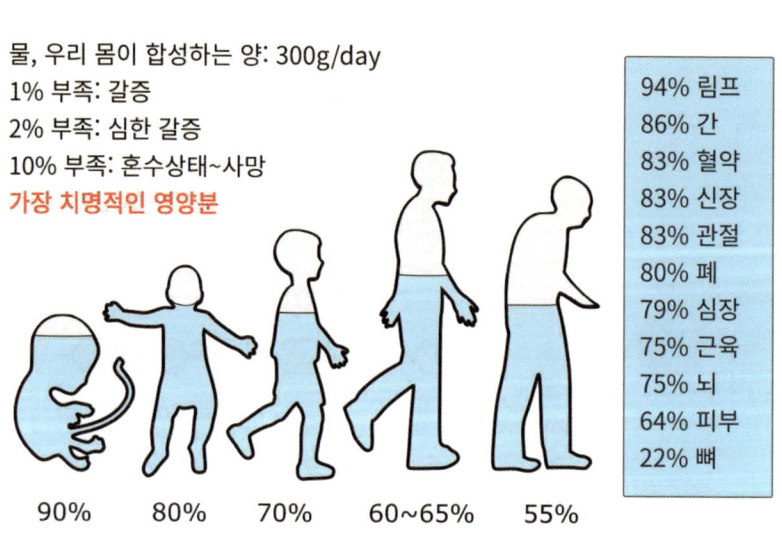

우리 몸의 수분 비율 변화

우리 몸은 수분이 1% 부족한 것도 정확하게 느낀다. 몸에 45kg의 물을 항상 지니고 있는데 그것의 1%인 450g만 부족해도 상당한 갈증을 느끼고, 2%인 900g이 부족하면 심한 갈증을 느낀다. 아주 심한 갈증도 900g 정도의 물을 마시면 해결되는 것을 보면 알 수 있다. 타는 갈증을 시원한 물로 해소할 때만큼 강력한 쾌감도 드물다.

평소에는 0.5%만 부족해도 물을 찾을 정도로 갈증을 정교하게 느끼는 것도 신기하지만 갈증을 해소하는 기작도 신기하다. 뇌의 시상하부에 존재하는 갈증 뉴런은 몸의 수분 상태를 예상해 갈증 반응을 조절한다. 목마른 생쥐에게 물을 마음대로 마시게 하면 1분 이내에 이 갈증 뉴런이 잠잠해진다. 갈증 뉴런은 몸의 갈증이 해소된 시점이 아니라 물을 마시기 시작하면 예측을 통해 미리 꺼진다. 몸의 갈증이 물의 흡수를 통해 실제로 해소되려면 수십 분이 걸릴 텐데 그때까지 물을 계속 마시면 큰 탈이 날 것이라 갈증 해소를 예측하여 미리 끄는 것이다.

인간은 물이 5% 부족하면 혼수상태가 되고, 10% 부족하면 사망하게 된다. 이처럼 물은 생명에서 가장 중요한 영양소이지만 왜 그렇게 많은 물이 있어야 살아갈 수 있는지, 우리 몸에서 물의 정확한 역할은 무엇인지에 관심을 가지는 경우는 별로 없다.

우리 몸의 부위에 따라서도 수분 함량이 다르다. 혈액은 83%, 근육은 75%, 지방조직은 25%, 뼈는 22%, 심지어 그렇게 단단한 치아도 2% 정도의 수분을 가지고 있다. 그런데 나이가 들면 신체의 수분 함량이 감소한다. 신생아일 때는 90%, 유아일 때는 80%였다가 아이 때는 70%, 어른일 때 60~65%가 된다. 그리고 노년에는 55%까지 떨어지는데 50% 이하가 되면 흙으로 돌아간다고 한다. 나이가 든다는 것은 점점 건조해진다는 뜻인지도 모른다.

우리의 피부는 여러 기능이 있지만 그중 수분을 지키는 능력도 중요하다. 성인의 피부 면적은 약 1.6㎡이고 무게는 3kg이다. 표피에 존재하는 각질층의 방수 능력은 같은 두께의 플라스틱 막에 버금간다. 흔히 화상으로 피부의 1/3을 잃으면 죽는다고 하는데, 각질층이 사라져 체내의 물이 대량으로 쉽게 빠져나가기 때문이다. 나이가 들면 가려움증이 증가하는 이유도 몸에 수분 유지가 힘들어지기 때문이다. 보습제가 필요해지는 이유이다.

만약 재흡수가 없다면 매일 9ℓ 이상의 물을 마셔야 한다

우리는 매일 2ℓ 정도의 물을 마신다. 매일 먹는 식품의 양보다 물의 양이 많은데 실제 우리 몸에서 활용되는 물은 이보다 훨씬 많다. 우리 몸에서 만들어지는 침의 양만 1~1.5ℓ이고 위액도 1.5~2ℓ이다. 췌장의 효소, 점액, 담즙산 등이 모두 수용액 상태로 몸에서 나오기 때문에 내 몸에서 나오는 물이 7ℓ 정도가 추가된다. 따라서 매일 약 9ℓ 정도의 물이 장으로 가는 셈이다. 음식이 소장에서 대장으로 운반될 때는 엄청나게 많은 물이 포함되어 있다. 만약 이렇게 많은 물이 그대로 배출되면 치명적인데, 대장에서 대부분 재흡수되어 대변으로 배출되는 양은 겨우 0.1ℓ 정도다.

이런 물의 재흡수에는 나트륨 같은 이온들이 결정적 역할을 한다. 내 몸에서 장으로 이온들이 투입되면 물도 따라서 들어가고, 장에서 이온들이 회수하면 물도 따라서 회수된다. 많은 에너지를 사용해 이온을 내보내고, 재흡수하면서 물을 조절하는 것이다. 만약 마그네슘 같은 것을 대량으로 먹으면 대장에 흡수되지 않는 마그네슘이 물을 붙잡아 설사약으로 작용한다. 솔비톨 같은 당알코올이나 다른 성분도 대량으로 먹으면 같은 효과를 낸다. 이처럼 우리 몸은 소금(삼투압)을 통해 물을 통제하고, 콩팥에서는 사구체로 배출한 소금의 99%를 재흡수하여 사용하므로 소모율이 낮은 것이지 만약 소금이 소모성의 원료였다면 그 사용량을 도저히 감당할 수 없을 것이다.

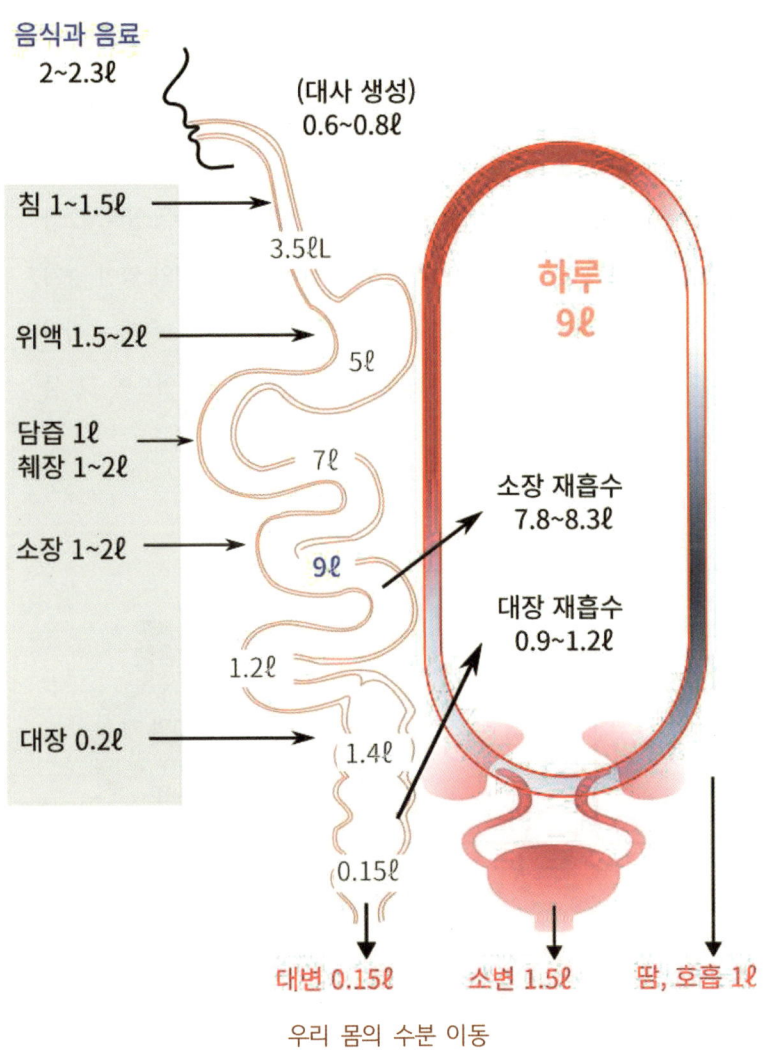

우리 몸의 수분 이동

물은 전용 통로가 있지, 물 펌프는 없다

바다 모험을 다룬 이야기나 영화에서 조난사고를 묘사하는 장면이 나올 때 가장 안타까운 것은 사방으로 오직 물밖에 안 보이는데 마실 물이 없어서 타는 갈증으로 고통을 받는 모습이다. 우리 몸의 혈액은 염도 1% 정도의 삼투압을 가지고 있다. 반면에 바닷물은 체액보다 삼투압이 3배 이상 높다. 그러니 바닷물을 마시면 수분이 오히려 빠져나가고 극심한 고통을 받는다. 소금 때문에 바닷물을 못 마시지만, 물 때문에 소금을 먹어야 하기도 한다. 우리 몸의 혈액에 소금이 있어야 삼투압으로 우리가 마신 물을 흡수하여 적절한 체액량과 혈액량을 유지할 수 있고 혈압도 유지할 수 있다. 소금의 과잉 섭취가 문제가 되는 것도 결국 삼투압 때문이다. 혈액의 양이 증가해 혈압이 상승한다. 결국 과잉 섭취가 문제이지 소금 자체의 문제는 아니다. 소금은 적게 먹고, 물을 많이 마시라고 말하지만, 소금이 없으면 그 물이 흡수되지 않으니 아무 소용이 없다.

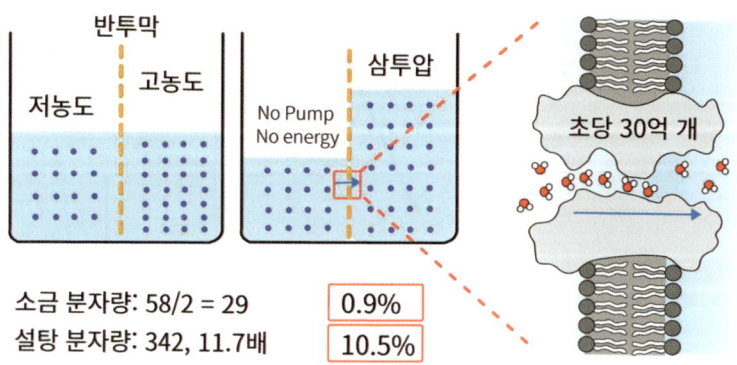

삼투압과 반투막을 통한 물의 이동

생명체에서 삼투압이 중요한 것은 물이 삼투압에 따라 이동하기 때문이다. 물은 아무 곳이나 통과하지 않는다. 생명체의 세포막에는 물 전용 통로(Aquaporin)가 있어서 그곳을 통해 출입한다. 그리고 물이 세포 안으로 들어올지 밖으로 나갈지를 결정하는 것이 삼투압이다. 만약 우리 몸에 물의 이송펌프가 있다면 소금물을 마셔도 농도 차를 거슬러 강제로 물을 흡수할 수 있을 것이다. 하지만 그런 장치는 있을 수 없고, 나트륨이나 칼륨 등의 이온을 이송하는 펌프만 있다. 이온들 통해 삼투압을 조절하고 그렇게 조절된 삼투압을 통해 물의 출입을 조절하는 것이다

체액과 같은 농도인 0.9%로 맞춘 소금물을 생리식염수라고 하는데, 정맥주사용 수액으로 널리 사용된다. 목마르다고 0.9%를 초과하는 농도의 소금물을 마시면 우리 몸에 수분이 공급되기는커녕 삼투 현상으로 인해 목이 더 마르게 된다. 생리식염수는 등장액이라서 일반 물이나 너무 진한 소금물과 달리 접촉한 세포의 수분 농도의 균형을 흐트러뜨리지 않기 때문에 비강, 구강 내부와 같은 민감한 점막 조직이나 상처 등을 씻는 데 적합하다.

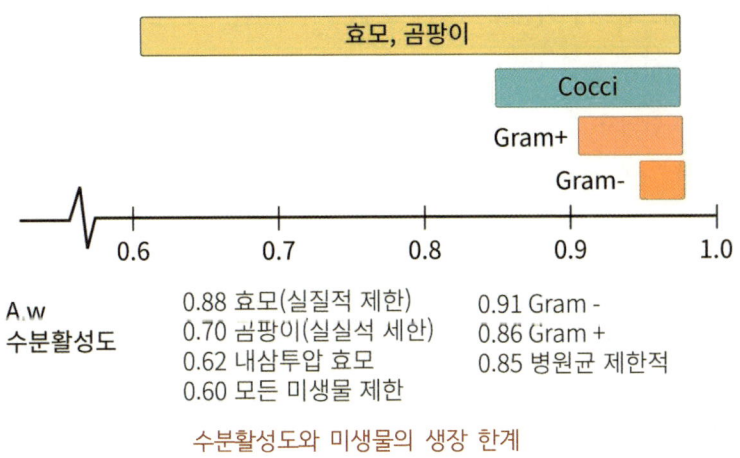

수분활성도와 미생물의 생장 한계

고농도의 소금물에 미생물이 살기 힘든 것은 소금물이 탈수를 유발하여 세균의 원형질 분리를 유발하며, 수분활성도를 낮추기 때문이다. 고농도의 소금에 절이는 방식인 염장은 소금의 삼투작용을 이용한 저장법이다. 과거 냉장고와 같은 마땅한 저장 장치가 없었던 시절에 생선 등을 절일 때는 바로 먹기가 불가능할 정도로 고농도의 소금을 사용했다. 물론 염장을 하더라도 염분에 저항성을 가진 미생물 및 아포를 형성하는 세균 등이 살아남을 수 있지만, 이러한 세균은 인체에 유해할 가능성이 낮고, 오히려 발효를 통해 유익한 작용을 한다.

식물에 수분이 금방 증발한다면

우리 몸도 물이 중요하지만, 우리는 언제든 물을 찾아 떠날 수 있다. 하지만 식물은 그 자리에서 꼼짝도 못 하니 훨씬 심각한 문제가 생긴다. 물을 향해 뻗어가는 뿌리의 성장 장면을 보면 그야말로 경이로울 정도다. 식물은 항상 액포에 물을 보관하는데 오래된 식물 세포일수록 크게 발달하여 식물 세포 부피의 90% 이상까지 차지하기도 한다. 그만큼 물 보관에 필사적이다.

사실 선캄브리아기 이전의 생물은 모두 물속에서만 살았다. 그러다 시아노균이 광합성을 통해 산소를 대량으로 만들자 오존층이 만들어졌고, 강한 자외선이 차단되자 식물도 육상 진출을 시도하게 되었다. 바다에서 광합성을 하는 해조류는 홍조류, 녹조류, 갈조류가 있는데 녹조류보다 갈조류가 뿌리, 줄기, 잎 등 조직의 분화가 잘 되어 있고, 통기 조직 등 내부 구조가 훨씬 발달한 면이 있다. 그런데 육지의 상륙에 성공한 것은 의외로 녹조류이다. 녹조식물은 체표에 큐티클 층이 발달하여 체내의 수분 증발을 막아 건조에 견딜 수 있었던 반면, 갈조식물은 큐티클 층이 없어서 건조에 약했기 때문이다. 물을 지키는 힘이 육상 진출의 성패를 좌우했다.

식품 원료도 대부분 한때 생명이었다. 그래서 수분이 많다. 보통의 재료는 수분이 80% 이상이고 채소는 95% 정도다. 씨앗 등 영양분의 저장체 형태일 경우 수분이 매우 적은 경우가 있지만, 그것은 배아(Embryo) 부분만 자라고 나머지는 영양분으로 소비되는 부분이라 그럴 수 있고, 살아있는 세포는 항상 물이 많다. 수분이 없는 것을 먹을 때는 침(물)이 나와야 한다. 건조한 상태로는 소화 흡수는커녕 삼킬 수조차 없다. 음식의 맛있는 정도를 객관적으로 측정하기는 쉽지 않은데, 이때 침이 나오는 양으로 측정하는 것은 생각보다 객관적 지표이다.

고기를 구울 때 가장 강조되는 것은 육즙이다. 그만큼 맛에서 중요하기 때문이다. 육제품 제조 시 고기의 보수력은 정말 중요하다. 고기 단백질은 고기가 함유하고 있던 자체 수분 이외에도 고기 양의 25~50% 정도 첨가하는 물을 잘 흡수하고 붙잡아야 하기 때문이다. 따라서 육가공 시 보수력이 떨어지는 고기를 원료로 사용하게 되면 첨가된 물을 붙잡기는커녕 고기 자체가 가지고 있는 수분마저 배출해 수율을 크게 떨어뜨린다. 그러면 완제품의 식감이나 다즙성과 같은 관능적인 성질에도 크게 나빠진다.

2. 물의 특별함은 수소결합에서 나온다

물은 많은 수소결합을 한다

　물은 여러모로 특별한 분자이다. 지구상에서 자연적으로 액체(물), 고체(얼음), 기체(수증기)로 동시에 존재하는 유일한 화합물이며, 우리의 기후와 날씨도 물의 이 3가지 상태에 크게 좌우된다. 물은 부피와 밀도도 다른 액체와 다른 점이 있다. 대부분의 액체는 냉각할수록 수축하다가 동결하면 더욱 수축하는데, 물은 4°C에서 최대 밀도를 보이고, 동결되는 순간 부피가 오히려 늘어났다가 이후 조금씩 수축한다.

　물은 과냉각 상태도 유별나다. 쉽게 어는 상태로 변하지 않는 것이다. 심지어 -100°C까지도 압력과 결정화 핵 등의 조건을 잘 조절하면 물이 얼지 않고 과냉각의 액체 상태를 유지할 수 있다. 이것 말고도 60여 가지 유별난 성질을 가진 것으로 알려져 있는데, 이는 물 분자가 가진 특별한 형태 때문에 가지게 된 극성(Polar)과 이에 따른 수소결합의 힘에 의한 것이다.

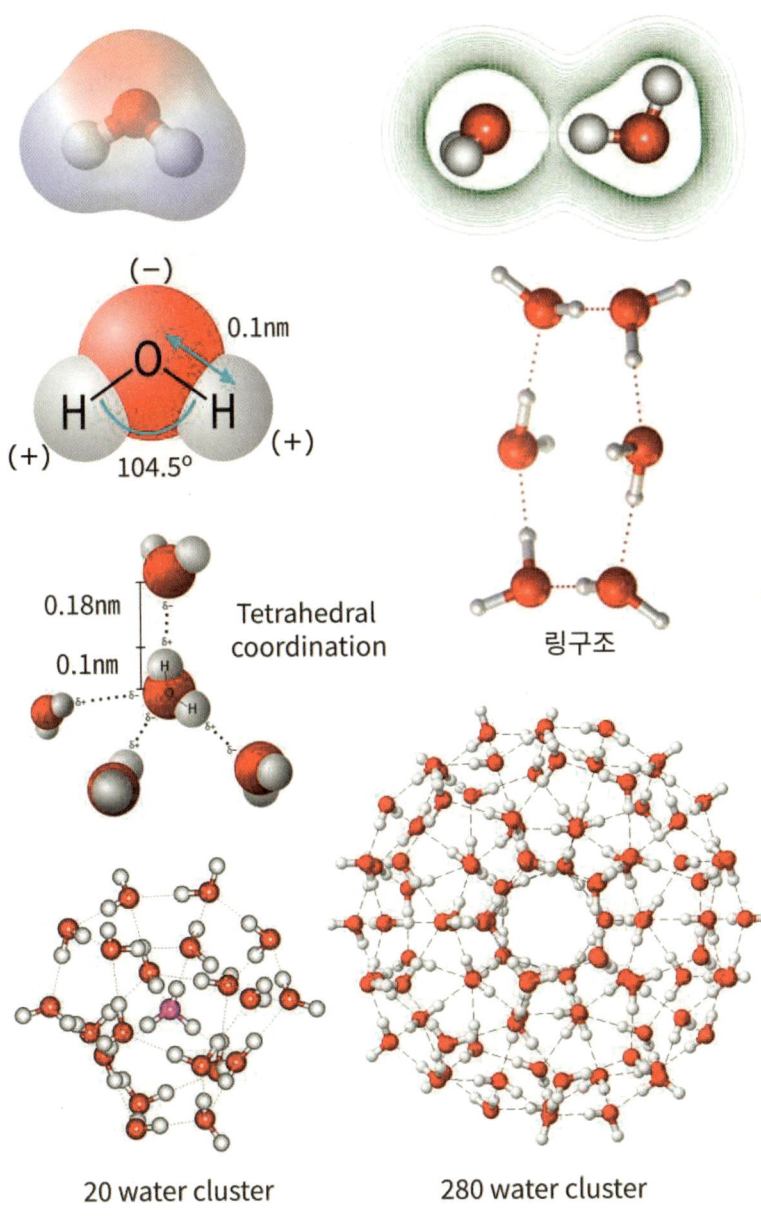

물 분자의 수소결합 형태

물은 산소 1개에 수소 2개가 결합한 형태이다. 2개의 수소가 180도 좌우 대칭으로 배열되면 극성이 없거나 약할 텐데, 104.5도 'ㄱ'자 형태로 꺾여 있다. 그래서 수소 쪽이 (+)전하를 띠고, 산소의 빈자리가 (-)전하를 띤다. 이런 전자적 편중이 세상에서 가장 작은 분자의 하나인 물에 특별함을 가지게 한다. 전기적인 끌림에 의해 수소결합(Hydrogen bond)을 형성하는 것이다.

수소결합은 너무 강하지도 약하지도 않다

수소결합은 공유결합의 5~10% 정도의 힘을 가진다. 수소결합 능력이 증가하면 융점, 비점, 응집력, 상전이 온도, 비열, 점도 등이 증가하고 확산계수, 이온화, 열전도, 친수성 물질의 용해도 등이 감소한다. 수소결합의 힘은 지금 상태에서 아래와 같이 조금만 변해도 도저히 감당할 수 없는 일이 벌어진다. 물은 수소결합에 여러 독특한 특성을 가진다.

- 수소결합은 끊임없이 끊어졌다 다시 결합한다(10^{-11} second).
- 액체 상태에서는 평균 이웃의 3.5개의 분자와 수소결합을 한다.
- 물이 다른 분자와 달라붙는 힘이다(Adhesion).
- 물 분자끼리 달라붙는 힘이다(Cohesion).
- 친유성 분자를 배척한다(Hydrophobic exclusion).
- 상대적으로 매우 높은 비열을 갖는 이유이다.
- 물이 넓은 온도 범위에서 액체를 유지하는 힘이다.
- 물이 얼면 오히려 부피가 증가하는 이유이다.
- 매우 강력한 극성 용매의 역할을 하는 힘이다.
- 강력한 모세관 현상을 보일 수 있다.

만약에 이런 수소결합의 힘이 변하게 되면 물의 성질은 완전히 달라진다.

물의 수소결합 힘이 감소할 때

5% 감소: CO_2 70%,
　　　　 O_2 27% 용해도 감소
18% 감소: 단백질 대부분 열변성
29% 감소: 체내 물이 끓게 됨

수소결합 힘이 증가할 때

2% 증가: 대사율 상당한 증가
3% 증가: 물의 점도 23% 증가
5% 증가: CO_2 440%,
　　　　 O_2 270% 용해도 증가
18% 증가: 체내 수분 동결
51% 증가: 단백질 동결변성

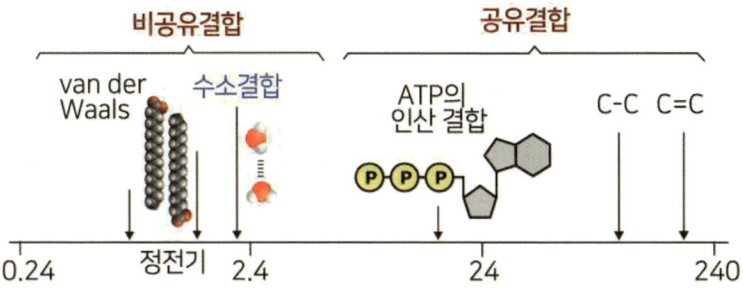

수소결합의 의미와 역할

물을 대체할 물질이 없는 이유

물을 대체할 물질이 없는 이유는 정말 많겠지만, 일단 무게만 봐도 알 수 있다. 물은 분자량이 18에 불과한데 0~100℃의 범위에서 액체이다. 생명현상은 액체를 기반으로 이루어지며, 물만큼 가벼우면서 넓은 범위에서 액체를 유지하는 분자도 없다. 그리고 지방막(세포막)을 통해 통제하기도 쉽다. 그나마 비슷한 에탄올도 분자량이 46으로 물의 2.6배라서 에탄올로 대체하면 우리 체중은 바로 2배가 된다. 물의 여러 특성을 알면 알수록, 물이 얼마나 비범한 물질인지 알게 된다.

물의 수소결합은 물 분자끼리 결합하는 응집력(Cohesion)과 물 분자가 다른 분자와 결합하는 접착력(Adhesion)을 부여한다. 그래서 녹는점, 끓는점이 매우 높고 융해열과 기화열도 매우 크다. H_2Te, H_2Se, H_2S와 비교하면 쉽게 그 사실을 알 수 있다. 만약 물이 이들과 특성을 공유하면 -90℃에서 액체가 되고, -68℃에서 기체가 될 것이다. 그런데 물은 이보다 90℃가 높은 0℃에서 액체가 되고, 168℃가 높은 100℃에서 기체가 된다. 이런 특별함이 없다면 지구상의 생명 현상은 전혀 없었을 것이다.

물의 수소결합의 형태는 매우 다양하고 유동적이다. 압력이나 온도 등에 따라 다양한 크기의 물 분자 클러스터가 2차원, 3차원적으로 형성된다. 기체 상태에서는 케이지, 링 및 프리즘이 가장 일반적이고, 동결 상태에서는 17가지의 결정 형태와 2가지 무정형 형태가 알려져 있다. 물의 육각형 대칭 구조는 눈송이의 형태에 잘 표현되어 있다.

물의 수소결합은 끊임없이 끊어지고 동시에 새로운 결합이 형성된다. 평균적으로 몇 피코초 단위로 '이어졌다, 끊어졌다'를 반복한다. 피코초는 1조분의 1초이다. 이러한 물의 거동은 단백질 접힘, 기체 용해도, 촉매 반응 등 많은 생물학적 과정에서 중요한 역할을 한다. 그리고 10nm 미만의 기공에서는 구속 효과가 발생하여 물의 물리적 및 화학적 속성이 크게 변경된다.

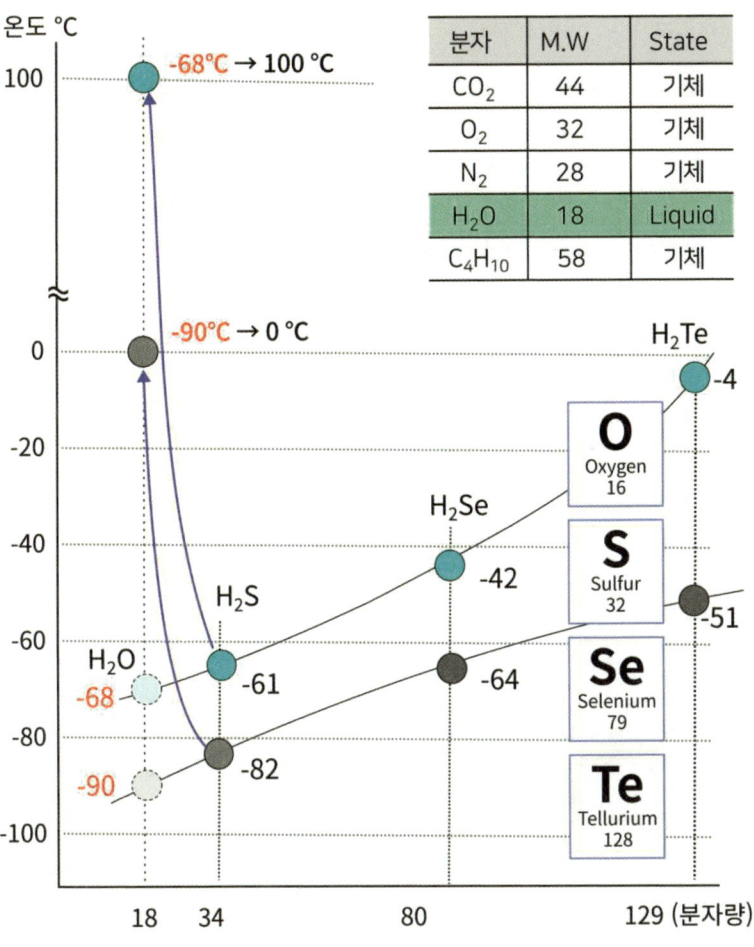

물은 수소결합 덕분에 응집력이 강하다

물 분자는 결코 홀로 움직이지 않는다. 가장 기본적인 것은 1개의 물 분자가 다른 4개의 물 분자와 수소결합 하는 것인데, 결합한 다른 물 분자도 이미 다른 물 분자와 결합한 상태라 물은 조건에 따라 200~1,000개가 한 덩어리처럼 움직인다. 그러니 물성과 관련하여 물을 이해할 때는 아래 그림을 떠올리는 것이 효과적이다. 수소결합 하나에는 물 분자 하나가 결합한 것이 아니라, 겹겹이 영향을 받는다는 것을 보여주는 그림이다. 물은 1개 층만 강하게 붙잡혀도 겹겹이 붙잡힌다. 친수성의 나노입자는 무려 1,000개 층까지 그 영향을 받는다고 한다. 이 그림을 이해하면 증점제(다당류)가 자기 중량의 1,000배의 물을 붙잡는 현상이 쉽게 이해될 것이다. 그리고 이런 결합은 아주 강력한 것이 아니어서 온도와 pH 등에 의해 많이 달라진다. 증점제로 겔화가 일어날 때도 증점제가 물 분자가 빠질 빈틈없는 구조를 만든 것이 아니라 엉성한 그물망인데도 물이 덩어리져서 그 망에 갇혀서 나오지 못하는 것이라고 이해하는 편이 훨씬 실전적이다.

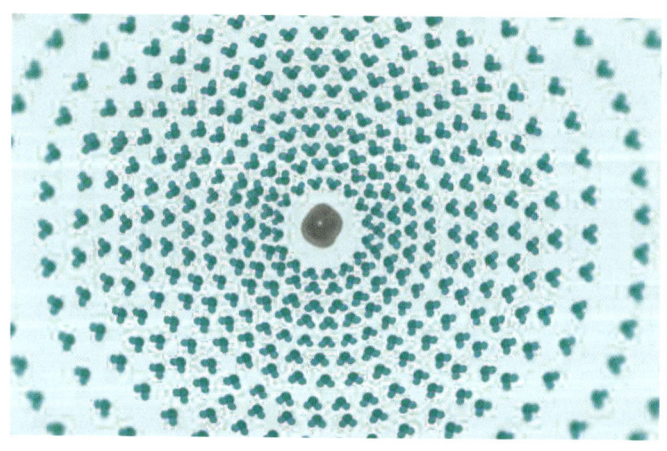

물 분자가 층층이 붙잡히는 현상의 모식도

식물이 높이 자라는 데도 이 응집력이 필수적이다. 물은 응집력 때문에 표면 장력도 강한 편이고, 이 때문에 물을 가는 유리관에 넣으면 물이 모세관을 따라 올라가는 '모세관 현상'이 나타난다. 이 특성으로 식물이 영양분을 흡수하고, 높이 자란다. 100m가 넘는 나무의 잎까지 수분이 공급되는 것은 나뭇잎에서 수분이 증발하면 뿌리의 수분이 모세관 현상으로 딸려 오기 때문이다. 그러나 그 한계가 있어서 130m를 초과하지 못한다. 나무의 최대 높이가 물의 공급 특성에 달린 것이다.

물의 응집력을 보여주는 대표적 현상

물의 결합은 공유결합도 아니고 단지 극성의 분자끼리 친하게 지내는 수소결합인데 그 힘이 뭐 그리 대단할까 싶지만, 유리에 얇은 비닐 필름을 붙여본 사람이면 그 힘을 짐작할 수 있다. 비닐 필름에 단지 물만 살짝 묻혀도 유리에 붙인 필름은 도무지 떨어지지 않는다. 머리카락이 물에 젖으면 서로 달라붙고, 바람에 쉽게 날리던 낙엽이 물에 젖으면 바닥에서 떨어지지 않는 것만 봐도 물의 결합력을 조금은 짐작할 수 있다. 꿀이나 물엿이 끈적이는 것도 물 때문이다. 물이 아주 많거나 아예 없으면 그런 끈적임이 없는데, 약간만 있으면 아주 강력한 힘을 발휘한다. 식품 중에서 그 강력한 힘을 가장 잘 느낄 수 있는 것이 케이킹 현상이다. 분말 상태의 식품이 아주 약간의 수분을 흡수하면 케이킹이 발생하여 돌처럼 단단해진다. 아무런 화학적 반응 없이 단지 아주 소량의 수분만 흡수되었는데 분말이 돌덩어리처럼 단단해진다.

분말의 Caking 현상

물은 클러스터, PET병의 이산화탄소는 빠져나와도 물은 그대로 남는다

우리는 보통 플라스틱을 전혀 움직임 없는 단단한 물체로 생각한다. 하지만 중합체는 꿈틀거리는 유연한 줄과 같다. 그래서 약간의 틈이 생길 수 있다. 페트(PET)병은 투명도가 PE나 PP에 비해 가스 차단성이 50배나 더 높아서 병을 만들 때 많이 쓴다. 그런데도 완벽한 차단이 힘들다. PET병의 두께가 2mm만 되어도 그것을 구성하는 폴리머는 엄청나게 여러 겹이다. 보통 폴리머 두께는 1nm 이하인데, 1,000겹을 쌓아야 1μm이고, 이것을 다시 200겹을 쌓아야 0.2mm이다. 그러니 2mm에는 200,000겹이 있는 것이다. 그런데도 틈이 있다. 유리병이나 캔에 들어간 탄산음료의 가스는 시간이 지나도 그대로인데, PET병에 들어 있는 탄산가스는 조금씩 감소한다. 그래서 3개월이 지난 것은 맛에 현저한 차이가 있기도 하다. 작은 물 분자는 전혀 빠져나오지 못하는데 탄산가스는 조금씩 빠져나간다.

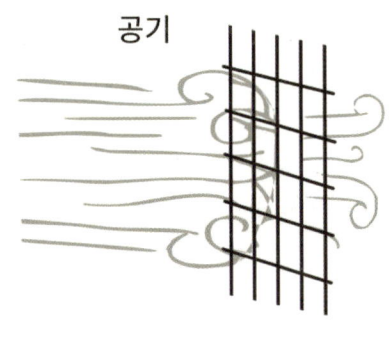

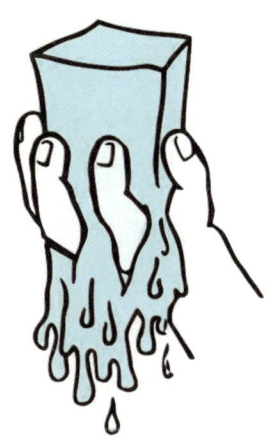

자유수와 결합수 Aw(수분활성도), 수분은 여러 식품 현상에 결정적이다

식품에서 결합수(Bound water)는 식품 중 단백질이나 탄수화물에 수소결합으로 단단히 묶여 있는 물을 말한다. 이렇게 결합한 물은 일반적인 물(자유수)과 그 특성이 완전히 다르다. 쉽게 증발하지도 않고, 미생물이 생육에 이용할 수 없고, 다른 화학반응에 관여할 수도 없는 물이다. -40℃ 이하의 저온에서도 얼지 않는다.

① 자유수(= free water)
- 보통의 물로써 운동이 자유로운 수분.
- 물로서 본연의 역할을 할 수 있어서 저장 기간에 영향을 줌.
- 자유수는 용매, 분산매로 작용.
- 건조할 때 쉽게 증발되며, 0℃ 이하에서 잘 언다.
- 식품이나 원료에 약 6~96% 정도 함유되어 있다.
- 변질이나 부패에 직접 관여한다.

② 결합수(= bound water)
- 탄수화물의 -OH, 단백질의 $-NH_2$와 -COOH, 지질의 -OH 등과 수소결합 등으로 단단하게 결합한 수분.
- 보통 100℃에서 증발하지 않고, 영하 -18℃에서도 잘 얼지 않는다.

BET point: 물이 균일하게 단분자막을 형성한 영역
- 지방 산패가 가장 적음.
- 식품마다 차이가 있으나 Aw 0.2 이상, 0.3~0.4 정도.
- 수분과 식품의 구성 성분 간에 이온결합으로 이루어져 있음.

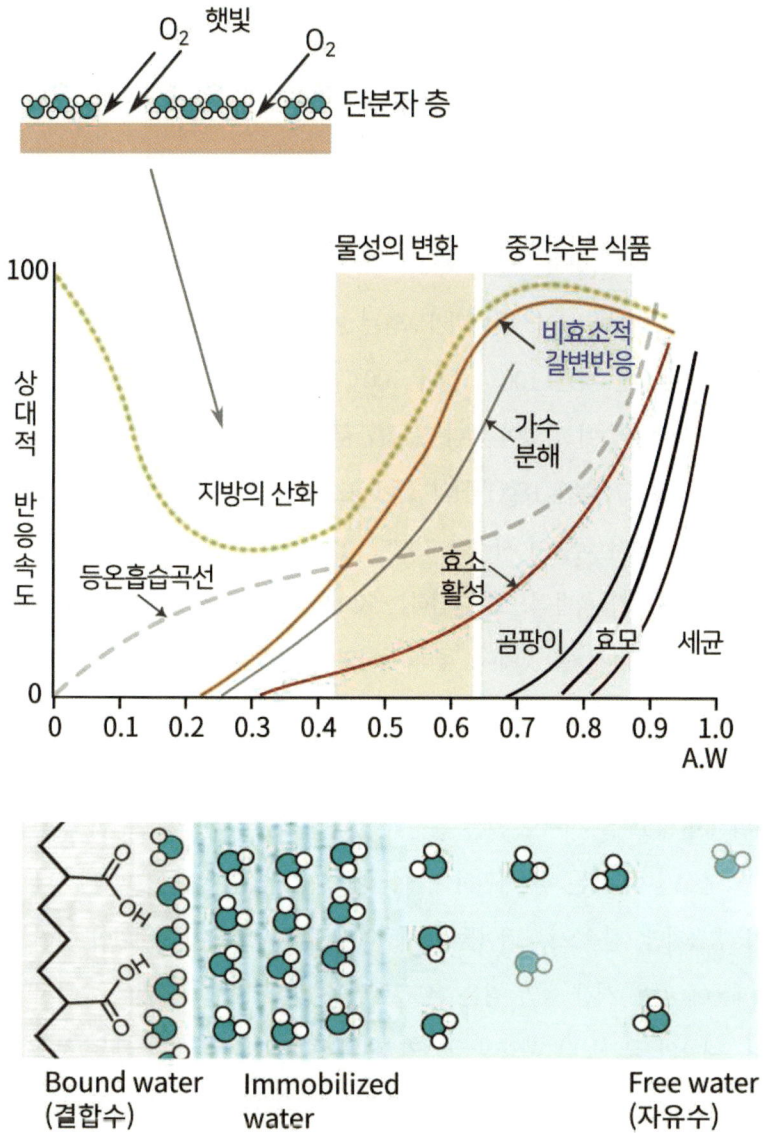

자유수와 결합수 그리고 수분의 역할

물은 잠열이 매우 커서 쉽게 얼거나 끓지 않는다

0℃ 얼음이 0℃ 물이 되려면 필요한 것은 80Cal/g의 잠열이다. 만약 이 잠열이 없다면 물은 지금보다 80배 빨리 얼 것이고, 얼음은 80배 빨리 녹을 것이다. 얼음의 비열은 물의 절반인 0.5에 불과하다. 그러니 -160℃의 얼음이 0℃ 얼음이 될 때까지의 열과 1g의 -0℃ 얼음이 0℃ 물이 될 때의 열은 같은 것이다. 잠열이 없으면 우리는 아무리 얼음을 넣어도 금방 미지근해질 것이라 시원한 아이스아메리카노와는 이별하게 될 것이다.

이보다 극단적인 것은 100℃ 물이 100℃의 수증기가 될 때의 잠열인 540Cal/g이다. 만약 이 잠열이 없다면 국을 끓이다가 잠시라도 한눈을 팔면 100℃를 넘기고 그 순간 18g(1몰)의 물이 22.4ℓ로 부피가 물이 폭발적으로 수증기가 되면서 국물이 사라질 것이다. 1ℓ의 국을 끓이는 중이었다면 1,244ℓ의 수증기가 폭발적으로 발생하는 것이다. 그리고 금방 건더기의 온도가 올라가면서 타게 될 것이다. 물의 기화열이 없으면 땀이 나도 체온 조절이 힘들다.

물은 우리 주위에서 볼 수 있는 물질 중 비열이 큰 편이다. 그래서 물은 잘 데워지지 않고 잘 식지도 않는 특성이 있다. 그래서 바닷가 주변이 겨울에는 덜 춥고, 여름에는 더 시원하다. 여름에 모래사장은 뜨거워 발을 디디기조차 힘들지만, 물속으로 뛰어들면 시원하다. 물이 모래보다 비열이 훨씬 크기 때문에 같은 시간 동안 같은 온도로 열을 받아도 온도가 많이 오르지 않는다. 내륙의 국가보다 해양성 국가가 온도 변화도 적고 살기 좋은 것도 물 덕분이다. 만약에 해수의 이동이 사라진다면 그보다 큰 재앙도 없을 것이다.

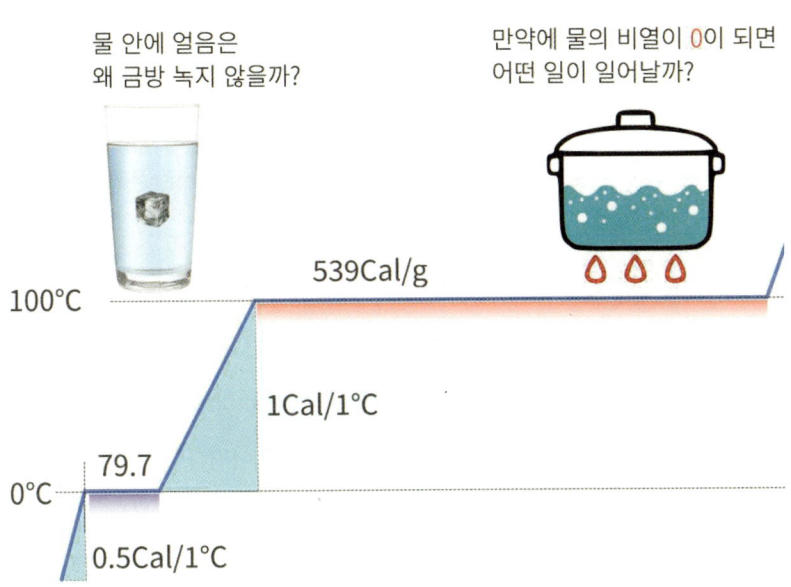

물의 물리적 특성

온도	비중	점도	열용량	열전도도	열확산도
+100℃	-	0.284	1.007	1.598	0.0016
+20℃	0.998	1.005	0.999	1.429	0.0014
+4℃	1.000	1.567	1.004		0.0013
-0℃	0.916	-	0.502	5.35	0.011
-50℃	0.923	-	0.435	6.64	0.017
-100℃	0.927	-	0.329	8.29	0.027

물의 열전달

물은 구리, 은, 알루미늄 같은 금속에 비해서는 느리지만 공기보다는 25배 빠르다. 그리고 물이 얼었을 때는 물보다 열용량은 적고 열전달이 훨씬 빠르다. 그러니 겨울에 얼음 온도는 날씨에 따라 제각각이지만, 봄에 얼음이 녹는다는 것은 전체 온도가 0℃가 되었고, 겉부터 0℃ 이상으로 온도가 높아지면서 녹는다는 뜻이다.

물 분자 간에 결합력이 강하기 때문에 물의 밀도도 높은 편이다. 밀도가 높아서 압축률이 낮다. 물에 압력을 가한다고 그 부피가 크게 줄어들지 않는다. 가열해도 그 부피가 별로 증가하지 않는다. 기체로 되었을 때야 부피가 1,200배 정도 팽창하지, 액체 상태에서는 온도가 높아진다고 부피가 크기 증가하지 않는다.

물과 다양한 재료의 열전달 특성 비교

물질	열 함량	열전도	비교
구리	0.4	380	667
알루미늄	0.9	250	439
철	0.4	40	70
물(0℃)	4.2	0.57	1
얼음(0℃)	2.1	1.88	3.3
스팀	2	0.02	0.03
오일	2	0.2	0.35
공기, 스티로폼		0.023	0.04

물은 분자량에 비해 밀도가 높다/ 치밀하다

물은 분자 간의 결합력이 강하기 때문에 밀도도 높은 편이다. 4℃ 부근이 가장 부피가 작아지므로 이 부분의 밀도가 가장 높고, 얼면 오히려 밀도가 감소하여 부피가 증가한다. 물이 얼음이 될 때 물 분자들의 움직임이 감소하고 수소결합에 의해 규칙적으로 배열되어 분자 사이에 공간이 많은 육각 고리 모양이 된다. 그만큼 부피가 늘고 밀도가 낮아진다. 이러한 특성 때문에 강이나 호수에 얼음이 얼 때 표면부터 얼고, 얼음이 물 위에 떠 있게 된다. 만약에 이런 현상이 없으면 호수가 얼면서 무거워져 가라앉고 바닥부터 점점 얼음이 차올라 생명이 버티기 힘들 텐데, 위쪽만 얼고 얼음이 단열층을 형성하여 아래의 물은 얼지 않게 하여 생명이 살아가게 하니 물은 이래

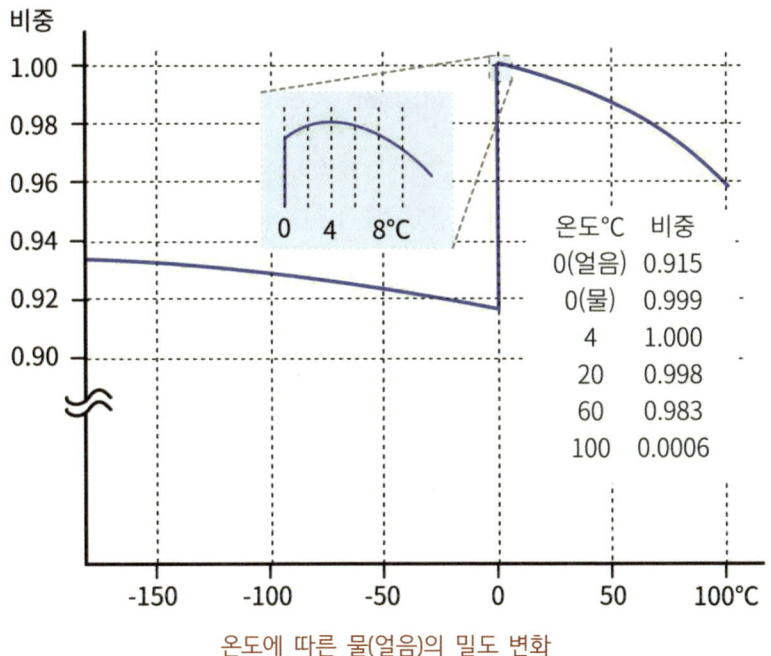

온도에 따른 물(얼음)의 밀도 변화

저래 생명의 근원인 셈이다.

하지만 이런 부피 팽창은 식품 보관에는 오히려 좋지 않다. 식품을 장기간 안전하게 보관하기 위한 최고의 방법은 -18℃ 이하로 냉동하는 것이다. 냉동 보관을 하면 미생물의 생육이 불가능하고 효소나 화학반응의 속도도 현저하게 감소한다. 문제는 동결과정에서 8% 정도의 부피가 증가하면서 식물이나 동물의 세포막을 파괴하여 해동 후 품질을 나쁘게 하는 것이다. 채소의 95%는 물이다. 냉동 시 부피 팽창으로 세포 파괴가 일어나고 효소가 유출되어 반응이 일어나고 물이 빠져나온다. 고기는 이보다는 덜하지만 상당한 품질의 저하가 일어나고, 아이스크림이나 냉동 빵처럼 세포 조직이 없는 경우에는 품질 손상이 적다.

빵은 수분이 적어서 어는 온도가 낮고 수분이 동결된 양도 적지만, 냉동 생지의 경우 효모의 활성과 글루텐 조직에 다소 손상이 일어난다. 제빵에 사용되는 효모는 7℃ 이하에서는 생리활성을 잃고, -3.3℃ 이하에서는 동결장해를 입을 수 있다. 빵용 냉동 반죽처럼 효모를 포함하고 있는 경우의 최적 냉동 조건은 제품마다 차이가 있지만 일반적으로 발효 능력에 영향을 주지 않는 조건은 -40~-38℃에서 냉동 후 -18℃ 이하에서 보관하고 해동은 4℃에서 한다.

빙점강하: 물은 순수한 물끼리 얼면서 수용성 물질을 농축한다.

순수한 물이라면 0℃에서 얼지만, 물에 용매가 녹아 있으면 빙점이 낮아진다. 아이스크림은 여러 물질이 물에 녹아 있으므로 보통 -2.5℃ 전후에서 얼기 시작한다. 이것을 빙점강하(어는점 내림)라고 하는데, 알코올 도수가 높은 술이 잘 얼지 않고, 바닷물이 호수의 물보다 잘 얼지 않는 이유가 이

것이다. 빙점강하는 물에 녹은 물질의 종류에 무관하게 분자의 숫자에 비례한다. 분자가 작은 것이 숫자가 많아 빙점강하가 더 많이 일어나며, 이러한 성질을 이용하여 일정량을 물에 녹인 후 빙점강하를 측정하여 분자량을 계산할 수도 있다.

중요한 것은 동결이 시작되는 빙점이 아니라 얼면서 계속 낮아지는 빙점의 변화다. 만약에 설탕 20%인 용액 100g을 절반 정도 얼렸다면, 용액의 50%(물 40g+설탕 10g)는 얼고 나머지 물 40g과 설탕 10g이 얼지 않은 상태로 있는 것이 아니라, 물 50g이 얼고 나머지 물 30g과 설탕 20g이 얼지 않는 상태로 있다. 얼지 않는 부분은 설탕 농도가 40%(20/50)가 되는 것이다. 빙점은 다시 더 낮아진다. 그리고 70%를 얼렸다면 물 70g은 얼고, 얼지 않은 물 10g에 설탕 20g이 녹은 상태라 67%(20/30)의 설탕물이 된다. 설탕의 비율이 높아진 만큼 빙점은 더욱 낮아진다.

이런 원리로 아이스크림이 -2.5℃에서 얼기 시작하면 -6℃에서 전부 어

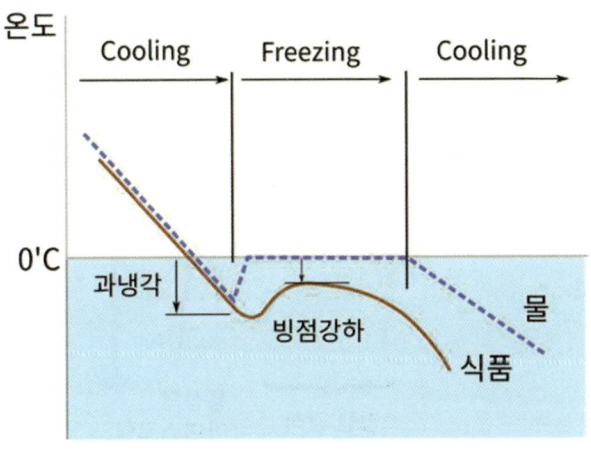

순수한 물과 식품의 동결과정 비교

는 것이 아니라 계속되는 빙점강하로 50% 정도만 동결되어 소프트아이스크림 기계에서 짜낸 정도의 부드러운 아이스크림이 되고, -10℃로 동결시켜도 70% 정도만 동결되어 수저로 떠먹기 좋은 상태가 된다. -18℃가 되어도 80% 정도가 동결되어 탄성이 약간 남아 있다. 아이스크림을 -180℃ 액체질소에 얼리면 수분이 거의 대부분 동결되어 아이스크림은 탄력을 완전히 잃고, 만약에 바닥에 떨어뜨리면 유리가 깨어지듯이 산산이 부서진다.

소프트아이스크림 기계나 슬러시 기계는 항상 일정한 비율만 얼어서 먹기 좋은 상태를 유지하는데, 기계에 아이스크림의 단단한 정도를 측정하는 센서가 따로 있지 않고 온도 조절 장치만 있다. 빙점강하 덕분에 사용하려는 제품에 적합한 온도만 설정하면 항상 일정한 비율만 얼게 되어 먹기에 적당한 물성이 된다.

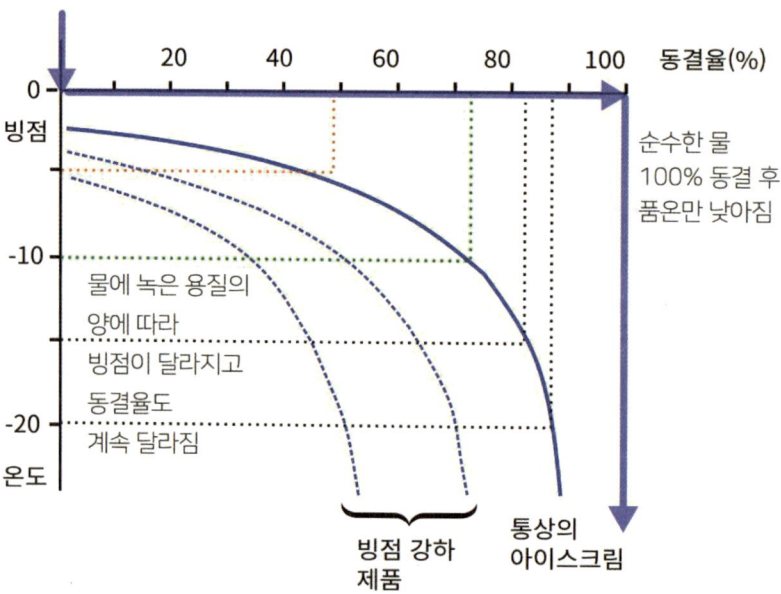

빙핵 형성: 순수한 물끼리 결합한다

물이 0℃ 이하가 되면 저절로 얼 것 같지만 그 과정은 쉽지 않다. 많은 잠열을 제거해야 하고, 빙핵이 있어야 한다. 물은 한꺼번에 전부 얼지 않고 먼저 빙핵이 생긴 뒤 빙핵을 중심으로 크기를 키우는 방식으로 언다. 따라서 빙핵이 없으면 온도가 0℃보다 훨씬 낮게 냉각되어도 얼지 않게 된다. 이른바 과냉각액(Super cooled liquid)이 된다.

얼음도 지방의 결정화나 소금, 설탕, 글루탐산의 결정화처럼 인위적으로 빙핵을 첨가해 주면 결정화가 잘 일어나는데, 빙핵을 사용하는 대표적인 경우가 인공눈을 만들 때이다. 인공적으로 눈을 만들려면 물과 빙핵이 될 만한 물질을 같이 뿌린다. 인공강우는 식품과는 상관이 없지만 결정화의 원리는 같다. 인공강우는 구름층은 형성되어 있으나 대기 중에 응결핵이 적어 구름 방울이 빗방울로 성장하지 못할 때, 인위적으로 인공의 작은 입자인

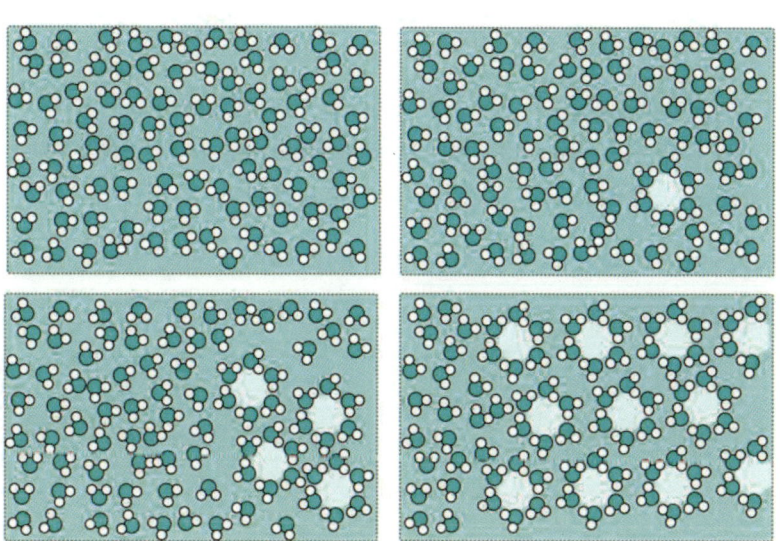

빙결정이 형성되고 커져가는 과정 모식도

'비의 씨'를 뿌려 특정 지역에 강수를 유도하는 것이다. 비의 씨로는 드라이아이스, 요오드화은, 염분 입자를 이용하는데, 이러한 입자들을 공기 중에 뿌리게 되면 빙핵의 역할을 하여 주변의 수분이 들러붙어 작은 눈송이나 얼음이 된 후, 빗방울로 변하는 강수 현상이 발생한다.

얼음은 순수한 물 분자끼리만 모이려고 한다. 그래서 천천히 얼린 얼음은 투명하고 영롱하다. 그런데 아이스바는 불투명하다. 물처럼 투명한 아이스바를 만들면 매력적일 것 같은데 아이스바를 투명하게 만드는 것이 가능할까? 결론부터 말하면 불가능하다. 얼음을 천천히 얼리면 순수한 물만 얼고, 물에 녹아 있던 다른 성분이나 공기가 한쪽으로 밀려난다. 그러니 얼음의 중심은 공기가 더 이상 밀려나지 못하고 같이 얼게 되어 뿌옇게 된다. 탈기 장치로 물에서 공기를 완전히 빼거나, 물을 끓여서 녹아 있는 공기를 제거하면 급속하게 얼려도 투명하게 얼릴 수 있다. 그런데 아이스크림은 정제수가 아니다. 물에 아주 소량의 감미료나 산미료 혹은 향료만 넣어도 그것이 미세한 입자를 만들어 얼음은 불투명해진다. 공기마저 제거한 완전한 증류수는 빨리 얼려도 투명하게 얼릴 수 있지만, 맛이나 향기 성분을 조금이라도 넣은 아이스바를 투명하게 얼릴 수는 없다. 이처럼 순수한 성분끼리만 뭉치는 현상은 결정화를 이용한 순도를 높이는 기술로 쓰이기도 한다. 암염의 순도가 99% 이상 염화나트륨인 이유와 천일염이 만들어 보관하는 동안 간수가 빠져나가는 것과 같은 원리이다.

얼음의 크기와 품질: 급속 동결이 좋은 이유

일반 가정용 냉동고에 식품을 넣고 얼리면 완만 동결이 된다. 수분이 많은 식품은 느린 속도로 동결하면 빙핵이 적게 만들어지고, 빙핵의 성장은 많아져서 세포와 세포 사이에 커다란 얼음 결정이 만들어진다. 그로 인해 세포의 조직에 상처를 입히게 되고, 해동 시에 상처가 생긴 세포 조직에서 드립이 발생, 그로 인해 상품의 맛, 색, 모양 그리고 영양이 나빠진다.

급속 냉동은 -30~-55℃의 냉풍을 이용한 동결, 부동액을 사용한 액체 동결, -195.8℃의 액체질소를 이용하여 동결시키는 방식 등이 있다. 급속 동결은 빙핵은 많고 얼음 입자의 성장은 적어 부드러운 입자가 된다. 농산물은 드립이 발생하는 확률을 최대한으로 줄일 수 있으므로 식품의 맛과 신선도를 유지할 수 있다. 얼음 입자가 20㎛보다 커지면 입안에서 거칠게 느껴진다.

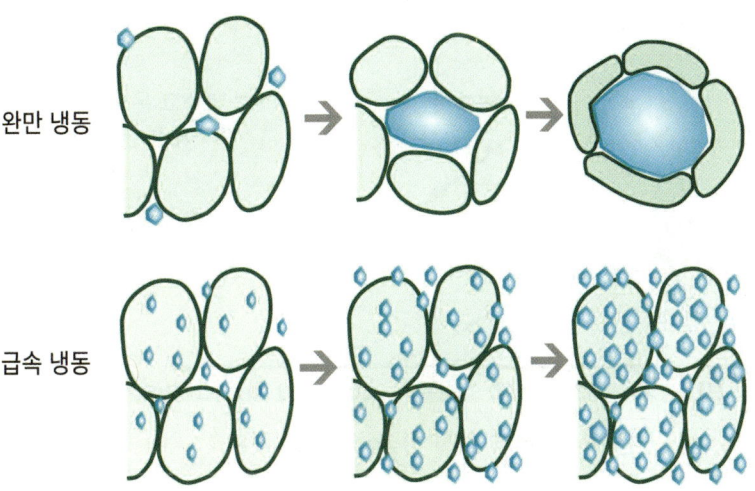

동결속도와 얼음의 크기

물은 물끼리 다시 뭉치려 한다

아이스크림에는 구아검, 펙틴, 카라기난 같은 증점다당류를 사용하는데, 이들의 핵심적 기능은 유통 중 제품이 열충격(Heat shock)을 받았을 때 얼음 입자가 커지는 것을 억제하는 역할이다. 아이스크림은 빙점강하로 -18℃로 동결해도 수분 전체가 동결되지 않고 15% 이상 얼지 않은 상태로 존재한다. 유통과정이나 냉동고에 보관 시에도 제품은 끊임없이 온도 변화가 생기고 일정량의 수분이 '녹았다/얼었다'를 반복하게 된다. 녹은 수분은 주위의 수분과 결합하여 커다란 입자로 뭉치려 하고, 뭉친 수분이 동결하면 얼음 입자가 커지며 점차 조직이 거칠어진다. 이것이 유통과정에서 일어나는 대표적인 품질 열화인데, 이때 증점다당류가 녹은 수분의 이동을 막아서 얼음 입자가 뭉쳐 커지는 것을 억제할 수 있다.

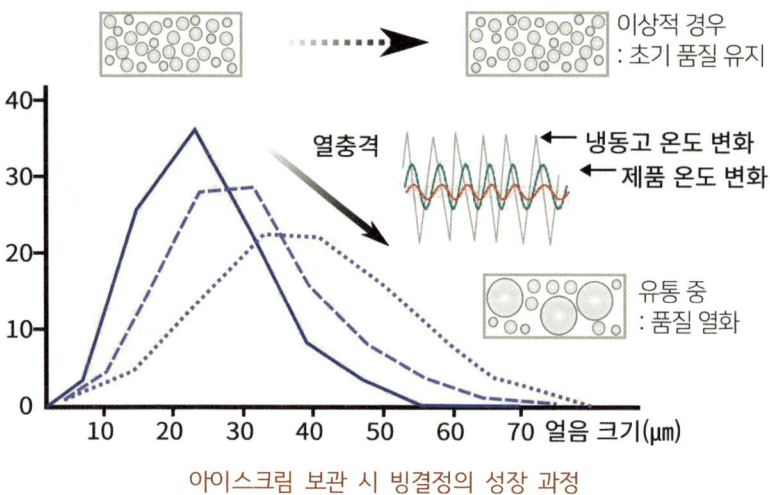

아이스크림 보관 시 빙결정의 성장 과정

3. 수질: 무엇이 물의 품질을 달라지게 하는가?

1) 물에 따라 음식 맛이 변한다

"왜 물에 따라 커피 맛이 변하는 걸까?", "어떤 물이 맛있는 물일까?" 이런 질문에 대한 답을 찾기는 쉽지 않다. 우리가 즐겨 마시는 차, 커피, 술, 음료뿐 아니라 국, 찌개, 요리 등 대부분 음식의 주성분도 물이다. 그래서 과거부터 식품은 물이 중요하다고 물이 좋은 곳을 찾아 식품공장을 차리기도 했다. 그런데 우리는 여전히 물에 대해 잘 모르고, 물에 대해 잘 정리된 자료도 없다.

지하수는 어떤 지역을 얼마나 오랜 시간 머물렀는지에 따라 수질이 달라진다. 같은 지역의 물도 가뭄으로 유량이 적을 때는 많은 미네랄이 녹아들어 경도가 높고, 장마철처럼 갑자기 많은 비가 오면 미네랄이 별로 녹지 않아 빗물(증류수)과 비슷해진다. 그러니 겉보기에는 똑같은 물도 지역과 기후 등에 따라 수질이 다르다. 그리고 물이 달라지면 식품의 맛과 품질도 달라진다. 그런데 아직 어떤 물이 가장 좋은 물인지에 대한 결론은 없다. 가장 순수한 물이 좋다면 증류수가 가장 좋은 물일 텐데, 누구도 증류수가 맛있다고 하거나 좋은 물이라고 하지 않는다. 미네랄이 풍부할수록 좋은 물이라면 답은 간단할 텐데, 미네랄이 너무 많으면 경수라고 해서 마시거나 식품 제조에 적합하지 않다.

세상에 물은 흔하지만 물에 대한 자료는 정말 부족하고, 물을 온전히 이해하기는 정말 어렵다. 이처럼 물 하나 제대로 평가하지 못하고, 이상적인 물의 조건도 말하지 못하면서 어떤 식품이 몸에 좋으니 나쁘니 하는 평가는 왜 그리 많은지 알 수 없다.

모든 물은 바다에서 만나 비가 되어 땅으로 간다

물은 바다에서 시작된다. 지구에 존재하는 물의 대부분이 바다에 있으며, 증발하여 비가 되어 땅과 바다에 내리고, 땅에 내린 물은 강을 따라 흘러 다시 바다로 가거나, 호수나 댐 또는 지하에 스며들어 한참을 머물다가 결국에는 다시 바다로 간다.

빗물은 태양에너지에 의해서 거의 증류수에 가까운 상태로 증발하여 내리므로 자연에 있는 물 중 가장 순수에 가깝다. 그리고 점점 공중에 있는 여러 가지 가스 성분이 녹아드는데, 가장 쉽게 용해되는 것이 탄산가스여서 빗물은 통상 pH 5.6~5.7 정도로 약산성을 띠게 되며, 아황산가스 등이 공기 중에 다량으로 존재하면 빗물의 pH가 떨어지며 산성비가 된다. 빗물은 용해된 미네랄 성분이 거의 없어서 산이나 알칼리를 가해주면 쉽게 pH가 변한다. 그런 빗물도 지상에 도착하면 그 전에 내려 용해성 성분이 녹아 들어간 빗물과 혼합되어 탄산만 녹아든 상태가 해소되므로 극단적인 pH를 나타내지 않는다.

내린 비의 일부는 바로 하천으로 유입되어 바다로 향하지만, 많은 양이 지하로 스며들어 지하수가 되거나 우물 등을 경유하는 등의 우여곡절을 겪고 바다로 유입된다. 그러니 물의 수질은 빗물이 어떤 경로를 거쳐 우리에게 도달했는지에 따라 크게 달라진다. 지하를 흐르는 물은 토양 입자 사이를 흐르는 동안 점점 칼슘, 마그네슘, 황산이온 등의 무기성분이 용해되기 시작하여 미네랄 농도가 높아진다. 지하수는 하천수와 달리 매우 느린 속도로 흐르기 때문에 때로는 몇 년이나 땅속에 있게 되어 통과한 지질에 따라 특징적인 수질이 된다. 특히 석회암지대를 흐르는 물은 매우 높은 농도로 칼슘 이온이 용해되어 경수(Hard water)가 된다. 지표에 가장 많은 것은 이산화규소이지만 용해도가 낮아서 물에는 아주 적은 양만 녹는다. 칼슘, 마그네슘, 나트륨, 칼륨이 물의 성격을 좌우하는 핵심적인 미네랄로 작용한다.

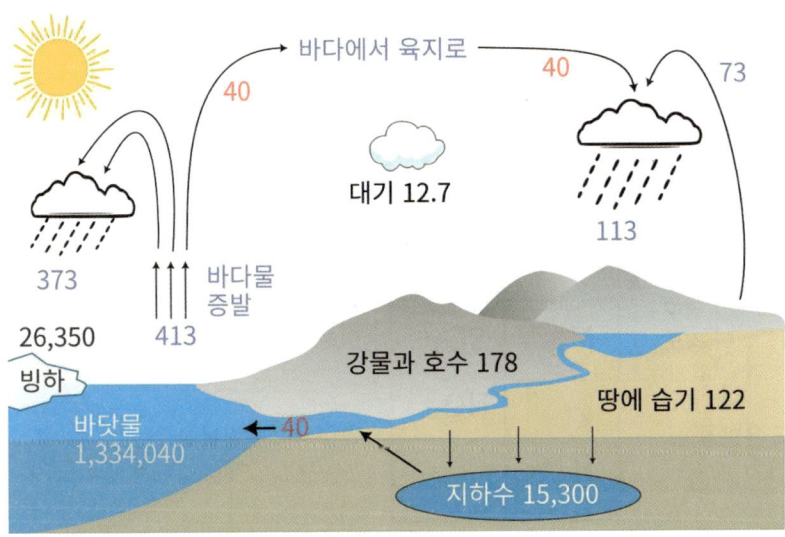

물의 순환 (단위: 조톤)

2) 경도(Hardness)를 좌우하는 미네랄

수질을 말할 때 가장 대표적인 요소는 경도이다. 센물 또는 경수(硬水)는 칼슘이나 마그네슘 이온 같은 2가 양이온을 많이 포함한 물을 말한다. 이들이 적은 물을 단물 또는 연수라고 한다. 센물은 비누를 지방과 결합하여 잘 풀어지지 않게 하고, 탄산칼슘으로 결정화되어 보일러, 냉각탑 등의 설비에 스케일을 형성하여 성능 저하나 고장의 원인이 될 수 있다. 유럽처럼 경수가 많은 지역은 물의 경도의 관리가 문제가 된다.

물의 경도(Hardness)는 보통 '총 경도'를 의미하며 칼슘과 마그네슘을 합한 양이다. '탄산염 경도'는 물에서 탄산칼슘(스케일)을 형성할 수 있는 양으로 2가 양이온(Ca^{2+}, Mg^{2+})과 탄산염(CO_3^{2-})이 동량 결합하므로 경도(칼슘+마그네슘)와 알칼리도(탄산) 중에 낮은 값이 된다. 이 양은 스케일의 형성에 따라 값이 변할 수 있으므로 일시경도라고 한다.

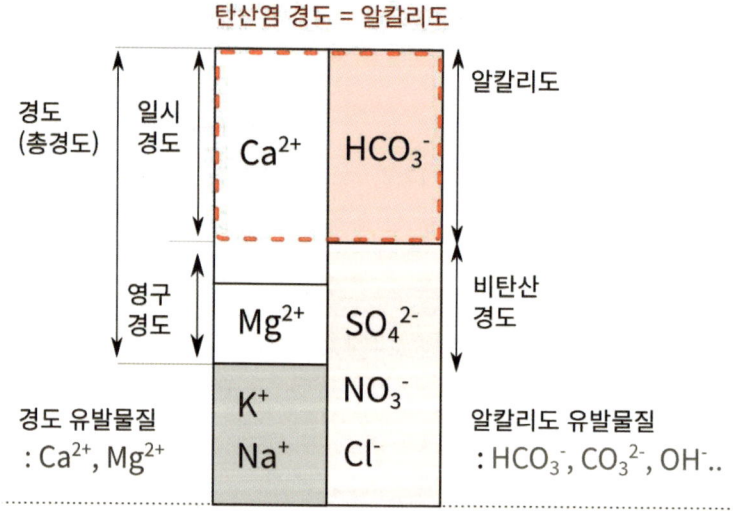

수질을 좌우하는 요소

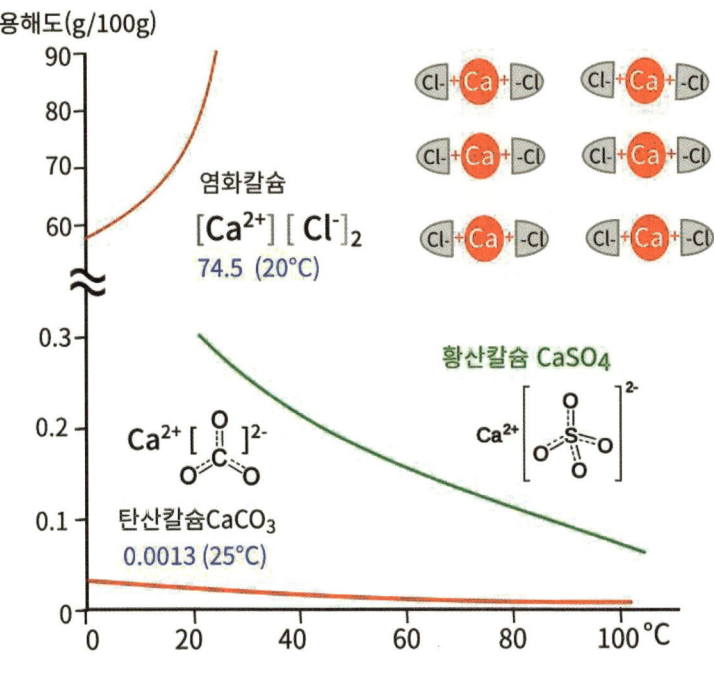

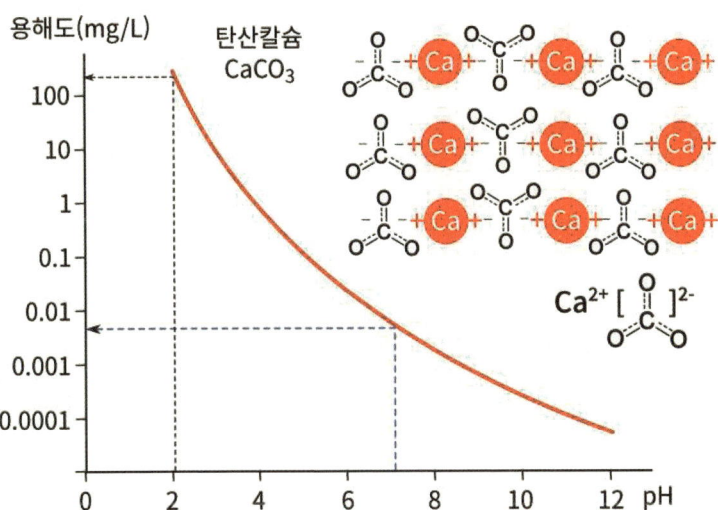

탄산칼슘($CaCO_3$)의 형태가 물에 잘 안 녹아서 문제다

물에서 문제가 되는 것은 용해도가 낮은 탄산칼슘의 형태이다. 염화칼슘은 물에 74.5g이 녹는 데 비해 탄산칼슘은 0.0013g으로 6만분의 1 정도만 녹는다. 보통의 유기물은 pH가 높을수록, 온도가 높을수록 잘 녹는데, 칼슘염은 반대로 pH나 낮을수록, 온도가 낮을수록 더 잘 녹는다. 그래서 보일러의 배관 등에 특히 문제가 된다.

보일러에 스케일이 낄 때 성분을 분석하면 주로 탄산칼슘($CaCO_3$)이고, 예외적으로 pH가 높은 경우($>$10)에는 수산화마그네슘($Mg(OH)_2$)이 된다. 스케일이 형성되면 가열 효율이 감소하고, 흐름을 막아 버린다. 물의 경도가 높은 많은 국가에서는 적절한 관리가 필요하다. 센물을 주전자에 넣고 끓이면 칼슘염은 고온에서 용해도가 낮아 결정화되어 달라붙어 닦아내기 힘들어지는데, 이때 산성인 식초나 라임 과즙을 넣고 끓이면 쉽게 닦인다. 칼슘염의 용해도는 산성에서 많이 증가하기 때문이다.

한편, 탄산칼슘은 물에 녹지 않아 쓸모가 있다. 석회암, 대리석뿐 아니라 진주도 탄산칼슘이고, 달걀, 조개, 소라, 달팽이 등의 껍데기도 탄산칼슘이다. 탄산염이 많은 암석이 녹아 특이한 형태의 석회암 동굴을 만들기도 한다. 요즘은 산성비 때문에 석회암을 건축 재료로 직접적으로 사용하지는 않는다. 산성비에 탄산칼슘이 녹기 때문이다. 바닷물이 극단적으로 산성화되면 조개도 집을 잃게 될 것이다. 참고로 우리 몸의 뼈를 구성하는 인산칼슘(인회석)은 갑각류의 껍데기와 비슷해 보이지만, 칼슘이 전혀 없는 당류(키틴)의 폴리머이다.

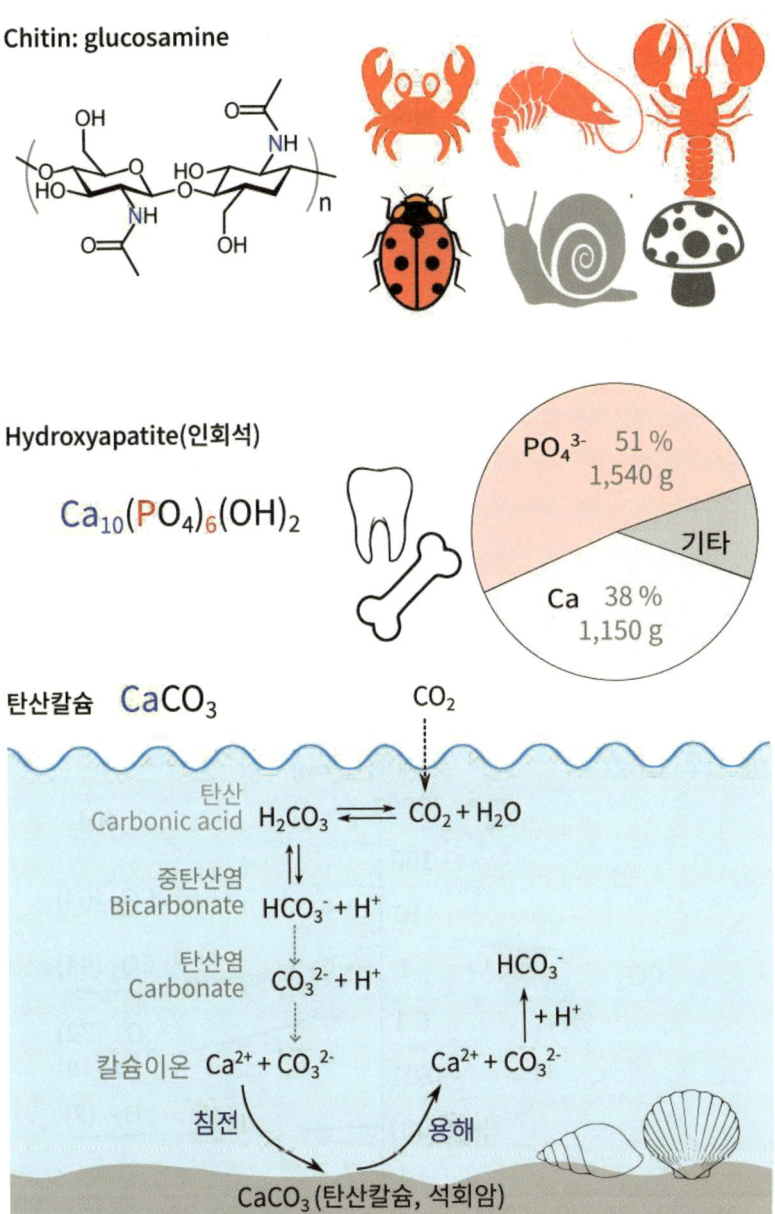

3) 탄산은 수질에 매우 중요하다

탄산은 탄산수나 탄산음료뿐 아니라 우리 주변 어디에나 있다. 모든 발효식품 즉 발효유, 맥주, 샴페인, 김치, 빵에 있고 로스팅한 커피나 빵에도 있다. 생명체가 만든 모든 유기물은 광합성 즉 이산화탄소와 물을 이용해 만든 것이고, 그것을 불로 태우든, 호흡을 통해 효소로 태우든 결국에는 다시 이산화탄소와 물로 돌아간다.

이산화탄소가 물에 녹은 것이 탄산이며, 탄산수가 널리 사용되는 것은 이산화탄소가 기체 중에는 비교적 물에 잘 녹기 때문이다. 산소, 질소, 수소보다는 수십~수천 배 더 잘 녹는다. 0℃의 물 1kg에 이산화탄소가 3g 이상 녹는데, 무게로는 적지만 기체 부피로는 1.5ℓ 이상이다. 이런 용해된 탄산의 양을 '볼륨'이라는 단위로 표시하는데 1볼륨은 0℃, 대기압 상태에서 음료 부피만큼 탄산가스가 녹아든 것이다. 즉 4볼륨은 음료 부피의 4배가 포

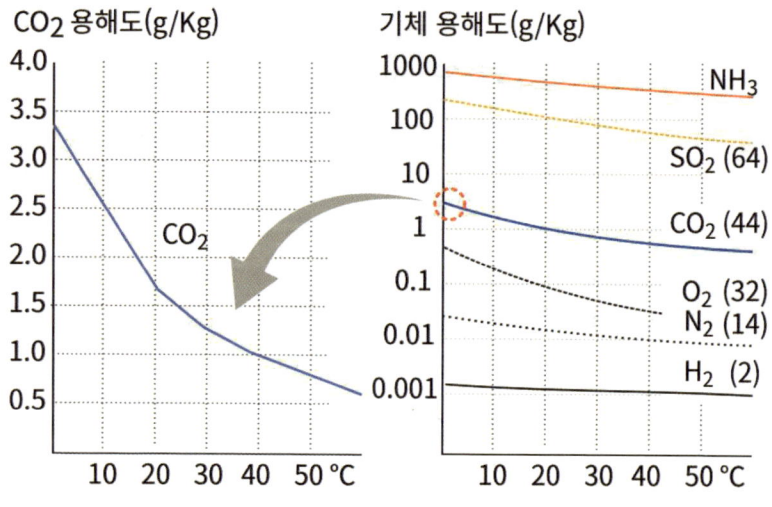

기체의 용해도

함된 것이다.

　에일 맥주가 20℃에서 발효되었다면 0.86볼륨 정도가 되고, 병맥주가 10℃에서 발효되면 1.2볼륨 정도 된다. 탄산음료는 약 탄산과 강 탄산으로 분류하는데 약 탄산이 2볼륨 정도이고 탄산수, 사이다, 콜라 등은 3~4볼륨의 강 탄산이다. 이보다 훨씬 강한 압력으로 만들어지는 탄산 캔디(Popping candy)가 있는데, 40기압의 압력으로 캔디 안에 이산화탄소를 포집시킨 것이다. 그러니 침이나 물에 닿으면 녹으면서 이산화탄소가 톡톡 터져 나온다.

　탄산은 우리의 생존에도 필수적이다. 우리가 하루에 포도당 640g에 해당하는 유기물을 호흡으로 소비하는데, 포도당($C_6H_{12}O_6$, 180) 하나에서 6개 이산화탄소($6CO_2$, 264)가 생성되므로, 938g의 이산화탄소가 생성된다. 부피로는 552ℓ이다. 우리 몸 세포에서 만들어진 552ℓ의 이산화탄소가 혈액에 녹아서 폐를 통해 배출되는 것이다. 콜라가 4볼륨 정도이므로 우리는 매일 138ℓ의 콜라(강탄산 음료)를 마시는 셈이다. 이런 탄산은 우리의 생명 유

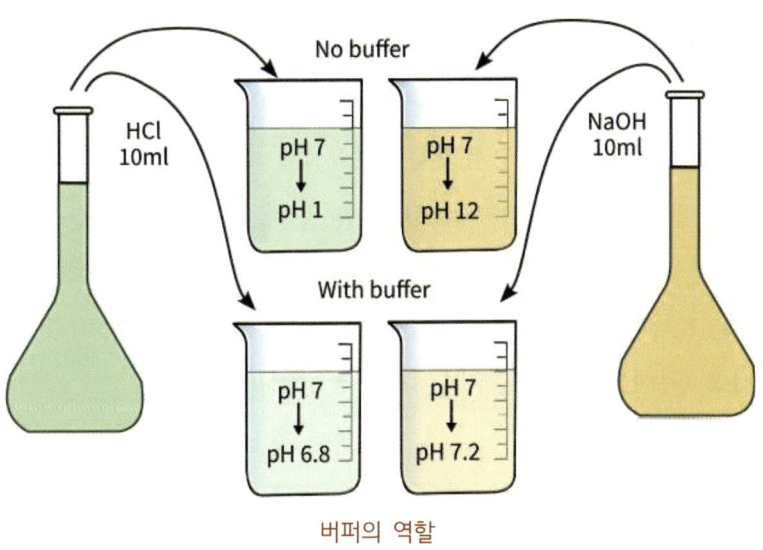

버퍼의 역할

지에도 결정적이고 수질의 유지에도 결정적이다.

만약에 혈액에 녹지 않은 기체가 많이 생기면 큰 문제가 생긴다. 이산화탄소는 탄산탈수소효소 덕분에 H_2CO_3가 되고 pH에 따라 적당량 HCO_3^-와 H^+로 해리되면 혈액의 pH를 완충한다. 혈액의 pH 7.4에서 0.05만 변해도 문제가 생긴다. 과호흡증은 호흡이 과다하면 이산화탄소가 과도하게 배출되어 혈액의 pH가 높아져, 통증과 두근거림, 호흡곤란 등이 발생한다. 탄산이 혈액의 pH를 이런 좁은 범위로 안정적으로 유지하는 데 결정적 역할을 한다. 탄산은 우리 몸에서 삼투압의 유지와 이온교환에도 핵심적인 역할을 한다. 혈액과 세포는 적절한 삼투압과 함께 양이온과 음이온의 균형도 맞추어야 하는데, 우리가 대량으로 섭취하는 미네랄은 Na^+, K^+, Ca^{2+}, Mg^{2+} 같은 양이온이다. 음이온은 염소(Cl^-)가 핵심이고 그다음이 탄산염(HCO_3^-)이다. 이 음이온은 콩팥에서 이온교환에서 핵심적인 역할을 한다.

탄산이 폐에 도달하면 다시 탄산탈수소효소의 작용으로 순식간에 기체인 이산화탄소로 전환되어 우리 몸 밖으로 빠져나간다. 혀에서 톡 쏘는 상쾌함을 주는 기작이 폐에서 혈액의 탄산이 이산화탄소로 전환되어 빠져나가는 것과 같은 기작이다. 탄산음료의 뚜껑을 따면 이산화탄소의 형태로 빠져나가는 데 상당한 시간이 걸린다. 그 정도 속도의 휘발로는 짜릿한 느낌을 주기 힘들다. 침에 존재하는 탄산탈수소효소 덕분에 빠른 속도로 이산화탄소로 전환되어 그 정도의 짜릿한 감각이 만들어지는 것이다. 탄산탈수소효소의 작용은 효소 중에서 매우 빠른 편에 속해서 1초에 약 100만 번까지 이산화탄소를 탄산으로 또는 탄산을 이산화탄소로 전환한다.

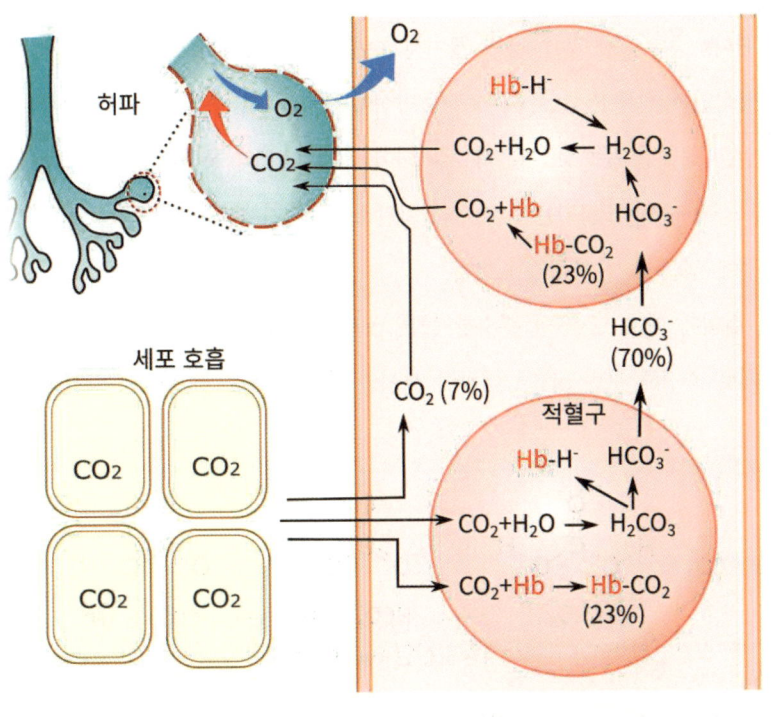

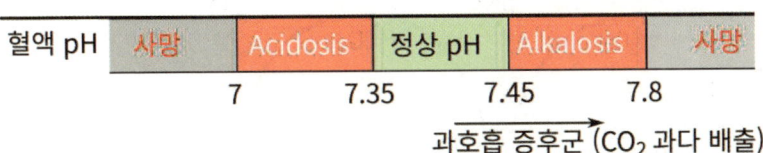

혈액을 통한 이산화탄소의 배출과 버퍼로 역할

미네랄 함량은 일정해도 탄산의 함량은 쉽게 변한다

자연 상태의 물에는 다양한 무기물, 유기물 등이 섞여 있다. 이러한 상태의 물을 증류 방법을 거쳐 분리, 정제한 비교적 순수한 상태의 물을 증류수라고 한다. 증류수는 직접 물을 끓여서 수증기를 응축시켜 모으는 방식과 필터 방식인 역삼투(Revers Osmosis) 방식이 있다. 3차 증류수는 3번 증류해서 얻은 물이란 뜻으로 이온이 제거되어 전기가 거의 통하지 않게 된다. 그런데 공기 중에 노출되는 순간 이산화탄소 등의 기체가 용해되면서 변하기 때문에 생산 즉시 사용해야 한다.

pH 정의에 따라, 25℃의 순수한 물은 pH 7이다. 하지만 2, 3차 증류수를 실제로 측정해 보면 pH 5 이하의 산성인 것을 확인할 수 있다. 이는 공

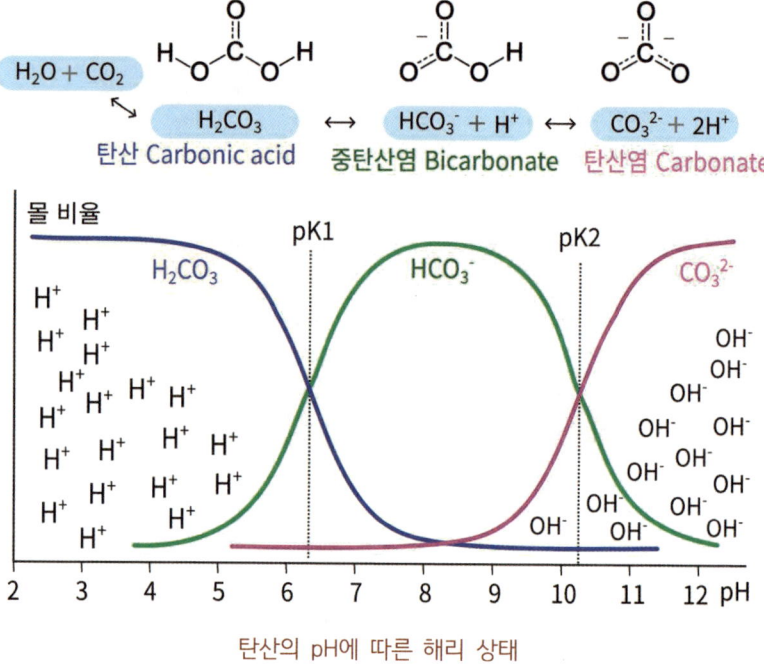

탄산의 pH에 따른 해리 상태

기 중의 이산화탄소 등의 성분이 물에 녹고, 미네랄은 변화가 없으므로 산성을 띠기 때문이다. 이산화탄소가 물에 녹으면 탄산이 되는데, 탄산은 약산성으로서 탄산수소 이온(HCO_3^-)과 수소이온(H^+)으로 해리된다. 물에 방출된 수소이온은 물을 산성으로 만들어서 pH는 낮아진다. 자연 상태에서 공기 중의 이산화탄소는 물의 pH가 5.7 정도를 형성할 정도의 양이 녹아서 평형을 이룬다.

탄산수소이온(HCO_3^-)에는 아직 방출할 수 있는 수소이온이 하나 있지만, 이 수소이온 방출은 pH 값이 8.3을 넘어야 가능하다. 수소이온을 방출하면 탄산 이온(CO_3^{2-})이 된다.

4. 용해도를 알면 물성의 절반을 이해할 수 있다

1) 용해도, 소금이 물에 녹는 현상만 제대로 설명할 수 있으면

물은 항상 진동하며 주변의 물과 '붙었다 떨어졌다'를 반복한다. 그래서 물에 소금이 녹고 설탕이 녹고 커피 원두에서 맛과 향이 추출되는 것이다. 이런데 이런 강력한 진동도 모든 분자를 순식간에 녹이지는 못한다. 분자가 워낙 작아 개별 분자는 워낙 가볍고 힘이 적고, 적은 양도 많은 수의 분자이기 때문이다. 소금 58g은 6×10^{23}개 소금 분자로 이루어졌다. 소금 0.00000058g을 녹이려면 1경 개의 소금 분자를 하나하나 떼어내야 한다는 뜻이다.

이런 물의 진동 현상은 물과 서로 친한 분자를 녹이게 하지만 기름과 같이 물과 친하지 못한 분자는 배척하는 경향을 더 크게 한다. 기름과 같은 분자는 비극성이라 물과 결합하는 힘은 없고 같은 지방끼리 결합하는 힘은 강하다. 개별 물 분자의 흔드는 힘이 기름 분자를 서로 떼어낼 정도로 강하지 못하기 때문에 시간이 지난다고 물에 기름이 녹지 않고 점점 지방끼리 뭉치게 한다. 이런 경향은 지방산의 길이가 길수록 강하여 아주 길이가 짧은 지방산은 물에 약간 녹지만 일정 크기 이상의 지방산은 물에 전혀 녹지 않게 된다. 극성은 극성끼리 비극성은 비극성끼리 점점 더 뭉치는 배경에도 분자의 진동이 있다.

- 물은 상온에서 10^{-11}초, 냉동에서 10^{-5}초마다 다른 물 분자와 수소결합을 바꿀 정도로 요동한다.
- 물은 자신보다 1조 배 큰 꽃가루를 뒤흔들 정도로 역동적이다(브라운 운동).

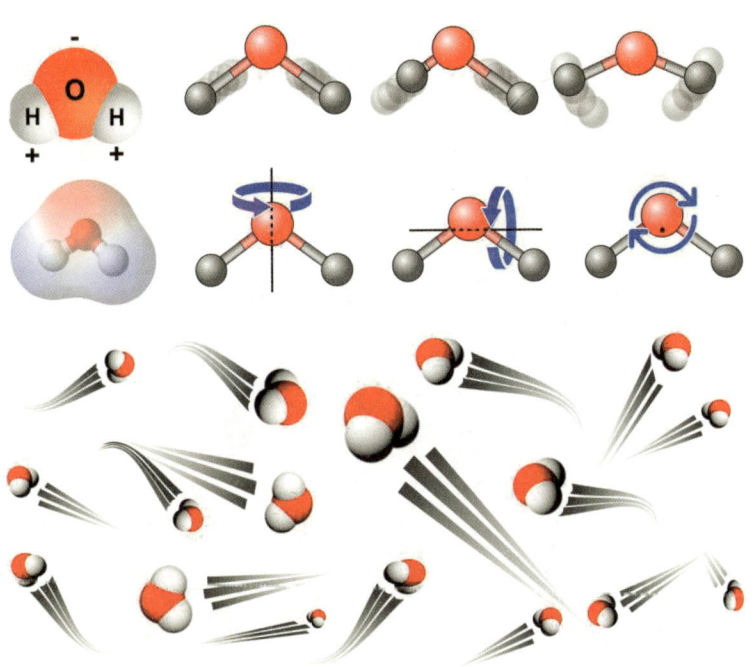

물 분자의 다양하고 격렬한 운동

온도가 높으면 대부분 분자운동이 활발해지고 고체와 액체의 경우에는 일반적으로 온도가 높아지면 용해도가 증가하나 기체의 경우에는 온도가 높아지면 용해도가 감소한다. 운동이 활발해지는 것은 분자끼리 떨어지는 힘을 증가시키지만, 용매와 결합하는 힘은 감소시킨다. 용매에 붙잡히려는 힘이 더 많이 감소하면 용해도의 감소로 나타난다. 고체와 액체의 용해도는 압력의 영향을 거의 받지 않으나 기체의 경우에는 압력이 높을수록 용해도가 증가한다. 기체는 탈출하여 감소한다.

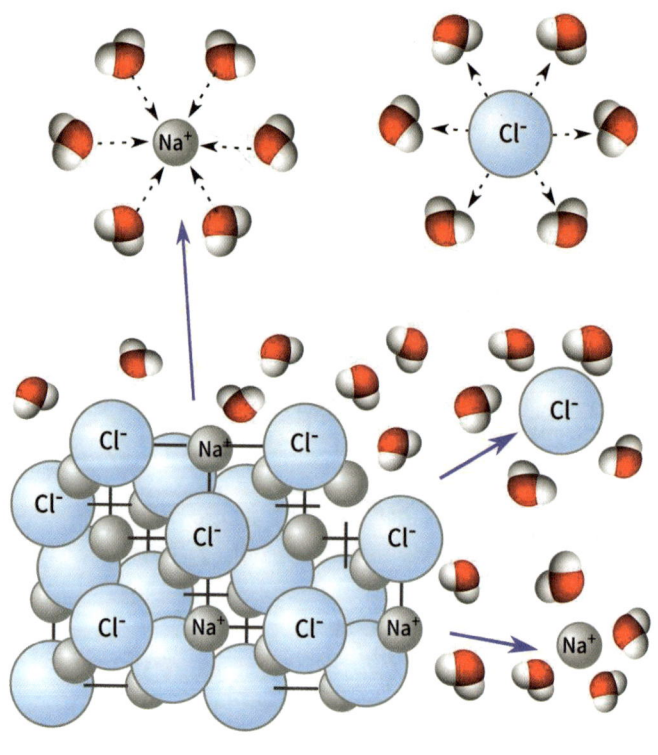

소금의 용해 과정

용해는 분자 레벨의 자발적인 현상이다

용액(Solution)은 용질이 용매에 분자 단위로 녹아 있는 것이다. 용해는 가열이나 교반과 같이 과정을 촉진하는 요인이 있지만 기본적으로는 분자 단위의 자발적인 현상이라 강제로 할 수는 없다. 분자 단위로 녹아서 균일하게 혼합되므로 오래 두어도 가라앉지 않고, 덩어리가 없어 작은 필터로도 걸러지는 것이 없다.

용해는 용매가 용질을 감싸는 현상이므로 용매와 용질에 따라 녹이는 것에 한계가 있다. 포화 용액(Saturated Solution)은 용매가 수용할 수 있는 최대한의 용질이 녹아 있는 상태이므로 그 이상의 양을 추가하면 침전이 발생한다. 과포화 용액은 일시적으로 용해된 용질의 양이 용해도 보다 큰 상태로 불안정하여 약간의 자극으로도 용질이 석출될 수 있다.

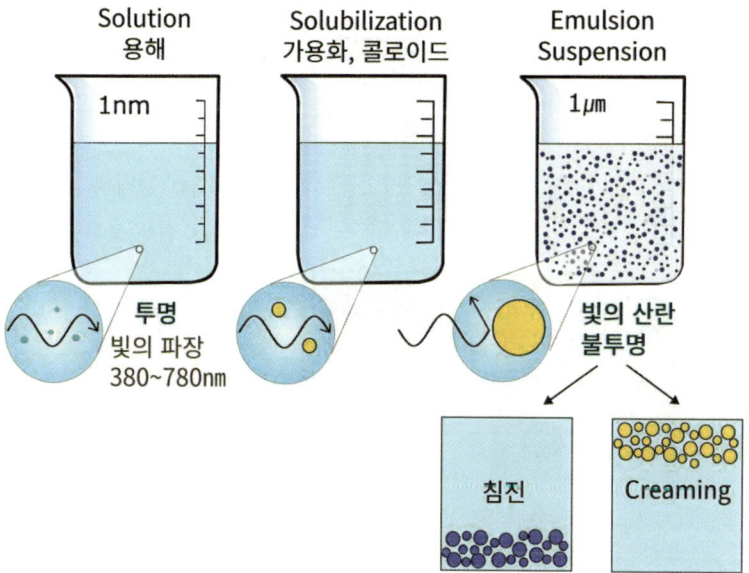

용해, 가용화, 콜로이드, 유화/분산

분자 단위로 녹으면 투명해진다

지방을 미세하게 분쇄하여 유화물(Emulsion)을 만들면 우유처럼 하얗게 보인다. 유화(乳化)는 원래 우유처럼 만든다는 뜻이고, 우유가 하얗게 보이는 것은 1~10㎛ 크기의 지방구가 아주 많기 때문이다. 빛의 파장은 0.4~0.7㎛ 정도라 그보다 큰 지방구가 있으면 빛이 산란하여 하얗게 보인다. 미세한 입자(지방구)가 없다면 빛은 액체에 그대로 통과할 것이고 그러면 제품은 투명하게 보일 것이다. 용해되었다는 것은 어떤 물질이 분자 단위로 녹아서 빛을 흡수하거나 반사하지 못한다는 뜻이고, 가용화는 물에 녹지 않은 물질을 빛의 파장보다 작은 크기로 만들어 그 사이를 통과하여 투명한 것을 말한다.

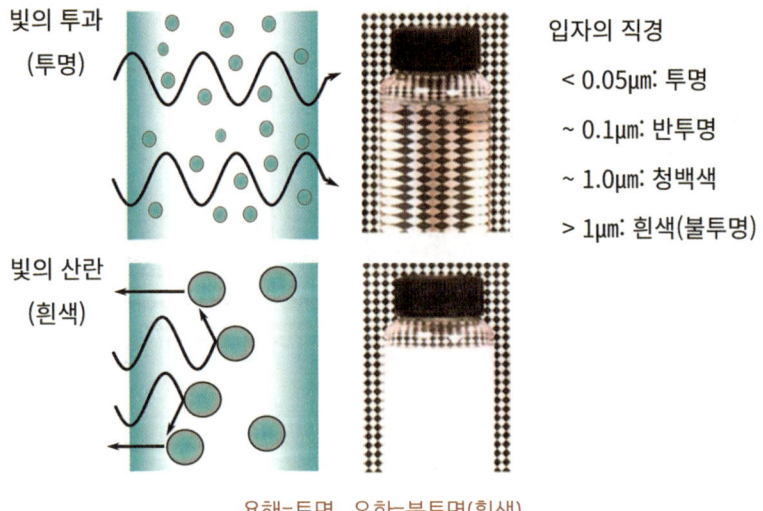

용해=투명, 유화=불투명(흰색)

용해도를 좌우하는 힘: 유유상종, 반발력

분자는 쉬지 않고 요동하고 물과 친한 것은 친한 것끼리, 물과 친하지 않는 것은 친하지 않은 것끼리 뭉친다. 이런 친수성 효과보다 강력한 것이 전기적 반발력이다. 반발력이 있으면 분자끼리 서로 강력히 밀어내어 골고루 분산되거나 용해된다.

물은 격렬히 진동하기 때문에 소수성인 분자들을 소수성끼리 뭉치게 하는 에너지도 된다(Hydrophobic exclusion). 단백질은 물속에서 물과 친한 아미노산이 연속한 부분은 바깥쪽으로, 물과 친하기 어려운 부분이 연속한 부분은 안쪽으로 접히는 경향이 있다. 인지질은 물 분자에 의해 자연적으로 이중막이 된다. 물과 친한 부분은 밖으로, 물과 친하기 어려운 부분은 안쪽으로 배치해서 이중막이 되어 자연적으로 구형의 형태를 갖춘다. 이런 현상을 견인하는 힘도 사실은 격렬한 물의 진동이다.

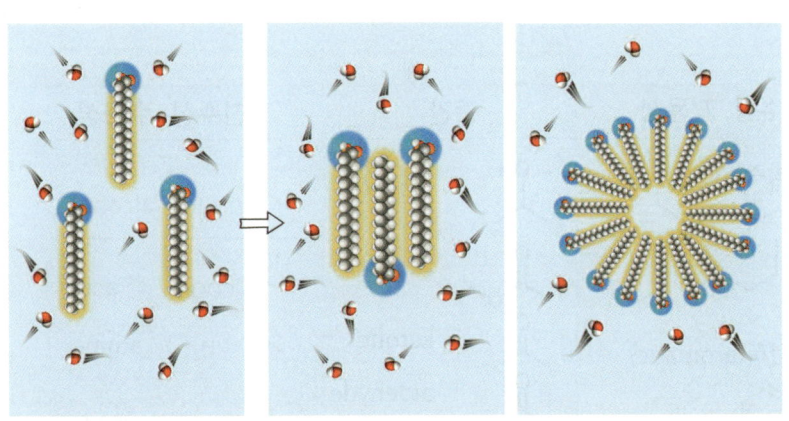

물에 의한 지용성 분자의 분리 현상(Hydrophobic exclusion)

산소는 전자적 편중을 만들고, 전자적 편중은 극성(친수성)을 만든다

 탄소와 수소로만 만들어진 탄화수소는 수소가 대칭의 형태로 결합해서 전자적 편중이 없는 비극성의 형태를 이룬다. 그만큼 지용성, 소수성의 분자가 되는데 여기에 산소가 끼어들면 극적인 변화가 일어난다. 산소는 탄소와 비슷한 크기인데 결합 손이 2개라 공간적 여유(Flexibility)가 있어 구조가 직선이 아닌 꺾인 형태가 되고, 전자적 편중이 가능해진다. 이런 전자적 편중이 극성의 형태를 만든다. 그만큼 수용성 친수성의 작용기가 되기 쉽다.

 지방은 탄화수소의 형태라 물에 안 녹고, 탄수화물은 여러 개의 알코올(-OH)기가 있어서 물과 친한 형태이다. 그래서 당류는 물에 잘 녹는다.

친수성 Hydrophilic   소수성 Hydrophobic
수용성 Water soluble   지용성 Oil soluble
극성　 Polar   비극성 Nonpolar

소수성, 지용성	중간	친수성, 수용성
지방족(alipathic)	alcohol	alcohol
	ester	acid
방향족(aromatic)	ketone	amine
	aldehyde	
	ether	

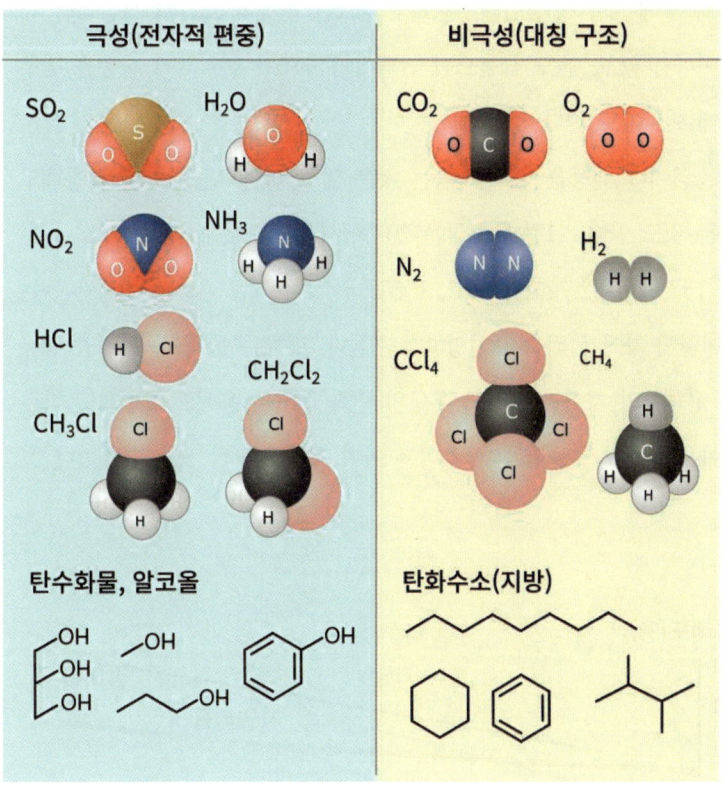

유유상종
극성은 극성끼리
비극성은 비극성 끼리

2) 온도가 높아지면 분자 운동이 활발해진다

 온도는 생명의 생사를 좌우하는 가장 기본적인 요소이기도 하다. 단백질의 경우 온도에 매우 민감한데, 온도가 낮으면 반응이 느려져 정상적인 대사가 일어나지 않고, 온도가 높으면 단백질의 구조가 변형되어 작동을 멈추고 사망에 이르기도 한다.

 물에 소금이나 설탕을 넣으면 녹는 것은 알고 있다. 온도에 따라 용해도가 변하는 것도 안다. 그런데 소금은 20℃에서 물 100g에 35.8g 정도 녹는데 영하 15℃에서 32.7g이나 녹고, 100℃에서도 고작(?) 38.4g 정도만 녹는다. 왜 이렇게 차이가 적은지 설명하기 힘들다. 당류는 물에 잘 녹지만 당류에 따라 용해도의 차이가 심하고 온도의 변화에 따른 용해도의 변화도 다르다. 그 이유까지 알기는 힘들다. 우리는 아직 용해도를 잘 모르는 것이다.

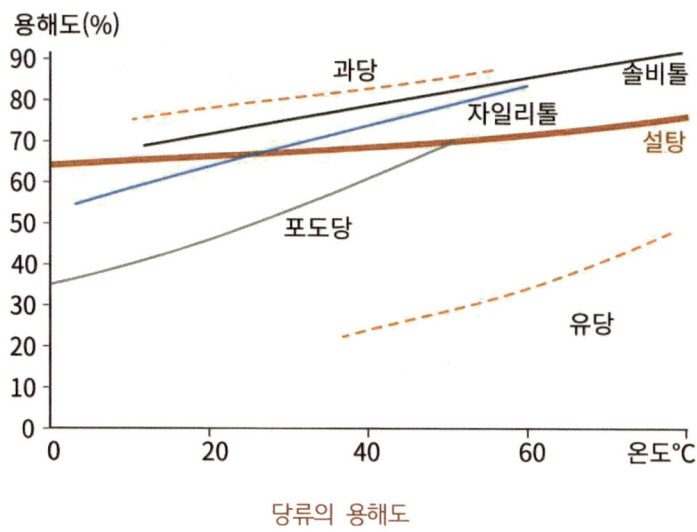

당류의 용해도

온도가 높아지면 기체의 용해도는 낮아진다

물이 건강에 중요하다는 것에 착안하여 여러 가지 제품이 판매되었다. 자화육각수, 알칼리수, 전해환원수, 광천수, 탄산수뿐, 해양심층수, 빙하수, 산소수, 수소수 등이다. 이 중에 가장 엉터리가 수소수이다. 수소는 가장 물에 안 녹는 기체다. 20℃ 물 1ℓ를 기준으로 비교적 물에 잘 녹는 이산화탄소가 1.6g 정도 녹는다. 산소는 0.04g, 질소는 0.02g, 수소는 고작 0.0016g 정도다. 하루 종일 다른 물을 안 마시고 수소수만 10ℓ를 마셔도 고작 0.016g이다. 그것이 항산화 효과가 있다고 우기는 것도 너무 비약이지만, 근본적으로는 양의 기준에도 전혀 맞지 않다.

산소의 용해도가 2배만 높아도, 폐는 지금의 절반 크기면 충분하고, 심장도 절반의 속도로 뛰면 충분할 것이다. 그리고 우리 몸에 산소를 10g 정도만 녹여서 보관하는 기능이 있다면 순식간에 심장마비로 죽는 일도 없을 것이다. 산소의 용해도가 그 모든 것을 결정하는데 우리는 기체의 용해도에 대하여 너무나 무심하면서 건강에만 과민하다.

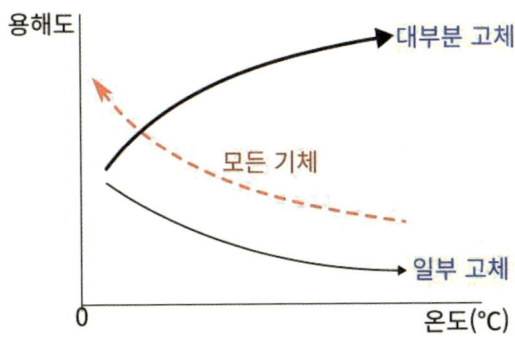

온도에 따른 고체와 기체의 용해도 변화

3) pH가 변하면 분자 간의 반발력이 변한다

용해도에서 친수성 효과보다 강력한 것이 전기적 반발력이다. 반발력이 있으면 분자끼리 서로 강력히 밀어내어 골고루 분산되거나 용해된다. 단백질의 경우 전기적 반발력이 없어지는 등전점에서 용해도가 가장 낮다. 유기물은 대부분 산성이다. 그래서 pH가 낮아지면 이들의 극성이 수소이온(H^+)에 의해 봉쇄되어(제타전위 감소)하여 용해도가 떨어진다. pH가 높아지면 알칼리에 의해 더 많이 해리되어 반발력이 증가하여 용해도가 크게 증가한다. 내산성이 있다는 것은 산에 의해 용해도 감소가 적다는 뜻이다. 젤리를 제조할 때 pH가 낮아지면 증점다당류의 용해도는 감소한다. 즉 증점다당류가 완전히 펼쳐지지 않은 상태에서 겔화가 이루어지므로 원래 보다 겔 강도가 약해진다. 온도가 높을수록 약해지는 정도는 심해진다. 물성을 다룰 때 pH를 잘 알아야 하는 이유는 용해도에 결정적인 영향을 주기 때문이다.

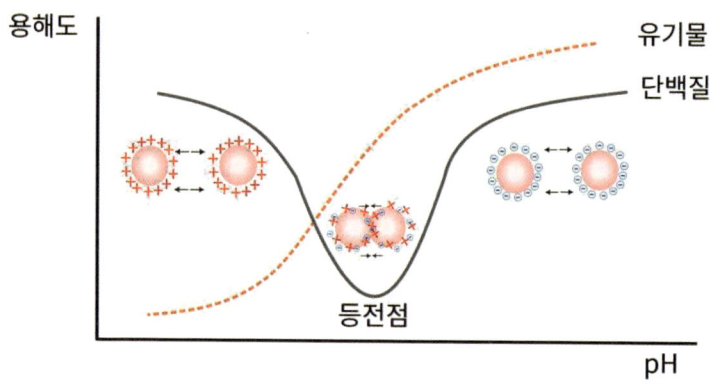

pH에 따른 분자 사이의 반발력과 용해도

살균 및 저장성에 미치는 산의 영향

수분을 계속 붙잡고 있는 것은 생각보다 쉽지 않다. 전분은 노화되고 증점다당류로 만든 단단한 젤은 시간이 지나면 점차 수분을 조직 밖으로 밀어낸다. 분자는 끊임없이 요동하고 온도에 의해 넓게 퍼졌던 분자들이 점차 원래의 모습으로 점점 수축하기 때문이다. 그 과정에서 물은 밀려 나온다. 젤리에서 표면으로 물이 빠져나오는 이수현상은 골치 아픈 문제의 하나이다. 외관을 손상하고 미생물이 발생할 가능성도 커진다. 젤이 단단할수록 수축하려는 힘이 커서 이수가 많이 발생하는 경향이 있다. pH가 낮아질수록 젤화제의 보수력이 떨어지므로 이런 경향은 커진다. 이런 점 때문에 젤화제를 단독으로 사용하지 않고 잔탄검과 LBG처럼 이수된 수분을 붙잡아줄 능력이 있는 증점제도 같이 혼합하여 사용한다. LBG와 잔탄검의 조합으로 만들어진 젤처럼 젤이 소프트할수록 이수현상은 적다.

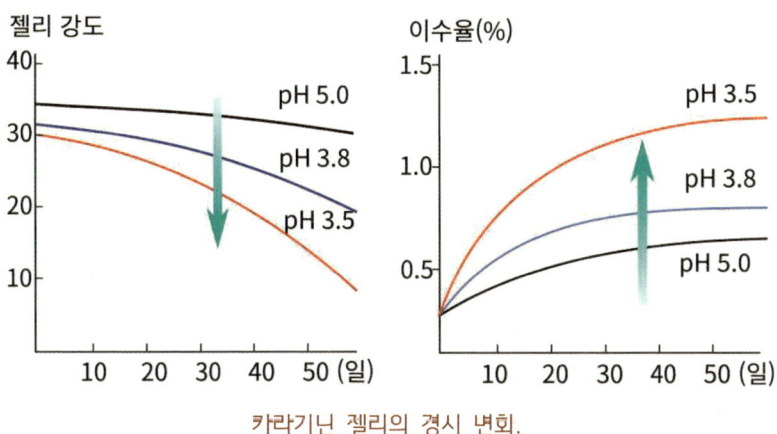

카라기닌 젤리의 경시 변화.

배합할 때 유기산은 주로 나중에 첨가하는 이유

　배합할 때는 설비와 온도와 교반 등 작업 조건도 중요하지만, 투입 순서도 중요하다. 원리를 모르면 실험실에서는 문제가 없어도 공장에서 대량 생산할 때 문제가 생기거나, 계절에 따라 수질 즉 경도만 달라도 품질에 차이 나는 경우가 있다.

　분말류를 녹일 때는 특히 투입 순서도 중요하다. 배합할 때 만약 $1mm^3$도 안 되는 작은 증점다당류 한 덩어리만 녹지 않아도 그 안에 포함된 분자를 한 줄로 늘리면 지구를 25번 감을 정도로 많은 분자가 뭉쳐있는 것이다. 배합할 때는 분자 하나하나가 따로 녹게 하는 것이 가장 기본적이면서 중요한 공정이다. 보통 찬물에 넣고 완전히 푼 후에 가열하기 시작하고, 산은 나중에 첨가하거나 구연산나트륨 같은 것을 킬레이트제로 첨가하여 수질의 경도 변화에 의한 차이를 방지하는데, 이는 항상 제대로 녹이기 위함이다.

　분말을 덩어리짐(Lumping) 없이 완전히 녹이기 위해 다양한 수단이 동원된다. 증점다당류를 5배 이상의 설탕과 같이 잘 녹는 것에 미리 혼합하여 사용하는 방법부터, 사용하는 원료 중 기름, 글리세린, 액상 설탕, 액상과당 등이 있다면 이들은 자유수가 없어 증점다당류와 섞으면 분산이 잘 되고, 덩어리지지 않는다. 물론 고속 블렌더처럼 적합한 설비를 이용하여 강력하게 교반하면서 소량씩 첨가하면 덩어리짐을 방지할 수 있다.

- 온도: 찬물에 완전히 수화 후 가온하는 것이 일반적이다. 처음부터 뜨거운 물을 넣으면 순간적으로 겉면에 피막이 형성되는 경우가 있다.
- pH: 유기물은 산을 첨가하면 용해도가 감소하는 경우가 많다. 그래서 보통 산을 제일 마지막에 첨가한다.

- 이온: 칼슘이나 마그네슘 같은 2가 이온은 폴리머를 미리 붙잡고 있어서 용해를 방해하는 경우가 있다. 공장에서 사용하는 물은 실험실의 물과 이온강도가 다를 수 있다. 구연산나트륨 같은 킬레이트제를 첨가하여 이들 이온의 영향을 배제할 수 있다. 젤란검같이 미량의 칼슘에도 용해도가 달라지는 경우 이런 조치가 필요하다.

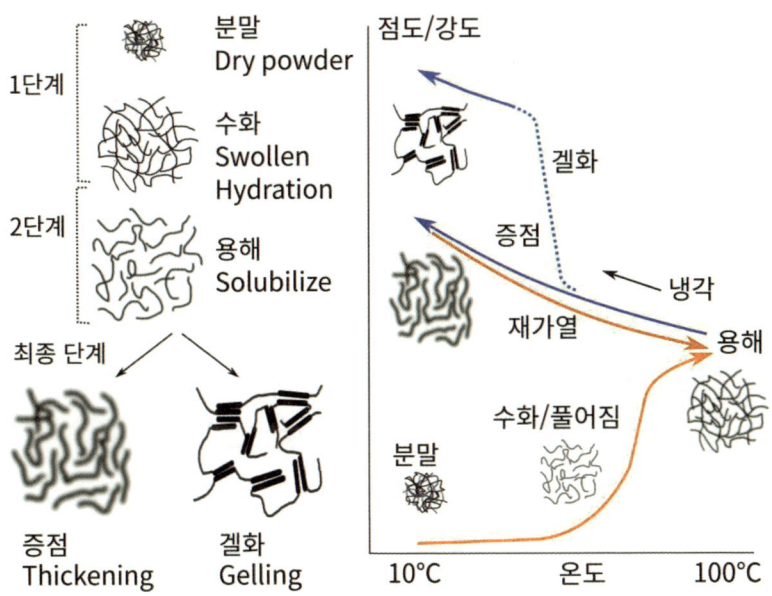

분말의 수화와 용해

4) 미네랄이 용해도에 미치는 영향은 복잡하다

유기물의 용해도는 이온의 종류와 강도의 영향을 받는데, 그 역할은 생각보다 복잡하다. 일정 농도까지는 용해도가 증가하지만, 과량이 되면 탈수 현상을 보여 용해도는 감소한다.

미네랄이 용해도를 증가시키는 대표적인 사례는 어묵을 만들 때이다. 어육을 그냥 고기갈이를 하여 가열하면 생선 단백질이 완전히 풀어지지 않아 보수성이 떨어져 다량의 드립이 발생하고, 응고해도 탄력 있는 겔이 형성되지 않는다. 어육에 2~3%의 식염을 넣고 고기갈이를 하면 생선 단백질이 훨씬 잘 풀어지게 된다. 물을 많이 흡수하여 가열하면 드립의 발생이 없는 탄력이 있는 겔이 변한다. 염이 생선 단백질의 용해도를 완전히 바꾸는 것이다.

이처럼 염이 용해도를 높이는 효과는 커피 추출에서도 나타난다. 통상 2가 양이온은 겔화 효과를 나타내는 데, 증류수보다는 칼슘이나 마그네슘이 미량 함유된 물에서 향기 물질의 추출이 더 잘 추출된다는 보고이다. 통상 증점다당류는 소량의 칼슘도 용해를 방해하는데, 향기 물질 같은 단분자는 용해를 높이는 작용을 한다고 하니, 미네랄이 용해도에 미치는 영향은 복잡하다. 소금이 어묵을 만들 때는 용해도를 증가시켰지만, 특정 단백질에서 단백질 사슬 간에 반발력을 상쇄시켜 수축하게 하는 역할도 한다.

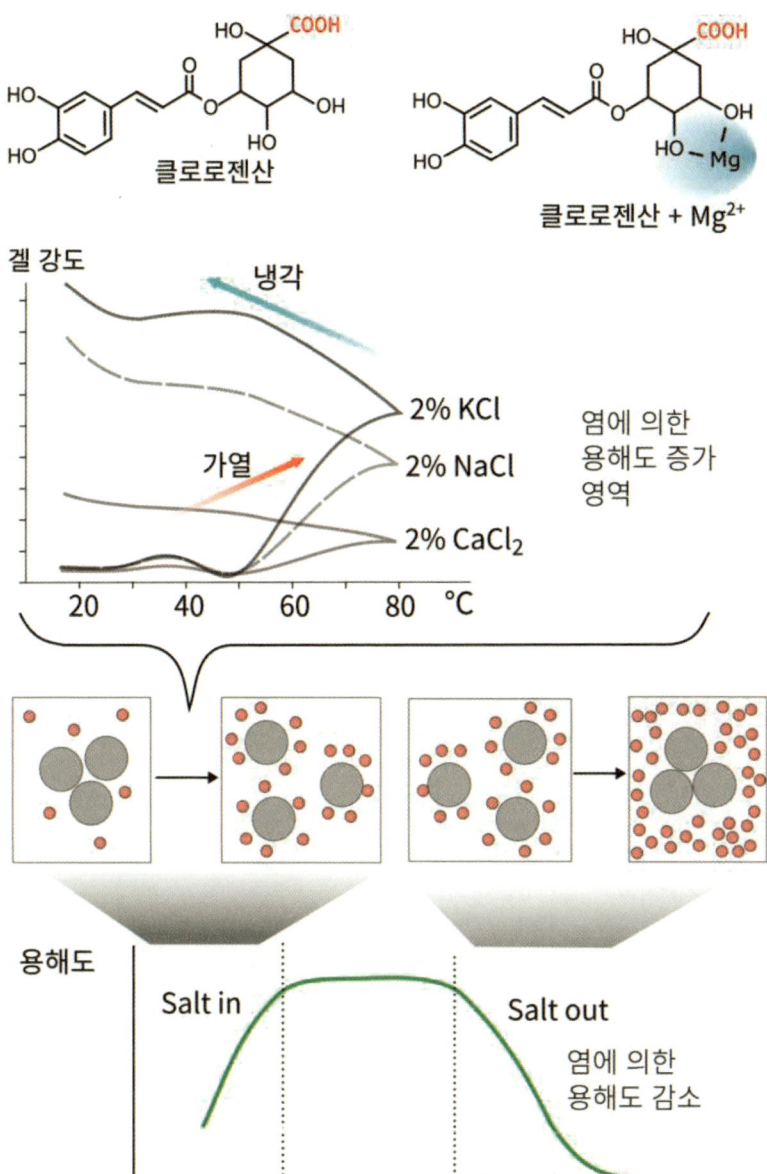

칼슘 같은 2가 이온(Mg^{2+}, Ca^{2+})은 고분자 유기물을 붙잡는 성질이 크다

칼슘과 마그네슘 같은 2가 이온은 폴리머 사이를 붙잡아(겔화) 용해를 방해하는 역할을 한다. 예를 들어 Low acyl 젤란검은 칼슘 이온이 없으면 75℃에서 녹는데, 칼슘 이온이 200ppm만 되어도 100℃까지 가열해도 녹지 않는다. 젤리나 소스를 만들 때 지하수를 사용할 때 봄철 갈수기에는 물에 칼슘의 농도가 높아져 아무리 같은 조건에서 제품을 만들어도 제품 상태가 달라진다. 원료에 젤란검 같은 것이 포함되면 배합 단계에서 구연산나트륨 같은 킬레이트제(봉쇄제)를 첨가하여 칼슘 영향을 차단해야 한다. 차라리 젤란검을 많이 사용하면 제품의 확연한 차이로 원인 규명이 쉽지만, 내열성 등의 목적으로 소량만 사용하면 제품에 미묘한 차이가 나기 때문에 오히려 원인을 찾기 힘들어질 수 있다. 그러니 원리를 알고 배합표를 작성해야 어떤 조건에서나 일정한 품질을 구현하기 쉬워진다. 육가공에서 인산염을 사용하는 것도 같은 원리이다. 완전히 풀린 후 칼슘으로 굳혀야 최대한 물을 흡수한 상태로 응고되어 원하는 물성이 된다.

젤란검 용해에서 칼슘과 봉쇄제의 영향

물 경도(ppm) $CaCO_3$	구연산나트륨 첨가량 (%)	녹는 온도 ℃	
		저-아실형	고-아실형
0	0	75	71
100	0	88	73
200	0	>100	75
200	0.3	24	70
400	0.3	35	70

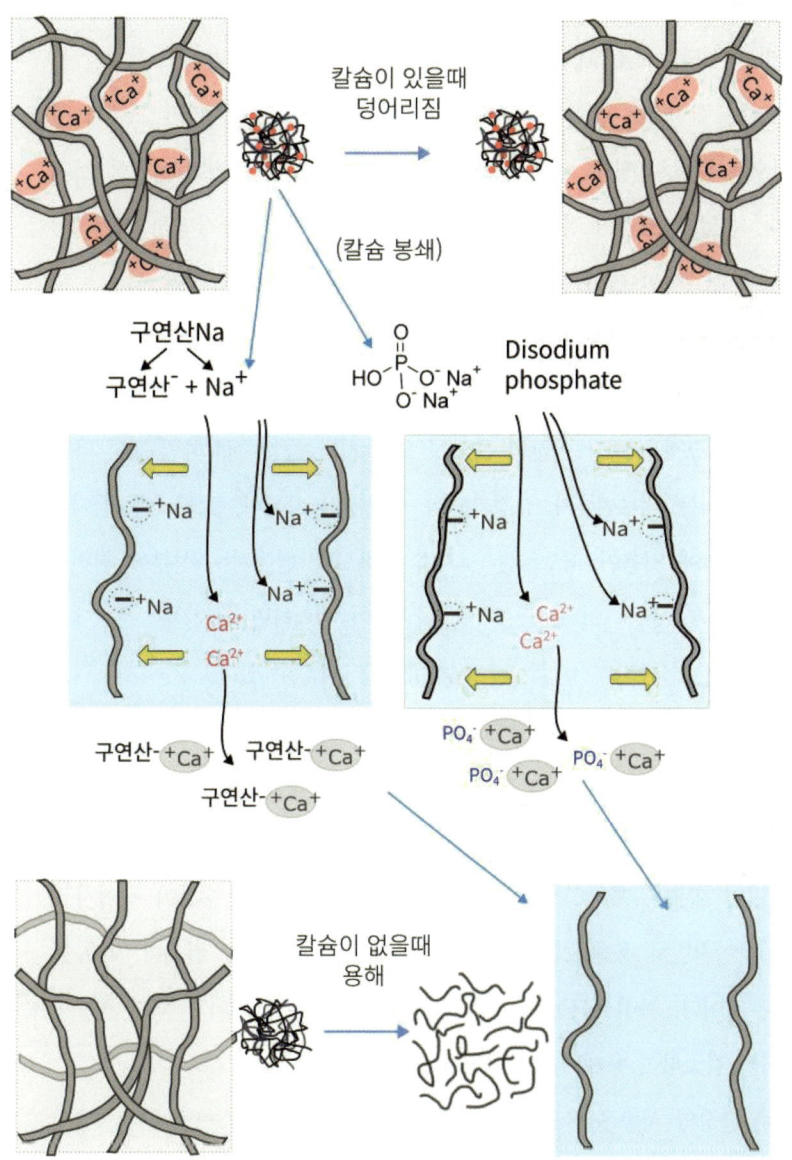

칼슘의 봉쇄에 의한 용해도 증가 원리

5) 결정화는 용해의 반대 현상

우리는 설탕, 소금, MSG의 정제처럼 의도적으로 결정화하기도 하지만 원하지 않는 결정화로 골치를 썩이기도 한다. 오렌지 껍질을 짜면 오렌지 향이 나오는데 오일 상태라 물에 녹지 않기 때문에 그것을 직접 음료에 쓰지 못한다. 음료에 쓰려면 용해도가 떨어지는 터펜계 물질은 상당히 제거해야 한다. 그 대표적인 방법이 희석 알코올을 사용하는 것이다. 향기 성분은 알코올에 잘 녹는다. 하지만 알코올을 물에 희석할수록 향기 성분의 용해도가 떨어진다. 오렌지 오일을 적당히 희석한 알코올에 녹이면 처음에는 모두 잘 녹아 있다. 그것을 냉장 이하의 온도에 오랜 시간 동안 저장하면 점차 용해도가 떨어지는 테르펜류가 결정화되어 상단에 떠오른다. 고깃국을 끓이다 식히면 상단에 기름이 떠오르는 것처럼 용해도가 떨어지는 성분이 천천히 결정화되어 떠오르는 것이다. 그것을 여과하여 제거하면 어지간한 온도에서는 지방 성분이 분리되지 않는 수용성 향료를 만들 수 있다.

포도 주스뿐 아니라 온갖 농축액은 여러 가지 석출 문제가 발생할 수 있다. 과즙, 채소즙을 농축하면 처음에는 깨끗한 액체 상태를 유지하지만, 며칠 이상 장기간 보관을 하면 천천히 침전이나 결정물이 생기는 것이다. 농축을 많이 할수록 보존성은 확실하게 좋아지지만 그만큼 수분이 적어지고, pH가 낮아지면서 용해도도 급감하여 감소하여 결정화되는 현상이 자주 발생하는 것이다. 특히 pH는 유기산의 해리도를 낮추고 해리가 되지 않으면 반발력이 감소하여 용해도가 급감한다.

이런 결정의 석출은 온도의 영향을 많이 받는데, 아이스크림에서는 유당이 문제가 되기도 한다. 우유의 당은 대부분 유당인데, 유당은 감미도는 설탕의 1/5 수준이고 용해도는 32°C에서 1/3 수준이다. 유당은 배합의 단계에서는 온도도 높고 수분도 많아 전혀 문제가 되지 않지만 동결되면 온도는 낮고 유당이 녹을 수 있는 수분은 동결로 감소하여, 유당이 녹지 않고 결정화되려는 성질이 나타난다. 만약 유당이 결정화되면 아이스크림에서 모래를 씹는 느낌(Sandness)을 주는 결정 입자가 만들어져 품질이 크게 떨어진다.

주석산(Tartaric Acid)과 주석(酒石)의 석출

생포도즙이나 포도주를 마시다 보면 미세한 유리 조각처럼 생긴 찌꺼기가 남는 경우가 많은데 이것이 바로 주석(酒石)이다. 주석산이 결정화하여 가라앉은 것이다. 주석산(Tartaric acid)은 유난히 포도에 많다. 포도에는 원래 주석산보다 사과산이 많은데 포도가 익어감에 따라 사과산은 급격히 감소하여 원래의 1/4 이하로 줄어들지만, 주석산은 그대로 유지되어 더 많이 남게 되는 것이다. 그리고 이런 주석산이 포도의 칼륨이나 칼슘과 결합하면 흰색의 결정체로 변하면 품질에 악영향을 준다.

주석산은 한 번 결정화되면 다른 결정체가 그렇듯 좀처럼 녹지 않는다. 이런 결정체는 상품의 결점 요인이다. 레드 와인은 그나마 자연스럽게 보이나 화이트 와인은 흰색 결정체로, 뚜렷하게 이질적으로 눈에 띄게 된다. 이러한 문제를 줄이기 위해 와인 생산자들은 병입 직전에 와인 안에 있는 주석산의 양을 줄이고자 한다. 바로 저온에서 미리 결정화시키는 것이다. 대부분 유기물은 저온에서 용해도가 떨어지기 때문에 포도 주스나 와인을 보관한 탱크 온도를 영하 5℃ 정도로 낮추어 1주일 정도를 방치한다. 그러면 많은 양의 주석산이 결정화되고 이것을 필터로 제거하는 방법을 사용한다. 이것도 완전한 방법은 아니어서 와인을 병에 담은 후 찬 온도에서 오래 보관하면 결정화하지 않았던 주석산이 결정화될 수 있다. 용액에 다른 성분이 많을수록 결정화가 천천히 이루어지기 때문에 확률적으로는 오래도록 잘 숙성된 빈티지 와인에서 주석이 발견될 확률이 더 높다. 다양한 과일, 채소 등의 농축액을 만들려 할 때 이 결정화와 석출의 문제는 생각보다 풀기 힘든 숙제로 남아 있다.

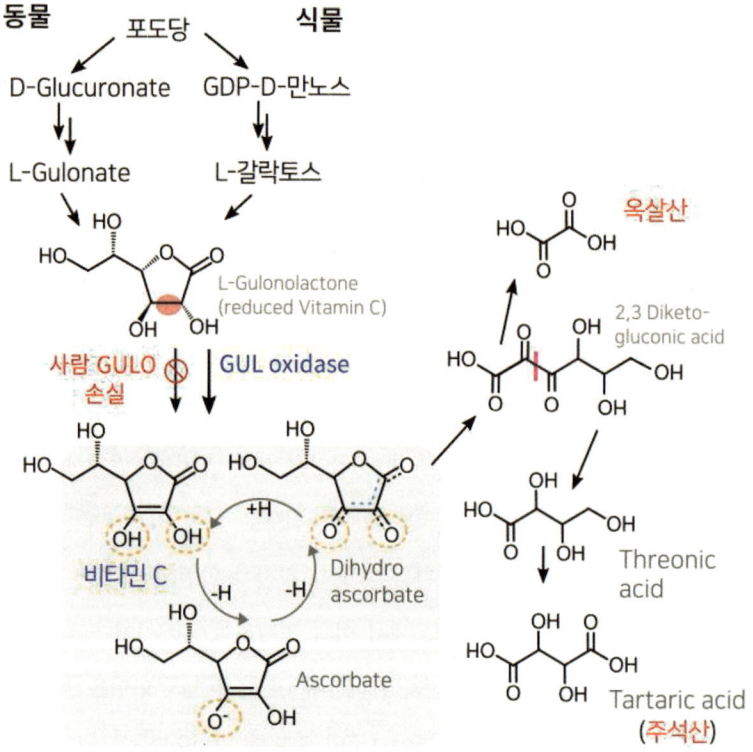

비타민 C의 산화/환원 및 옥살산과 주석산의 생성 경로

6) 용해도는 생명 현상에서도 매우 중요하다

　용해도의 문제는 단지 식품의 문제가 아니다. 통풍은 요산이 축적되어 생기는 병이다. 혈류를 타고 다니던 요산이 관절 부위에 쌓이면 바늘 모양의 요산 결정체가 생긴다. 그러면 '바람만 불어도 아프다'라고 할 만큼 극심한 통증을 만든다. 통풍은 발끝처럼 심장에서 먼 부위에 주로 생긴다. 심장에서 먼 곳일수록 혈액 온도가 낮아 요산 결정이 잘 만들어지기 때문이다. 엄지발가락에 통풍이 잘 생기는 이유다.

　담석은 지방을 분해하는 소화효소인 쓸개즙이 담도나 쓸개에 쌓여 돌처럼 굳으면서 생긴 것이다. 80%는 수분이고 나머지 20%를 구성하는 것은 담즙산(65%), 인지질(20%), 단백질(4~5%), 콜레스테롤(4%) 등이다.

　옥살산은 카복실기가 2개 있는 간단한 유기산이다. 그런데 콩팥에서 칼슘 이온과 결합해 요로결석을 일으키는 원인이 될 수 있다. 시금치를 비롯한 십자화과 식물에는 옥살산이 많다. 채소 안의 옥살산을 제거하는 가장 좋은 방법은 옥살산이 수용성인 것을 이용하여 물에 넣고 데쳐서 빠져나오게 하는 것이다. 옥살산혈증(Oxalosis)은 신장에 칼슘 옥살산염이 형성되는 질병으로 신장결석에서 65~75%를 차지한다. 옥살산은 철 등 금속 이온과 쉽게 결합할 수 있어서 혈액에 옥살산의 농도가 급격하게 증가하면 칼슘 이온 농도가 현저하게 낮아진다. 칼슘 이온 역시 옥살산 이온과 잘 결합하기 때문이다. 칼슘 이온의 농도가 정상 이하로 떨어지면 신경전달 신호 이상, 근육 수축 이상이 나타난다. 과량 흡수된 비타민 C의 일부가 체내에서 옥살산으로 변하기도 한다. 그래서 비타민 C를 과도하게 섭취하면 간혹 신장결석이 문제가 될 수도 있다.

　옥살산은 좌우대칭으로 음전하의 산(Acid) 구조를 2개를 가지고 있는데,

문제는 다른 이온과 결합할 때는 별 문제가 없으나 칼슘과 결합하면 칼슘-옥살산-칼슘-옥살산이 연달아 계속 결합하는 방식으로 큰 결정을 만든다는 것이다. 단순히 양이온과 결합하는 능력이 문제가 아니라 이처럼 치밀하고 반복 구조를 만들 수 있는 것이 문제인 셈이다. 구연산은 산 구조를 3개나 가지고 있고, 칼슘과 아주 잘 결합하여 구연산 제조 시 생산된 구연산을 회수하기 위해 칼슘을 이용해 결정화하는 방법을 쓰기도 한다. 그런데 이런 구연산이 요로결석을 막는 역할도 한다. 옥살산 구조에 구연산이 끼어들면 치밀한 구조를 만들 수 없기 때문이다.

옥살산은 식품에 있다고 바로 모두 흡수되는 것도 아니다. 5~15% 정도가 흡수되는데, 여기에 칼슘이 있으면 흡수가 억제된다. 시금치에는 칼슘도 많아서 옥살산이 칼슘과 결합하기 때문에 흡수가 잘 안되고 옥살산은 중금속의 흡수도 억제할 수 있는 것이다. 몸에 좋다고 채소를 녹즙의 형태로 마신다면 몰라도 나물로 먹는 채소가 우리 몸에 문제를 일으킬 가능성은 별로 없다. 유제품을 통해 칼슘을 많이 먹으면 오히려 결석을 예방할 수 있다. 칼슘이 음식의 옥살산과 결합해 흡수를 억제하기 때문이다.

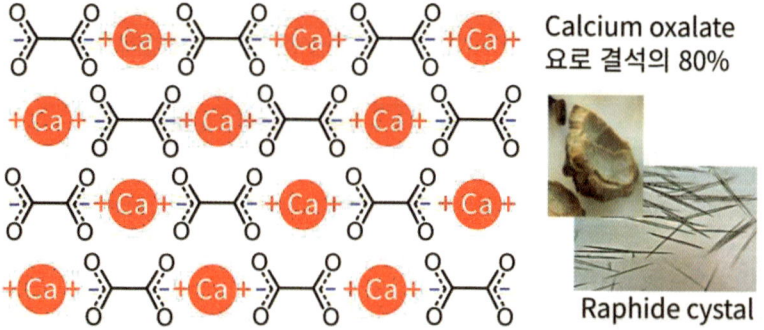

Calcium oxalate
요로 결석의 80%

Raphide cystal

용해도를 몰라서 만들어진 치명적 실수

결석은 신장에서 생기는 경우가 많다. 수분이 빠지면서 농축이 일어나기 때문이다. 그런데 이런 용해도를 고려하지 않는 실험 때문에 난리가 난 경우도 있다. 1977년 캐나다에서 수컷 쥐들에게 사카린을 먹였더니 방광암 발병률이 높아졌다는 연구 결과가 나왔다. 그런데 이것은 DNA의 손상이나 변이에 의한 것이 아니고 결석에 의한 것이었다. 인간과는 달리 설치류는 높은 pH와 고농도 단백질과 인산칼슘이 있다. 여기에 하루에 콜라 800병에 해당하는 엄청난 양의 사카린을 투여하니 결석이 만들어지고, 결석으로 방광 손상이 일어나 방광암으로까지 이어진 것이다. 결국 사람과는 전혀 무관한 엉터리 실험 하나로 죄 없는 사카린 생산업자와 당뇨 환자들만 피해를 본 것이다.

중국산 분유에 첨가된 멜라민 때문에 많은 유아가 고통 속에 사망했던 사건도 있다. 그런데 멜라민은 자체 독성이 거의 없다. 그런데 왜 그런 치명적인 사건이 발생한 것일까? 중국에서 단백질이 거의 없는 가짜 분유가 한창 기승을 부릴 때 보건당국은 단백질 검사를 강화하여 질소 함량을 측정하기 시작했다. 그러자 업자들은 단백질 대신에 싸고 아미노산보다 질소 함량이 6배 높은 멜라민을 첨가했다. 멜라민은 물에 거의 녹지 않는 물질인데 분유를 통해 다량이 계속 유아의 혈액에 녹아 들어갔고, 신장에서 농축되어 결국에는 커다란 결석으로 이어졌다. 결석 때문에 유아들은 엄청난 고통과 피해를 보게 되었다. 결석은 극심한 통증의 원인으로 되기도 하지만, 심하면 발암의 원인이 되기도 한다. 천연의 돌로 만들어진 섬유인 석면의 발암성도 사실은 석면이 폐에 들어가 배출이 안 되고 끝없이 염증을 만들어서 발생한 일종의 자가면역질환이다.

단백질의 결정화: 프라이온, 아밀로이드

단백질도 때에 따라 결정화되어 치명적 질병이 될 수 있다. 단백질은 형태로 작용하는 물질인데 단백질이 잘못 접히면 단순히 기능이 불량해지는 차원을 벗어나 질병의 원인이 될 수도 있다. 광우병(CJD)은 프라이온이라는 단백질의 잘못된 접힘과 관련이 크다는 주장이 있다. 어떤 원인으로 단백질이 결정화되고, 어떤 방법으로든 잘못 접힌 프라이온 단백질이 다른 단백질의 잘못 접힘도 유발하여, 주변의 단백질을 연속적으로 결정화시키면 신경계와 뇌의 모든 작동을 파괴한다는 것이다. 이처럼 용해도는 물성뿐 아니라 생명 현상에 가장 직접적인 영향을 미친다.

아밀로이드증은 아밀로이드(Amyloid)라는 단백질이 한 곳 이상의 조직(Tissue)이나 장기(Organ)에 지나치게 쌓여서 조직이나 장기의 기능 장애를 일으키는 질환이다. 정상적으로 단백질은 생성 비율과 같은 비율로 분해된다. 그러나 아밀로이드 침전물은 대단히 안정적이어서, 이것이 분해되는 속도보다 더 **빠르게** 침착된다. 이러한 현상은 하나의 장기에서만 일어날 수도 있지만, 여러 장기에 걸쳐 나타날 수도 있다. 치매의 원인으로 지목받는다.

나는 식품의 물성을 공부할수록, 용해도를 온전히 이해하는 것이 식품 현상의 본질을 이해하는 것이라는 생각이 든다. 바닷물에는 엄청나게 많은 금이 녹아 있다. 전 세계 바다에 600만 톤의 금이 녹아 있다고 주장하는데 무거운 금 이온이 어떻게 물 분자에 싸여 가라앉지 않고 그대로 있는 것일까? 아예 녹지 않거나 충분히 녹는 것은 이해가 되는데 ppm 단위나 ppb 단위로 녹는 것은 도대체 어떻게 물이 감싸고 있는 것인지 그 모습이 잘 상상이 되지 않는다.

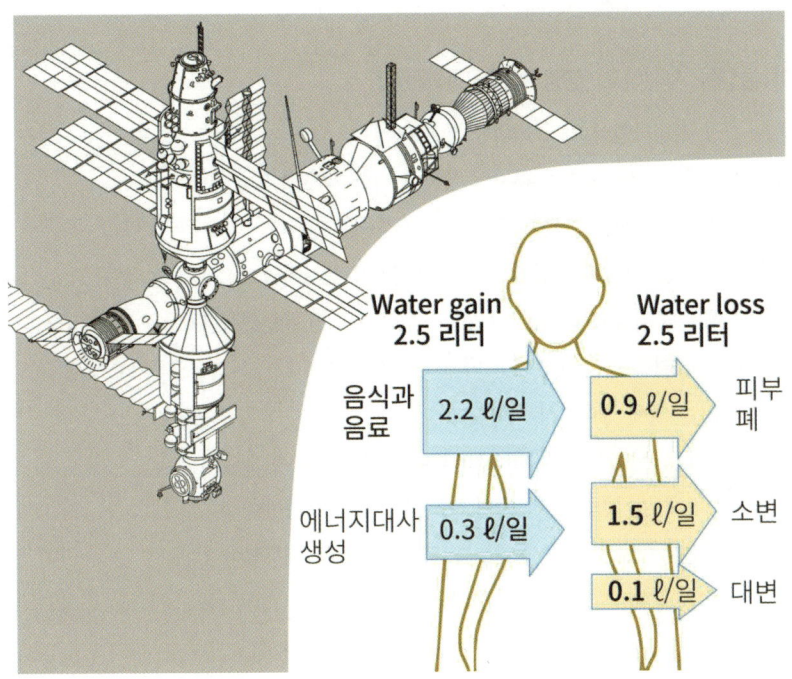

　우주인에게도 물은 생존의 제1요소이다. 지구 400km 상공에 떠 있는 국제 우주정거장(ISS)에서는 초기에 필요한 물을 모두 가져갔지만, 지금은 98% 정도가 재처리한 물이라고 한다. 재처리 대상은 우주인의 몸에서 배출된 땀, 소변, 샤워실이나 화장실에서 사용된 물 전부이다. 특히 우주인이 배출한 땀이 공기 중에 흡수돼 적정 습도를 넘으면 공기 순환 장치를 통해 수분을 모아 거른 뒤 정화한다. 2009년 5월 재처리한 물을 처음 마신 미국 우주인 마이클 배럿은 "맛이 훌륭하다. 마실 만하다"라고 말했다.

물이 물성을 지배하고, 생명 현상도 지배한다.

- 물은 가장 평범하면서 가장 비범한 분자이다.
  - 물의 특별함은 산소와 수소 분자의 특별한 결합 각도에 있다.
  - 전자의 편중이 극성을 만들고, 극성이 수소결합을 만든다.
  - 물은 한 층만 붙잡아도 겹겹이 붙잡혀 덩어리져 움직이려 한다.
- 분자 간에 수소결합(Hydrogen bond)이 생명 현상의 주인공이다.
  - 물은 비열이 커서 넓은 범위에서 액체를 유지하고,
    생명 현상은 액체 상태에서 일어난다.
  - 나무는 모세관 현상으로 물을 100m 높이로 끌어올릴 수 있다.
  - 물은 강력하게 밀착한 상태라 얼면 오히려 부피가 증가한다.
- 물은 자신보다 1조 배나 큰 꽃가루를 뒤흔들 정도로 역동적이다.
  - 물은 엄청난 속도로 다른 물과 결합·분리를 반복한다.
  - 상온에서 초당 10^{11}번, 영하에서는 초당 10^{5}번 진동한다.
- 물은 생명에서 가장 중요하고 결정적인 영양분이다.
  - 우리 몸의 60% 이상이 물이다. 물이 있어야 생명이 있다.
  - 생명체는 물을 이용해 영양성분을 운반하고 폐기물을 배출한다.
  - 효소는 물을 기반으로 작동하고 반응에도 물을 적극 활용한다.
- 물성은 물을 통제하는 기술이고, 용해도의 이해가 물성 공부의 절반이다.

A. 용해: 용해도의 이해가 물성 공부의 절반

- 개별 분자 단위로 완전히 녹일 수 있는 것이 물성의 첫 단계다.
- 분자 단위로 완전히 녹이는 것이 중요해서 친수성 다당류는 보통 찬물에 충분히 적신(Wetting) 후 가열한다.
- 산을 나중에 첨가하는 이유는 먼저 완전히 녹이기 위한 경우가 많다.
- 온도가 높을수록 분자는 빨리 움직이고 반응 속도도 빠르다.
- 폴리머는 길이가 길어 움직임이 느리다.
- 유유상종, 분자는 항상 진동하여 극성은 극성끼리 비극성은 비극성끼리 뭉치려 한다.
- 물은 극성의 용매라 극성의 분자가 잘 녹는다.
- 같은 분자끼리 결정화되면 순도가 높아진다.
- 반발력이 있으면 용해되기 쉽다.
- 유기물은 대부분 산성이라, 보통 알칼리에 분자 간의 반발력이 증가하여 잘 녹고, 산성에서 반발력이 감소해 용해도가 감소한다.
- 단백질은 pH 등전점에서 전기적 반발력이 중화되어 응집된다.
- 내산성이 있다는 것은 산에 의해 용해도가 덜 변한다는 의미다.

B. 증점(Thickening): 물의 흐름을 억제

- 덩어리짐 없이 분자 하나하나가 분리되어야 제 기능을 한다.
- 먼저 충분한 수화(Swelling) 이후 가열해야 덩어리짐이 적다.
- 물에 경도가 높으면(2가 이온이 많으면) 용해도가 떨어진다.
- 찬물에 녹을 정도로 잘 녹는 다당류는 겔화되는 성질이 적다.
- 수분(용매)을 줄이면 점도가 증가한다.
- 물은 1층만 붙잡혀도 여러 층이 붙잡히고, 그만큼 점도가 증가한다.
- 폴리머는 길이의 3승 배의 공간에 영향을 준다.
- 단백질과 다당류 등 길이가 길수록 적은 양으로 많은 수분을 붙잡는다.
- 물에 쉽게 녹은 폴리머는 점도에는 효과적이고 겔화력은 떨어진다.

- 표면적이 증가하면 점도가 증가한다.
- 분쇄하면 숫자가 늘고, 표면적의 비율이 늘어난다.
- 물에 녹지 않는 물질도 크기를 줄여 표면적을 늘리면 점도가 증가한다.
- 점도의 경시 변화.
- 전분은 노화 같은 경시 변화가 심하고, 증점다당류는 경시 변화가 적다.

C. 겔화(Gelling): 물의 흐름을 고정

- 탄수화물의 겔화.
- 다당류끼리 상호 네트워크를 형성하면 겔화된다.
- 다당류가 강하게 결합한 겔일수록 이수 현상이 발생하기 쉽다.
- 단백질의 겔화.
- 단백질이 구형에서 직선형으로 풀리면 분자끼리 얽혀서 겔화된다.
- 가열이나 반죽, 휘핑 같은 기계적인 힘으로 풀리기 쉽다.
- 등전점에서 반발력이 크게 감소하여 응집된다.
- 이온은 일정 농도까지 용해도가 증가하고, 고농도에서는 단백질이 석출된다.
- 칼슘은 단백질의 엉김, 인산염은 단백질의 풀림에 기여한다.
- 유화물의 겔화(Gelled emulsion).
- 유화물도 서로 엉켜서 사슬 구조를 만들면 반 고형 상태로 겔화된다.

D. 유화(Emulsion): 물에 녹지 않은 성분과의 조화

- 유화는 식품에서 가장 복잡한 계면현상이다.
- 액체와 액체뿐 아니라 기체, 고체와도 계면을 이룬다.
- 유화는 유화제보다 순서와 공정이 더 중요한 경우가 많다.
- 유화제는 조건에 따라 정반대로 작용하는 경우도 많다.
- 유화의 안정성은 입자의 크기가 중요하다.
- 지름을 1/10로 쪼개는 것은 입자를 1,000개로 쪼개는 일이다.
- 유화물은 크기를 쪼갤수록 표면적 비율이 높아져서 안정화된다.

- 미세입자의 표면적이 넓어 자체로 강력한 유화력/분산력을 가진다.
- 유화는 용매의 점도가 높을수록 안정적이다.
- 유화는 유화물과 용매의 비중 차이가 적을수록 안정적이다.
- 유화물 간의 반발력이 있으면 매우 안정한 상태를 유지한다.
- 반발력이 셀수록 서로 멀어져 용해도가 높고, 유화 안정성도 높아진다.
- 물리적 접촉 억제력(Steric hinderance)도 유화의 안정성을 높인다.
- 식품용 유화제는 유화 현상의 일부이지 주인공은 아니다.
- 지방산의 길이는 2㎚ 정도로 2,000㎚ 정도인 유화물에 비해 매우 작다.
- 지방산은 친유성 부분이 친수성 부분보다 훨씬 길다.
- 식품 유화제는 종류와 성능이 대단히 제한적이고 물과 기름을 쉽게 섞을 수 있을 정도로 강력하지 않다.
- 유화제는 같은 표면적을 두고 경쟁한다.
- 최적의 유화제가 있다면 나머지 유화제는 방해 요인이 될 수 있다.
- 알코올은 유화력과 세척력이 있어서 유화의 파괴하는 힘도 강하다.
- 당이든 염이든 수분을 붙잡는 물질들은 유화에 기여한다.
- 식품용 유화제는 유화보다 지방산의 특성을 이용하는 경우가 많다.
- 지방을 결정화시킬 때 유화제는 결정핵(Seed)으로 작용한다. HLB 값이 낮은 유화제를 코팅하면 방습효과가 생긴다.
- 전분에 직선형 모노글리세라이드를 사용하면 노화가 지연된다.
- 전분과 단백질에서 유화제는 기름의 일종으로 윤활과 점탄성을 준다.

2장. 탄수화물은 포도당의 다양한 형태이다

1. 달면 삼키고 쓰면 뱉어야 하는 이유

 탄수화물(Carbohydrate)은 '탄소(Carbon; 炭)에 물이 결합한(Hydrate; 水化物)' 형태의 분자이다. 탄소에 수소가 결합한 지방(탄화수소)과 대비가 된다. 탄수화물의 근본 물질이 포도당인데 포도당은 물에 잘 녹는 친수성 분자이다. 친수성인 -OH기 형태가 5개나 있으니 물에 잘 녹는 것은 당연하다. 다른 당류도 포도당과 비슷한 형태라 물에 잘 녹는다. 그런데 이들을 결합할 때는 친수기 2개씩 감소하므로 용해도는 낮아진다.
 탄수화물은 식물의 세포벽 등 몸체를 구성하거나 에너지원으로 쓰이는데, 에너지원으로 쓰이는 것은 전분(녹말)이나 그것의 분해물이고, 구조를 유지하는 데 쓰이는 것은 세포벽을 만드는 셀룰로스와 식이섬유, 곤충의 껍질을 만드는 키틴 등이 그 예이다.
 식물은 이산화탄소와 물만 있으면 햇빛의 에너지를 이용하여 포도당을 만들 수 있다. 그것이 광합성이며 그렇게 만들어진 포도당으로부터 다른 모든 유기물이 만들어진다. 지방, 단백질, 수많은 2차 대사산물도 결국 크렙스회로를 중심으로 포도당으로부터 만들어진다. 수만 가지의 색상, 향기, 씹는 감촉, 형태 등 모든 것이 결국 이 포도당에서 나온 것이며, 지구상에 있는 1억 종이 넘는 유기화합물은 식물이 포도당으로 만든 것이다. 단백질의 합성을 위해서는 암모니아(NH_3) 형태의 질소가 추가로 필요할 뿐, 식물은 포도당만으로 필요한 모든 유기물을 만들 수 있다.

포도당을 분해하면 생명의 배터리 역할을 하는 ATP를 합성할 수 있다. ATP를 만드는 가장 대표적이고 효율적인 방법이 크렙스회로를 통한 유산소 호흡이다. 그런데 왜 1억 종이 넘는 유기화합물 중에서 모든 생명체의 공통화폐가 변함없이 포도당을 쓰는 것일까? 포도당은 결코 평범한 분자가 아니다. 1억 종 중 물만큼이나 독보적 존재로 선택된 것이다. 그러니 포도당의 형태에 담긴 의미를 이해하는 것이 다른 만 가지 분자의 의미를 이해하는 것보다 가치가 크다.

지방의 기본형   **탄수화물 기본형**

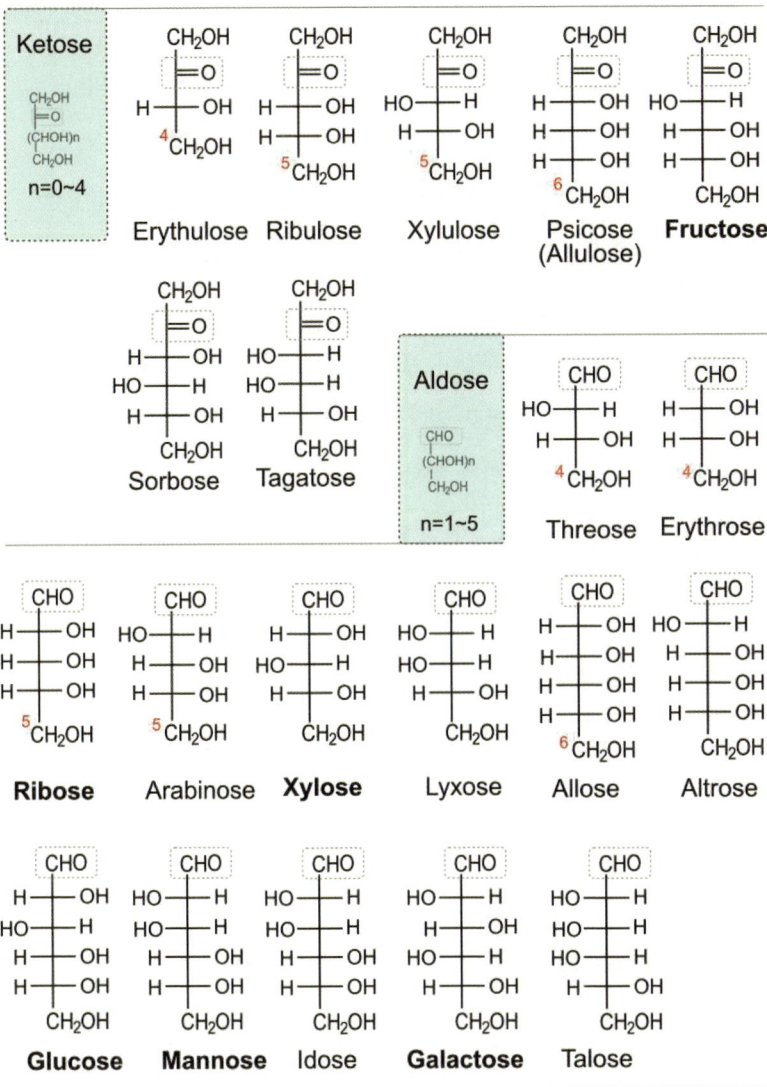

단당류의 종류

단당류는 구성하는 탄소의 수에 따라 삼탄당부터 칠탄당까지 있으나 포도당 같은 육탄당과 리보스 같은 오탄당이 대부분이다. 포도당이 같은 크기면서 아주 사소하게 모양만 변한 것이 과당, 갈락토스, 자일로스, 아라비노스, 만노스 등이다. 그리고 포도당 2개가 결합한 것이 맥아당(조청)이며, 포도당과 과당이 결합한 것이 설탕, 포도당과 갈락토스가 결합한 것이 유당(젖당)이다. 당이 3개가 결합한 삼당류, 4개가 결합한 사당류도 있으나 삼당류, 사당류보다는 올리고당, 물엿, 덱스트린 같은 용어가 주로 쓰인다.

자연에 단당류, 이당류와 전분같이 포도당이 엄청나게 많이 결합한 다당류 사이의 중간 크기 분자는 별로 없다. 포도당이 직선으로 차곡차곡 결합한 셀룰로스와 코일 형태로 결합한 전분이 압도적으로 많다. 그래서 자연에 가장 많은 유기화합물이 셀룰로스와 전분이다.

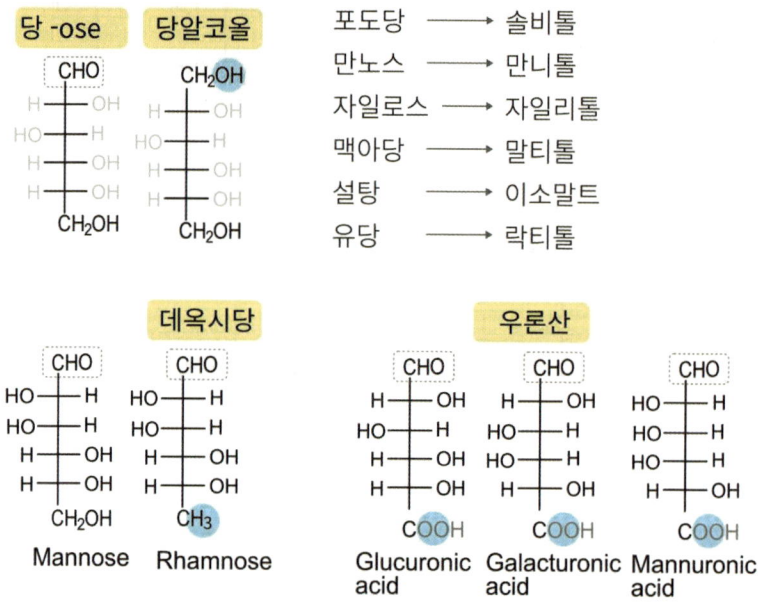

단당류 Monosaccharides

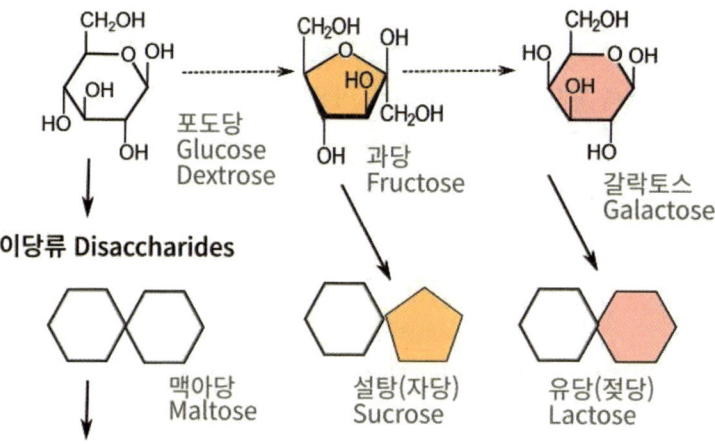

포도당 Glucose Dextrose
과당 Fructose
갈락토스 Galactose

이당류 Disaccharides

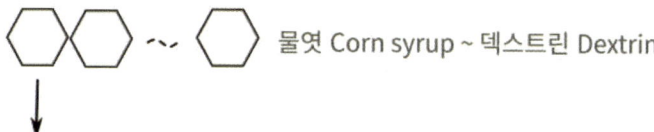

맥아당 Maltose
설탕(자당) Sucrose
유당(젖당) Lactose

올리고당류 Oligosaccharides

물엿 Corn syrup ~ 덱스트린 Dextrin

다당류 Polysaccharides

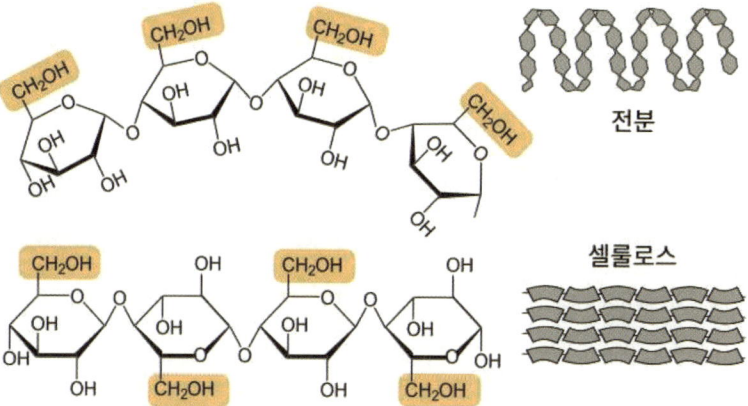

전분

셀룰로스

식물은 설탕으로 살아간다

　식물도 동물처럼 먹어야 산다. 열량소와 산소가 있어야 살아갈 수 있는 것이다. 단지 움직이지 않으므로 아주 적게 먹고도 살 수 있다. 식물이 물에 잠기면 산소가 부족하여 질식하여 죽는다. 이산화탄소와 물을 먹고 광합성을 하는 식물다운 모습은 잎의 엽록소뿐이다. 나머지 부위는 동물처럼 외부에서 공급되는 식량에 의존하는데, 우리와 달리 설탕(Sucrose)에 의지해 살아간다. 우리 몸의 혈관은 포도당이 흐르는 데 비해 식물의 혈관(체관)에는 설탕이 흐른다.

　식물이 포도당 대신 설탕을 선택한 데는 충분한 이유가 있다. 일단 설탕은 포도당보다 반응성이 낮다. 포도당과 과당이 결합하면서 반응기가 감소하여 안정적인 분자가 되는 것이다. 설탕은 삼투압의 부담을 줄여주는 역할도 한다. 설탕 한 분자는 2개의 당류가 결합한 것이라 1개를 보내도 2개를 보낸 효과를 가진다. 우리 몸의 혈액도 식물처럼 설탕을 통해 영양소를 보내는 시스템으로 세팅되었다면 지금보다 당뇨의 걱정이 훨씬 적었을지도 모른다.

　서구가 향신료를 찾아 세상을 탐하기 시작한 것이 대항해시대의 서막이라고 하지만, 실질적으로 삼각무역처럼 규모와 지속력을 가졌던 것은 설탕의 교역이다. 사탕수수의 압도적인 생산력이 설탕을 저가에 대량으로 공급할 수 있게 한 것이다. 가장 맛있는 단맛이 저렴하기까지 하니 설탕 소비량이 한국인의 쌀 소비량보다 많은 나라도 있을 정도다.

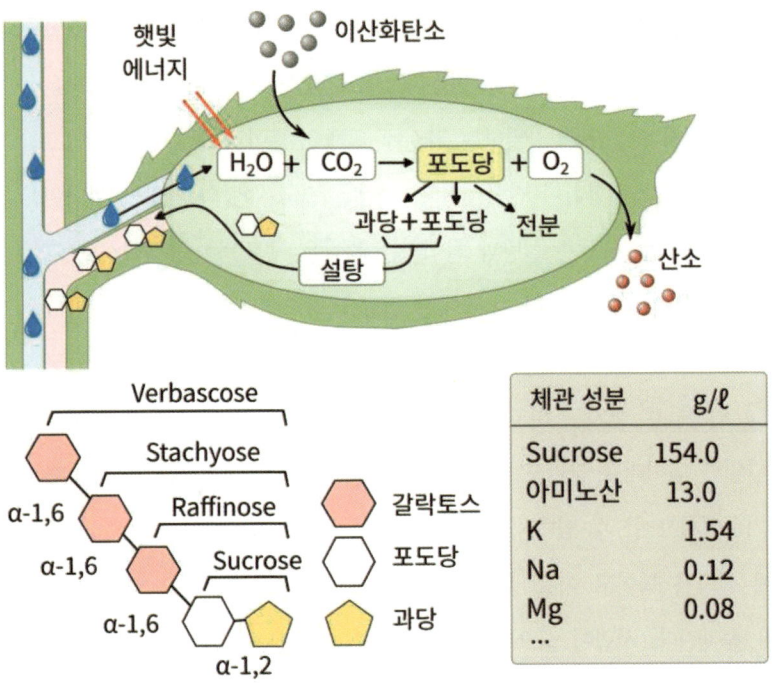

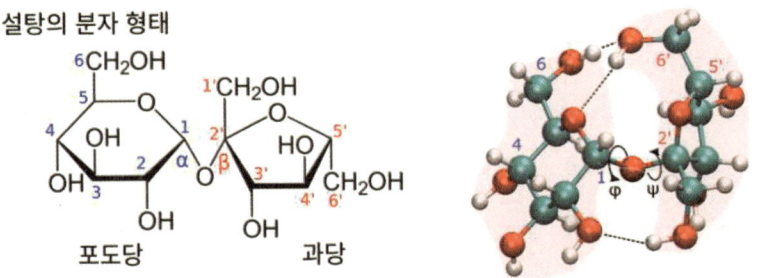

체관을 통하여 공급되는 성분과 설탕의 분자 형태

설탕이 제과산업을 만들었다. Sugar confectioney

　설탕은 물에 잘 녹는 작은 분자이지만 고온으로 가열하면 설탕끼리 결합하여 끈적이거나 단단한 물성을 만든다. 대표적인 것이 사탕이다. 사탕은 110~140℃까지 고온으로 가열하는 과정에 의해 수분이 1~4% 정도만 남고 설탕 분자가 서로 결합하여 단단해진다. 사탕은 결국 설탕의 다양한 변형인데, 사탕을 만드는 사람은 설탕과 물이라는 똑같은 재료를 이용하면서도 그 비율이나 처리 과정을 달리하여, 판이한 질감을 창조해 낸다. 시럽을 얼마나 뜨겁게 만드느냐, 얼마나 빨리 식히느냐, 얼마나 많이 저어주느냐에 따라 굵은 설탕 입자들로 굳기도 하고, 미세한 설탕 입자들로 굳기도 하고, 결정이 없는 단일한 덩어리로 굳기도 한다. 크게 보면, 사탕 제조 기술은 설탕의 결정화 기술이라고 할 수 있다.

　물에 설탕을 녹이고 이를 끓이면 물 분자들은 점점 증발하고 당 분자의 비율이 높아진다. 시럽이 끓으면서 수분은 줄고 당 분자는 농축되어 진해진다. 그럴수록 끓는점이 높아져 더 높은 온도에서 수분이 증발하게 된다. 원하는 당 농도의 시럽을 만들기 위해 할 일은 당액을 원하는 온도까지 끓이는 것이다. 110~112℃가 되면 시럽이나 글레이즈를 만들 수 있고, 당액이 113℃가 되면 당 농도가 85% 정도이고, 여기에서 멈추면 퍼지나 퐁당, 프롤린이 된다. 132℃까지 가열하면 당은 90% 정도이고 태피, 버터 스카치, 누가 등을 만들 수 있다. 149℃ 이상 가열하면 수분이 거의 없는 하드캔디가 된다. 수분이 없으니 단단하지만, 부서지는 물성을 지닌다.

　가열하여 끓기 시작하면 온도가 올라가는 속도가 빨라진다. 열은 대부분 시럽 속의 물 분자들을 증발시키는 데 소비된다. 물 1g의 온도를 1℃ 올리는 데 1Cal가 필요하다면 증발시키는 데는 540Cal가 필요하다. 증발열에 비해 시럽 온도를 올리는 데 필요한 에너지는 정말 적다. 당액에서 수분이 적어질수록 이런 증발열이 적어지므로 시럽 온도와 그 끓는점이 더 빠르게 상승한다. 농도가 100%에 다가가면 온도가 너무 빨리 상승하여 원하는 온도에서 멈추지 못하고 제품을 갈색으로 만들거나 태울 수 있다. 이것을 피하기 위해서는 미리 열을 줄이고 시럽 온도 변화를 훨씬 주의 깊게 살펴보아야 한다.

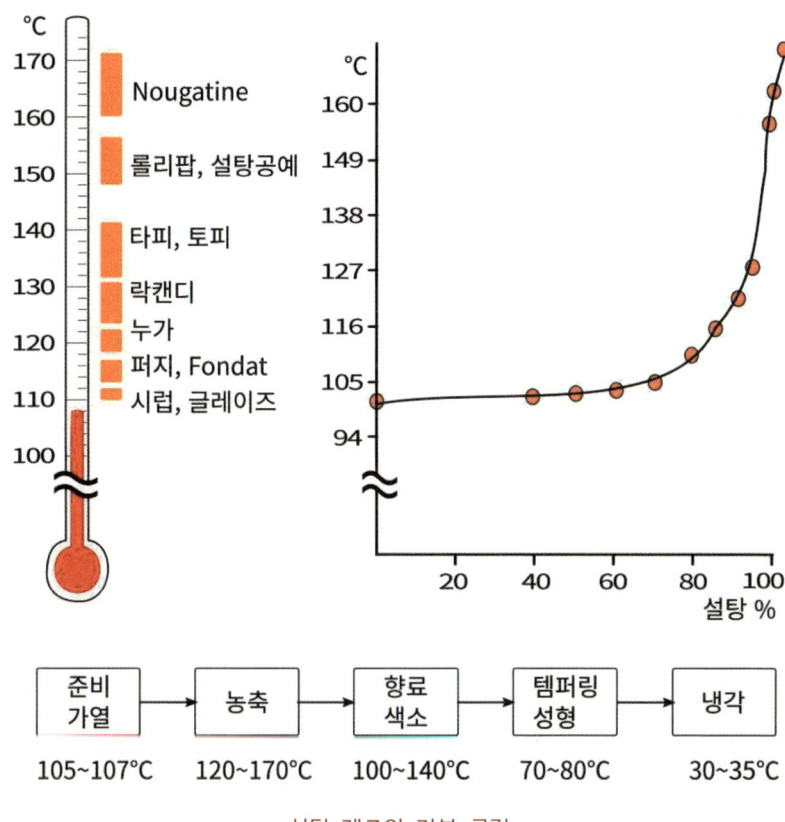

설탕 제조의 기본 공정

설탕 결정은 어떻게 형성되는가?

　설탕 분자는 농도가 높으면 순수한 설탕 분자끼리 결합하여 결정을 형성하려는 성질이 있다. 설탕이 물에 녹아 있는 상태는 물 분자가 각각의 설탕 분자를 충분히 감싼 상태라 설탕끼리의 결합을 방해하지만, 농축되면 설탕이 밀집되어 물 분자들이 그 분자를 떼어 놓기 힘들어진다. 용해된 물질이 서로 결합하려는 경향과 이러한 결합을 차단하려는 물의 능력이 정확히 균형을 유지할 때, 우리는 그 용액이 '포화되었다'라고 한다. 온도가 높으면 이 포화 농도도 높은데, 식으면 그 용액은 과포화 상태가 된다.

　높은 온도로 인해 일시적으로 정상적으로 함유할 수 있는 양보다 훨씬 많은 설탕이 용해된 용액이 식으면 과포화 상태가 되고, 설탕의 결정들이 형성되고 증가하게 된다. 이런 결정의 씨앗들이 얼마만큼 자라는지, 결정의 숫자와 크기가 식감에 영향을 준다. 이때 물엿같이 분자의 길이가 긴 당을 사용하면 결정화를 현저하게 줄일 수 있다.

　설탕을 이용한 제품 중 가장 화려한 것은 아마 설탕 공예일 것이다. 설탕은 투명하게 만들 수 있고, 입으로 불고, 당기고, 자르고 하여 어떤 형태로든 만들 수 있다. 설탕 혼합물을 157~166℃까지 가열하면 수분이 거의 증발한다. 수분이 조금이라도 남아 있으면 설탕 분자가 이동하여 서로 뭉칠 가능성이 생긴다. 뭉쳐서 결정화되면 뿌옇게 흐려지는 현상이 생긴다. 정교한 설탕 세공품을 위해서는 온도를 55~50℃까지 식힌다. 그리고 열 램프 등을 이용하여 품온을 유지하면서 원하는 형태를 만드는 작업을 한다. 이처럼 단순한 설탕을 가지고도 다양한 형태의 조각품을 만들 수 있다. 많이 사용하는 재료는 그만큼 비범한 특성이 있는 것이다.

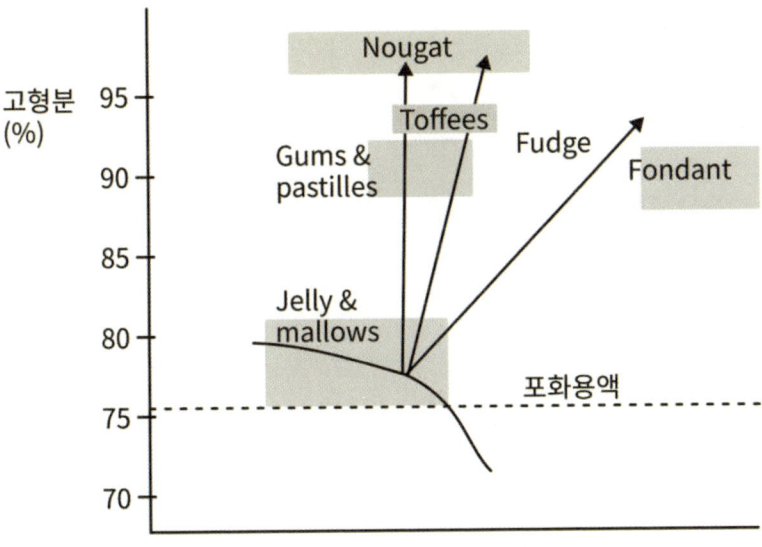

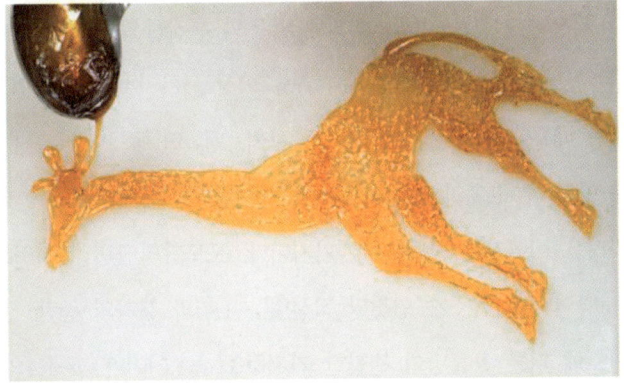

2. 전분은 우주에서 가장 거대한 분자이다

1) 전분은 포도당의 저장체이다

　식물은 포도당을 만들고 그것을 설탕의 형태로 만들어 체관을 통해 각 부분에 보낸다. 그리고 그것을 저장할 때는 전분의 형태로 보관한다. 우리는 그렇게 저장된 전분을 곡류, 뿌리채소 등의 농작물을 통해 얻는다. 전분은 쌀, 옥수수, 밀, 감자, 보리 등에서 70% 이상을 차지한다. 이처럼 많은 양을 차지하기 때문에 핵심 식량이고, 빵, 쿠키, 떡, 면 등 여러 가지 곡물 가공식품을 만들 때 고유의 질감과 물성을 부여한다.

　포도당을 이어가는 방법은 두 가지이다. 포도당의 1번 위치의 탄소와 다른 포도당의 4번 탄소가 연결된 직선형(α-1.4)과 분자의 중간 상단에 있는 6번 탄소에 다른 포도당이 결합한 가지구조(α-1.6)이다. α-1.4의 결합으로 이루어진 것을 '아밀로스'라고 하고, 분자량이 매우 크면서 α-1.6 결합이 많은 것을 '아밀로펙틴'이라고 한다. 이렇게 만들어진 전분은 식물 세포에 알갱이 형태로 저장된다. 이들 전분립의 크기와 모양은 식물의 종류에 따라 모두 다르다. 전분은 자연계에서 가장 큰 분자로, 그 크기가 3~30㎛에 달해 세균보다 1만 배 이상 큰 것도 있다.

동물은 식물과 달리 에너지를 주로 지방의 형태로 비축하고, 탄수화물 형태로는 하루 사용량 정도만 보관한다. 이것을 글리코겐이라 하는데 포도당을 10개 단위 가지 구조로 연결하여 빠른 속도로 분해할 수 있다. 성인은 300~350g을 저장하는데 100g 정도는 간, 200~250g은 심장, 연조직 및 골격근육에 저장되어 있으며, 약 15g은 혈액과 세포외액에 포도당으로 존재한다. 동물은 급하게 에너지가 필요할 때 이 글리코겐을 분해해서 쓴다. 동물에게 탄수화물은 아주 소량 존재하는 것이라 식재료로서 의미는 없다.

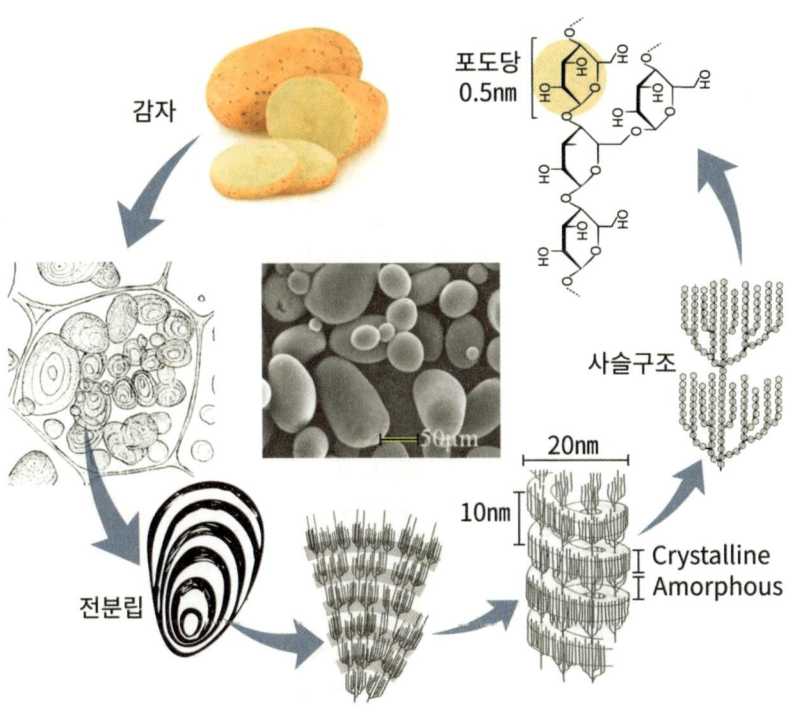

전분의 미세 구조

전분은 주로 아밀로펙틴이다

　보통 아밀로스와 아밀로펙틴의 차이를 단순한 결합 방법의 차이로 많이 설명하지만, 실제로는 크기와 비중 모두 아밀로펙틴이 압도적이다. 찹쌀과 찰옥수수는 100% 아밀로펙틴이고, 다른 전분도 최소 70% 이상이 아밀로펙틴이다. 그리고 분자의 크기 차이도 엄청나다. 아밀로펙틴이 아밀로스보다 100배 이상 크다. 아밀로펙틴은 워낙 큰 분자여서 움직임이 느리고 노화의 속도도 느릴 수밖에 없다.

　아밀로스는 포도당 6~8개 단위로 한 번 회전하는 나선 구조를 만든다. 아밀로펙틴도 나선구조를 만들지만, 포도당 24~30개가 이어질 때마다 다른 포도당 사슬이 가지처럼 연결되어 있다. 가지가 많으면 사이 공간이 많고, 공간이 많은 만큼 물이나 효소가 침투하여 분해가 쉬워진다. 아밀로스는 가지가 없어 구조가 촘촘하게 쌓이고 서로 결합하기 쉽다. 그렇게 쌓이면 단단하고 밀도가 높아 녹이기 힘들다. 아밀로펙틴보다 분해하기 쉬운 형태가

전분 종류	아밀로펙틴 (%)	아밀로스 (%)	호화 온도	크기(μm)	점도	노화속도	투명도
쌀	80	20	75~80	3~8	중하	빠름	불투명
찹쌀	100	0	70~75	3~8	중	매우 느림	투명
옥수수	72~79	21~28	70~75	10~15	중	빠름	불투명
찰옥수수	100	0	65~70	10~15	중상	매우 느림	투명
밀	72	28	75~80	8~25	중하	빠름	불투명
감자	78	22	60~65	5~36	높음	중간	중간
고구마	80	20	65~70	5~19	높음	중간	중간
타피오카	83	17	60~65	15~20	높음	느림	중간

동물의 탄수화물 보관체인 글리코겐(Glycogen)이다. 글리코겐은 아밀로펙틴보다 3배나 빈번하게 즉, 8~12개의 포도당이 연결될 때마다 곁가지가 연결되고, 전체 크기도 작고 가지가 밖으로 잘 노출되어 가장 쉽고 빨리 분해할 수 있다.

아밀로스는 가지가 없는 선형이기 때문에 아밀로스끼리 촘촘히 결합하고 쌓여서 단단한 결정을 형성한다. 그리고 아밀로펙틴에 비해 적은 공간을 차지하기 때문에 에너지 비축에 유리한 면이 있다. 대신 찬물에 녹지 않고, 효소의 작용이 쉽지 않아 소화가 느리다. 아밀로스는 뜨거운 물에 녹고 식품이나 산업용에서 증점제, 유화안정제, 겔화제로 중요한 역할을 한다. 그리고 나선 구조 안쪽은 소수성을 띠고 있어서 지방이나 향기 성분의 포집 능력이 있다. 호화된 아밀로스는 노화되려는 성향이 큰데, 노화 시 수분을 방출하여 이수현상이 생기고, 겔의 점성이나 탄성은 떨어지고 단단해지는 단점이 있다. 전분은 소스의 점도를 높여주지만 식으면서 고체와 물의 분리가 일어나는 경향이 있다. 장기간 안정적인 품질을 유지하려면 별도의 증점다당류를 사용할 필요가 있다.

아밀로펙틴은 압도적으로 크다

아밀로스는 아밀로펙틴에 비해 분자가 매우 작아 호화와 노화의 상태 변화가 심하고 속도도 매우 빠르다. 그 양은 적지만 숫자로는 아밀로펙틴보다 40~80배나 많은 상태이니 결코 그 역할을 무시할 수 없다.

아밀로펙틴은 가지가 매우 많고 거대한 분자이고, 전분의 70~100%를 차지하는 중요한 분자이다. 그리고 용해 및 분해가 쉬운 가지형 구조이지만 포도당이 수십만 개 이상 결합한 초거대 분자라 움직임이 느리고 노화가 천천히 일어난다. 전분립을 구성하는 포도당이 보통 수만 개라고 하는데, 포도당의 지름은 0.5㎚이고 전분립은 5,000㎚(5㎛)가 넘는 것이 많다. 포도당 10,000x10,000x10,000개를 담을 공간이다. 포도당이 몇 개가 결합한 것인지는 확실히 말할 수는 없지만 지상에서 가장 거대한 분자일 것은 확실하다. 아밀로펙틴이 많은 쌀은 부드럽고 끈적이고, 아밀로스가 많은 쌀은 단단하여 밥알이 잘 분리된다. 식거나 노화되면 심하게 단단해진다.

감자도 아밀로펙틴이 많은 것이 부드럽고 끈적이고 크리미한 물성을 가진다. 전분이 많고 아밀로스 함량이 많은 것은 분질 감자라고 부른다. 이런 감자를 국에 넣고 끓이면 잘 익은 이후에는 으스러지고 결국 흩어져버린다. 점질 감자는 전분이 적고, 주로 아밀로펙틴으로 되어 있다. 끈적거리고 쫀득거리며 뭉치는 성질이 있어, 물에 넣고 오래 끓여도 모양이 쉽게 사라지지 않는다.

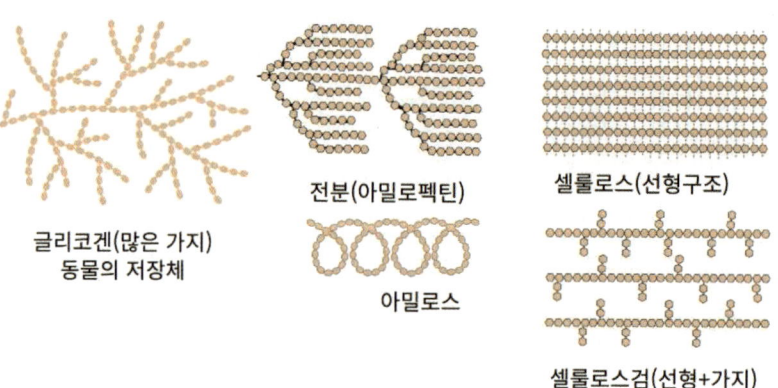

글리코겐(많은 가지)
동물의 저장체

전분(아밀로펙틴)

아밀로스

셀룰로스(선형구조)

셀룰로스검(선형+가지)

2) 전분의 호화와 노화

전분의 호화(Gelatinization)

전분에 물을 넣고 가열하면 전분의 입자는 물을 흡수하여 부풀어 오른다. 그래서 점도가 증가하고, 점점 투명해진다. 이런 전분 입자의 물리적 변화를 '호화(糊化; Gelatinization)'라고 한다. 생전분의 단단한 마이셀(Micelle) 구조가 깨지면 팽윤(Swelling) 상태가 된다. 아밀로스는 뜨거운 물에 녹은 상태이고, 아밀로펙틴도 구조가 풀어지고 느슨해져 그 사이사이에 많은 물을 흡수한 상태가 된다.

생전분을 β-전분이라고 하는데, 호화된 전분을 α-전분, 전분의 호화 과정을 α-화라고도 한다. 호화된 전분은 겉보기에는 β-전분보다 끈적이거나 단단한 상태로 보이나, 전분이 촘촘히 쌓인 미세 결정구조에서 넓은 공간에 펼쳐진 수분을 많이 흡수한 상태라 효소작용을 받기 쉽고, 소화도 잘된다. 이것은 단백질을 가열하면 원래보다 훨씬 단단해 보이나 실제 단백질은 풀어진 상태라 소화하기 쉬운 것과 마찬가지이다. 이런 호화 과정은 크게 3단계로 진행된다.

- 제1 단계: 밀가루나 옥수수 전분을 찬물에 섞으면 전분 입자는 약 25~30%의 물을 흡수하고 바닥에 가라앉는다. 전분이라는 단어 자체가 '침전하는 분말'이라는 뜻이기도 하다. 이때 전분 입자는 외관상 별다른 변화가 없으며, 전분이 흡수한 물은 건조하면 쉽게 제거된다. 즉 가역적인 반응이다.
- 제2 단계: 전분 현탁액은 온도가 올라감에 따라 물의 흡수량이 증가하고, 전분 입자는 급속한 팽윤을 일으킨다. 물의 온도가 올라감에 따라 아밀로

스와 아밀로펙틴 분자의 분자운동이 심해져서 이들 사이의 수소결합이 끊어지고, 분자 사이에 물 분자가 스며들어 간다. 보통 60~70℃ 정도에서 전분 입자들이 조직적인 구조를 잃어버리면서 많은 양의 물을 흡수하고, 전분과 물이 마구 뒤섞인 무정형의 그물조직이 된다. 이 온도를 '호화 개시 온도'라고 하는데, 전분 입자가 펼쳐져 넓은 공간을 차지하면서 주변의 전분 입자와 엉켜서 그물 구조를 형성하면서 반고체 상태로 변한다. 처음에는 전분이 결정구조를 가지고 있어서 빛을 산란시켜 불투명(흰색)한 상태를 보이는데, 이 미세한 결정구조가 풀리면 현탁액이 훨씬 투명한 상태로 변한다. 투명함이 단단한 전분 결정구조가 잘 풀어졌다는 것을 알려주는 신호인 셈이다.

- 제3 단계: 최고의 팽윤을 지나면 전분 입자는 투명한 콜로이드 용액이 된다. 이 콜로이드 용액은 전분의 농도가 높거나 온도가 내려갈 때는 반고체의 겔(Gel)이 된다. 호화가 완결된 콜로이드 용액은 점도가 매우 크고, 빛의 투과율도 높다.

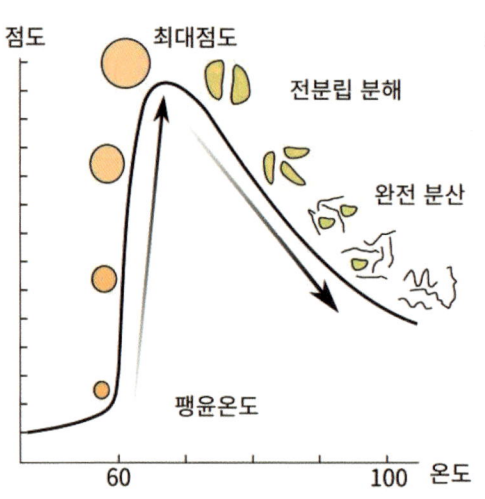

호화에 영향을 미치는 인자

- 전분의 종류: 감자 전분은 옥수수 전분보다 훨씬 쉽게 호화가 일어난다. 전분의 종류별로 크기와 구조에 차이가 있고, 호화의 조건에도 차이가 있다.
- 수분과 온도: 온도가 높으면 분자의 운동이 활발해져 호화가 빨리 일어나고, 수분이 적으면 호화가 늦어진다.
- pH: 전분도 다른 유기물처럼 알칼리 조건에서 용해도가 증가한다. 전분의 팽윤과 호화가 더 쉽게 일어나는 것이다. 어떤 전분 현탁액에 적당량의 수산화나트륨(강알칼리)을 가하면 굳이 가열하지 않아도 호화가 쉽게 일어날 정도다.
- 팽윤제: 0.53% 수산화나트륨(NaOH), 0.75% 수산화칼륨(KOH), 12~15% 요오드칼륨(KI), 30~35% 질산암모늄(NH_4NO_3) 등은 실온에서도 전분의 현탁액을 호화시킨다.

전분은 워낙 거대한 분자이고, 가지 구조가 많아서 걸쭉하게 호화된 전분을 오랜 시간 동안 더 끓이거나, 격렬하게 저으면 전분은 좀 더 작은 크기로 끊어진다. 길이가 짧아지면 양은 그대로여도 점도가 낮아진다. 거대한 그물망을 형성하다가 작은 그물망 여러 개로 변하는 것이다. 점도가 높은 소스에는 그 효과가 크다. 이 경우 질감이 크게 개선될 수 있다.

전분의 노화 요인

호화전분(α-전분)을 실온에 방치하면 점차 굳어져서 β-전분으로 되돌아가는데, 이것을 '노화(老化; Retrogradation)' 또는 β-화라고 한다. 냉장고에 밥, 식빵, 떡을 보관하면 며칠 안에 촉촉하고 윤기가 나던 원래의 모습을 잃어버리고 딱딱하고 거칠어져서 먹기가 불편해진다. 노화된 전분은 효소의 작용을 받기 힘들어 소화가 잘 안 된다. 과거 어른들이 더운밥을 선호하던 이유이다. 전분의 노화는 소화율뿐 아니라 식품 고유의 향미와 조직감 등 전반적인 식품 품질을 떨어뜨리는 핵심 요인으로 작용한다. 세계적으로 빵류의 5%, 떡류의 10%가 노화로 인해 폐기되고 있다고 한다. 노화의 원인을 알고 피하는 기술이 필요하다.

- 전분의 종류: 옥수수와 밀 전분은 노화되기 쉽고, 감자, 고구마, 타피오카 전분은 노화되기 어려우며, 찰옥수수 전분은 노화되기 가장 어렵다. 이것은 전분 분자의 구조와 아밀로펙틴의 함량 차이에 기인한다.
- 아밀로스 함량: 아밀로스는 분자의 크기가 작고, 가지가 없는 나선형 구조로 쉽게 부푼 구조가 되고, 결정구조가 되기도 쉽다. 따라서 호화와 노화의 변화가 빠르고 심하다. 아밀로펙틴은 가지가 많은 거대 분자라 입체적 방해를 받아 거동이 힘듦으로 노화도 힘들다. 찹쌀밥이 멥쌀밥보다 노화가 더 늦게 일어나는 것은 찹쌀 전분이 아밀로펙틴으로만 구성되어 있기 때문이다.
- 온도: 온도가 높을수록 분자의 운동이 활발하므로 노화가 지연된다. 일반적으로 60℃ 이상의 온도에서는 노화가 거의 일어나지 않는다. 노화가 가장 잘 일어나는 온도는 2~5℃로 냉장 온도이다. 반면 -20~-30℃에 이르면 노화 현상은 크게 감소한다. 온도가 내려가면 물 분자의 운동과 전분

분자들의 운동이 억제되기 때문이다. 밥이나 빵은 냉장 온도로 보관하는 것보다 얼리거나 상온에 보관하는 것이 유리한 이유이다.
- 수분 함량: 전분의 노화가 가장 잘 일어나는 수분 함량은 30~60% 정도다. 수분이 너무 많으면 전분 분자가 서로 만나기 어렵고, 수분이 적으면 전분 분자가 움직이기 힘들어 노화가 어렵다. 중간 정도의 수분에서 노화가 잘 일어난다.
- pH: 알칼리성에서는 분자 간의 반발력이 커져서 용해도가 높아지고 노화가 지연된다. 일반적으로 pH가 7 이상인 알칼리성 용액에서는 노화가 잘 일어나지 않는 것으로 알려져 있다. 약산은 노화에 별 영향을 주지 않지만, 강산성 물질은 노화를 촉진하는 것으로 알려져 있다.
- 공존 물질의 영향: 각종 유기 및 무기 이온은 노화에 영향을 미친다.

노화의 억제 방법

지금까지 전분 노화를 억제하기 위한 많은 연구가 있어왔다. 전분 노화 억제는 호화된 전분들이 다시 원래대로 돌아가려는 현상을 막는 것이 관건이다. 이를 위해 변성전분으로 원료 일부(10~30%)를 대체하는 방법, 내열성 균주로부터 분리한 가수분해효소 또는 가지화효소를 처리하여 전분 구조를 변형시키는 방법, 하이드로콜로이드, 유화제, 폴리페놀, 당알코올, 올리고당, 단당류 등의 첨가물을 활용하는 방법들이 소개되었다.

- 수분 함량의 조절: 전분의 노화는 수분 함량이 30~60%에서 가장 잘 일어나므로, 수분 함량을 줄여 주는 방법이 광범위하게 이용되고 있다. 알파화된 전분의 수분을 15% 이하로 탈수하면 노화는 효과적으로 억제되며, 10% 이하에서는 노화가 거의 일어나지 않는다. 라면, 비스킷, 건빵류 등

이 알파 형태로 존재하나 오랫동안 두어도 노화가 잘 일어나지 않는 이유이다.
- 냉동: 전분의 노화는 냉동 시 지연되어 -20~-30℃에 이르면 노화가 거의 일어나지 않는다. 그 상태에서 건조하면 더욱 노화가 억제된다.
- 설탕 등의 첨가: 설탕같이 물을 잘 붙잡는 물질을 넣으면 물의 움직임을 억제해 건조한 것과 같은 효과를 가진다. 양갱은 30~60%의 수분을 가지고 있어 노화가 잘 일어날 수 있는 조건에 있음에도 불구하고, 장기간 저장해도 맛이나 소화성이 저하되지 않는 것은 다량의 설탕이 수분을 붙잡기 때문이다.
- 유화제의 사용: 몇 가지 유화제는 전분이 다시 결정 상태로 돌아가는 것을 억제하여 노화를 방지하는 데 효과가 있다. 이러한 유화제로는 모노글리세라이드, 디글리세라이드, 슈가에스테르 등이 이용되며, 빵이나 과자류의 노화를 억제하는 데 효과적이다.

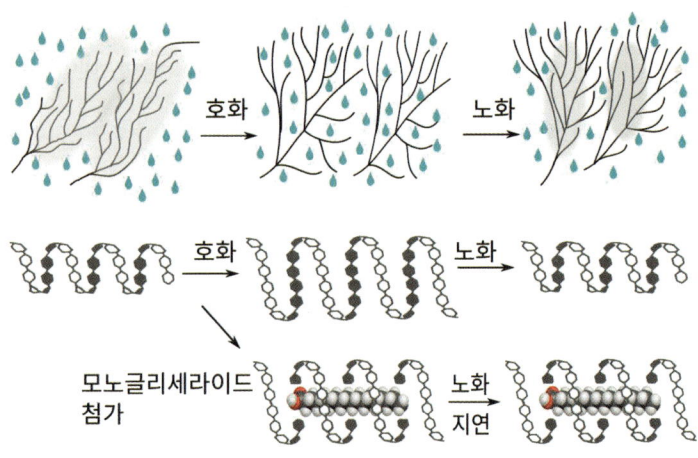

전분의 구조변화에 따른 호화와 노화

3) 전분의 종류와 특성

우리가 먹는 음식의 절반은 탄수화물이고, 주로 전분의 형태라 그만큼 비중 있게 다루어져야 하는데, 전분의 특성을 설명한 자료는 너무나 적어서 제대로 다루지 못하는 것이 아쉽다.

곡류 전분

곡류 전분에는 몇 가지 공통점이 있다. 전분 입자가 중간 정도 크기이며, 상대적으로 많은 지방과 단백질을 함유하고 있다. 전분 입자들의 구조적인 안정성이 비교적 높아 고온에서 겔화되고, 투명해지기 힘들다. 그리고 특유의 '곡물' 냄새가 난다. 현탁액이 뿌연 이유는 전분-지질 또는 전분-단백질 복합체들이 미세한 구조가 있고, 곡류 전분의 결정구조가 단단하여 호화 시에도 완전히 붕괴하지 않고 조각조각 현탁 상태로 남는 것이 많아 이들에 의해 빛이 산란되기 때문이다. 곡물 전분에는 아밀로스가 많아 소스에 곡물 전분을 타면 금세 걸쭉해지고 식으면 엉긴다.

- 밀 전분: 밀가루는 전분이 75% 정도이고, 10% 정도의 단백질을 함유하고 있다. 단백질은 주로 불용성인 글루텐 단백질이라 순수한 밀 전분이나 감자 전분 등에 비해 점성 효과가 떨어진다. 밀가루로 전분 같은 농도를 얻기 위해서는 전분보다 1.5배 정도를 더 넣어야 한다. 밀가루는 독특한 밀 냄새가 나기 때문에 요리사들은 소스에 넣기 전 밀가루를 미리 익혀서 쓰기도 한다. 밀 전분은 아밀로스 함량이 많고 호화가 아주 느려서 전분의 점도가 매우 낮은 단점이 있으나, 노화되면 단단하면서 탄력이 있는 겔을 형성하기 때문에 맛살이나 어묵 등에 사용하면 좋다.

- 옥수수 전분: 옥수수 전분은 색이 하얗고 입자가 곱다. 그리고 경제적이고 효과적인 점도제다. 호화하면 점성은 감자 전분에 비교해 약하지만, 안정성이 좋고 접착력이 강하다. 전분의 제조에는 주로 마치종(Dent)이 쓰이며 식품뿐 아니라 제지 등 여러 용도로 사용된다. 옥수수 전분을 분해하여 전분당을 만드는 데도 많이 쓰인다.
- 쌀 전분: 쌀 전분은 건물 중량의 90%에 가까운 높은 비율을 차지하며, 입자는 2~8㎛ 정도로 전분 중에서 제일 작은 편이라 처음 걸쭉해지는 단계에서 매우 고운 질감을 생성한다. 쌀의 단백질은 주로 쌀 전분의 표면에 고착되어 있다. 쌀로부터 전분만 분리하기 위해서는 이 단백질을 제거해야 한다. 산업적으로는 강알칼리 용액에 침지하여 쌀 단백질을 녹여내는 방법을 사용한다.

아밀로스는 찹쌀의 경우 0~5%, 멥쌀의 경우 16~30%를 차지한다. 아밀로스는 아밀로펙틴으로 이루어진 전분립 내부 빈 곳에 충전되어 있다가 밥을 짓는 과정에서 용출되어 식으면서 쉽게 굳어지게 하는 작용을 한다. 아밀로스 함량은 벼가 여무는 기간에 온도가 낮게 유지되면 증가하는 경향이 있으나, 품종 특성과 더 밀접한 관계가 있다. 인디카 쌀의 아밀로스 함량은 20~25%로 자포니카 쌀의 17~20%보다 높다. 아밀로스 함량이 높을수록 밥의 부드러운 정도(Softness), 차진 정도(Stickiness)가 떨어진다. 그래서 인디카는 모양이 길쭉하고, 찰기가 없어서 밥알이 따로 놀게 된다. 아밀로스 함량이 높은 쌀로 밥을 하면 체적 증가가 많고 딱딱하며 찰기가 적은 밥이 된다.

한국인은 아밀로스가 17~20% 정도인 쌀을 부드러움, 찰기, 탄력이 조화된 맛있는 밥으로 선호한다. 그런데 세계 쌀의 90%는 아밀로스 함량이 높은 인디카 쌀(안남미)이다. 단백질은 영양적인 면에서 중요하지만, 쌀에서는 맛을 떨어뜨리는 요인으로도 작용한다. 단백질은 쌀알의 겉층과 전분립 주변에 주로 분포하는데, 밥을 할 때 물이 쌀알 내부로 침투하는 데 장애물로 작용하고, 전분립을 둘러싼 단백질은 전분을 신축력이 없는 그물막을 둘러친 것과 같이 팽창하는 것을 억제한다. 그래서 호화를 방해하여 밥을 딱딱하게 하는 요인으로 작용한다.

덩이줄기와 뿌리의 전분

곡물로 만든 전분에 비해 땅속에 저장된 이들 전분은 물이 더 많이 들어 있는 상태로 자란 덕분에 알갱이들이 더 크며, 더 낮은 온도에서 빨리 익는다. 아밀로스의 양은 적지만, 그 사슬들의 길이가 곡물의 아밀로스보다는 4배 정도 길다. 단백질이 들어 있기는 하지만 그 양이 훨씬 적으며, 그래서 겔화를 방해받는 정도도 적고 냄새도 덜하다. 이러한 전분으로 소스를 만들면 반투명하고 윤기가 흐르는 소스가 된다. 뿌리 전분은 그 특성상 마지막에 소스 점도를 미세 조정할 때 쓰기에 알맞다. 일정한 점도를 맞추는 데 필요한 양이 적고, 소스를 빠르게 걸쭉히 만들며, 특유의 향을 제거하기 위해 미리 익힐 필요도 없기 때문이다.

- **감자 전분:** 감자 전분은 특이한 편이다. 입자의 지름이 40㎛에 이를 정도로 매우 크고, 아밀로스 분자의 길이도 길다. 긴 아밀로스 사슬들은 서로 얽히기 쉽고, 거대한 알갱이들과 얽혀서 점도를 높이는 효과가 좋다. 분자의 알갱이들이 얽히면 오돌토돌해 보여서 외관이 떨어지기도 하지만, 이런 알갱이들은 약해서 쉽게 더 미세한 입자로 부서진다. 그래서 섬세한

물성을 만들 수 있다. 감자 전분에는 다량의 인산이 결합해 있다. 그래서 천연 변성전분의 특성을 가진다. 인산염 덕분에 감자 전분은 특히 물을 많이 흡수하여 팽창이 많이 일어난다. 그래서 점도가 높고 투명한 겔이 된다. 인산염은 전분이나 단백질에 약한 반발력을 부여하여 전분 사슬들은 소스에 고르게 분산된 형태를 유지할 수 있으며, 분산액이 걸쭉하면서 투명해지는 데 기여할 뿐만 아니라 차갑게 식었을 때도 겔로 엉기는 경향을 줄일 수 있다. 지하 전분(덩이줄기와 뿌리의 전분)에 존재하는 인산은 인산일전분 형태로 존재하는데 곡류 전분에 존재하는 것은 인지질 형태로 아밀로스의 나선 안에 존재한다. 이들은 지하 전분에 존재하는 인산과 반대로 호화를 느리게 하는 작용을 한다.

- 타피오카: 카사바라는 이름으로 잘 알려진 열대식물의 뿌리에서 만들어진 전분이다. 타피오카는 물속에서 실 가닥처럼 뭉치는 경향이 있기 때문에 보통 미리 겔화해서 펄 형태로 만든다. 펄 형태의 타피오카는 부드러워질 정도로만 살짝 익힌다. 타피오카는 땅속에 오랫동안 있다가 추수한 지 며칠 만에 가공되기 때문에 밀, 옥수수 또는 감자전분보다 향이 약하다. 그래서 여기저기 쓰기 편하다. 타피오카로 만든 먹거리는 옥수수나 감자, 밀의 전분으로 만든 것에 비해 더 쫄깃쫄깃하다. 다른 전분에 비해 노화가 느리기 때문이다.

타피오카의 아밀로스는 엉기는 성질이 있고 아밀로펙틴은 끈끈한 성질을 낸다. 타피오카는 약 83%가 아밀로펙틴이다. 그래서 노화가 느린 편인데 밀도는 낮다. 아밀로펙틴의 밀도는 옥수수가 16(g/mol/nm)일 때 밀이 11, 쌀이 14, 타피오카가 10이다. 아밀로펙틴의 구조가 빽빽하지 않아 전분 안으로 물이 쉽게 침투해 입자가 잘 부푼다. 물을 잘 흡수해 호화가 잘 된다는 뜻이다. 타피오카는 비교적 부드럽고 탄력과 점성을 가져 쫄깃쫄깃한 식감을 나타낸다. 그리고 삼켰을 때의 기분과 매끄러운 느낌이 상당히 양호하다. 호화온도가 낮아서 흡수가 빠르고, 끓이는 시간의 단축효과가 있으며, 호화액의 점도가 높아서 점성이 좋고 약간 고무와 같은 식감을 가진다. 찰옥수수 전분보다 팽윤력이 높아서 흡수력이 높아 면의 두께는 양호하며, 호액의 투명성이 높고, 노화되는 성질이 적다. 카사바는 원래 청산배당체가 들어 있어 독성이 있는데, 가공 기술로 독성도 제거하고 물성도 개선하는 것이다.

4) 가공전분(변성 전분): 특화된 전분이 필요한 이유

전분이 물성에 주는 효과는 점도(농후화), 겔화, 부착성(반죽, 빵가루 혼합), 결합성(연육), 분말 코팅(사탕), 보습성(Humectant), 유화 안정성(드레싱), 광택의 부여 등 정말 다양하다. 사실 전분은 가장 경제적인 소재이며, 무미·무취의 가장 친숙한 소재이다. 하지만 아래와 같은 단점도 있다.

- 냉수, 온수에 불용 → 물에 넣는 것만으로 증점 효과는 약함.
- 가열로 팽윤 분산하여 호화 → 호화의 진행에 따라 점도 상승이 일어나므로 일정한 점도 유지가 불가능.
- 교반이나 가압으로 점도의 변화 → 점도 저하가 급격하며, 특히 레토르트 식품에는 부적합.
- 보존에 의한 노화 → 장기에 걸친 보존성이 취약. 특히 저온, 냉동 내성이 약함.

전분은 산이나 염에 영향을 받거나 사용량에 비해 점성이 낮다는 등의 여러 단점이 있지만, 그중에서도 가장 치명적인 것은 장기 보존 시 노화로 품질이 변하는 것이다. 그래서 바로 만드는 요리에는 적합해도 오랫동안 같은 품질을 유지해야 하는 가공식품에는 쓰기 힘들다.

누구나 좋아하는 인스턴트 라면은 일견 단순해 보이지만 면발 하나에도 수많은 기술이 들어 있다. 면은 식감뿐만 아니라 맛과 국물의 조화 등 다양한 측면의 기술 개발이 집약된 결과물이다. 국내에서 면에 대한 깊은 고민이 시작된 것은 컵라면이 나오면서부터이다. 1963년 봉지 형태의 라면이 등장한 이래 20년 가까이 그 형태를 유지했다. 그러다 80년대 초, 뜨거운 물만 부어 익히는 새로운 형태의 컵라면이 등장했다. 이 컵라면을 만들기 위해 해결되어야 할 가장 큰 과제가 바로 전분이었다. 당시 국내에는 없던 특수 전분이 필요했던 것이다. 전분의 단점을 개선하고 다양한 용도에 적합하도록 특화한 것이 가공 전분이다. 가공 전분은 찬물에도 팽윤이 잘 되는 것, 점도의 조정이 쉬운 것, 노화가 느린 것, 냉동/해동 안정성이 높은 것, 투명도나 점탄성이 개선된 것, 유화 능력이 향상된 것 등 다양한 종류가 있다. 가공된 전분의 가장 단순하고 오래된 형태가 호정화(알파화) 전분이다. 전분에 물을 넣지 않고 160℃ 이상으로 가열하면 전분의 직쇄구조는 약간 절단되고, 화학적 변화도 일어난다. 그래서 물에 녹기 쉬워지며 또 효소작용도 받기 쉬워진다. 이런 현상은 식품을 볶는다든지 빵을 굽는다든지 또는 팽화 곡류를 만들 때도 일어난다.

  컵라면의 성공은 면발 연구를 가속화 했다. 이전까지 한 가지 종류의 밀가루로 면발을 만들던 라면 업체들은 1980년대 중반에 들어서면서 각 제품 특성에 맞게 강력분·중력분 등을 조합한 '전용분'을 쓰기 시작했다. 면에서 생각보다 중요한 것이 국물과의 조화이다. 이탈리아에서는 파스타에 소스가 잘 달라붙게 '알 덴테(Al dente)'로 익힌다. 면을 삶은 후 소스를 넣고 1~2분 추가로 가열하면서 잘 버무려 면과 소스가 일체가 되게 하는 과정을 위해 파스타를 약간 덜 익히는 방법이다. 라면의 면발도 얼마나 미세한 구멍들이 잘 생겨서 여기로 라면 국물이 잘 스며드는지가 매우 중요하다.

5) 전분당: 전분을 분해하면 포도당이 된다

자연에는 포도당 같은 단당류의 형태와 전분 같은 다당류의 형태가 많지, 중간의 형태는 많지 않다. 중간 형태는 전분이 분해하여 만들어진 것이다. 전분은 전분 그 자체로도 쓰이지만 가장 저렴한 편이라 그것을 분해한 형태로도 많이 쓰인다.

전분은 DE 값이 0이다. 포도당으로 완전히 분해되면 100이다. 1/10 정도로 분해되면 포도당이 10 정도 연결된 덱스트린이다. 이보다 더 분해되면 물엿이다. 저DE 물엿은 분해도가 낮아서 감미도가 낮은 덱스트린에 가깝고, 고DE 물엿은 분해도가 높아서 포도당에 가깝다. 그만큼 감미도가 높고, 용해도, 삼투압, 어는 온도를 낮추는 효과나 끓는점을 높이는 효과가 큰 것은 당연한 일이다. 포도당이 여러 개 결합한 저DE 물엿은 분자의 길이가 길어

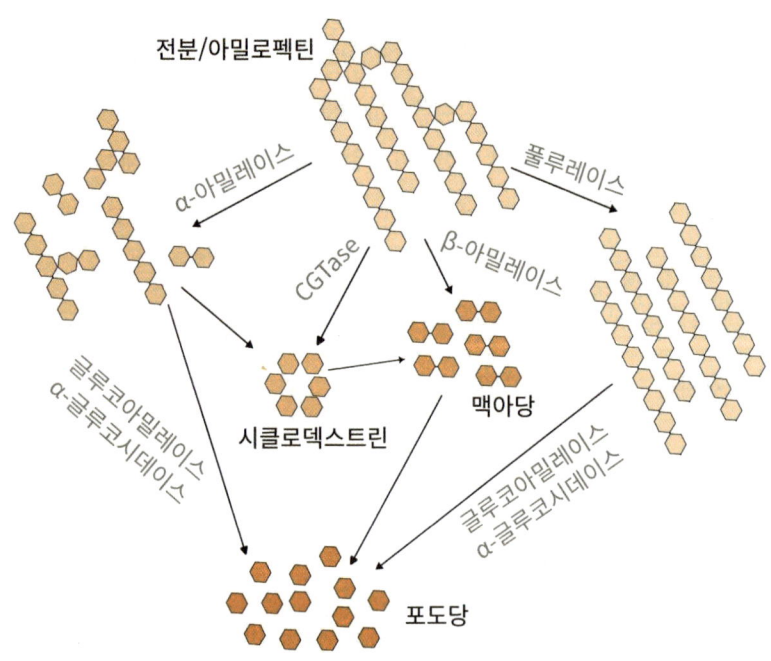

서 점도가 높고, 점도가 높으니 결정이 석출하는 것을 막는 힘도 크고, 입안에서 바디감도 크다.

분해 정도(D.E)에 따른 영향 요소

항목 \ 종류(DE)	전분 0	덱스트린 10~40	물엿 35~50	액상포도당 60~97	결정포도당 99~100
평균 분자량	High				low
감미도 Sweetness	Low				High
용해도 Solubility	Low				High
점도, 접착력	High				Low
결정 방지력	High				Low
바디감	High				Low
갈변 Browning	Low				High
빙점 강하, 비점상승	Low				High
수분활성도, 삼투압	Low				High

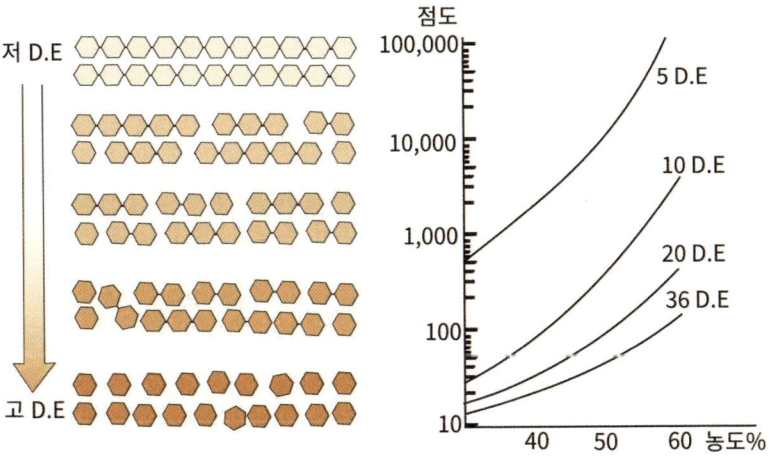

우리는 효소를 만능의 가위로 생각하여 전분 분해효소가 무작정 닥치는 대로 분해할 것이라 기대하지만, 전분은 직선 결합과 사이드결합이 있고 크기에 따라 잘 분해되지 않는 부위도 있다. 그런 원리를 이용해 난분해성 전분을 만들기도 한다.

전분을 분해하여 포도당이 만들어지면 효소를 이용하여 과당으로 전환할 수도 있다. 과당은 설탕보다 단맛이 강하고 상쾌하여 음료업계 등에서 적극적으로 활용했다. 포도당에서 과당의 전환은 100%가 아니라 절반 정도만 전환된 포도당과 과당의 혼합물이다. 여기에서 과당만 분리하면 가격이 크게 상승하므로 혼합물의 상태로 많이 쓴다. 이것을 액상과당(HFCS: High fructose corn syrup)이라고 말하지만, 실제 내용물은 과당-포도당 혼합액이다. 액상과당의 생산량이 많기에 식품에 사용하는 효소 중에서 가장 많이 사용되는 것이 포도당이성화효소이다. 청량음료 등에 흔히 HFCS-55(건조 중량에서 과당 55%)를 사용한다.

3. 셀룰로스는 지상에서 가장 풍부한 유기화합물이다

    셀룰로스는 식물 세포벽의 주 구성 성분으로써 지구상에서 가장 흔한 유기화합물이며, 식물은 해마다 10^{14}kg의 셀룰로스를 만들어낸다. 식물에서 셀룰로스는 보통 전체 질량의 약 33%를 차지한다(면화에서는 90%, 목본식물에서는 50% 정도를 차지).

    식물은 적을 만나도 달아날 수 없으니 이들의 공격을 막을 수단이 필요하다. 소화하기 힘든 구조와 단단한 세포벽은 세포를 보호하는 가장 기본이 되는 수단이다. 자신의 몸체를 지탱할 강도를 부여하고 곤충, 곰팡이, 세균 등이 쉽게 침입하지 못하게 한다. 보통 바깥쪽의 1차 세포벽은 셀룰로스가 주성분이며, 1차 세포벽과 2차 세포벽을 연결하는 중간층은 펙틴이 주성분이고, 2차 세포벽에는 리그닌, 수베린, 큐틴이 추가된다. 리그닌이 있으면 나무처럼 목질화되고, 수베린이 들어가면 코르크화, 큐틴이 있으면 큐티클화 된다. 식물은 이런 세포벽의 구조물을 통해 몸체의 기계적 강도를 유지하고 수송 통로도 제공한다.

과거 먹을 것이 없을 때 초근목피로 연명한다는 말이 있다. 이 말은 아무리 먹을 것이 없어 굶어 죽는 시기에도 산천에 풀과 나무는 있었고, 그중 풀뿌리와 나무 속 껍질에는 아주 약간이라도 소화되는 성분이 있어서 그것이라도 캐서 먹었다는 뜻이다. 그런데 이것들도 포도당으로 만들어졌다. 그냥 지천으로 널려있는 풀과 나무를 먹고 소화할 수 있다면 굶어 죽을 염려도 없고, 힘들게 먹을 것을 구하기 위해 일할 필요도 없을 텐데, 인류는 왜 셀룰로스를 소화하지 못하고 굶어 죽기 일쑤였을까?

학교에서는 이런 이유에 대해 전분은 알파 결합을 하고, 셀룰로스는 베타 결합을 하는데 대부분 동물은 베타 결합을 끊을 효소가 없기 때문이라고 배웠다. 그때는 수긍했지만, 지금 생각해 보면 상당히 허술한 설명이다. 인간이 가지고 있는 효소의 종류는 수천 종류이다. 내 몸에서 콜레스테롤을 합성하려면 이소프레노이드에서 스쿨렌까지의 합성 과정을 제외하고, 스쿨렌에서 콜레스테롤의 형태를 만드는 과정에서만 18개의 효소가 사용된다. 이처럼 우리 몸은 효소가 다양하고, 생존을 위해서 거침없는 변신을 거듭하는데, 그 오랜 진화의 과정에서 모든 동물의 운명을 완벽하게 가를 수 있는 효소 하나를 갖추지 못했다는 것은 말이 안 된다. 자연에는 이미 그런 효소를 만드는 유전자가 있고, 자연에서 유전자의 수평적 이동은 너무나 흔한데도 말이다. 결국 핵심은 특정 효소가 아니라 그런 효소가 있어도 쓸 수 없는 환경 즉, 효소가 끼어들 여지없이 단단한 셀룰로스의 구조와 형태의 문제이다. 알파 결합, 베타 결합이 중요한 것이 아니라 베타 결합이 만든 단단한 형태 때문이다.

셀룰로스는 사다리꼴의 포도당이 지그재그로 결합한 형태이다. 그래서 쭉쭉 뻗은 직선이고 물에 젖은 생머리처럼 빈틈없이 빽빽하게 공간을 채울 수

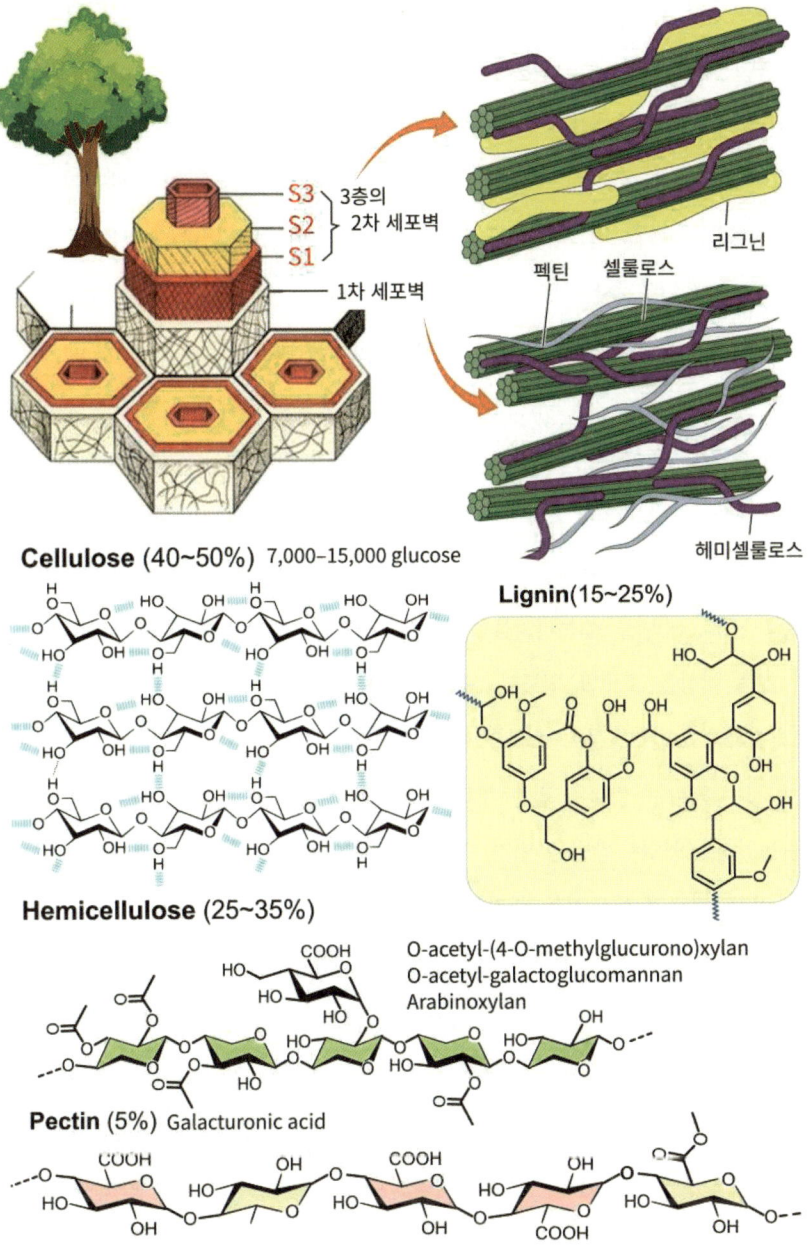

세포벽의 기본 구조와 성분

있다. 물이나 효소가 침투할 방법이 없는 것이다. 만약에 셀룰로스가 전분처럼 틈이 많고 엉성한 구조였다면 나무로 된 통나무집, 공원의 벤치는 비만 오면 흔적도 없이 사라지게 될 것이다. 셀룰로스는 정말 강인한 구조이다. 나무가 100m 넘게 자랄 수 있는 것도 셀룰로스가 그만큼 강하기 때문이다. 밧줄이나 옷의 재료인 마, 모시, 삼베도 식물의 셀룰로스이다. 이 셀룰로스를 가공하여 인조견사를 만들기도 한다.

  반추동물이 셀룰로스를 분해하기는 하지만, 단단한 나무를 먹지 않고 풀처럼 부드러운 것을 먹는다. 아직 셀룰로스가 충분히 발달하지 못한 어린잎과 새싹을 더 좋아한다. 풀 정도의 부드러운 셀룰로스를 분해하기 위해서도 그 대가를 치르고 있다. 반추동물은 4개의 방으로 분화된 커다란 위를 가져야 하며, 사료를 섭취하고 반추하는데 하루 12시간 이상 시간을 보내며 30,000~50,000번을 씹는다. 음식을 씹고 소화하는 데 이미 섭취한 에너지의 25% 이상을 소모할 정도다. 단순히 효소의 문제라면 풀 대신 통나무를 쪼개주더라도 반추동물이 소화를 잘할 것이다.

  한지는 닥나무 껍질로 만든 우리의 종이로써 예로부터 높은 품질로 명성이 높았다. 만드는 방법은 먼저 닥나무를 채취한 뒤 껍질 벗기기, 껍질 삶기, 씻기, 자르고 두드려서 풀기, 닥풀 추가하기, 한지 뜨기, 말리기의 순으로 이루어진다. 여기서 핵심 공정은 바로 삶기이다. 잿물(알칼리수)에 4~5시간 삶아 섬유소의 틈새를 벌리는 것이다. 너무 삶아지거나 덜 삶아지면 좋은 종이를 얻어낼 수 없다. 닥나무는 섬유소의 길이가 20~30mm 이상으로 일반 침엽수가 2.5~4.6mm, 활엽수가 0.7~1.6mm 정도인 것에 비해 아주 길다. 그래서 닥나무 껍질은 섬유소끼리의 결합이 강하고 질기며, 강도가 뛰어나 훌륭한 종이가 될 수 있다.

한지 제지의 원리는 이런 섬유소를 물에 잘 푼 후 얇게 떠서 말리는 것이다. 이때 섬유소들은 접착제 없이 셀룰로스 분자 사이의 수소결합으로 엉키면서 단단한 조직이 된다. 한지는 pH가 7.9로 약알칼리성이다. 일반 종이가 세월이 흐르면 누렇게 변색하는 이유는 산성이기 때문이다. pH 4.0 이하의 산성지는 50~100년 정도 지나면 누렇게 황화현상을 일으키며 삭아버리는 데, 한지는 중성지라 1,000년을 견디기도 한다.

한지를 만들 때 닥풀을 쓰는 이유는 종이를 고착시키기 위한 것이 아니라 섬유질을 균등하게 분산시키기 위해서다. 섬유가 빨리 가라앉지 않고 물속에 고루 퍼져 있어야 얇고 균일한 종이를 만드는 데 유리하다. 그리고 결합보다는 오히려 겹친 젖은 종이를 쉽게 떼는 역할을 한다. 접착력은 셀룰로스 자체가 가지고 있고 닥풀은 가공의 편의성을 부여하는 것이다. 셀룰로스는 친수기(-OH)가 많아 섬유소 간에 많은 수소결합을 통해 별도의 접착제가 필요 없이 단단한 조직을 만들 수 있다.

한지의 제조 공정이나 반추동물이 단단한 통나무는 소화하지 못하는 것을 보고 셀룰로스를 이용하지 못하는 이유에 대해 물성에 주목했다면 좋았을 텐데, 그저 설명하기 쉽다는 이유로 효소에만 주목한 것 같다. 사실 나무의 대부분은 죽어 있다. 단단한 형태를 유지하기 위하여 셀룰로스와 리그닌 형태로 대부분을 구성하기 때문이다. 단단한 형태는 그것을 합성한 식물 자신도 전혀 활용하지 못한다.

모든 생명에는 구조인 뼈대가 있다. 뼈대가 있어야 세포막이 버틸 수 있고, 세포막 안에서 생명 현상이 유지될 수 있다. 이런 뼈대가 식재료 고유의 텍스처를 만드는 특성이기도 하다.

펙틴

식물의 1차 세포벽은 셀룰로스, 헤미셀룰로스, 펙틴 등으로 이루어져 있다. 펙틴을 흔히 잼을 만들 때나 쓰이는 좀 특별한 겔화제로 알고 있지만, 모든 식물 세포벽에 공통으로 들어 있는 성분이기도 하다. 단지 사과나 감귤류 등에 좀 더 많고 쉽게 추출될 뿐이다. 펙틴은 상당히 부드러운 식이섬유이다. 단지 인간은 소화할 수 없으며, 반추동물은 펙틴 분해력이 있는 세균 덕에 90%까지도 소화할 수 있다.

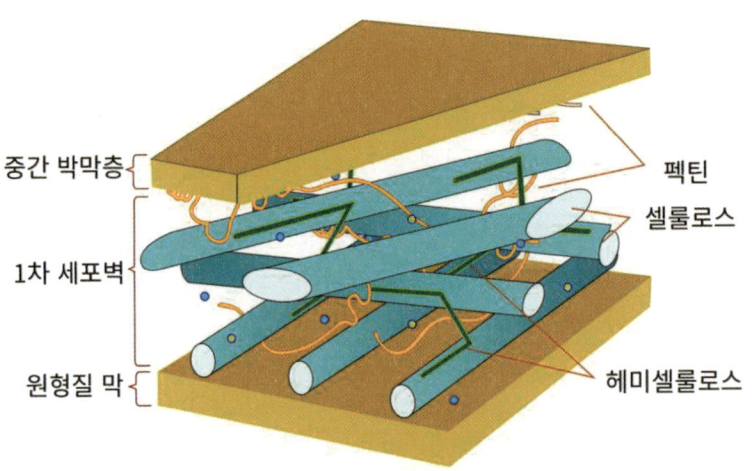

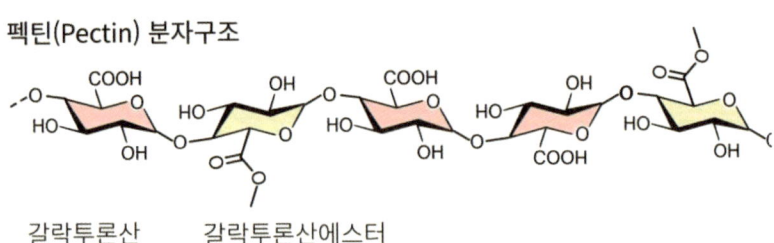

곤충과 버섯의 뼈대: 키틴, 키토산

식물의 세포는 셀룰로스라는 세포벽이 있지만 게, 랍스터, 새우, 메뚜기 등은 키틴으로 되어 있다. 키틴(Chitin)은 N-아세틸글루코사민이 긴 사슬 형태로 결합한 다당류이다. 다양한 곤충 절지동물의 단단한 표피, 연체동물의 껍질, 균류의 세포벽을 이루는 중요한 성분이다. 키틴은 셀룰로스와 매우 비

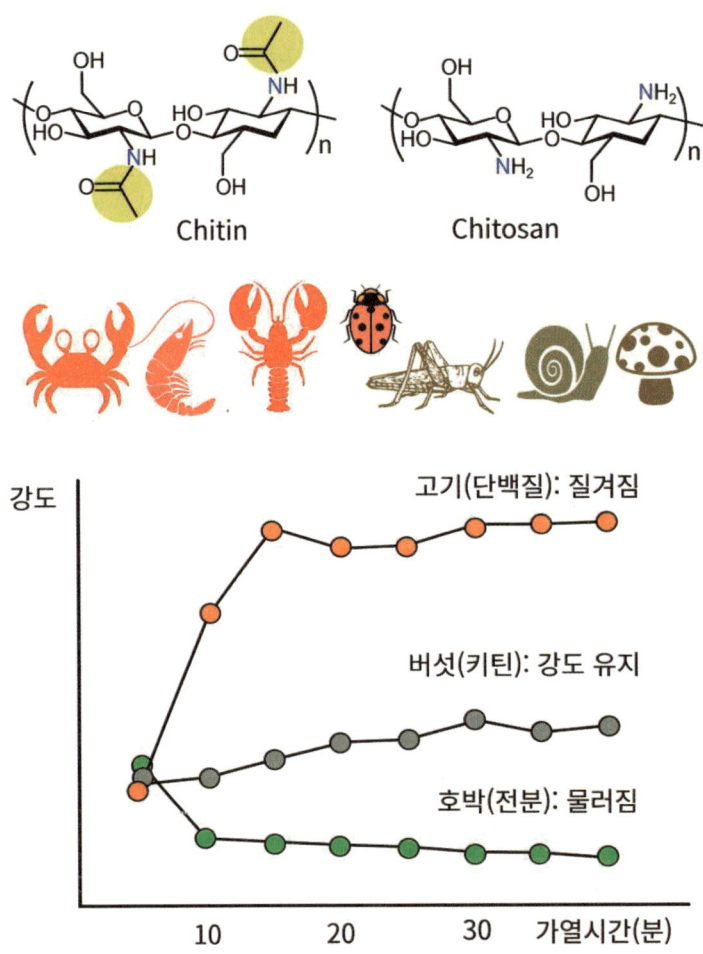

숫한 구조와 물리적 성질을 갖고 있어서 곧잘 비교되는데, 키틴은 아세틸화되어 물에 잘 녹지 않고 셀룰로스보다 안정적이기 때문에 미생물의 분해에 훨씬 잘 견딜 수 있다. 아세틸기를 제거하면 키토산이 된다.

키틴은 버섯 곰팡이의 뼈대이기도 하다. 식재료를 가열하면 물성이 변하는데, 채소는 물러지고 고기는 단단해진다. 그런데 버섯은 오랫동안 가열해도 식감이 변하지 않는다. 미국 보스턴에 있는 요리 연구팀 '아메리카 테스트 키친'이 소고기 안심, 호박, 버섯을 실험한 결과 고기는 15분 정도 찌면 점점 딱딱해졌고, 호박은 너무 물러져 거의 액체 상태로 퍼져버렸다. 하지만 버섯은 꾸준히 일정한 강도와 식감을 유지했다. 버섯이 오랜 시간 질감을 유지할 수 있는 이유는 키틴 때문으로 육류의 단백질 및 채소류의 펙틴과는 달리 열에 의한 물성 변화가 적었다.

세균의 세포벽: 펩티도글리칸

세균에는 식물과 달리 '펩티도글리칸(Peptidoglycan)'으로 된 세포벽이 있다. 당과 아미노산으로 만들어진 폴리머로서 세균의 표면을 망상 구조로 감싸 물리적으로 세균을 보호한다. 그람양성균은 그 두께가 무려 20~80nm이고, 그람음성균은 7~8nm 정도다. 그래서 그람양성균은 펩티도글리칸이 건조 중량의 90%까지 차지할 정도로 압도적인 비중이고, 그람음성균은 10% 정도다.

이 펩티도글리칸층은 고세균이나 진핵세포에는 없다. 따라서 펩티도글리칸의 합성을 막으면 세균 증식을 막을 수 있다. 이런 원리로 개발된 것이 페니실린 같은 베타락탐계 항생제와 반코마이신 같은 항생제이다. 이 항생제들은 우리 몸 세포같이 세포벽이 없는 경우에는 영향을 미치지 않는다.

동물의 조직, 침, 눈물, 달걀흰자, 눈알의 흰자위 등에 있는 라이소자임(Lysozyme)이란 효소가 세균에 대해 항균력이 있는 것은 펩티도글리칸을 쉽게 분해하는 능력이 있기 때문이다.

펩티도글리칸은 기계적 강도는 강하지만 구조가 듬성듬성하고 틈이 많아 2㎚ 정도의 상당히 큰 분자도 투과할 수 있다. 그람 염색을 하면 그람음성균과 양성균 모두 색소에 염색이 되는데, 탈색 단계에서 차이를 보인다. 알코올은 그람양성균의 펩티도글리칸을 탈수시켜 분자가 빠져나갈 수 없게 촘촘하게 만들어버린다. 그래서 색소복합체가 밖으로 빠져나오지 못해 탈색되지 않고 색소를 유지한다. 이에 비해 그람음성균은 펩티도글리칸이 얇고, 알코올에 의해 단단해지지 않으므로 들어온 색소가 그대로 빠져나간다.

그람음성균은 세포벽이 얇아 물리적 강도가 약한 대신 세포벽 안과 밖에 이중으로 존재하는 세포막 덕분에 투과성이 낮다. 세포벽이 얇은 그람음성균이 그람양성균보다 나중에 진화된 생명체이다. 언뜻 생각하기에는 겉에 단단한 뼈를 가진 곤충이 속에 단단한 뼈를 가진 척추동물보다 유리할 것처럼 보이고, 세포막이 세균보다 훨씬 단단하여 고온, 높은 산도, 높은 염도

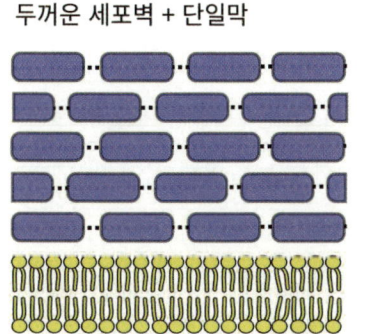

세균의 세포벽, 펩티도글리칸

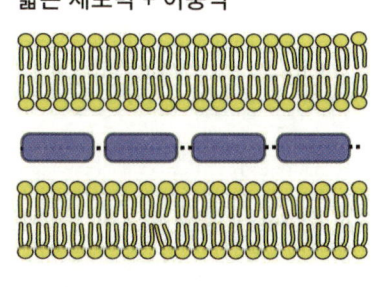

세포벽: 식물, 곰팡이, 세균

등 훨씬 악조건을 잘 견디는 고세균이 세균보다 번창할 것 같지만 실제로는 그렇지 않다. 악조건을 버티는 고고한 삶보다 틈만 나면 영양을 흡수해 성장하고 번식하려는 번식형이 많이 살아남기 때문이다.

그람양성균은 단단함을 이용하여 포자를 만들 수 있다. 내생포자는 고온과 건조 등 혹독한 환경에 훨씬 잘 버티는 능력이 있다. 포도상구균·연쇄상구균·폐렴균·디프테리아균·파상풍균·탄저균 등이 그람양성균에 해당한다. 이들은 색소나 약제가 쉽게 침투되고, 독소를 균체 밖으로 쉽게 배출하는 특성이 있다. 그리고 독은 열에 의해 쉽게 파괴되는 특징이 있고, 생체 내에서 항원성이 높아 비교적 잘 중화가 된다.

그람음성균은 펩티도글리칸을 사이에 두고 안쪽과 바깥쪽 이중으로 세포막을 가지고 있다. 바깥쪽에 여러 당지질(Lipo-polysaccaride) 물질이 있고, 이것에 의해 세균 자체가 병원성을 가질 수 있다. 대부분 내생포자를 만들지 않고 세포막의 투과성이 낮아 세제, 약물, 염색 등에 내성을 가진다. 단지 물리적 특성만 자세히 살펴보아도 생명 현상의 원인을 알 수 있는 경우가 많다.

탄수화물의 역할

탄수화물은 단백질, 지방과 함께 인체에 가장 필요한 3대 영양소이다. 우리가 섭취하는 음식의 60% 정도는 탄수화물이고, 탄수화물은 포도당으로 분해되어 흡수된다. 이런 탄수화물의 가장 중요한 기능은 우리 몸에 필요한 에너지를 공급하는 일이다.

● 에너지 공급: 신체 활동을 위해서는 끊임없이 에너지가 필요하다. 뇌(중추

신경계)는 에너지 급원으로 거의 포도당만 사용하므로 중추신경계의 원활한 작용을 위해서는 탄수화물이 꼭 있어야 한다.

- 탄수화물 부족은 단기적으로 볼 때 의기소침, 활력 저하, 정신 기능 지체, 수면 부족, 불쾌감, 신경과민을 불러일으킨다. 장기적으로 볼 때는 몸이 약해지고, 근골격도 약화하며, 관절과 결합조직의 영구 손상을 입기도 한다.
- 단백질 절약 작용: 단백질을 이용해서도 에너지를 낼 수 있으나 단백질은 에너지를 내는 일 외에도 고유의 중요하고도 필수적인 기능이 많다. 만약 에너지원의 절대량이 부족하면 단백질이 에너지원으로 소비되어 단백질 부족 현상이 발생할 수 있다.
- 셀룰로스, 헤미셀룰로스, 펙틴 같은 식이섬유(Dietary fiber)도 탄수화물인데, 이들은 장내에서 물을 흡수하여 부드러운 덩어리를 만들고, 소화기관 근육의 수축을 자극하여 장 내에서 음식물이 잘 이동하도록 돕는 역할을 한다.
- 신체 구성 성분: 탄수화물의 일부는 단백질과 함께 신체 내에서 윤활 물질이나 손톱, 뼈, 연골 및 피부 등을 구성하는 요소의 일부가 되고 있다. 리보스는 DNA와 RNA의 중요한 구성 성분이 된다.

3장. 단백질은 종류만큼 기능이 다양하다

1. 생명의 정교함은 단백질의 정교함에서 온다

1. 단백질의 종류는 유전자보다 많다

프로테인(Protein)은 그리스어 'Proteios(가장 중요한 것)'에서 유래했고, 단백질('蛋白質')은 한자 '닭의 알(鷄蛋)의 흰 부분(卵白)'에서 유래했다. 20여 종의 아미노산이 수십~수백 개 결합하여 특정 형태를 만든 것이다. 탄수화물은 주로 포도당 한 가지로 된 것이라 형태가 단순한 데 단백질은 구성하는 아미노산이 20종이라 각각 크기와 형태가 다르고, 아미노산마다 친수성과 소수성 등 성질도 달라서 정말 복잡하고 정밀한 형태를 만들 수 있다.

단백질은 형태가 기능이라고 할 만큼 형태에 따라 다양한 기능을 하며, 그 형태가 조건에 따라 달라지기도 한다. 식품에서 가장 다루기 까다로운 분자가 단백질이지만 그래도 생명현상에서 일어나는 단백질의 복잡함에 비하면 매우 단순하다.

단백질은 한번 합성되면 계속 사용하는 것이 아니라 계속 분해되고 재합성된다. 우리 몸의 배터리라고 불리는 ATP가 가장 많이 소비되는 곳이 바로 단백질 합성이다. 합성에 쓰이는 대장균의 ATP 사용 비율을 보면 DNA를 합성하는데 초당 6만 개, RNA 합성에 7.5만 개, 탄수화물 합성에 6.5만 개, 지방 합성에 8.7만 개를 사용한다. 그런데 단백질의 합성에는 무려 212만 개를 사용한다. ATP의 88%가 단백질 합성에 사용되는 것이다. 그만큼 단백질은 많은 일을 한다.

생명체의 설계도인 유전자에 아미노산의 서열이 기록되어 있다. 이 순서도로 아미노산을 조립하여 형태를 갖추면 1가지 단백질이 된다. 인간 세포에는 30억 쌍의 DNA가 있고, 그것으로 발현되는 유전자가 2만여 개로 추정한다. 최소 2만 종의 단백질이 만들어지는 것이다. 이것 중 일부가 효소이고, 효소를 통해 수만 종의 대사물질이 만들어진다. 유전자 하나가 망가지면, 그 사람에게는 그 유전자로 만드는 물질이 비타민이 되거나 질병이 되는 것이다.

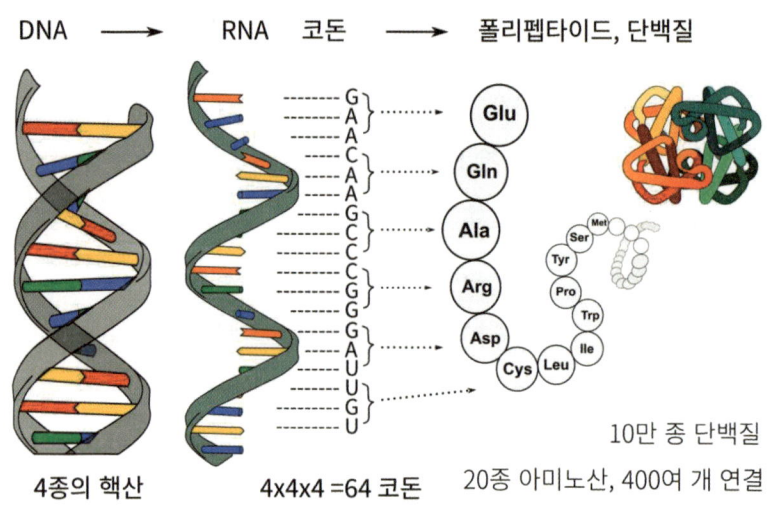

생물학의 센트럴 도그마

단백질을 구성하는 20종의 아미노산

식물은 탄수화물체, 동물은 단백질체이다

단백질은 우리 몸에 물 다음으로 많이 필요한 성분으로 16% 정도를 차지한다. 최소한 8% 이상은 되어야 생존할 수 있다. 우리 몸에 지방이 이보다 많기도 하지만, 우리 몸에 필수적인 양은 2~3% 정도이고 나머지는 칼로리 과잉으로 축적된 것이다. 생명현상 대부분은 단백질에 의해 이루어지기 때문에 단백질의 기능을 파악하는 것보다 생명현상에서 단백질의 기능이 아닌 것을 파악하는 것이 훨씬 빠르다.

- 구조적 기능: 동물 세포의 내부 뼈대를 만드는 기능이다. 전체 단백질의 25~35%를 차지하는 콜라겐이 대표적이다. 2만여 종의 단백질 중 콜라겐 한 가지의 양이 30%라는 것은 실로 엄청난 비율이다. 콜라겐의 양이 몸에 필요한 탄수화물과 지방 전체를 합한 양보다 많다.
  이밖에 구조적 기능을 하는 단백질로 피브로인(실크 단백질), 엘라스틴(혈관, 피부조직), 프로테오글리칸(ECM 일종) 등이 있다. 세포막도 단백질이 뼈대를 만들고 지방막이 채우는 형식이다.
- 운동 기능: 동물은 움직이는 생명체다. 눈에 보이는 운동뿐만 아니라 심장, 폐, 면역세포의 이동, 세포 안의 운동, 세포 분열, 세포 내 이입 등 모든 운동이 단백질로 이루어진다.
- 운반 기능: 세포의 이온 펌프, 산소 운반체인 헤모글로빈, 칼슘 운반체인 칼모듈린 등의 단백질이 체내 물질의 이송을 돕는다.
- 방어 기능: 면역 반응, 혈액 응고, DNA 복구 등의 기능도 단백질의 역할이지만 단백질로 만들어진 단단한 피부, 장기 기관, 세포 골격과 세포 결합이 방어 기능의 출발점이다.
- 효소: 체내 합성과 분해 등 대사 작용이 효소 덕분에 100만 배나 효과적

으로 이루어진다.
- 조절 기능: 인슐린, 성장호르몬 같은 호르몬, 아미노산계 신경전달물질 등도 단백질의 역할이다. 혈액의 산/알칼리 농도 조절도 한다.
- 보관 기능: 콩 같은 식물은 단백질을 에너지 저장체로 쓰기도 한다.

단백질의 다양한 기능

2. 단백질은 크게 직선형과 구형의 형태가 있다

단백질을 크게 나누면 기다란 섬유형(직선형)과 개별로 둘둘 말려있는 구형으로 구분할 수 있다. 직선형 구조의 단백질 종류가 많지 않으니, 이들을 알면 나머지는 구형일 테니 직선형 구조를 먼저 알아보는 것이 편하다.

섬유 형태의 단백질이라고 하면 가장 쉽게 떠올릴 수 있는 것이 근육이다. 근육은 액틴과 미오신의 2가지 구조로 되어 있고, 미오신이 액틴 사이를 미끄러져 들어가는지 이완되는지에 따라 근육이 수축 또는 이완되어 운동이 가능해진다. 길이가 변하지 않고 단단한 구조를 만드는 것이 콜라겐이다.

이들 섬유형의 단백질은 직선형을 만들기 위해 같은 아미노산의 배열을 반복적으로 가지는 경우가 많다. 그래야 일정한 형태를 만들기 쉽다. 반면 구형의 단백질은 아미노산의 순서에 아무런 제한이 없어, 형태 또한 제한이 없다.

단백질의 대표적 형태

	직선형(섬유형)	구형
형태	가늘고 긴 형태	둥글거나 구형
역할	구조를 형성	기능을 수행
아미노산 배열	반복적인 아미노산 순서	불규칙한 아미노산 순서
내구성	온도, pH 등에 의해 변화가 적음	온도, pH 등에 민감
용해도	대부분 불용성	물에 녹음
단백질 예	콜라겐, 액틴, 미오신, 케라틴, 엘라스틴, 피브린	효소, 헤모글로빈, 인슐린, 면역 단백질

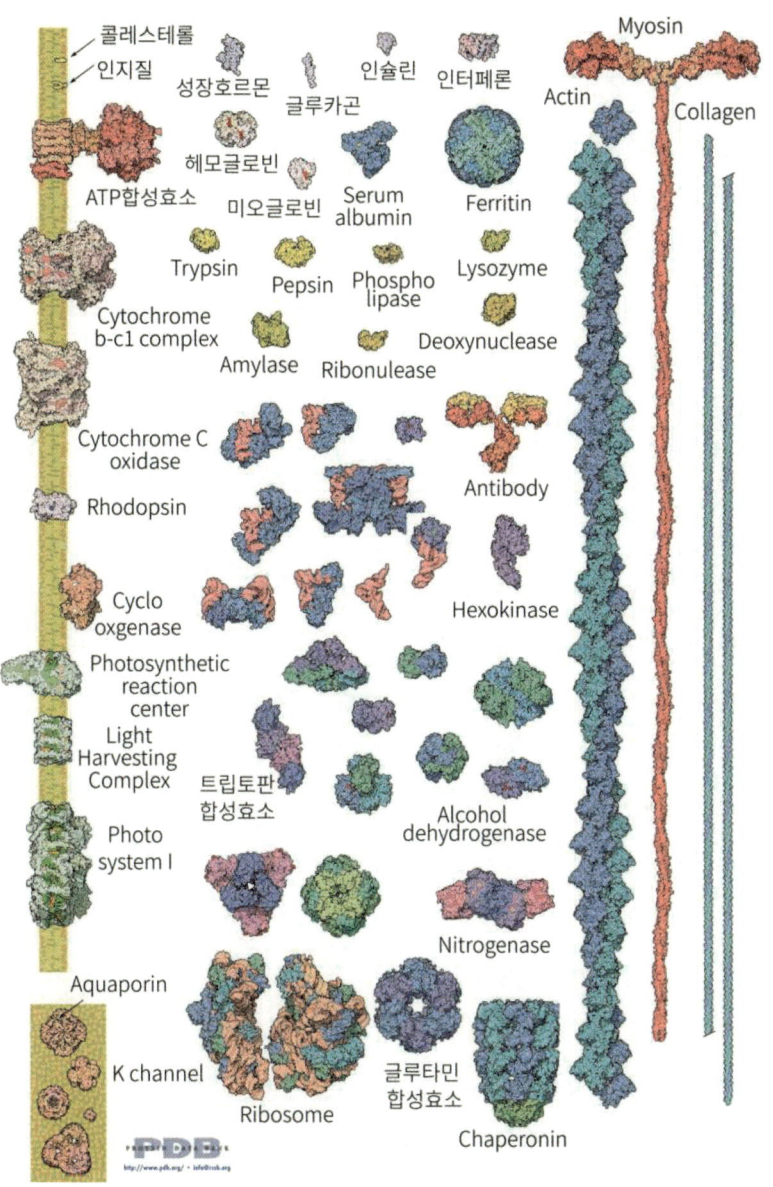

단백질의 대표적 형태: 막단백질, 구형, 직선형

1) 직선형: 콜라겐(Collagen)과 젤라틴

　식물 세포의 뼈대가 셀룰로스라면, 동물 세포의 뼈대는 콜라겐이다. 콜라겐은 우리 몸 단백질의 25~35%를 차지하는 가장 많고 중요한 단백질이다. 근육의 액틴과 미오신 조직보다 100배는 단단한 조직을 만들 수 있다. 기관과 조직을 하나로 묶어 연결하는 세포 간 접착제 기능을 한다. 콜라겐이 부족하거나 튼튼하지 못하면 피부, 뼈, 연골, 혈관 벽, 치아, 근육 등의 구조와 기능이 떨어진다. 소장에서 흡수된 영양소는 콜라겐을 매개체로 각 세포 조직에 전달되고, 인체에 생기는 노폐물도 콜라겐을 통해 혈관으로 운반되어 몸 밖으로 배출된다.

- 눈: 수정체는 모두 콜라겐이다.
- 잇몸과 이: 상아질의 18%, 잇몸이나 치근막도 주로 콜라겐으로 되어 있다.
- 뼈: 중량의 20%가 콜라겐이고, 그 사이에 칼슘-인이 위치한다.
- 관절: 뼈와 뼈를 이어주고 있는 연골의 50%가 콜라겐이다.
- 손발톱: 주성분인 케라틴은 구조적으로 콜라겐과 비슷하다.
- 내장: 각종 내장을 반투막이 싸고 있는데, 그 막이 콜라겐이다.
- 혈관: 구성 대부분이 콜라겐이다.
- 피부: 피부 아래 진피의 70%가 콜라겐이다.

　콜라겐에서 가장 기본이 되는 아미노산은 가장 단순한 아미노산인 글리신이다. 글리신에는 잔기가 없어서 가장 작은 공간을 차지한다. 여기에 플로린이 추가되어 나선 구조에 필요한 비틀림을 준다. 여기에 견고함을 부여하면 콜라겐이 된다.

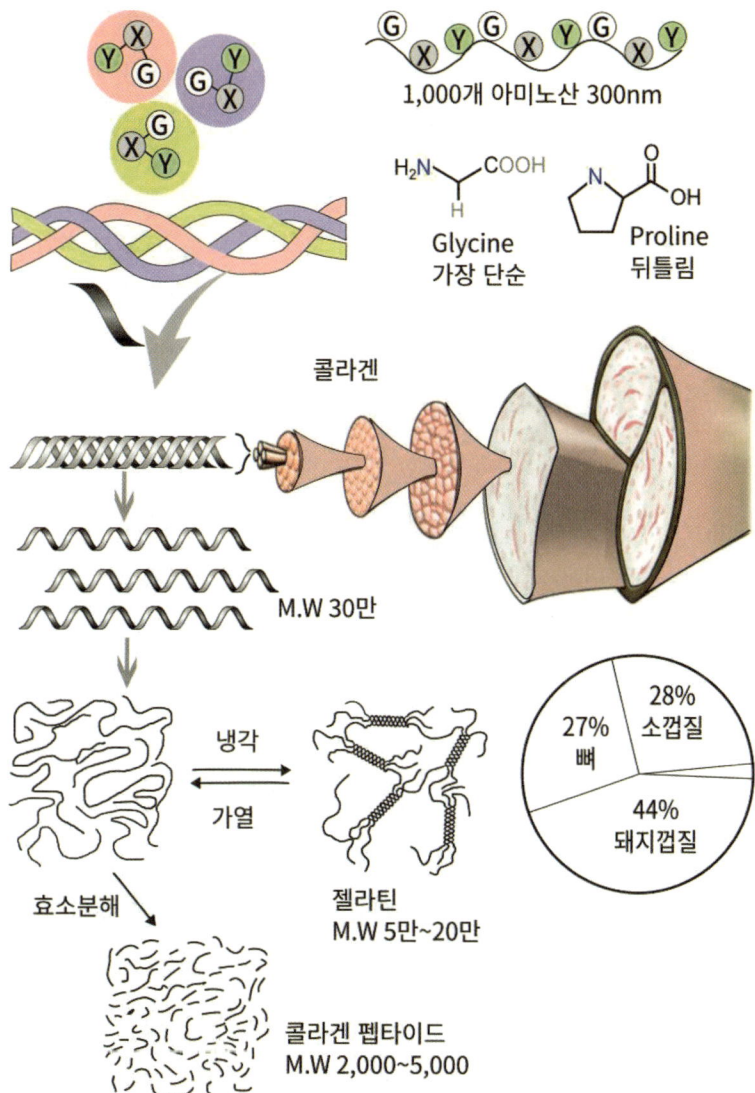

비타민 C가 중요한 것은 이 콜라겐 때문이다. 콜라겐 합성에 필요한 글리신, 라이신, 프롤린은 음식을 통해 공급받으면 그만인데, 두 종류의 아미노산은 추가적인 변신이 필요하다. 라이신과 프롤린 분자의 일부에 -OH기를 추가하여 하이드록시라이신과 하이드록시프롤린이 되는 것이다. 이들이 사용되면 세 가닥으로 꼬이는 콜라겐 사슬 간에 수소결합이 증가하여 단단한 구조체를 형성할 수 있다.

라이신과 프롤린에 -OH기를 추가하는 작업에 비타민 C가 조효소로 쓰인다. 비타민 C가 부족하면 괴혈병에 걸리는 이유도 콜라겐 합성이 부족하여 모든 세포가 약해지기 때문이다. 약해진 몸에서 가장 취약한 부분에서 출혈 등의 증세가 나타난다. 이런 증상을 막는 데 필요한 비타민 C의 양은 하루에 고작 10mg(0.01g)이다. 실제 중요한 것은 비타민 C가 아니라 콜라겐이다. 콜라겐이 피부 미용(탄력)의 핵심이고, 단단한 세포 결합으로 감기 등의 바이러스 감염을 줄이는 역할을 한다. 비타민 C는 콜라겐 합성에 필요한 많은 요소 중 하나일 뿐이다.

콜라겐의 놀라움은 크고 단단하고 정교한 구조가 저절로 조립된다는 점이다. 콜라겐을 이루는 각각의 사슬은 4℃ 정도에서는 많은 수분을 붙잡아 개별로 활동한다. 온도가 올라가면 점차 콜라겐이 수분을 붙잡는 힘이 줄어서 콜라겐에서 소수성 부위부터 수분이 떨어져 나간다. 그리고 여기에 주변의 다른 콜라겐 사슬의 소수성 부위가 결합하여 3중 나선 구조를 형성하기 시작한다. 그래서 체온의 범위에서는 물과의 결합이 없어서 점도가 극단적으로 낮아지는 특별한 성질이 있다. 만약에 콜라겐에서 물을 붙잡는 성질이 사라지지 않으면 생존을 위해 몇 배의 물이 필요할 것이다. 콜라겐은 실로 절묘한 분자이다.

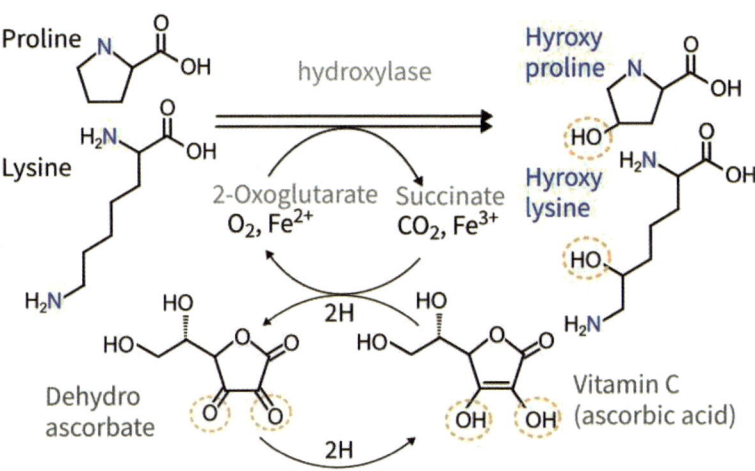
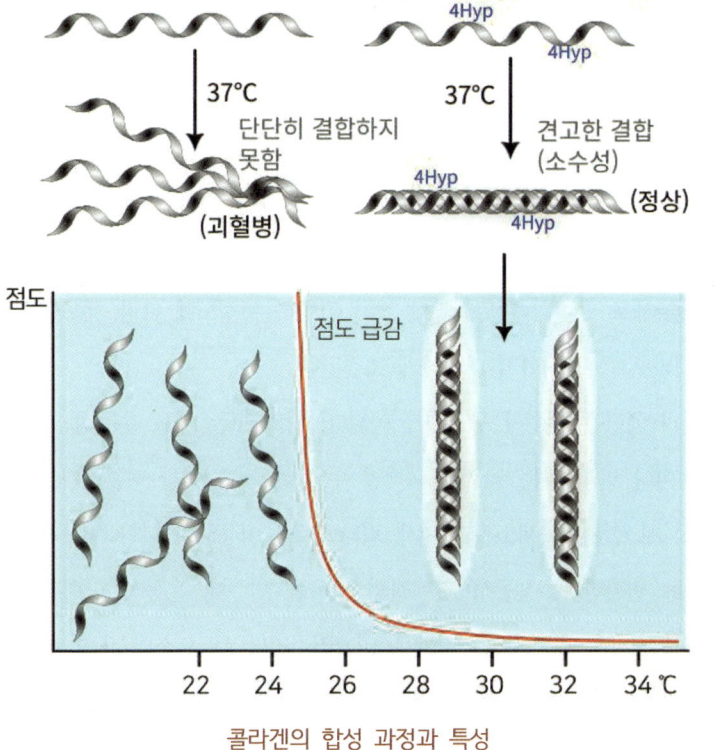

콜라겐의 합성 과정과 특성

세포 골격(Cytoskeleton)

만약 피부를 세게 꼬집는다면 10억 개 정도의 세포가 터질 듯 짓눌리게 된다. 그런데도 왜 피부는 말짱할까? 세포가 단순히 물을 지방막이 감싼 핵과 소기관으로만 되어 있는 것이 아니라 매우 치밀하게 얽히고설킨 견고한 섬유상의 구조체이기 때문이다.

우리는 너무 구조를 무시하고 기능에 몰두하는 경향이 있다. 세포 골격은 세포 유형에 따라 다르지만, 크게 미세소관, 미세사, 중간사로 구성된다. 미세소관(Microtuble)은 단백질 튜불린으로 지름이 약 25㎚이고 벽 두께가 약 4~5㎚이며 길이는 수 ㎛ 이상이다. 단독, 네트워크 또는 병렬 묶음으로 배열되어 세포에 인장 강도와 강성을 제공한다. 가운데가 비어 있어 가벼움과 함께 강도 및 탄력을 제공한다. 중간사는 작은 미세소관 같은 구조인데 식물 세포보다 동물 세포에 더 많다.

액틴 필라멘트라고도 하는 미세사는 액틴으로 구성된 선형의 섬유구조이다. 미세소관보다 훨씬 가늘어서 지름이 5~7㎚에 불과하다. 미세소관과 액틴은 모든 식물, 동물, 균류와 원생동물의 세포 골격의 구조적 지지대로 작용한다. 이들 세포 골격의 네트워크로 교차 결합하는 정도에 따라 세포질은 액체에서 겔과 같은 조직까지 다양하게 조절된다.

미세소관과 액틴은 단순히 구조체가 아니다. 거의 모든 세포 운동의 기초가 된다. 손이나 발이 없는 세포가 움직일 수 있는 것은 이들 덕분이다. 세포의 운동성 시스템은 미세소관과 미세 필라멘트를 이용하여 화학 에너지를 운동에너지로 변환한다. 운동성 단백질의 작용을 받는데 운동성 단백질은 미세소관 또는 미세 필라멘트가 강제로 미끄러지거나 두 요소의 표면 위에서 분자를 이동시킨다.

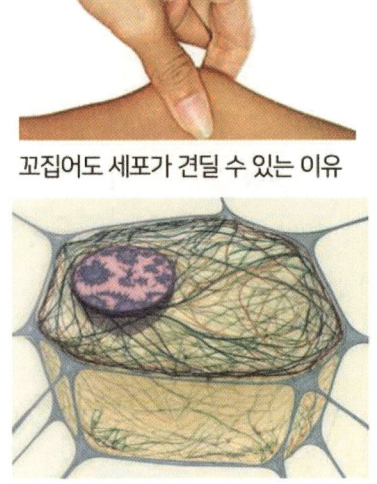

꼬집어도 세포가 견딜 수 있는 이유

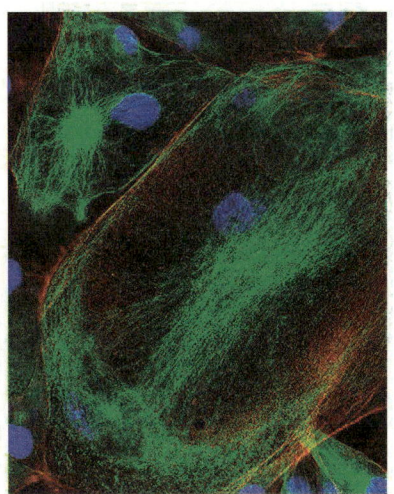

인간 피부세포

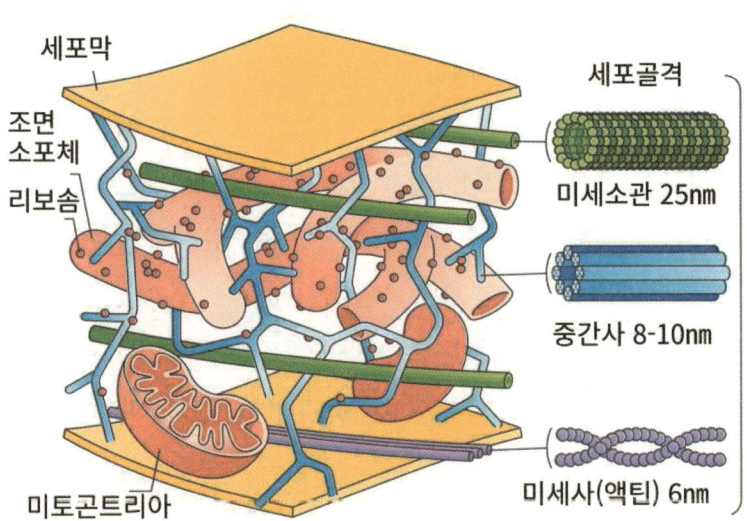

세포 골격을 구성하는 물질과 역할

케라틴과 ECM(Extracellular matrix)

세포가 정상적으로 작동하기 위해서는 세포외기질(Extracellular matrix, ECM)도 중요하다. 세포의 밖에서 세포를 둘러싸 구조적인 안정성을 주고 생화학적 신호를 주고받는 통로 역할도 한다. 주성분은 당단백질이며, 콜라겐, 셀룰로스, 히알루론산 등이 있다. 특히 다세포생물의 경우 세포외기질은 세포 바깥의 공간을 채움으로써 지지대 역할을 하며, 다른 조직과의 경계선을 만드는 역할도 담당한다. 또한, 세포가 기질에 달라붙을 수 있는 물리적 발판의 역할도 한다. 줄기세포의 경우에는 세포외기질의 특성에 따라서 분화하는 방향이 달라지기도 한다.

단백질의 단단함은 외부로 드러나기도 한다. 손톱, 발톱, 부리, 코뿔소의 뿔과 같은 구조체는 겉보기부터 단단하다. 이들을 구성하는 케라틴은 상피세포에서 가장 풍부한 구조적 단백질이며 콜라겐과 함께 동물에서 핵심적인 생체고분자이다. 케라틴은 높은 인성과 높은 탄성률을 모두 지닌 가장 단단한 생물학적 물질 중 하나로 미네랄은 거의 포함하지 않는다. 단지 복잡한 계층적 구조를 형성하여 동물의 단단한 조직인 양모, 깃털, 뿔 등을 구성하여 보호 및 방어, 포식 및 갑옷과 같은 다양한 기능을 효과적으로 수행한다. 이처럼 단백질이 세포를 지지하고 고정하고 보호하는 역할을 할 수 있는 것은 단백질을 치밀하게 배열하면 다른 어떤 것보다 강하고 견고한 구조물을 만들 수 있기 때문이다. 거미줄 같은 단백질은 같은 두께의 강철보다 훨씬 높은 강도와 탄성률을 가지고 있다. 단지 너무 가늘어서 약해 보일 뿐이다.

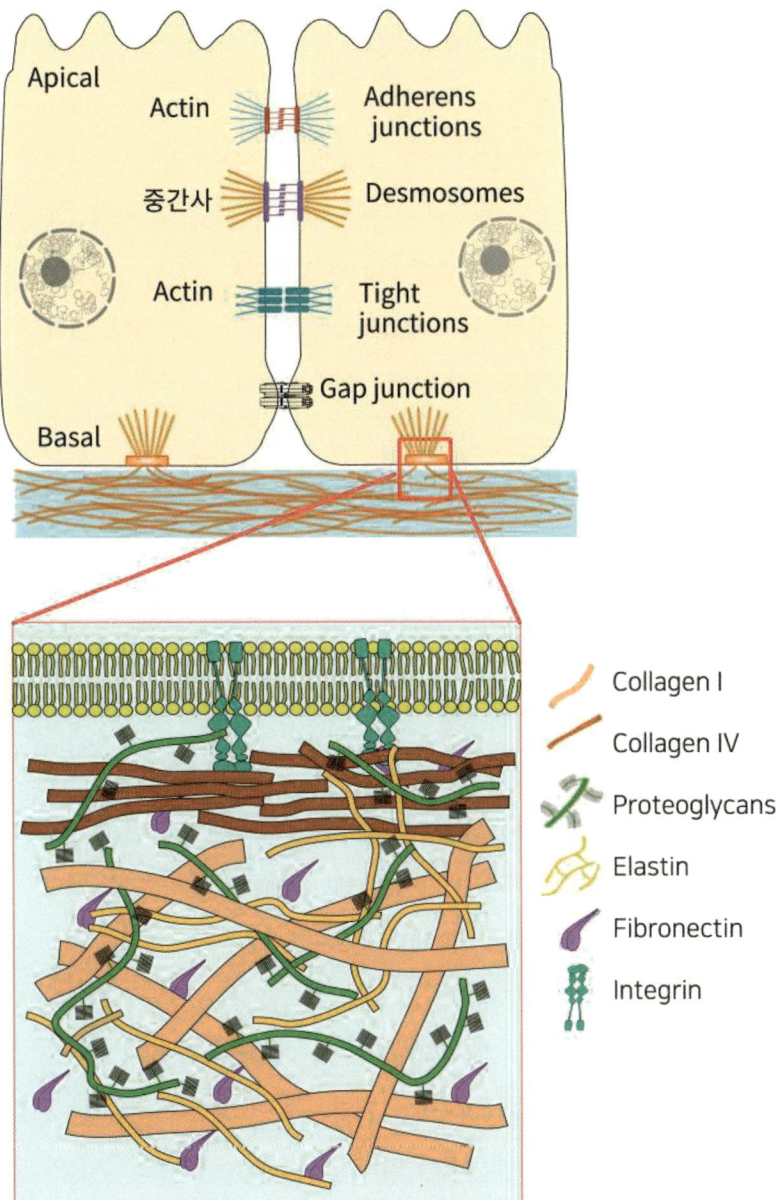

2) 근육: 액틴과 미오신

동물은 스스로 움직일 수 있는 것이 특징이다. 이를 위해서는 액틴(Actin)과 미오신(Myosin)으로 구성된 근육이 필요하다. 액틴은 지름이 8nm 정도이고 세포 골격 섬유 중에서 가장 가늘다. 그래서 미세섬유라고도 부르는데, 이 액틴은 대단히 다양한 기능을 한다. 근육이 없는 미생물도 잘 움직인다. 바로 세포 내 액틴의 다이내믹한 변화 덕분이다. 액틴은 세포의 이동뿐만 아니라 세포 모양(Shape) 유지, 세포 극성(Polarity), 조직 재생, 혈관 형성, 병원균과 숙주세포 간의 결합과 침투 등에도 역할을 한다.

- 근육에서 액틴은 골격근 섬유에서 두꺼운 섬유인 미오신과 상호작용하여 근수축을 일으킨다.
- 세포막 바로 아래에 띠를 형성하여 세포의 기계적 강도를 제공하고 막을 통과하는 단백질과 세포질 단백질을 연결해 주며, 세포 분열 시 반대편 쪽에 있는 중심체를 고정하고 동물 세포의 세포질 분열에서 원형질 함입을 일으킨다.
- 어떤 세포에서는 원형질 유동을 일으킨다. 백혈구나 아메바와 같은 세포에서 이동을 일으킨다. 이것은 단량체 액틴(G-actin)과 중합형 액틴(F-actin)의 다이내믹한 변화로 일어난다.

미오신은 두 개의 머리와 두 개의 꼬리 부분을 가지고 있고, 꼬리 부분은 이중나선을 이루며 꼬여 있다. 미오신의 머리 부분이 액틴과 결합한 후 ATP의 에너지를 사용하여 머리 부분이 이동하는 것으로 근육의 수축이 이루어진다.

이런 근육의 특성은 고기의 주성분으로 요리와 육가공의 물성에도 매우 중요하다. 근육은 가만히 있지 않고 수축과 이완을 반복한다. 수축하면 단단하고 질겨진다. 근육의 단백질 구조가 완전히 풀어져도 뒤엉켜 질기고 단단해진다. 온도, pH, ATP 농도 등을 조절하여 적당한 보수력과 탄성을 가지게 하는 것이 기술이다. 고기를 잘 다루기 위해서는 근육의 변성 온도, 근육의 구조와 조건에 따른 상태의 변화에 대해 자세히 알아둘 필요가 있다.

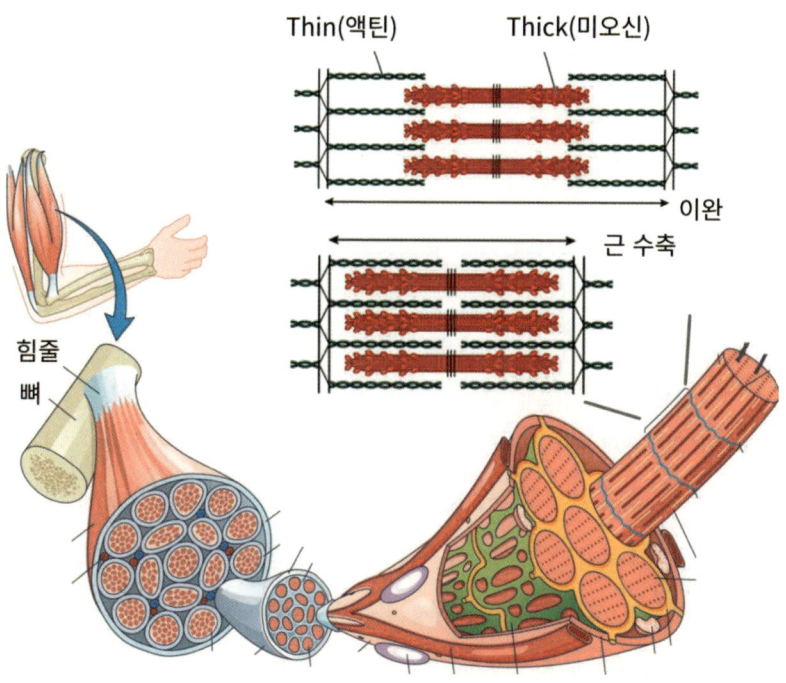

근육의 액틴과 미오신 구조

구조가 있어야 운동이 가능하다

동물마다 운동을 담당하는 근육의 형태는 정말 다양하다. 구조에 따라 가로무늬근, 민무늬근(평활근), 심장근으로 나누고, 그런 구조를 이해하면 식재료의 특성을 이해하기도 쉬워진다. 오징어는 왜 가로로만 잘 찢어질까? 답은 오징어의 움직임에 있다. 오징어는 이동할 때 물을 흡수한 후 몸을 움츠렸다가 물을 내뿜으면서 전진한다. 그러니 몸통에는 몸을 움츠리는 가로 근육만 주로 발달해있다. 오징어볶음을 만들 때 가로 근육 방향으로 썰지 않고 세로 방향으로 자르면 힘이 더 들지만, 만든 후에는 돌돌 말리게 된다.

가장 간단한 생명체인 세균에게도 감각과 운동이 있다. 생존을 위해 불리한 곳을 피하고 유리한 곳으로 이동한다. 고세균 섬모의 운동은 가히 동물 중 최상급이다. 만약 치타와 같은 체격이라도 치타보다 족히 20배는 빠를 정도다.

생명체의 움직임은 모터를 돌리는 것과 같은 기계적 움직임과는 많은 차이가 있다. 기계는 정지 상태에서 에너지를 받아야 움직이고, 스위치를 끄면 바로 꺼진다. 그런데 산낙지를 여러 토막을 내도 계속 꿈틀거리고, 소고기로 육회를 뜨면 외부에서 아무런 에너지를 공급해 주지 않아도 상당히 오랜 시간 움찔거리며 수축과 이완을 반복한다. 사람도 근육을 수축하여 철봉에 매달려있으면 금방 피로가 몰려와서 도저히 오래 매달리기 힘들다. 그런데 육고기는 도살하면 몇 시간 동안 단단하게 수축한 상태를 계속 유지 한다.

왜 의도적 움직임과 본연의 움직임에는 이처럼 차이가 클까? 손발은 오히려 힘이 없을 때 마구 떨리는 경우가 있다. 의도대로 걷지도 못하는 파킨슨 환자에게 의도하지 않은 떨림이 마구 일어나기도 한다. 생명현상에서 운동은 그것이 구동력인지 통제력인지 구분이 모호할 때가 많다. ATP는 과연 어떻게 생명의 배터리로 작동할 수 있을까? 이 질문은 '어떻게 분자가 생명이 될까?'보다 더 근원적인 질문 같다.

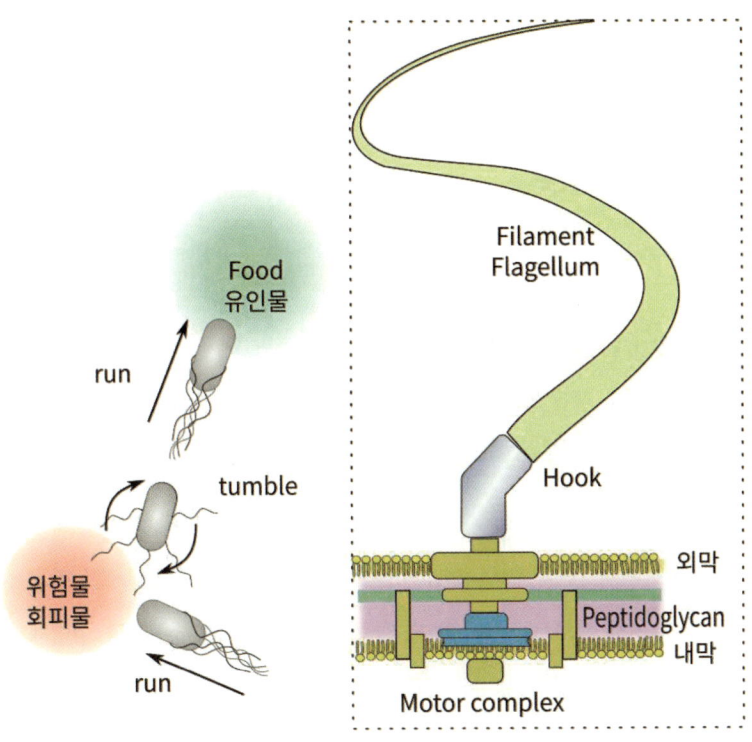

2. 생명의 역동성은 단백질의 흔들림에서 온다

DNA도 동적이고 단백질도 역동적이다

단백질의 합성에 필요한 모든 정보는 DNA에 담겨있다. DNA는 4종의 핵산이 결합한 폴리머인데 우리는 DNA 모형을 통해 매우 얌전하고 정적인 분자인 것처럼 배운다. 하지만 이런 DNA도 근육처럼 가만히 있으려 하지 않고 마구 요동한다. 만약 이런 요동으로 염기서열에 일부 손상이 발생하고 재배열된다면 유전 정보는 믿을 수 없게 될 것이고, 복잡한 구조의 생명체는 만들 수 없을 것이다.

DNA 분자는 분명히 내적으로는 심하게 요동할 수밖에 없는 폴리머이지만, 그 움직임을 극복하고 안정된 상태를 유지할 수 있는 구조와 필요하면 분리되어 효율적으로 RNA의 복사가 가능한 구조를 가졌다. DNA는 필요에 따라 언제든지 들여다봐야 하는 생명의 설계도이다. 그러니 구조의 안전성 못지않게 유동성도 핵심적인 특성이다.

이런 유전자를 통해 만들어지는 효소뿐 아니라 모든 단백질은 역동적이다. 세포막에서 이온을 퍼내는 펌프 역할도 단백질이 하고, 세포 곳곳에 필요한 물질을 전달하고 고장 나거나 낡는 단백질을 분해하는 것도 단백질이 한다. 세포 분열을 위한 복제를 준비하는 것도 단백질이고, DNA 서열의 오류나 손상을 수선하는 것도 단백질이다. 이들은 모두 단백질 분자 자체가

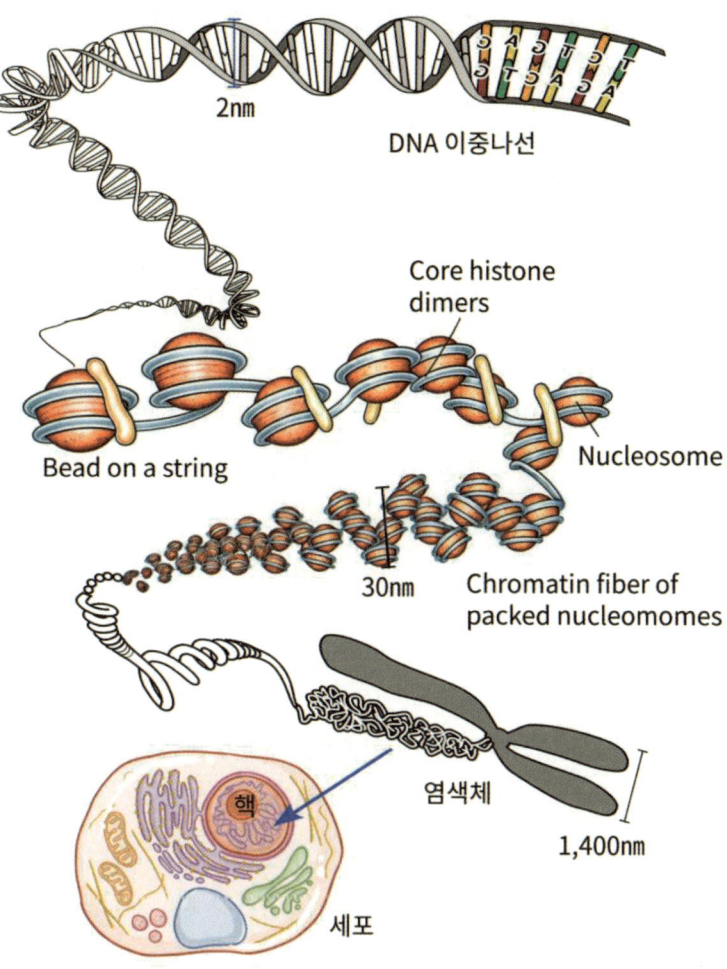

세포의 DNA 구조 (출처: Gilbert, Rose, 2018).

가진 역동성을 바탕으로 작동한다.

　1960년대 후반 미국의 한스 프라우엔펠더는 호기심으로 미오글로빈을 관찰하고 싶었지만, 당시 단백질의 운동을 직접 관찰하기란 불가능했다. 그런데 미오글로빈은 안쪽에 철 원자가 파묻혀 있고, 산소는 이 철에 결합하여 운반되다 필요할 때 방출된다. 프라우엔펠더는 이점에 착안하여 단백질의 움직임을 관찰했다. 철의 움직임을 측정해 단백질의 움직임을 간접적으로 알아낸 것이다. 미오글로빈에서 철은 단백질 사슬의 안쪽에 완전히 파묻혀 있다. 이 미오글로빈 단백질이 주위 물 분자와 충돌하고 단백질 사슬이 꿈틀거리면서 단백질의 형태가 끊임없이 변했다.

　2005년에는 미국 브랜다이스 대학의 도로테 컨 연구팀이 핵자기 공명 기술을 이용하여 '사이클로필린 A'라는 효소의 움직임을 관찰했다. 효소는 반응과 무관하게 끊임없이 다양한 형태로 바뀌면 꿈틀거렸다.

　단백질은 잠시도 쉬지 않고 격렬하게 꿈틀거린다는 사실이 밝혀진 지 상당한 시간이 지났지만 지금도 많은 생화학 교과서는 단백질이 격렬하게 움직이는 모습보다 안정적으로 가만히 있는 모습을 가르친다. 단백질의 요동에서 생명현상이 시작됨에도 그렇다.

형태가 기능이다: 가역적 변화 vs 비가역적 변화

　단백질이 제 기능을 하려면 먼저 제 형태를 갖추어야 한다. 단백질이 기다란 직선의 아미노산 사슬로부터 정확한 입체적 모양을 갖추는 것을 '단백질 접힘'이라고 한다. 일종의 분자 종이접기인데, 그렇게 접힌 형태가 단백질의 기능을 결정하는 핵심 요소다. 단백질 모양의 중요성을 보여주는 첫 번째 예는 효소이다. 효소는 화학반응이 쉽고 빠르게 일어나도록 도와주는 단백질이다. 효소가 잘 작동하기 위해서는 퍼즐 조각들이 서로 들어맞듯이 반응 성분이 공간적으로 정확하게 맞물려야 한다. 이를 위해서는 정확한 형태를 유지하는 것이 필요하다.

1950년대 미국의 화학자 크리스천 B. 앤핀선은 단백질 접힘에 관한 선구적인 실험을 통해 단백질에 형태를 기억하는 능력이 있다는 사실을 증명했다. 단백질이 약간의 열을 받거나 환경이 변하면 원래의 모양에서 풀어져

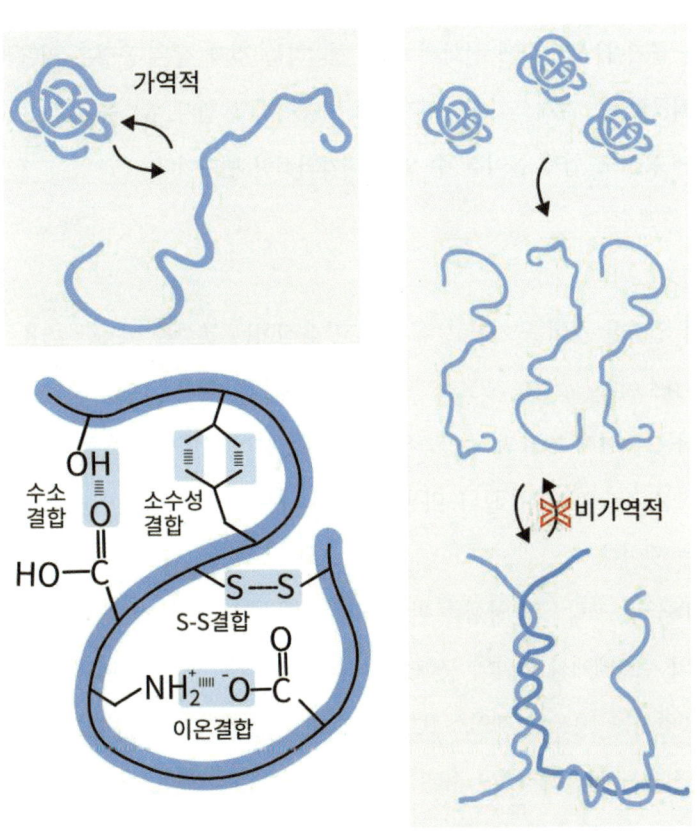

단백질의 가역적 변화와 비가역적 변화 모식도

기다란 사슬로 변하는데, 다시 원래의 환경으로 돌아가면 매우 신속하게 원래의 형태대로 다시 접힌다는 사실을 발견한 것이다. 환경에 따라 순식간에 모양이 풀리기도 회복하기도 하는 것이 단백질의 가장 원초적인 특성이다.

한편, 이런 단백질의 형태 변화에는 가역적인 변화가 있고, 다시 돌이킬 수 없는 비가역적인 변화가 있다. 가역적 변화는 친수성끼리 일어나는 수소 결합, 소수성 또는 극성 분자끼리 정전기적으로 결합하거나 떨어지는 정도의 힘에 의한 변화이다. 조건에 따라 다시 결합하기도 하고 떨어지기도 하므로 가역적이라고 한다. 만약 주변의 단백질과 뒤엉키거나, 환원제에 의해 S-S 결합을 풀거나, 밀가루에 산화제 등을 처리하는 것과 같은 공정은 일단 일어나면 되돌릴 수 없게 되므로 비가역적 반응이라고 한다. 열 응고나 응고제에 의한 응고도 쉽게 돌이킬 수 없는 비가역적인 변화이다.

효소의 발견

단백질이 일정한 형태를 가지고 쉬지 않고 움직이는 특성을 이용한 대표적인 것이 효소이다. 우리는 발효를 통해 된장, 고추장, 젓갈을 만들고 술을 만들기도 하는데 이때 발효의 주인공은 효소이다. 아직 단백질(효소)을 자유롭게 합성하는 기술이 없다 보니 미생물을 키워서 미생물이 생산하는 효소를 이용하는 것이다.

효소는 1833년 프랑스의 앙셀름 파옌과 장 프랑수아 페르소가 처음 발견했다. 맥아의 추출액에서 녹말의 분해를 촉진하는 인자를 발견한 것이다. 그 물질이 무엇인지는 1926년 제임스 B. 섬너에 의해 단백질로 밝혀진다. 생명의 신비한 작용이라고 여겨졌던 유기물의 분해와 합성이 한낱(?) 물질에 불과한 단백질로 가능했던 것이다.

모든 생명현상의 배후에는 효소가 있다. 효소도 다른 단백질과 마찬가지로 아미노산이 수백~수천 개 결합한 것에 불과한데, 특별한 점은 분자의 형태가 특정한 물질과 결합하기 좋은 형태를 이룬다는 것이다. 그래서 특정 물질과 결합하여 반응의 활성화 에너지를 낮추어 반응 속도를 100만 배는 빠르게 해준다.

　단백질의 반응 속도를 측정하기에 적당한 시간 단위는 펨토초로써 1,000조 분의 $1(10^{-15})$초다. 1펨토초 동안 세상에서 가장 빠르다는 빛도 고작 0.3㎛를 움직일 뿐이다. 이처럼 짧은 순간이 분자와 원자 세계에서는 시간의 기본 단위이다. 생체 내에서 효소가 분자를 떼었다 붙였다 하는 사건도 펨토초 단위에서 일어난다. 예를 들어 효소가 유기물에 산소를 붙이는 시간은 약 150펨토초이다. 빛이 고작 45㎛ 즉, 0.045mm 움직일 시간에 반응이 일어난다. 물론 모든 효소가 이렇게 빨리 작동하지는 않지만, 효소가 없을 때

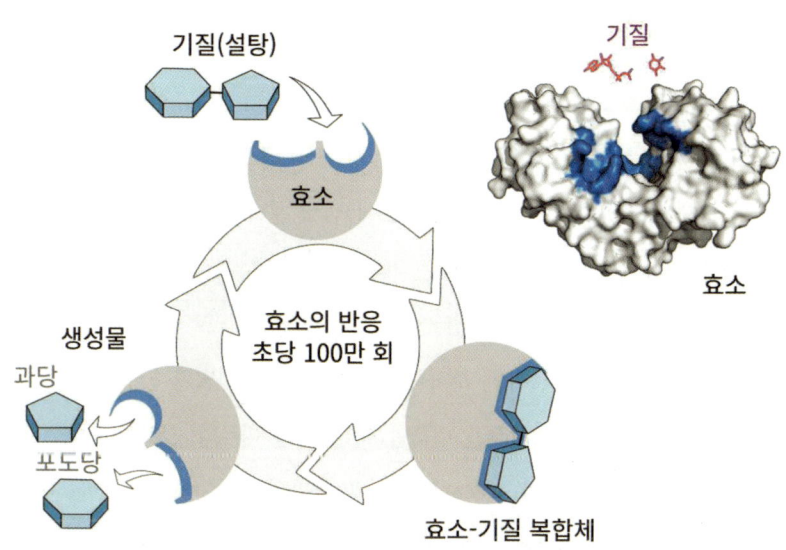

효소의 작동원리 모식도

에 비하면 비교할 수 없이 빠르게 반응이 일어난다. 이런 효소의 특징은 다음과 같다.

- 고분자로 분자량이 수만~수백만이다. 포도당 같은 기질보다 포도당을 합성하는 효소가 비교할 수 없이 큰 분자이다.
- 효율이 매우 높다. 기질과 결합하여 반응의 활성화 에너지를 낮추어 반응 속도가 100만 배 이상 빨라진다.
- 효소는 매우 특이적이다. 한 가지 반응에 특정한 한 개의 효소만이 작용할 수 있는 경우가 많다. 같은 분자식이어도 입체적 이성체나 광학적 이성체가 있으면 그것을 구분하여 어느 한쪽에만 작용한다.
- 효소는 단백질이라 공업용 촉매와 달리 환경에 민감하다. 온도, pH, 염농도 등에 따라 활성이 크게 바뀌고 기능을 잃을 수 있다. 단백질의 변성 조건과 효소가 활성을 잃는 조건은 같다.

감각의 까다로움 = 효소의 까다로움

이런 효소(단백질)의 특이성은 후각수용체의 특성으로도 확인할 수 있다. 코에는 후각 세포가 있고, 후각 세포의 섬모에 냄새 분자와 결합할 수 있는 후각수용체가 있다. 이 수용체(단백질)는 계속 꿈틀거리다가 모양이 일치하는 분자와 결합하면 ON 상태로 바뀐다.

그런데 이 후각수용체는 결합할 분자를 매우 까다롭게 선별한다. 와인 락톤의 분자식은 모두 같고, 입체적인 형태만 아주 조금 다르다. 그런데도 후각수용체는 어떤 분자는 불과 0.00001ppm에도 반응하고, 어떤 물질에는 1,000ppm에도 반응하지 않는다. 입체적 형태에 따라 천만 배 이상의 결합력 차이를 보이는 것이다. 효소의 작용이 이처럼 까다롭지 않으면 의도치 않은 작용이 우리의 생존을 위협할지 모른다. 효소가 매우 까다롭게 작동하기에 합성량을 조절하여 우리 몸의 생리작용을 조절할 수 있지, 만약 효소가 아무 데나 작용한다면 우리 몸은 금방 통제 불능의 상황에 빠질 것이다.

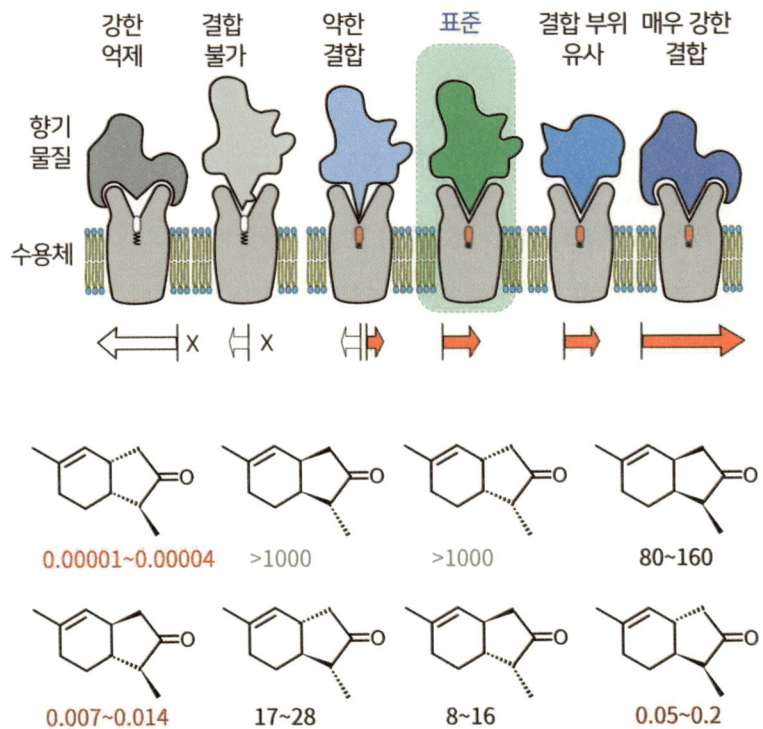

감각수용체(단백질)와 향기 물질의 결합모식도

3. 단백질은 다루기 까다로운 만능 소재이다

동물의 주성분은 단백질이다. 그러니 고기를 이해한다는 것은 단백질을 이해한다는 것이기도 하다. 고기를 다루는 것은 구성하는 단백질이 어떤 구조를 가졌고, 어떻게 그 구조를 원하는 형태로 바꿀 수 있는가에 대한 기술이다. 생명체에서 단백질은 너무나 섬세하고 정교하게 다루어지지만, 다행히 (?) 식품은 훨씬 단순하게 사용된다. 단백질은 친수성인 부위도 있고, 소수성인 부위도 있다. 식품은 주로 물이 있는 상태이니 친수성은 밖으로 노출되어 물과 더 많이 결합하려 할 것이고, 소수성은 자기들끼리 뭉쳐서 안으로 숨으려 할 것이다. 그런저런 힘들이 상호작용을 하여 말려진 형태(Folding)가 보통의 상태(Native)이고, 이것이 펼쳐진 상태(Unfolding)가 흔히 변성(Denaturation)된 상태라고 한다.

단백질이 둘둘 말린 상태에서 길게 펼쳐진 상태가 되면 가장 흔하게 일어나는 현상이 바로 점도의 증가이다. 밀가루 반죽을 치대거나 고기를 쵸핑하거나 흰자를 휘핑하면 말려있던 단백질이 길게 풀어지면서 점도가 증가한다. 그리고 직선으로 펼쳐진 사슬끼리 서로 얽혀 고정되면 겔화도 일어난다. 기름을 감싸면 유화, 공기를 감싸면 거품이 안정화된다.

단백질의 유화력: 식품에서 단백질보다 강력한 유화제는 없다. 단백질은 수백 개의 아미노산으로 되어 있고, 어느 쪽은 친수성 아미노산이 많고 어느 쪽은 소수성 아미노산이 많은 식으로 분포되어 있다. 이런 단백질이 길게 풀린 상태로 기름과 만나면 소수성 부위는 기름에 파묻히고 친수성은 물에 노출되어 유화력을 발휘한다. 더구나 단백질은 거대 분자라서 그 힘이

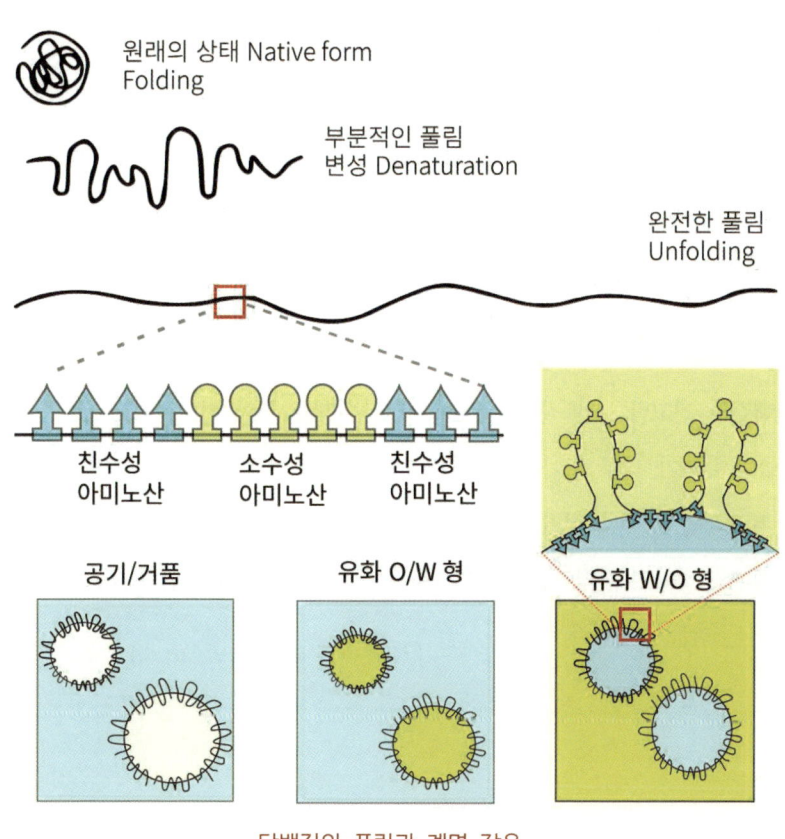

단백질의 풀림과 계면 작용

단분자(지방산에 친수기를 결합)인 유화제 비해 훨씬 크다. 그래서 식품에서 유화는 단백질이 책임지는 경우가 많다.

단백질의 휘핑력: 단백질의 유화력과 휘핑력은 같은 말이다. 단백질에 기름이 없으면 소수성인 공기를 감싼다. 공기가 풀어진 단백질에 감싸이게 되므로 매우 안정적으로 포집된다.

단백질의 겔화력: 달걀을 익히면 굳는 것처럼 많은 양의 단백질이 제대로 풀려서 서로 네트워크를 구성하면 겔이 된다. 두부, 어묵, 소시지, 패티 등의 탱탱한 조직은 단백질의 겔화에 의한 것이다.

단백질의 필름 형성력: 콩 제품 중 '유바'는 콩 단백질이 형성한 필름이다. 농도가 짙은 두유액을 80°C로 유지하면서 5~7분이 지나면 표면에 자연스럽게 막이 형성되는데, 이것을 젓가락이나 대꼬챙이 등을 이용해 건져 올린 것이다. 콩 단백질뿐 아니라 대부분 단백질도 정도의 차이는 있으나 필름 형성 능력이 있다.

단백질의 견고함: 단백질 중 견고하기로 유명한 것이 거미줄이다. 보통 거미줄의 두께가 너무 얇아서 그 강도를 실감하기 힘든데, 같은 무게의 강철과 비교하면 20배나 질기고, 듀폰사가 만든 방탄복 소재인 케블라 섬유보다 4배나 강하다고 한다. 인간의 기술로는 아직 거미줄 같은 탄력 있고 강한 섬유는 만들지 못한다.

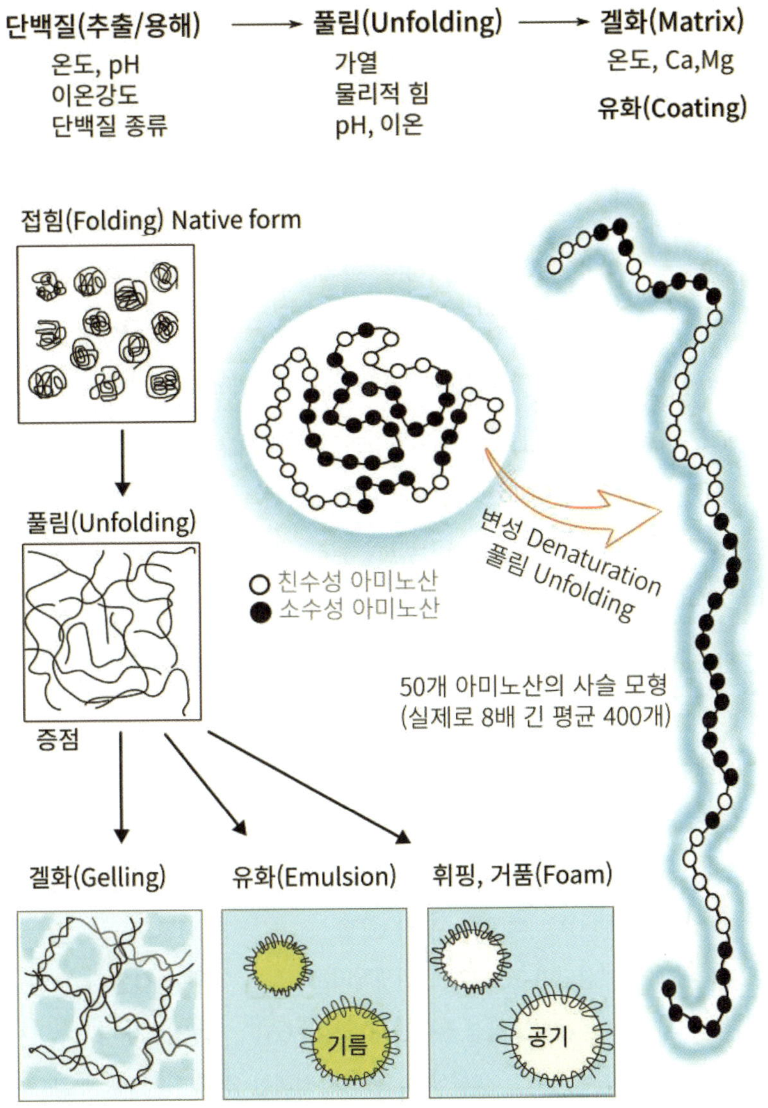

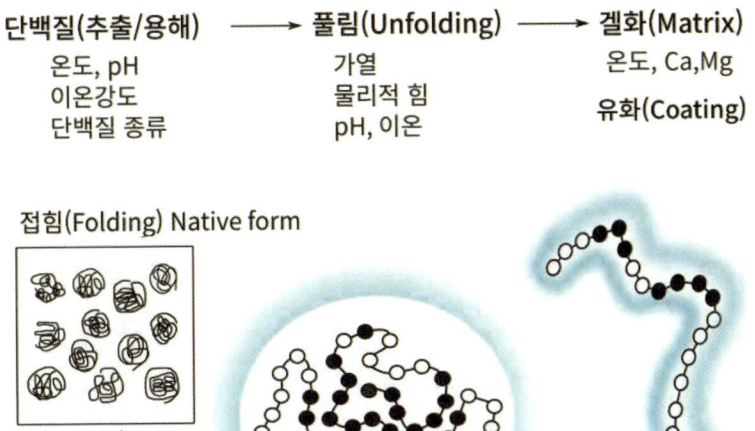

단백질의 변성(풀림) 조건과 활용

1) 가열(Heat): 단백질의 열 응고

단백질을 응고시키는 가장 일반적인 방법은 가열이다. 가열하면 분자의 운동이 활발해지고 흐름성이 증가하여 점도가 낮아지는 것이 일반적인데, 단백질은 거꾸로 가열하면 굳어서 단단해지는 것이 많다. 이것도 자연의 법칙 그대로이다. 단백질이 가열되면 분자운동은 증가한다. 그러면 수소결합, 정전기적 인력 등으로 간신히 둘둘 말려진 상태(Folding)를 유지하던 단백질의 운동성이 증가한다. 그래서 뭉치려는 힘을 극복하고 길게 풀어진다(Unfolding). 그렇게 길게 풀어진 단백질은 쉬지 않고 흔들거리다 주변에 풀어진 다른 단백질이 많으면 단백질끼리 결합하여 네트워크를 형성한다. 그래서 고체가 된다. 달걀, 고기 등을 익히면 굳는 이유이다.

식품은 굳는 것에서 끝나지만 세균이나 다른 생명체는 단백질이 비가역적으로 굳으면 죽게 된다. 식품의 가열 살균의 원리이다. 세균 중에는 포자를 형성하고 내열성이 강한 것도 있으나 병원성 균은 비교적 저온에서 쉽게 죽는다. 병원성 세균을 고려한 고기의 최소 가열 온도는 53℃이다.

- 소고기: 레어 56℃, 미디움 58℃, 웰던 62℃.
- 닭, 칠면조: 적당히 익은 정도 60℃, 핏기가 없는 정도 62℃, 세균에 대한 안전성 필요시 63℃.
- 토끼: 뼈 없는 부위 60℃, 뼈 있는 부위 62℃.
- 돼지고기: 위생이 의심되면 70~72℃, 위생처리가 잘 된 경우 삼겹살 66℃, 등쪽 갈비 64℃, 목살 68℃, 안심 58℃, 나머지는 66℃, 테린용 70~71℃.
- 생선: 참치 45℃, 연어 45℃, 생선살을 완벽히 익히는 정도 54℃(뼈 부분은 약간 설익는다), 뼈까지 다 익는 정도 57℃(점점 수분이 빠지며 살이 단단해진다).

이것은 참고용 온도이고 조건에 따라 다양하게 달라진다. 예를 들어 설탕이나 포도당을 넣으면 응고 온도가 높아진다.

단백질의 변성 온도는 종류마다 다르다. 우유 단백질 중 카제인은 내열성이 강하지만 유청 단백질은 약하다. 효소는 여러 장점이 있지만 대부분 중온성(50℃ 이하)에서 활성을 가지고 있어 산업공정 사용에 제약이 많았다. 그런데 미생물 중에 심해 열 분출구나 화산 지역에서 높은 온도에서 서식하는 미생물이 가진 효소는 내열성이 강하다. 대표적인 예로 옐로스톤 공원에서 분리된 호열성 균인 Thermus 균주에서 유래한 DNA polymerase는 현재 PCR 기법에 없어서는 안 될 중요한 효소다. 식품에서 효소를 가장 많이 쓰는 분야는 전분 당화이다. 전분은 점도 등의 문제로 높은 온도의 유지가 필요하며, 이때 꼭 필요한 것이 90℃ 정도에서도 최적으로 작용하는 초고온성 α-amylase이다.

단백질의 열 응고

2) 기계적 힘에 의한 응고(Extreme physical agitation)

　기계적인 힘을 가하여 단백질이 풀어지게 하는 경우도 많다. 대표적인 것이 달걀의 흰자를 휘핑하여 거품을 만드는 것이다. 달걀흰자 1개를 거품기로 섞으면 몇 분 안에 한 컵 분량은 족히 되는 눈처럼 새하얀 거품을 얻게 된다. 이 거품은 볼을 뒤집어도 떨어지지 않고 꼭 달라붙어 있을 만큼 응집력이 뛰어난 구조라서 다른 재료와 섞어서 조리할 때도 그 형태를 유지한다. 그 덕분에 머랭, 무스, 수플레 등을 만들 수 있다.

　이것보다 훨씬 흔한 경우는 밀가루를 치대서 글루텐을 형성하는 것이다. 반죽을 치대면 밀가루의 단백질이 점점 풀려서 직선으로 배열되고 점도와 탄성이 증가한다. 그러한 성질 덕분에 우리는 면류와 빵을 즐길 수 있다. 소시지를 만들 때 고기를 갈면 점성이 있는 페이스트가 만들어지는 것도 같은 원리다.

단백질의 기계적 풀림(휘핑, 쵸핑, 반죽)

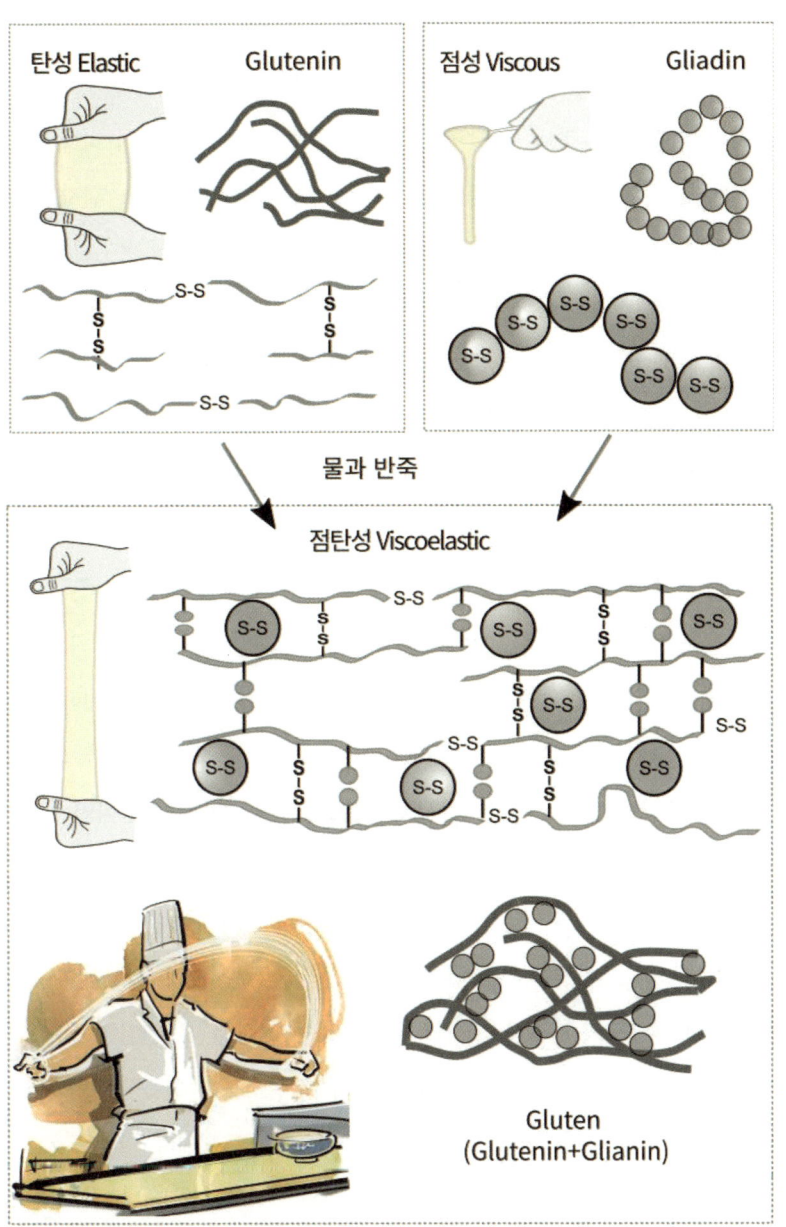

밀가루의 글루텐 형성기작

3) 산/알칼리에 의한 용해와 용해

중국에는 피단이라는 독특한 음식이 있다. 오리알이나 달걀을 흙, 재, 소금, 석회, 쌀겨를 섞은 것에 두 달 이상 담가서 만든 것이다. 시간이 지나면 재 속 알칼리 성분에 단백질이 풀려서 노른자 부위는 까맣게 익고, 흰자는 투명한 갈색으로 익는다. 이처럼 단백질은 알칼리에 의해 풀려서 응고될 수 있고, 등전점에서 뭉쳐서 응고될 수도 있다.

400개의 정도의 아미노산이 결합해서 만들어진 단백질은 친수성 아미노산이 많으면 물에 녹을 수 있지만, 이때도 단백질 간의 반발력이 큰 역할을 한다. 하지만 등전점에서는 반발력이 사라져 용해도가 가장 낮고, 응집이 일어난다. 등전점보다 높거나 낮은 pH에서 반발력으로 용해도가 증가하여 풀릴 수 있다. 대표적인 예가 산으로 응고시킨 두부이다.

두유액에는 4~5%의 단백질이 함유되어 있고, 콩 단백질은 중성에서 마이너스 전하를 띠고 있다. 산을 첨가하여 pH를 낮추면 점차 마이너스 전하가 중화되어 반발력을 잃어 응집(Coagulation)이 일어난다. 봉지에 넣고 응고시키는 두부를 제조할 때는 락톤산인 G.D.L(글루코노델타락톤)을 사용하면 치밀하고 탄력 있는 두부를 만들 수 있다. G.D.L은 두유에 첨가된 순간에는 바로 유기산의 성질을 내지 않는다. 두유액과 혼합하여 용기에 주입하고 밀봉하여 열수를 넣고 가열하면 그때부터 G.D.L이 글루콘산으로 전환되면서 pH를 낮추어 단백질의 응집을 일으킨다. 완벽하게 혼합된 후 천천히 응고 반응을 일으키므로 보수력이 있고 탄력이 풍부한 응고물을 만들 수 있다. 리코타 치즈도 이런 단백질의 산 응고 특성을 이용해 만들어진다.

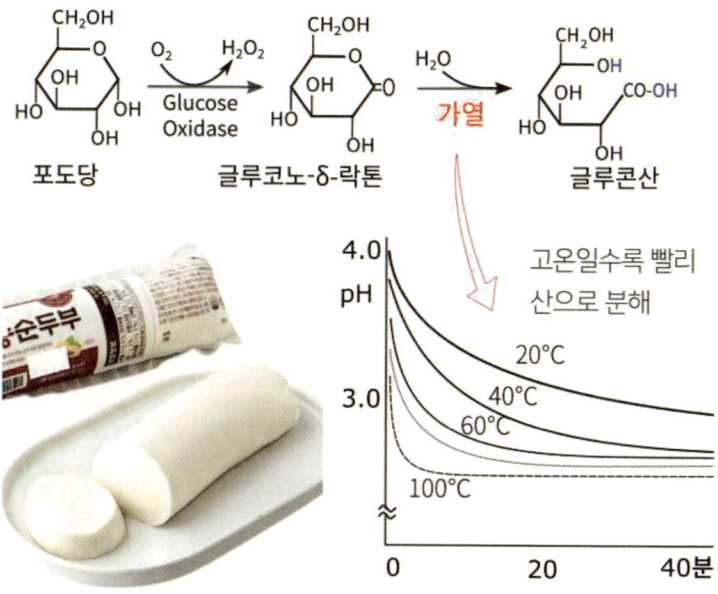

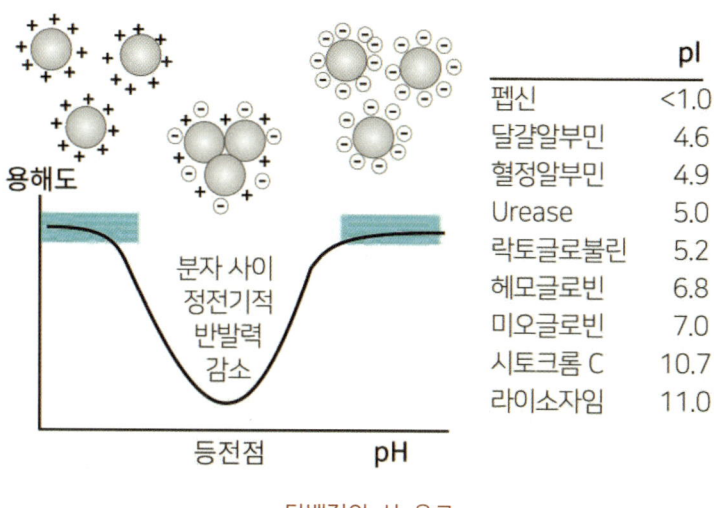

단백질의 산 응고

4) 염 농도에 의한 응고 또는 용해

염에 의한 단백질의 변화는 복잡하다. 칼륨(K^+)이나 나트륨(Na^+) 같은 1가 이온은 단백질 사슬 간의 정전기적 인력을 제거하여 일정 수준까지는 용해도를 증가시킬 수 있다(Salting in). 하지만 고농도가 되면 단백질의 음이온이나 양이온 주변을 둘러싸고 있는 물 분자를 빼앗아 단백질의 용해도를 낮추어 응집하게 한다(Salting out).

칼슘(Ca^{2+}), 마그네슘(Mg^{2+}) 같은 2가 이온은 서로 다른 단백질 사이에 가교결합을 형성하여 단단하게 만드는 대표적인 미네랄이다. 풀리기 전부터 있으면 용해를 방해하고, 용해 또는 풀린 상태에 첨가하면 겔화시키는 힘이 있다. 칼슘이나 마그네슘의 응고 반응을 이용한 대표적인 예가 두부이다.

콩을 갈아서 단백질을 용해하면 두유액이 된다. 가열하면 단백질이 더 풀어져 점도가 높아진다. 달걀의 경우 가열만으로 풀어진 단백질의 상호 결합이 일어나 응고되지만 두유는 가열만으로는 부족하다. 칼슘이나 마그네슘(간수)을 첨가하면 결합 위치가 2개여서 양쪽에 단백질을 한 줄씩 붙잡아 응고시킨다. 이런 반응은 80℃ 이상의 고온에서 일어난다. 콩 단백질은 친수성이 강해서 저온에서 칼슘을 첨가하면 워낙 물이 여러 겹으로 단백질을 감싸고 있어서 반응이 잘 일어나지 않는다. 식으면 죽과 같은 상태가 되지 단단한 겔이 되지 않는다. 고온에서는 단백질을 감싸고 있는 물이 감소하여 칼슘과 응고 반응이 일어날 수 있다.

채소도 칼슘이나 마그네슘을 넣으면 더욱 단단해진다. 김치를 찌개로 끓이면 아삭함이 사라지는데, 미리 칼슘 용액에 침지했다가 끓이면 아삭거림이 유지된다. 반대로 칼슘의 이런 역할을 봉쇄하면 조직을 부드럽고 만들 수 있다. 육가공이나 가공치즈의 제조 시 인산염 계통의 원료를 사용하는 것은 칼슘과 인을 반응시켜 칼슘이 단백질을 붙잡는 현상을 줄이기 위함이다. 피자치즈가 쭉쭉 늘어나는 성질은 칼슘을 통제하여 단백질이 잘 늘어나도록 하는 현상 덕분이다.

새우, 오징어, 고기에 인산염을 처리하면 촉촉하고 탱탱해지는 것도 단백질을 풀어지게 하여 더 많은 수분을 보유하게 하는 보습력 때문이지 결코 인산염 자체에 특별한 기능이 있는 것은 아니다. 물성은 만들 힘은 단백질이 가지고 있고, 염의 작용은 단백질의 형태를 조절하는 보조 수단이다.

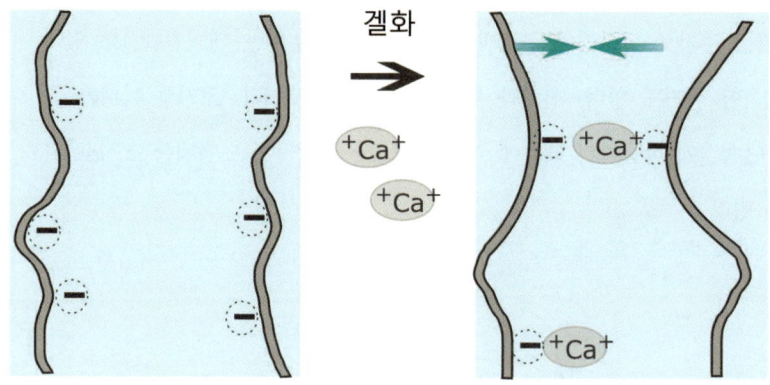

칼슘 마그네슘 등의 2가 양이온에 의한 응고기작

5) 효소작용에 의한 응고

단백질은 효소의 작용으로도 크게 달라진다. 단백질 분해효소(Proteases)에 의해 분해되고, 응유효소(Rennet)에 의해서는 응고되고, 트랜스글루타미네이스(Trans-glutaminase)에 의해서는 결착이 된다. 트랜스글루타미네이스를 고기 결착제(접착제)로 쓸 수 있는 것은 단백질을 구성하는 글루타민과 라이신을 결합할 수 있기 때문이다. 이런 반응을 이용해 고기와 고기를 붙일 수 있고, 고기를 뼈에 붙일 수 있다. 살이 거의 없는 갈비뼈에 효소를 이용해 목심이나 등심 살을 붙여 갈빗살로 만들어 팔기도 하는데, 외견상으로는 일반 갈비와 차이가 없다. 효소가 불법이나 위험한 것도 아니고, 갈비에 살코기를 추가로 덧붙였어도 갈빗살이라고 할 수 있다는 대법원판결도 있어서 단속할 근거도 없다. 신뢰와 투명성의 문제인 것이다. 고기뿐 아니라 대부분 단백질에 작용하기 때문에 이 효소를 사용하면 매우 탱탱한 조직도 만들 수 있다.

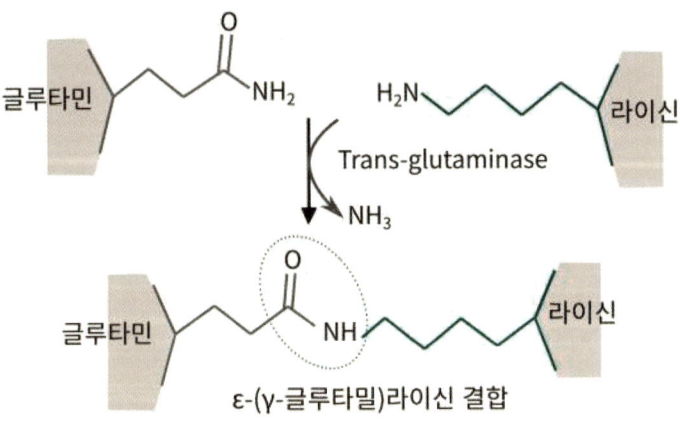

효소작용에 의한 단백질의 응고

6) 산화와 환원제에 의한 응고

단백질 사슬 간의 S-S 결합은 형태를 단단하게 유지하는 힘이 된다. 인슐린 같은 단백질이 신호 물질로 쓰일 수 있는 것은 S-S 결합으로 3차원 구조가 비교적 안정적이기 때문이다. 이런 S-S 결합을 유기용매, 환원제 등으로 풀면 단백질 사슬이 길게 풀어진다. 머리카락의 퍼머넌트가 대표적이다. 알칼리로 머리카락을 팽윤시켜 환원제가 침투하기 쉽게 해준 뒤 환원제로 S-S 결합을 끊어서 직모가 되도록 풀고, 모양을 잡은 후 산화제로 다시 S-S 결합을 형성해 머릿결의 형태가 오래 유지되게 한다.

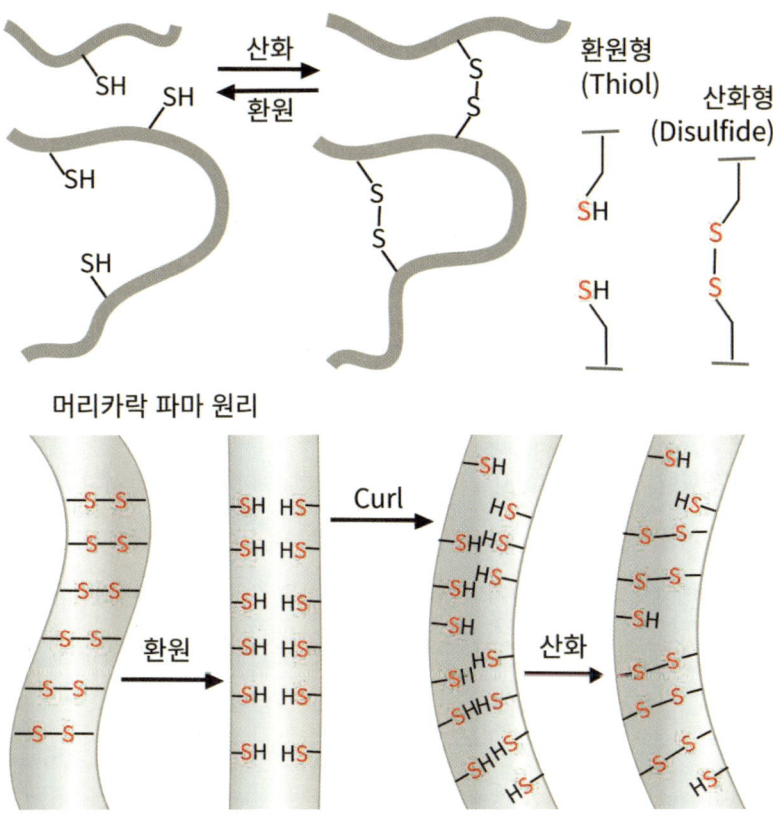

7) 기타: 초고압(High pressure), 알코올 등에 의한 응고

달걀을 고농도의 알코올에 넣으면 가열하지 않아도 응고된다. 알코올은 침투성이 높고 용해도도 높이는 경향이 있는데, 고농도의 알코올은 단백질 구조를 풀리게 하여 결국에는 응고되게 한다.

초고압으로 식품을 살균하는 연구는 이미 19세기 후반에 시작되어 1914년에는 달걀 단백질을 고압으로 응고시키기도 했다. 매우 높은 압력을 가하면 미생물 사멸 외에도 단백질의 변성, 효소의 불활성화, 효소기질의 특이성 변화, 탄수화물과 지방의 특성 변화가 일어난다. 고분자의 형태는 변해도 맛, 향, 비타민의 역할을 하는 작은 분자는 영향을 받지 않는다. 식품의 신선한 풍미를 유지하면서 미생물을 살균하는 방법으로 사용할 수 있는 것이다.

단백질에 300MPa 이상의 고압을 가하면 비가역적 형태 변화가 일어나며, 이렇게 만들어진 젤은 열에 의해 만들어진 젤보다 투명도가 높고 광택과 윤이 나는 경향이 있다. 대신 부피는 다소 감소한다.

단백질을 동결시키거나 수분을 제거해도 단백질의 형태가 변하고, 유기용매에 의해서도 단백질의 형태는 변한다. 우유 단백질인 카제인은 19세기 말 단단한 플라스틱처럼 사용되었다. 포름알데히드를 이용하여 카제인 사슬을 단단하게 결합한 것이다. 그래서 저렴한 폴리에스터 수지 등이 등장하기 전까지 단추, 버클, 뜨개질바늘, 장신구 등을 만드는 데 많이 활용했다. 모든 유기물은 알데히드, 특히 저분자의 알데히드와 반응성이 있어 단단해진다. 표본실의 청개구리를 포름알데히드 수용액에 보관하는 이유가 그런 이유 때문이다.

4. 단백질의 소재별 특성

 모든 생명체에는 단백질이 있고, 모든 단백질은 식품소재가 될 수 있지만 경제적인 이유로 우리가 흔히 이용하는 것은 달걀, 우유, 콩, 생선 정도로 제한적이다. 아래 표는 우리가 흔히 사용할 수 있는 단백질 소재의 개략적인 특성이다. 겔화력과 휘핑력은 공정 조건에 따라 달라진다.

식품에 사용되는 대표적인 단백질과 그 특성

종류	유화력	휘핑력	겔화력	필름 형성	안정성
난백	+	+++++	+++++	+++	열에 불안정
난황	+++++	+	+++	+	열에 불안정
우유 카제인	+++++	+++	+	+++	열에 안정, 산에 불안정
유청 단백	+++	++	++	+++	열에 불안정, 산에 안정
대두 단백	++++	++	+++	++++	열과 산에 불안정
어육 단백	+++	+	++++	++	열에 불안정

우유 단백질: 카제인과 유청 단백질

단백질 중에 식품 소재로 가장 활발히 사용되는 하나가 우유 단백질이다. 우유는 고형분의 1/3 정도가 단백질이고, 크게 산에 응고되는 카제인과 열에 응고되는 유청 단백으로 나눌 수 있다.

- 카제인(Casein): 열에 강하고, 산에 약하다.
- 유화력이 좋고, 단백질 중 열에 가장 안정한 편이다.
- 산에 불안정하여 등전점에서 쉽게 침전한다(~pH 4.6).
- k-카라기난 첨가 시 산에서 안정성이 향상된다.

- 유청 단백질(Whey protein): 열에 약하고, 산에 강하다.
- 열에 불안정하지만, 산에는 비교적 안정적이다.
- 카제인에 비해 크기가 작아서 치즈 제조 시 응고되지 않은 단백질이라 산에 의한 변성이 적다. 등전점(pH 4.6)에서도 응고되지 않는다.

우유 가공품의 대표적 형태

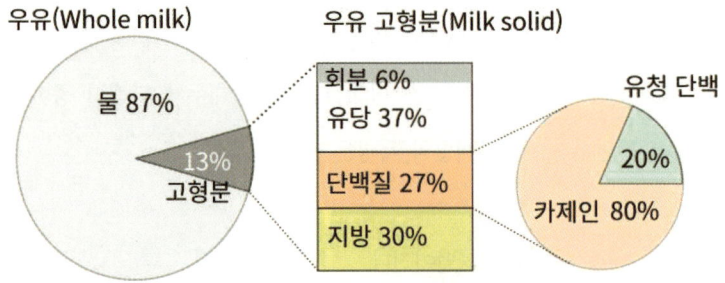

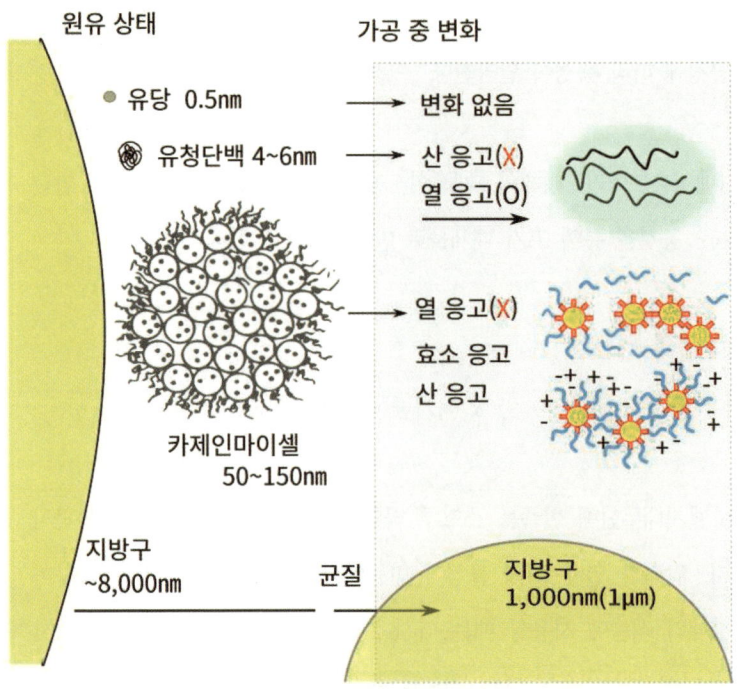

우유의 대표적 성분과 가공 중 변화

콩 단백질: Textured soy protein(TSP), 콩단백 분해물(HVP)

　콩은 아주 특별한 식물이다. 식물은 대부분 탄수화물 위주인데 콩에는 단백질이 아주 많다(50~55%). 덕분에 콩 단백질인 탈지 대두가 단백질 중에서도 매우 저렴한 편이다. 콩 단백질의 특징은 다음과 같다.

- 등전점(~pH 4.6)에서 용해도가 떨어진다.
- 칼슘에 민감하다. k-카라기난을 처리하면 칼슘에 안정해진다.
- 열에 의해 변성된다.
- 제조 공정에 따라 특성이 달라진다.

　콩 단백질은 여러 형태의 제품이 있고, 여러 용도로 쓰이는 압출(Extrusion) 공정을 통해 고기 대체물로 만들어지기도 한다.

- 농축대두단백: 단백질 60~70%.
- 분리대두단백: 단백질 90~95%, 육가공 제품에서 많이 쓰인다.

　TSP는 탈지대두단백 반죽을 스크루 타입 압출성형기(Extruder)를 통과시켜 만든다. 압력과 열에 의해 물성이 만들어지는 것이다. 형태가 다양하며 건조된 상태라 식품에 사용할 때는 다시 2배 정도의 물을 첨가하여 불려서 사용한다. 단백질의 비율이 70% 정도로 높을 때는 이보다 물의 비율을 높여서 1:3 정도로 수화시킨다. TSP가 고기 대체용으로 쓰일 수 있는 것은 압출 과정에서 콩 단백질이 섬유상으로 뽑히고, 이것이 얽혀서 스펀지 매트릭스처럼 성형되어 고기의 식감을 가지기 때문이다.

콩은 가장 경제적인 단백질 재료라 풍미 원료의 기초 소재로도 많이 쓰인다. 산이나 효소를 사용하여 단백질을 분해하여 아미노산으로 만든 것을 '식물성 가수분해단백(Hydrolyzed Vegetable Protein: HVP)'이라고 한다. HVP가 주로 많이 이용되고 있는 식품 가공용으로는 반응 향료, 수프, 소스, 그레이비, 시즈닝, 간장, 스낵류 등이 있다. 단백질원으로 음식료용, 유아식, 병원식, 스포츠음료 등 식품에도 다양하게 이용되고 있다.

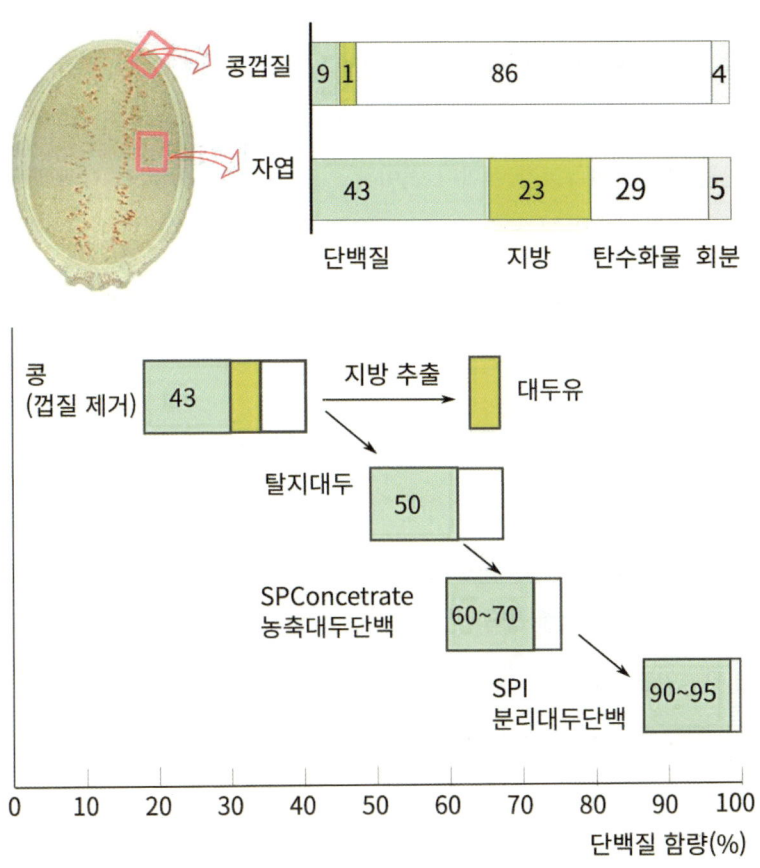

밀 단백질: 글루텐

밀가루는 참으로 신기하고 놀라운 물질이다. 다른 가루들은 아무리 물과 섞어도 단순한 반죽밖에 되지 않는데, 밀가루는 무게의 절반 분량 물과 섞으면 흥미로운 현상이 생긴다. 처음에는 일반 반죽과 같지만, 시간과 정성을 들여서 반죽을 치대다 보면 점점 매력적인 물성으로 변해서 응집성과 탄성이 있는 반죽이 되는 것이다. 이런 특성을 바탕으로 가볍고 섬세한 질감의 빵, 얇게 벗겨지는 페이스트리, 탱탱하고 매끈한 파스타 등 수많은 물성을 만들 수 있다.

밀가루의 매력은 글루텐이라는 단백질에서 나온다. 글루텐(Gluten)은 7세기 중국의 승려들이 처음 발견했다고 전해진다. 승려들이 우연히 밀가루 반죽을 찬물 속에서 주무르자 녹말이 풀어지고 고무 같은 덩어리만 남게 된 것이다. 글루텐의 가장 큰 특징은 이처럼 물에 쉽게 풀리지 않은 소수성 단백질이라는 것이다. 글루텐은 글리아딘(Gliadin)과 글루테닌(Glutenin)이라는 단백질로 이루어져 있다. 다른 곡식에도 글루텐은 있지만, 밀의 글루텐이 독보적이다.

밀가루의 힘을 결정하는 요소가 바로 글루텐의 함량이다. 강력분은 13%, 중력분은 10%, 박력분은 8% 정도이며, 글루텐 함량에 따라 밀가루의 용도가 달라진다. 강력분은 주로 빵을 만들 때 쓰는데, 발효과정에서 생긴 이산화탄소나 수증기가 촘촘한 글루텐 그물망에 갇혀 빠져나가지 못해 빵이 잘 부풀기 때문이다. 박력분은 과자를 만들 때 쓴다. 상대적으로 전분이 많아 바삭바삭하면서도 부드러운 식감이 난다. 단백질이 많으면 뻑뻑하고 질긴 느낌이 난다.

밀가루의 글루텐이 탄력을 부여하는 기본 원리도 단백질 풀림에 의한 것이다. 원래는 아미노산이 염주 알처럼 일렬로 연결된 뒤 입체적으로 접어진 구조다. 글루텐 중 글루테닌 단백질은 용수철처럼 길게 늘어난 형태로 양쪽 끝부분에 싸이올기(-SH)가 있는 아미노산인 시스테인이 있으며, 다른 글루테닌의 시스테인과 S-S 결합을 하여 연결된다. 글루테닌 단백질 사이의 S-S 결합이 계속 이어지면 거대한 단백질 그물망이 형성된다. 이런 그물망이 특유의 탄성을 만든다. 한편 글리아딘 단백질은 공처럼 생겼는데, 분자 사이에 S-S 결합을 만들지는 않는다. 대신 글리아딘 단백질끼리 수소결합이나 이온 결합으로 상호작용하고 있다. 글루테닌 그물망 사이사이에 글리아딘 단백질이 들어가 엉겨 있는 상태가 바로 글루텐이다.

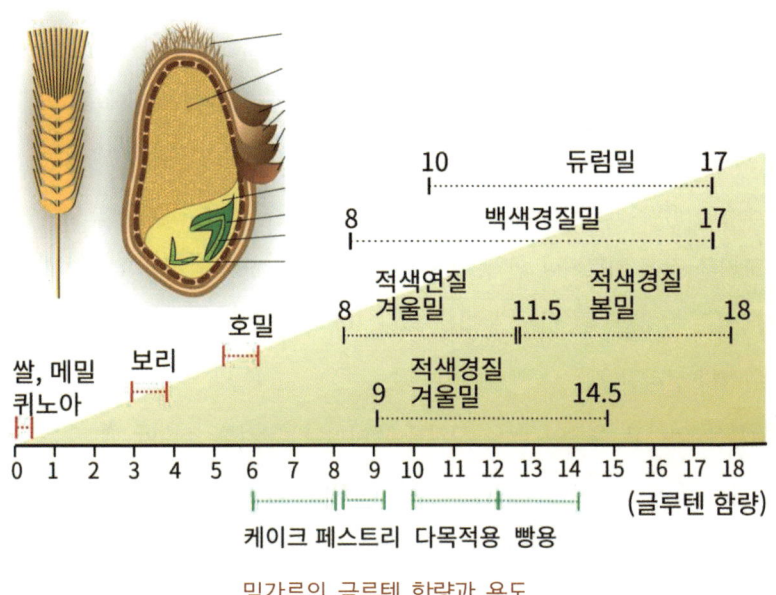

밀가루의 글루텐 함량과 용도

고기 단백질: 액틴과 미오신

고기의 육질은 품종, 성, 나이, 운동량, 영양상태, 식육의 처리 조건, 보관 및 숙성 조건 등에 따라 다르다. 운동을 많이 하는 사태나 다리는 단단하고, 등심, 안심, 갈비처럼 운동을 적게 하는 조직은 결합조직이 작고, 지방이 잘 발달하여 부드럽고 풍미가 좋다. 요리나 가공을 잘하기 위해서는 고기의 특성을 잘 알고 가공 중 변화도 잘 알아야 한다.

눈에 확연히 보이는 지방을 제거한 살코기는 75% 정도의 수분과 20%의 단백질, 3%의 지방 그리고 소량의 탄수화물과 무기질로 구성되어 있다. 고기 속의 물은 육단백질과 결합한 상태에 따라 결합수, 고정수 및 유리수 3가지로 구분된다. 수분 함량 4~5% 정도는 결합수라 하는데 -50°C로 동결해도 빙결정을 형성하지 않을 정도로 단백질과 잘 결합해 있다. 이 결합수에 붙잡힌 물이 고정수인데 결합수에 정전기적 인력으로 붙잡혀 결합력이 약하며, 쉽게 의해 분리된다. 결합수와 고정수는 미오신 섬유소 사이에 많고, pH에 따라 결합한 정도가 많이 달라진다. 유리수는 이런 결합을 하지 않는 물로 조건에 따라 고기의 표면으로 쉽게 스며 나올 수 있다. 고기의 보수력이란 고기를 잘게 자르거나 압착, 열처리 등을 할 때 고기가 함유한 수분을 그대로 계속 보유할 수 있는 능력을 말하는데, 사후강직이나 처리 조건에 따라 완전히 달라진다.

사람들은 연하고 육즙이 많은 고기를 좋아한다. 고기를 조리할 때 수분 손실과 섬유조직(액틴, 미오신)이 수축하는 현상을 최소화하고, 질긴 콜라겐을 최대한 유동성 있는 젤라틴으로 전환해야 한다. 하지만 이 두 가지 목표는 서로 모순된다. 액틴과 미오신의 과도한 변성과 육즙 손실을 최소화하기 위해서는 65°C 이하에서 잠깐만 익혀야 한다는 것을 뜻하고, 콜라겐을 젤라틴으로 전환하기 위해서는 70℃ 이상의 온도에서 아주 장시간 익혀야 한다. 더구나 특유의 메일라드 반응을 위해서는 150℃ 이상으로 가열해야 한다. 역시 완벽한 고기 굽기는 쉽지 않다.

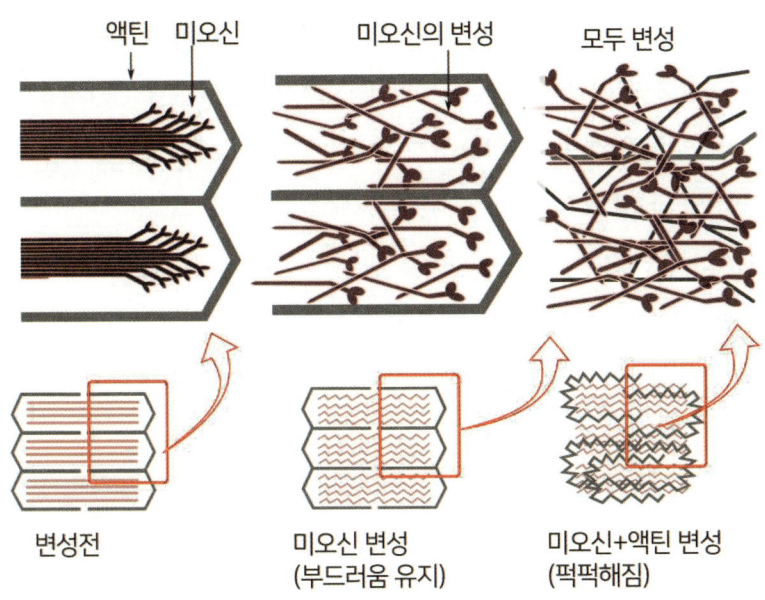

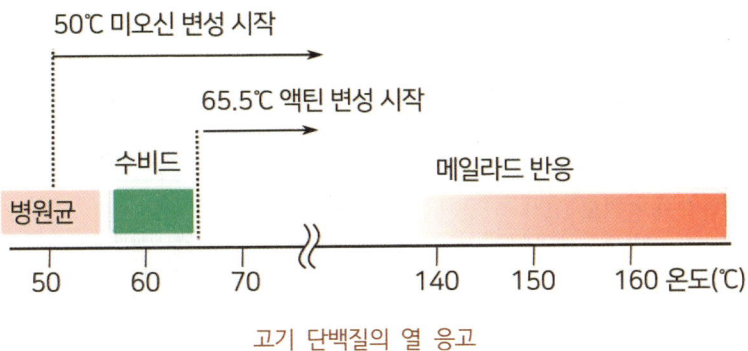

고기 단백질의 열 응고

고기의 사후강직과 숙성

도살 직후의 근육은 이완된 상태이다. 칼슘은 근소포체 내에 저장되어 있고, 비교적 높은 농도의 ATP가 마그네슘(Mg^{2+})과 복합체를 형성하고 있다. 이때는 액틴과 미오신이 쉽게 결합하지 않는다. 결합하려면 이보다 칼슘 농도가 10~100배 정도 증가해야 한다. 도축 후 천천히 글리코겐의 혐기적 분해가 시작된다. 젖산이 생성되면서 고기의 pH는 점점 낮아진다. pH가 6.5 이하가 되면 산성포스타페이스가 활성화되면서 ATP가 분해된다. 그래서 미오신과 액틴이 결합하여 액토미오신이 되면서 고기의 경직이 일어난다. 수축과 이완이 자유로워 유연하고 부드러운 상태를 유지하던 근육이 수축하고, 수축한 근육은 이완되지 않아 단단하고 질겨진다. 젖산이 계속 생성되어 최종 pH 5.4 정도에 도달하면 완전히 수축하여 근원섬유 사이의 공간도 좁아져 수분을 저장하는 능력도 낮아진다. 이런 고기를 바로 쓰면 매우 질길 뿐 아니라 풍미도 떨어진다.

경직된 고기도 장기간 저장하면 강직이 풀리면서 다시 부드러워지고, 보수력도 향상되며 풍미도 좋아진다. 이것을 고기의 숙성이라고 하는데 이때 근육 내 단백분해효소들에 의한 자가소화도 일어난다. '카텝신(Cathepsin)'과 '칼슘 활성효소(CAF)'에 의해 고기의 분해가 일어나고, RNA나 ATP가 분해되는 과정에서 AMP나 IMP 같은 감칠맛 성분도 증가한다. 하지만 시간이 너무 지나면 IMP에서 인산이 떨어져 나가 무미의 이노신이 되거나 쓴맛의 하이포잔틴이 된다. 단백질이 분해되면서 일어나는 유리아미노산(글루탐산 등) 함량의 증가도 고기 감칠맛 향상에 기여한다.

단백질은 다양한 형태만큼 다양한 기능을 가진다

- 단백질은 20가지 아미노산으로 만들어진다.
  - 아미노산이 다양하니 형태도 다양하고 기능도 다양하다.
  - 친수성 아미노산과 소수성 아미노산이 불균일하게 배열된다.
- 단백질의 형태가 기능을 결정한다.
  - 직선형인 콜라겐은 양이 가장 많고, 견고성을 부여한다.
  - 생명의 엔진인 효소는 구형 단백질이며 형태가 핵심이다.
- 단백질은 정밀하고 견고하다
  - 감각수용체와 이온채널 등은 매우 정밀한 형태의 단백질이다.
  - 단백질 형태의 사소한 차이도 치명적인 질병이 되기도 한다.
- 단백질은 유연하고 동적이다
  - 단백질의 형태로 효소, 이온펌프, 감각수용체 등이 만들어진다.
  - 효소는 반응을 100만~1조 배 빠르게 할 정도로 동적이다.
- 단백질이 풀리면(Unfolding, 변성) 점도가 증가한다.
  - 단백질은 가장 다양한 조건에서 풀어진다.
  - 길게 풀어지면 분자끼리 얽혀서 겔화될 확률이 증가한다.
  - 가열하면 단백질의 운동성이 증가하여 형태가 풀리기 쉽다.
  - 반죽, 휘핑 같은 기계적인 힘에 의해서도 풀린다.
  - 산과 미네랄의 영향을 받는다.
    칼슘은 결합/수축, 인산은 풀림/이완.

4장. 지방은 가장 단순하고 안정적이다

1. 지방산의 특성은 길이와 꺾인 형태가 결정한다

지방이 가장 안전한 에너지 저장 형태이다

　사람들은 지방이라고 하면 흔히 부정적으로 생각한다. 그러니 지방의 분자 구조와 특성을 설명하기 전에 먼저 이 오해부터 푸는 것이 순서일 것 같다. 지금 식품의 최대 문제는 과식으로 인한 비만 문제이다. 우리 몸은 무엇을 먹든 남는 칼로리는 지방으로 비축한다. 탄수화물을 먹든 단백질을 먹든, 지방을 먹든 잉여 칼로리는 모두 지방의 형태로 비축한다. 지방이 가장 안전하고 효율적이기 때문이다. 만약에 지방이 아닌 다른 형태로 보관했다면 우리 몸은 훨씬 심각한 위험에 빠질 수밖에 없다.

- 가볍다: 지방은 열량이 9Cal/g으로 탄수화물(4l)과 단백질(4l)에 비해 2배 이상 높다. 그만큼 부피를 줄일 수 있고, 더구나 물보다 가볍고 물을 포함하지도 않는다. 탄수화물이나 단백질은 물을 포함한 상태로 저장되므로 지방으로 보관하는 것보다 훨씬 몸에 부담을 준다.

- 독성이 낮고 관리가 편하다: 지방은 쉽게 지방끼리 뭉친다. 그만큼 관리가 편하고, 물에 녹지 않아 삼투압에 영향을 주지 않는다. 에너지원으로 쓰일 때는 물과 이산화탄소로 깔끔하게 분해되고 단백질처럼 암모니아를 발생하지 않는다. 암모니아는 우리 몸이 독성이 낮은 요소로 전환해서 배출하려 해도 2.5g을 배출할 때마다 100g의 물이 필요하다.
- 에너지 밀도가 높고 천천히 쓰인다: 겨울잠을 자는 동물, 철새의 이동, 사막을 횡단하는 낙타 등이 사용하는 에너지가 모두 지방이다.
- 단열성이 높다: 항온 동물은 체온을 유지하는 데 가장 많은 칼로리를 쓴다. 이때 지방은 열전달이 적어 에너지 소비를 줄일 수 있다.
- 쿠션으로 훌륭하다: 출혈이나 멍들고 상처가 나는 것을 줄여 준다.

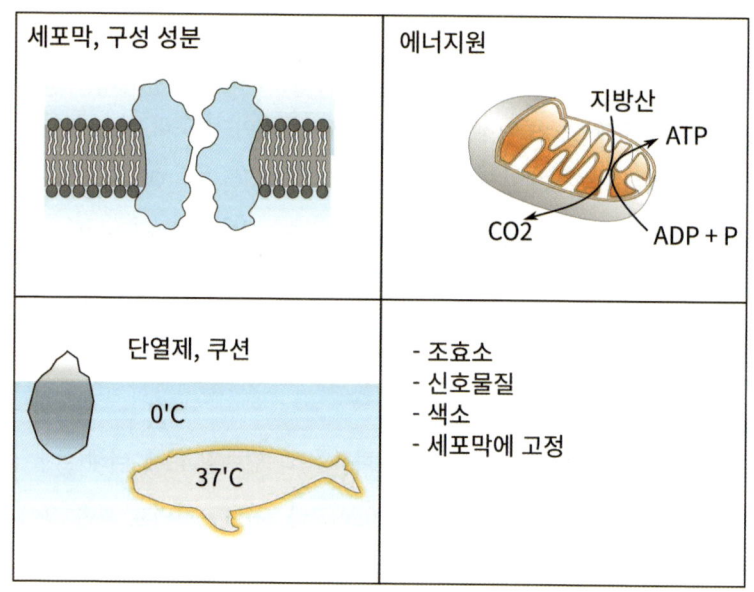

지방의 생리적 기능

사실 지방은 너무나 안전하고 훌륭한 비축 수단이다. 일부 철새들은 단 몇 주 만에 몸의 50%를 지방으로 채운 다음, 도중에 연료를 주입하지 않고 3,000~4,000km를 날아간다. 낙타는 40kg의 지방을 에너지와 물로 전환하여 사막을 물도 없이 버틴다. 그리고 일부 동물은 지방을 비축하여 물을 먹지 않고 겨울잠을 잘 수 있다. 이처럼 다른 동물들은 비축한 지방을 쉽게 분해하여 활용하는데, 우리의 몸은 비축한 지방을 너무나 아껴서 조금이라도 먹지 않고 버티려 하면 심한 허기의 고통으로 먹을 것을 강요한다.

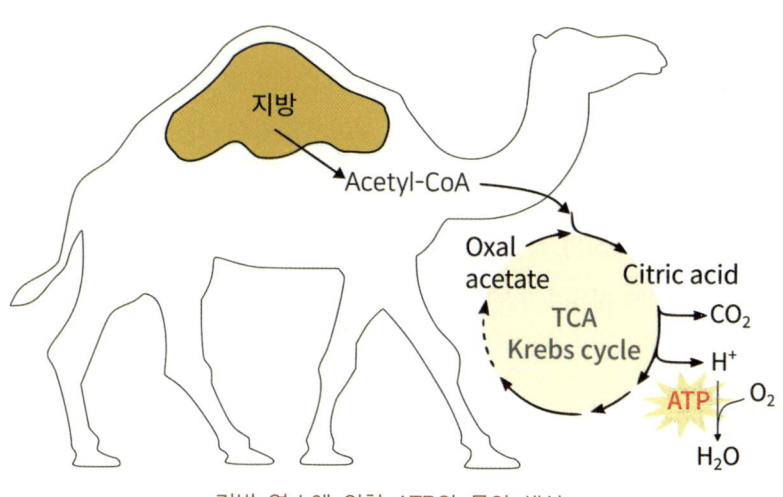

지방 연소에 의한 ATP와 물의 생성

지방이 가장 이해하기 쉬운 분자이다

지방의 특징을 알려면 먼저 구성하는 지방산의 특성을 알아야 한다. 지방산은 탄소 수가 4개부터 24개짜리 정도인데 탄소 수가 증가할수록 녹는 온도가 증가한다. 이것은 탄화수소에서 탄소 수가 메탄(C1), 에탄(C2), 프로판(C3) 순으로 증가하면 일어나는 변화와 같은 패턴이다. 우리 몸의 지방산은 아세틸-CoA의 축합으로 만들어지므로 2, 4, 6, 8식으로 증가한다. 이것은 에틸렌(C2)의 축합으로 폴리에틸렌(PE)이 만들어지는 과정과 같은 원리이다. 폴리에틸렌은 우리 몸의 지방보다 압도적으로 많은 분자가 축합되었을 뿐 기본 특성은 같다. 직선형이면 단단한 고밀도 PE(HDPE)가 되고, 사이드체인이 많으면 단단하게 결합하지 못하여 부드러운 저밀도 PE(LDPE)가 된다.

지방산은 분자 길이가 길어질수록 접촉 가능 면적이 늘어나 분자 간 인력이 증가한다. 그래서 융점, 비점, 비중이 높아지고 용해도는 급격히 낮아진다. 지방산 물에 전혀 녹지 않을 것으로 생각하지만, 뷰티르산까지는 물에 잘 녹는다. 이보다 탄소의 길이가 증가하면 급격히 용해도가 감소한다. 친수성 부분은 하나인데 친유성 부분만 늘어나기 때문이다.

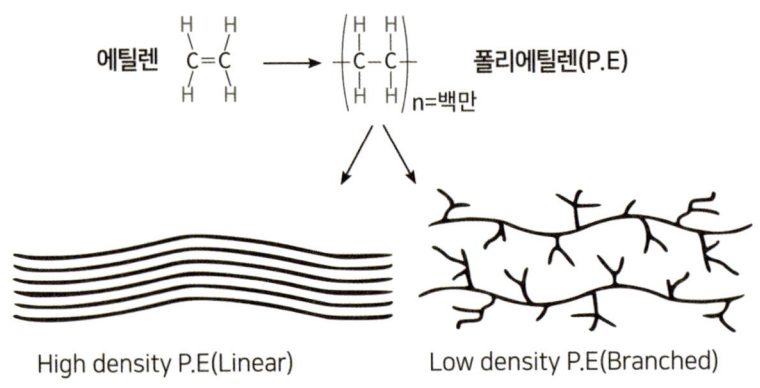

폴리에틸렌의 분자 구조

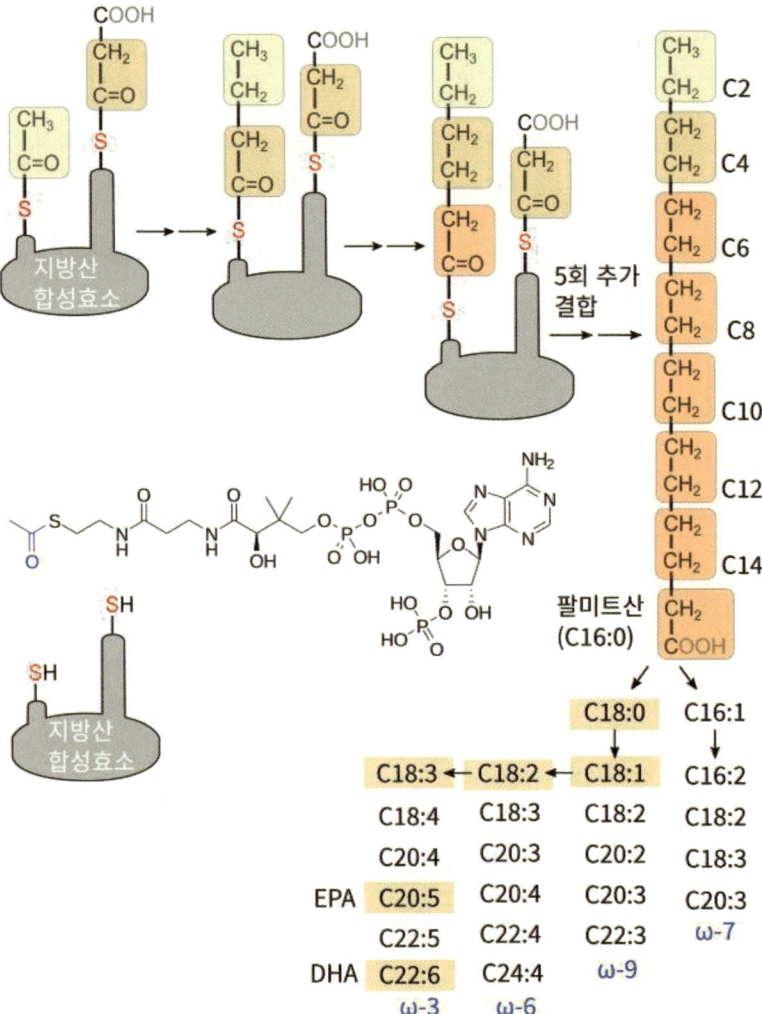

지방산의 합성 경로와 원리

지방산의 종류는 생각보다 제한적이다. 탄소 수 4개 이하는 지방산이 되지 못하고, 탄소 수가 2개씩 증가하여 주로 짝수로 있고, 18개 전후가 많다. 야자유 같은 것만 12개 전후가 많다. 어떤 지방의 특성을 알려면 지방산 조성을 알면 되지 식물성/동물성 지방 같은 구분이나 포화/불포화지방 같은 구분은 별 의미 없다. 같은 길이의 지방도 불포화도에 따라 특성이 달라지는데, 지방산의 길이가 짧은 것은 불포화결합이 없다. 불포화 구조가 있으면 꺾인 구조(주로 cis형)가 되어 융점과 비점이 급격히 낮아진다. 이것이 지방에 대하여 알아야 할 거의 전부이다.

지방산 종류에 따른 융점의 변화

	이름	학술명	지방 융점	지방산 융점
	C2:0 아세트산	Ethanoic		16~17
	C3:0 프로피온산	Propanoic		-20.5
단쇄	C4:0 뷰티르산	Butanoic	-75	-5.1
	C6:0 카프로산	Pentanoic	-15	-2
중쇄	C8:0 카프릴산	Hexanoic	-5	17
	C10:0 카프르산	Decanoic	5	31
	C12:0 로르산	Dodecanoic	15	44
장쇄	C14:0 미리스트산	Tetradecanoic	33	54
	C16:0 팔미트산	Hexadecanoic	45	63
	C18:0 스테아르산	Ocatadecanoic	55	69
	C18:1 올레산	cis-9 ~	5	14
	C18:2 리놀렌산	cis-9,12 ~	-15	-5
	C18:3 리놀레산	cis-9,12,15 ~	-21	-11
	C20:0 아라키돈산	Eicosanoic	64	75

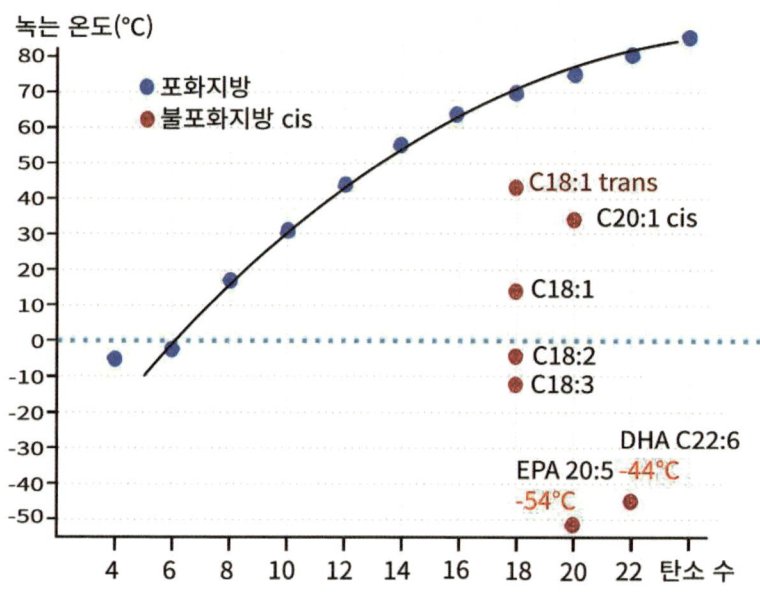
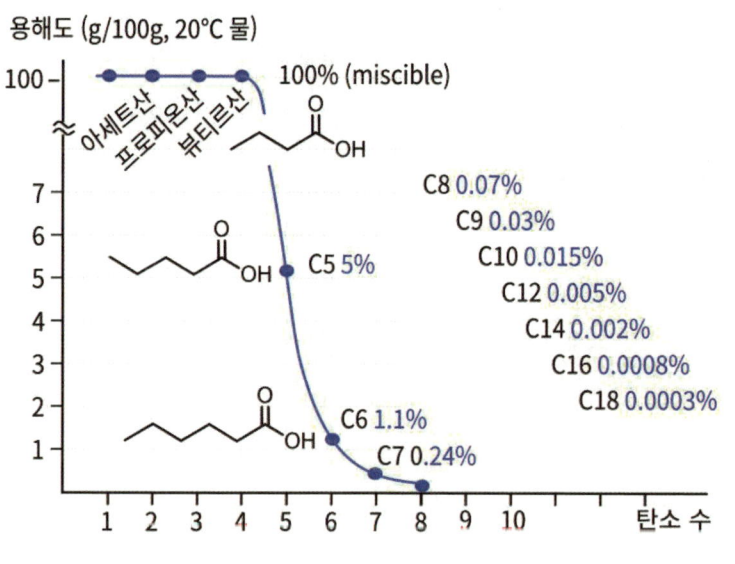

지방산의 길이에 따른 융점과 용해도 변화

불포화지방은 이중 결합의 숫자와 위치에 따라 단일 불포화지방, 다가 불포화지방으로 나뉜다. 불포화지방산을 말할 때 오메가라는 명칭이 등장하는 것은 통상 작용기부터 1번을 붙이는데, 지방산은 끝에서부터 붙이면 일정한 패턴이 있어서 반대로 끝에서부터 번호를 붙인다. 오메가3(ω-3)은 끝에서 3번 위치에 불포화 결합이 있다는 뜻이고, 오메가-6은 6번 위치, 오메가-9는 9번 위치에 불포화지방이 있다는 뜻이다. 오메가-6은 이미 9번 위치에도 불포화 결합이 있고, 오메가-3 지방산은 이미 9번, 6번에도 불포화 결합이 있어서 그만큼 많이 꺾여서 융점은 낮고, 산패도 쉽다.

  지방산의 조성으로 그 지방의 특성을 쉽게 이해할 수 있다. 예를 들어 코코아버터는 상온에서는 딱딱한 고체이지만 입안에서는 깔끔하게 사르르 녹는다. 이런 특성은 팔미트산(26%), 스테아르산(32%), 올레산(35%)이 대부분을 차지하는 단순한 조성 때문이다. 팔미트산과 스테아르산은 포화지방이면서 비교적 융점이 높다. 올레산은 불포화지방 중에서도 융점이 높은 편이다. 이들이 조합되어 상온에서 가장 딱딱한 편이지만 절묘하게 혀에서 잘 녹는 융점을 가졌다. 그리고 포화지방의 비율이 높으니 산화에도 안정적이다.

  야자유는 포화지방이 92%인데 포화지방이 65%인 코코아버터보다 훨씬 부드럽다. 비록 포화지방이 많아도 지방산의 길이가 짧은 로르산(C12)이 주성분이기 때문이다. 그래서 야자유는 체온에서 잘 녹고, 요즘은 중쇄 지방이라는 이름으로 주목받고 있다. 지방산이 짧아 에너지 대사에 바로 활용하기 좋다는 것이다.

  포화지방 하면 고체 지방으로 알지만 100% 포화지방이면서 액체인 MCT오일도 있다. MCT(Medium chain triglyceride)는 야자유보다 지방산의 길이가 짧은 C6, C8, C10이 주성분이다. 융점이 낮은 지방으로 구성되어 상

종류	탄소 개수	6	8	10	12	14	16	18	20	포화지방	18:1	18:2	18:3	불포화지방
	지방 융점 °C	-15	-5	5	15	33	45	55	64		5	-15	-21	
	지방산 융점 °C	-2	17	31	44	54	63	69	75		14	-5	-11	
식물성	들기름						6.5	2		8.5	17.8	15.3	58.3	91.5
	포도씨유						7	4		11	17	72		89
	해바라기유				0.5	0.2	6.8	4.7	0.4	12.6	18.6	68.2	0.5	87.4
	대두유					0.1	11	4	0.3	15.5	23.4	53.2	7.8	84.5
	옥수수유						12.2	2.2	0.1	14.5	27.5	57	0.9	85.5
	유채유(카놀라)						3.9	1.9	0.6	6.6	64.1	18.7	9.2	94.8
	참기름						9.9	5.2		15.1	41.2	43.2	0.2	84.9
	면실유					0.9	24.7	2.3	0.1	28.1	17.6	53.3	0.3	71.9
	현미유		0.1		0.4	0.5	16.4	2.1	0.5	20.3	43.8	34	1.1	79.6
	올리브유						13.7	2.5	0.9	17.1	71.1	10	0.6	82.9
	땅콩유					0.1	11.6	3.1	1.5	19.4	46.5	31.4		79.6
	팜유	0.3			0.3	1.1	45.1	4.7	0.2	51.4	38.8	9.4	0.3	48.6
	팜핵유	0.5	3.9	4	49.6	16	8	2.4	0.1	84.3	13.7	2		15.7
	야자유	2	8	6.4	48.5	17.6	8.4	2.5	0.1	92	6.5	1.5		8
	MCT		55	42	1					100				0
	코코아버터							32		63	35	2		37
동물성	버터	2.3	1.1	2	3.1	11.7	27.2	5		56.9	36	2.9	0.5	42.6
	계지(닭)				0.2	1.3	23.2	6.4		31.4	41.6	18.9	1.3	68.6
	돈지(돼지)			0.1	0.1	1.5	24.8	12.3	0.2	39.5	45.1	9.9	0.1	60.3
	우지(소)			0.1	0.1	3.3	25.5	21.6	0.1	52.3	38.7	2.2	0.6	46.2

온에서 액체이지만 모두 포화지방이라 산패에도 강하다. 이런 몇 가지 오일의 특징만 살펴봐도 식물성/동물성, 포화/불포화의 구분이 얼마나 의미 없는 것인지 알 수 있다.

요즘은 버터가 인기이다. 버터는 뷰티르산 같이 아주 짧은 지방산이 상당히 많아서 특유의 향취가 있다. 그리고 여러 종류의 지방산이 혼합되어 있어서 낮은 온도에서 비교적 높은 온도까지 적당히 딱딱하면서 부드러운 특성이 있다. 그래서 빵에 발라 먹기 좋다. 그런데 버터는 한동안 심장병을 일으키는 최악의 지방으로 알려졌고, 식물성 기름이 콜레스테롤도 없고 체온에서 굳지도 않는 기름이라 찬양받았다. 그래서 식품회사는 칭찬받는 식물성 기름을 이용하여 버터를 대체하려 했다. 식물성 기름에 적당히 고체화(수소 첨가반응)하면 액체에서 고체로 융점이 변화하는데 이를 잘 조절하여 버터의 물성을 흉내를 낸 것이다.

액체인 식물성 기름을 반고체 형태로 만드는 과정에서 의도치 않게 만들어지는 것이 바로 트랜스지방이다. 예전에 마가린을 제조할 때는 최대 15% 정도의 트랜스지방이 생겼다고 한다. 자연에 존재하는 지방산은 주로 시스형으로 이중결합에 위치한 수소가 한쪽에 치우쳐 있어 지방산이 꺾인 형태가 되고, 꺾인 만큼 지방끼리 결합하기가 힘들어 융점이 낮아져 액체 기름이 된다. 하지만 트랜스지방은 수소가 위와 아래 균형 있게 배치되어 지방산의 형태가 포화지방에 가깝게 직선형이다. 그래서 트랜스지방은 불포화지방(액체 기름)과 포화지방(고체 기름)의 중간적 성격을 가진다. 액체 기름보다는 체내 잔류 기간이 길지만, 포화지방보다는 빠르다.

- 스테아르산(C18-0, 포화): 융점 73℃, 체내 반감기 43일.
- 엘라이드산(C18-1, 불포화 trans형): 융점 42℃.
- 올레산(C18-1, 불포화 cis형): 융점 5.5℃, 체내 반감기 18~27일.

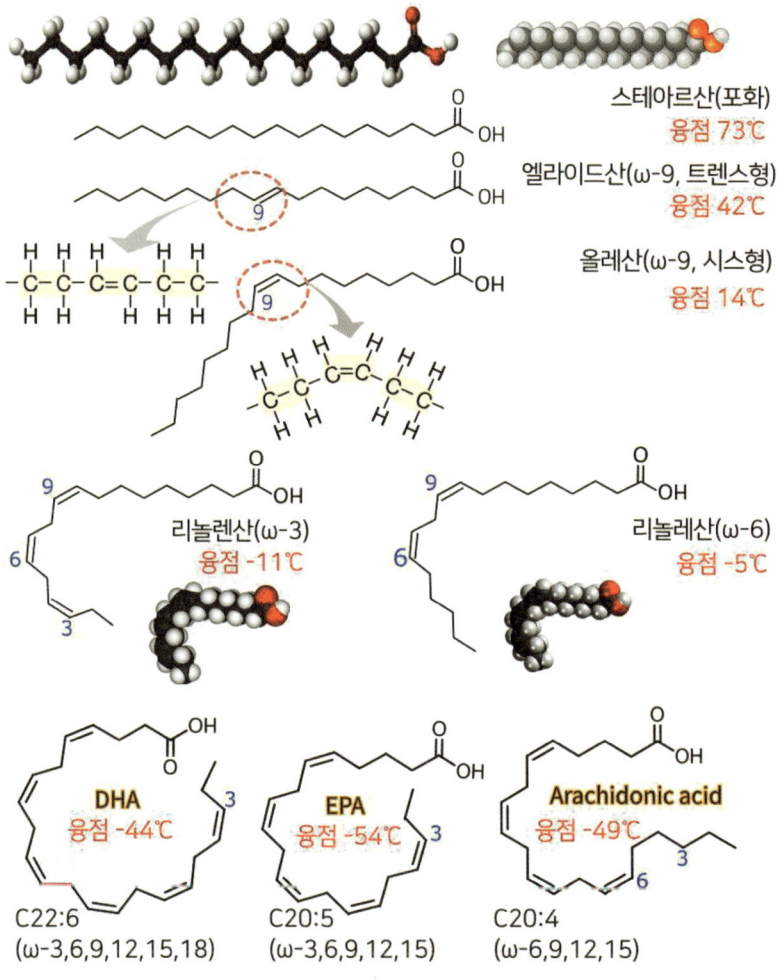

지방산의 형태에 따른 융점의 변화

트랜스지방의 유해성 논란이 일어난 뒤로는 모두 에스터화 공법으로 바꾸어 우리나라는 트랜스지방이 없는 마가린만 판매되고 있다. 그전에도 문제가 될 정도로 많은 양은 먹지 않았지만, 이제는 버터 등에 자연적으로 존재하는 트랜스지방을 제외하면 식품 소재에서 트랜스지방은 제로화되었다. 반추동물(소, 양 등)의 젖이나 지방에는 2~5%의 트랜스지방이 있고, 모유에도 1~7% 정도의 트랜스지방이 있다. 그리고 라이코펜, 토코페롤, CoQ10, 공액 리놀렌산 등 이소프레노이드 계통의 기능성 성분도 트랜스 형태이다. 건강을 망치는 천하의 악당으로 치부되던 트랜스지방을 거의 일순간에 제로 수준으로 줄였으면 이후 건강에 조금이라도 도움이 되었다는 소식이 들려야 하는데, 단 한 번도 그런 뉴스를 들은 적이 없다. 트랜스지방이 어떻게 생긴 것인지도 모르면서 나쁘다고 말했던 것이다.

불포화지방이 가지는 결정다형현상

불포화지방은 꺾인 형태 때문에 결정다형현상과 공융현상 등이 발생한다. 이 현상을 보여주는 대표적인 사례가 초콜릿을 만드는 코코아버터(지방)이다. 코코아버터는 포화지방산이 60% 정도이고, 불포화지방산은 40% 정도다. 그리고 이 불포화지방산의 꺾인 구조 때문에 다양한 결정 형태를 가진다. 마치 테트리스 게임처럼 채우는 방법에 따라 비어 있는 공간이 많기도 하고 적기도 하다. 비어 있는 공간이 없이 차곡차곡 쌓을수록 코코아 지방의 결정은 더 조밀해지고, 안정화되어 녹는 온도도 높아지고 단단해진다.

코코아버터의 결정 형태는 대략 6가지로 나누는데 이 중에서 1형과 2형은 쌓인 상태가 가장 엉성하고 융점이 낮아 아이스크림을 코팅하는 데 적합하다. 아이스크림은 냉동하니 융점이 조금 낮아도 유통 중에 녹을 염려가 없고, 워낙 차가운 상태라서 융점이 낮을수록 입안에서 잘 녹아 오히려 유리하다.

5형과 6형은 가장 높은 온도(33~36℃)에서 녹는 결정 형태다. 초콜릿은 단단하고 표면이 마치 거울처럼 윤기와 광택이 나며, 부러질 때 '똑' 소리가 나면서 기분 좋은 느낌을 준다. 이런 특성 때문에 대부분 초콜릿을 만드는 사람은 이런 코코아버터 결정을 만들려고 한다. 하지만 쉽게 만들 수 있는 것은 아니다. '템퍼링'이라고 하는 과정을 잘 거쳐야 하며, 미리 만들어진 5형 결정 '씨앗'을 첨가해 주는 과정을 지나야 효과적으로 만들 수 있다.

가장 쉽게 만들어지는 형태는 3형과 4형이다. 템퍼링이 잘 안되면 이 형태가 된다. 이 초콜릿은 윤이 나지 않고 만지면 부드러운 느낌이 나고 손에서 잘 녹는다. 그래도 딱딱하지 않아 좋아할 것 같지만 예전에 유통 조건이 좋지 않을 때는 낮은 온도임에도 초콜릿이 녹아 제품을 망치기 일쑤였다. 그리고 그렇게 급격한 변화가 없더라도 이런 결정 상태는 조금씩 더 조밀한 상태로 변하려고 한다. 그 과정에서 지방과 섞여 있던 당이 분리되어 표면에 배출되는데, 그러면 초콜릿 표면에 흰색 반점이 생겨 마치 곰팡이가 핀

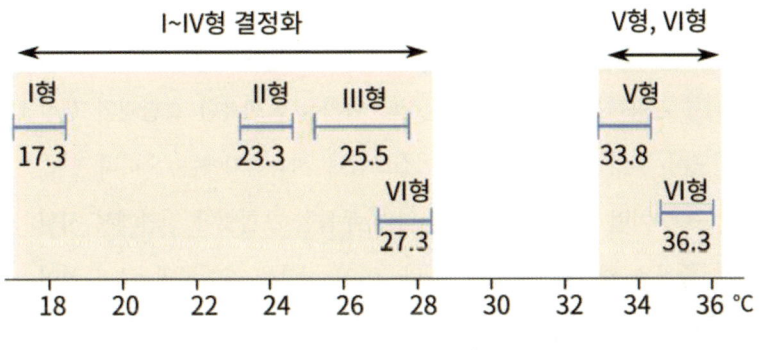

코코아버터의 결정 형태와 녹는 온도

듯한 외관이 된다. 소비자가 싫어하는 외형이다.

　소비자는 애매한 것을 좋아하지 않는다. 어떤 재료를 단단하며 똑 부러지는 초콜릿으로 감싸면 겉은 단단한 껍질이 있고, 안에는 부드러운 중심부가 있어서 조직감의 대조 효과로 색다른 즐거움을 만들 수 있다. 단단하고 똑 부러질 것이라고 기대하며 초콜릿 바를 집어 들었는데 끈적거리며 녹아 있던 경험을 해본 사람이라면, 똑 부러지는 특성이 없는 초콜릿이 얼마나 실망스러운지 잘 알 것이다.

공융현상(Eutectic mixture)

　앞서 코코아 지방은 불포화지방의 꺾인 구조가 있어 다양한 결정 형태가 존재한다고 했다. 그런데 대부분이 포화지방이라 직선 구조인 야자유와 만나면 무슨 현상이 벌어질까? 바로 각각의 융점보다 훨씬 낮은 온도에서 녹는 아주 특별한 현상이 일어난다. 이것을 '공융(Eutectic)현상'이라고 한다.

　직선형 지방은 직선형 지방끼리 차곡차곡 쌓을 수 있고, 꺾인 지방산은 꺾인 지방산끼리 차곡차곡 쌓을 수 있는데, 두 가지가 1:1로 있으면 꺾인 사이에 직선형이 끼어들어 가장 조밀하지 못한 구조가 된다. 그만큼 융점이 낮아져 각자가 가지고 있는 융점보다도 낮은 융점을 보이는 것이다. 이런 현상은 상온에서 유통하는 초콜릿에서는 절대로 일어나면 안 된다. 그래서 코코아버터를 사용하는 초콜릿 생산설비와 야자유를 함유한 초콜릿의 생산설비는 반드시 분리한다. 하지만 아이스크림에 사용하기에는 오히려 이런 초콜릿이 좋다. 이런 공융 특성을 이용하면 두툼한 초콜릿이 입안에서 시원하게 녹는 즐거운 경험을 가질 수 있다. 여러 성분을 혼합하면 그 특성이 개별 물질일 때와 달라지는 것은 너무나 당연한 일이다.

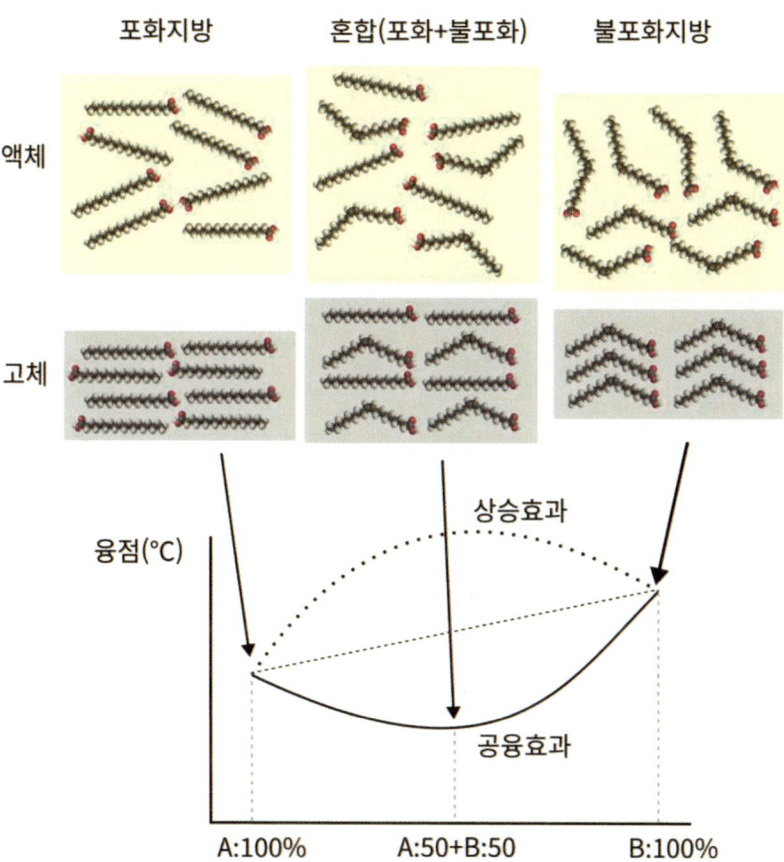

지방의 공융현상이 일어나는 원리의 모식도

2. 세포막으로 경계를 만들어야 생명이 시작된다

지방의 종류

지금까지 지방에 대한 오해는 정말 많았다. 예전에는 버터가 콜레스테롤이 많은 동물성 포화지방이라며 독극물 취급을 받았고, 식용유는 식물성이고 불포화지방이라며 찬사를 받았는데, 어느새 신세가 역전되어 버터를 먹고 식용유 먹지 말라는 주장이 대세가 되고 있다.

지방이 비난받기 시작한 것은 미국의 비만과 심혈관질환 때문이다. 60년대 이후 미국 사람들의 비만이 심각해지고, 심장병으로 사망하는 사람이 갈수록 늘자, 그 원인으로 동물성 포화지방과 콜레스테롤을 지목하여 대대적인 반대운동이 시작되었다. 하지만 문제는 해결되지 않았다. 그러자 다음으로 트랜스지방이 원인으로 꼽혔고, 그것으로도 해결이 안 되자 지금은 식물성 불포화 유지에 많은 오메가-6 지방이 비난의 표적이 되고 있다. 이러한 지방에 대한 오해와 혼란은 지방의 기본 구조와 물리적 특성조차 모르면서 입맛에 맞는 단편적인 연구 결과로 소비자를 오도한 사람들 때문이다. 지방

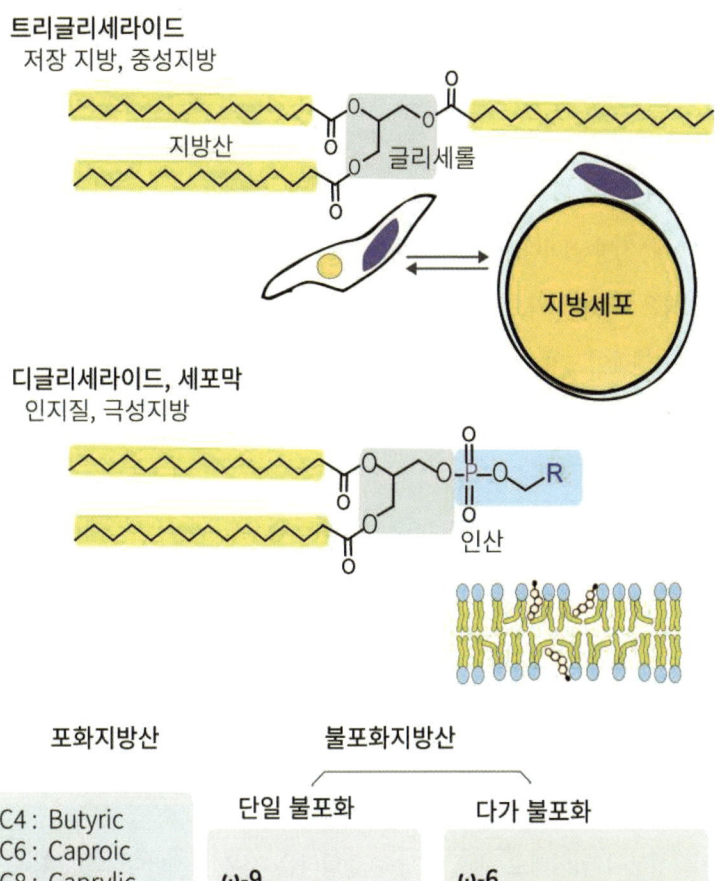

지방과 지방산의 분류

은 3대 영양소이다. 호르몬처럼 적은 양으로 작동하는 신호 물질이 아니라 우리 몸에 이미 많은 양이 존재하므로, 지방을 평가하려면 먼저 그 물리적인 특성부터 이해해야 한다.

우리 몸에 존재하는 지방은 크게 세포막을 형성하는 디-글리세라이드(글리세롤+2개의 지방산)와 남는 칼로리를 저장하기 위한 트리-글리세라이드(글리세롤+3개 지방산)이다. 생존에 필수 요소인 세포막을 형성하기 위한 2~3%의 지방은 생존의 최소한의 요건이고, 칼로리를 과잉 섭취하면 중성지방인 트리글리세라이드의 양만 증가한다.

지방을 통해 공간을 구분한다

생명체에 들어 있는 지방의 가장 기본적이면서 중요한 역할은 '생명의 경계막' 기능이다. 최초의 생명이 어떻게 생겨났는지는 아직 모른다. 하지만 생명이 시작되기 위해서는 생명에 필요한 성분들이 흩어지지 않고 한군데 모여 있어야 한다. 어떤 경계막을 통해 자신에게 필요한 성분은 모으고 불필요한 성분은 배출하는 시스템이 없는 생명은 상상하기 힘들다. 그래서 야생의 동물도 2~3%의 지방은 반드시 가지고 있다.

세포막은 성분이 임의대로 세포 안팎을 출입하는 것을 통제한다. 막을 통해 세포의 안과 밖이 구분되는 것이다. 내장 기관의 장관벽을 보면 그 시스템이 복잡하기 그지없다. 뇌에는 '혈액-뇌 장벽(BBB: blood-brain barrier)'이라는 독특한 구조가 있어 뇌의 신경세포에 임의의 분자가 드나드는 것을 체세포보다 훨씬 엄격하게 통제한다.

생명은 세포로 되어 있고, 세포의 생명 활동은 세포막 안의 화학반응이다. 만약 지방막(세포막)이 없으면 세포 안의 물질이 모두 밖으로 빠져나가 생명 활동은 곧장 중지될 수밖에 없다. 인체에 있는 지방의 역할 중 가장 중요한 것이 이 세포막을 유지하는 기능이다. 세포막은 유동성과 선택적 투과성이 있어서 필요한 물질을 통과시킨다.

세포막은 비극성의 지방막이라 분자 크기가 작거나 비극성인 산소, 이산화탄소, 에탄올은 비교적 자유롭게 통과하지만, 친수성인 물과 글리세롤은 투과성이 낮다. 그리고 나트륨, 칼슘, 탄산 등 극성인 분자(이온)나 핵산, 당류, 단백질과 같은 거대 분자는 별도의 통로가 있는 경우를 제외하고는 통과할 수 없다. 분자가 세포막 안팎을 통과하는 현상을 통제하는 것이 세포막이고, 생명에서 가장 기본적인 조건이다.

산소, 이산화탄소 등이 세포막을 드나들 수 있는 것은 세포막을 구성하는 지방 분자가 끊임없이 진동하고 있기 때문이다. 1초에 수천만 번 옆에 있는

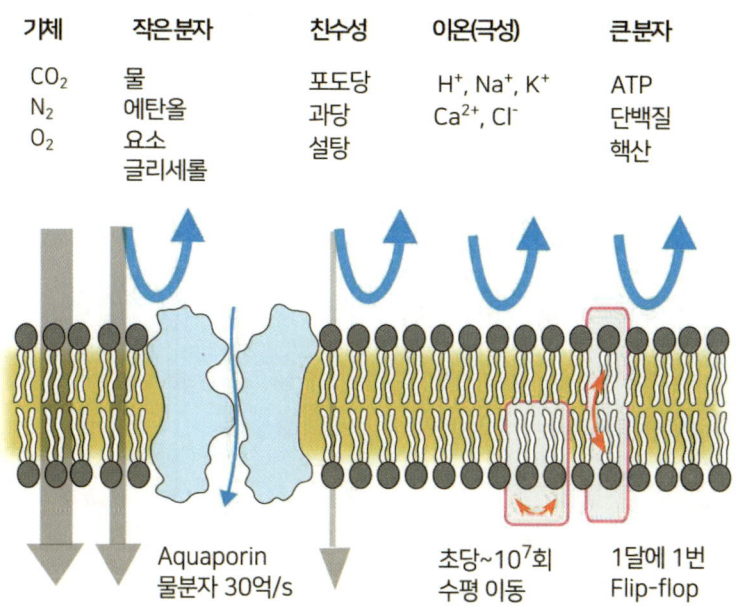

세포막의 유동성과 차단성

지방과 자리바꿈할 정도로 아주 활발하게 움직인다. 그 작은 지방 분자가 하루 안에 세포막 전체를 횡단할 정도이고, 한 달에 한 번은 안과 밖이 뒤집힐 정도다.

세포막은 완벽한 차단이 목적이 아니다. 막을 경계로 고농도와 저농도의 농도 차이가 생기면 작고 극성이 없는 산소, 이산화탄소는 농도에 따라 이동한다. 극성이 있는 수소이온은 통과하지 못해서 농도 차이를 이용한 ATP 합성효소를 작동시킬 수 있다. 세균이 진핵생명이 되려면 가장 먼저 해결해야 할 것이 이런 농도 차를 만들 수 있는 세포막의 확보이다. 진핵세포는 미토콘드리아라는 특별한 장치로 이 문제를 해결한다.

나트륨 채널은 통로를 열면 고농도에서 저농도로 이동한다. 농도 차에 반대로 이동하려면 ATP를 소비하면서 강제로 뿜어내는 펌프를 활용해야 한다. 끊임없이 전기 신호를 만들어야 하는 뇌의 경우 이런 나트륨 펌프를 작동하는 데만 뇌가 소비하는 전체 에너지의 50%를 소비한다.

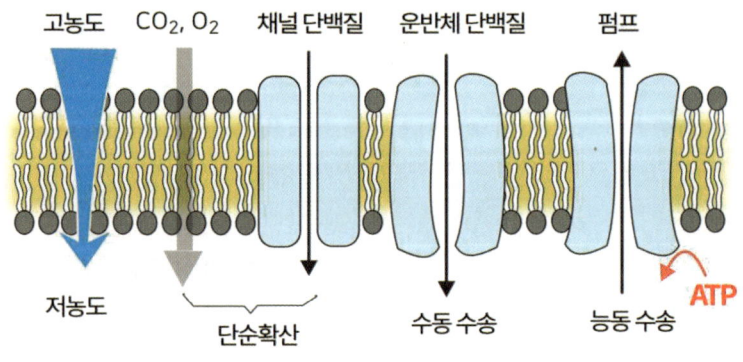

세포막을 경계로 물질의 이동

세포막은 너무 견고해도 곤란하고, 물러도 곤란하다

세포막의 유동성을 좌우하는 것은 지방산의 조성(길이와 불포화 정도)과 콜레스테롤 함량이다. 대표적인 포화지방산인 스테아르산은 직선형 구조로 세포막에 빼곡하고 촘촘하게 배치되어 견고성을 부여하여 투과성을 억제한다. 불포화지방인 올레산이나 리놀레산은 꺾인 구조로 인해 단단하고 촘촘한 구조를 만들지 못하고 엉성하게 배치되어 유동성과 투과성을 높인다. 세포막은 적당한 유동성을 지녀야 하는데, 유동성이 너무 크면 막이 붕괴하기 쉽고, 유동성이 너무 적으면 투과성이 낮고 세포막에 존재하는 단백질이 제기능을 수행하기 힘들다. 세포막에 존재하는 막 단백질은 감각 작용, 호르몬 작용, 에너지 합성 등에 아주 중요한 역할을 하는데, 유동성이 부족해 이들의 작업이 방해받으면 곤란하다.

온도와 조성에 따라 세포막 지방의 유동성이 달라지는데, 이를 완충하는

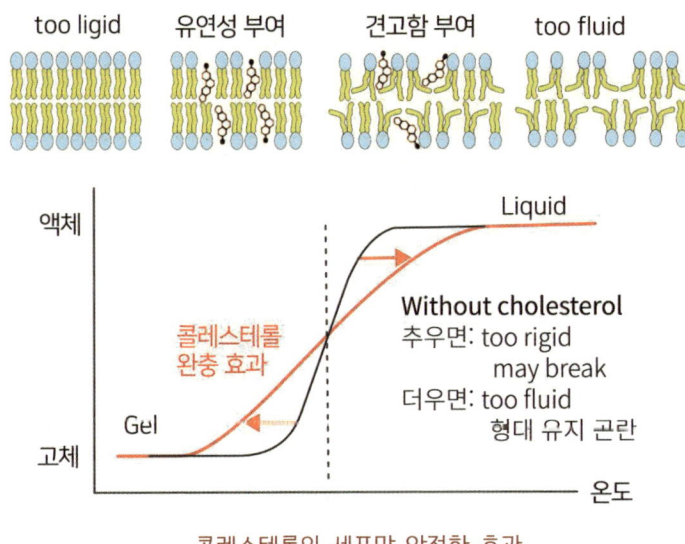

콜레스테롤의 세포막 안정화 효과

것이 콜레스테롤이다. 콜레스테롤은 분자 자체가 견고하며 특이한 구조로 인해 포화지방에는 유동성을 높이는 역할을 하고, 불포화지방에는 꺾인 구조에 존재하는 빈 부분을 채워서 단단하게 하는 역할을 한다.

고세균은 이중 막이 아니고 길이가 일반 지방보다 2배 이상 긴 이소프레노이드의 단일 막으로 되어 있다. 유동성과 투과성이 훨씬 낮아서 영양의 통과 속도가 느리다. 그 대신에 고온과 높은 염도, 산도에 잘 견딜 수 있다. 속도 경쟁에 밀려 일반 조건에서는 보기 힘들지만, 화산이나 온천과 같은 극한의 조건에서는 주인의 역할을 한다. 세포막의 투과성이 거대한 생물군의 운명을 좌우한 것이다. 물고기는 수온이 낮아지면 세포막의 불포화지방

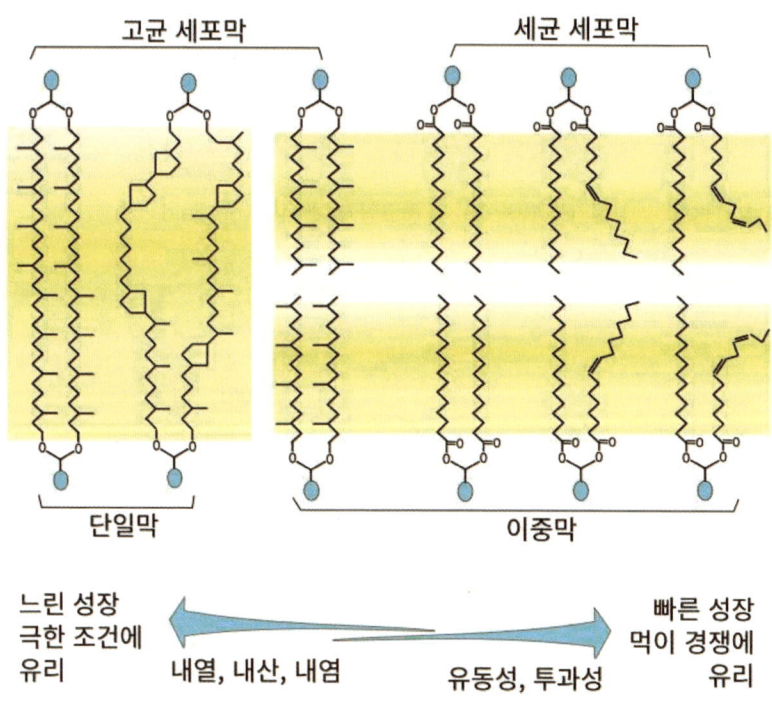

세포막의 형태에 따른 유동성과 투과성

과 콜레스테롤의 비율을 높여 유동성을 유지하고, 높은 온도에 계속 노출하면 불포화지방을 줄이고 포화지방이 증가하는 방식으로 지방산 조성을 변화시켜 견고함을 유지한다. 그래서 추운 바다에 사는 물고기는 불포화지방이 많고, 적도의 식물은 포화지방이 많다.

이처럼 지방은 조건에 따라 역할이 다른데 불포화지방은 좋은 지방이고 포화지방은 나쁜 지방인 것처럼 몰아붙인 흑백 논리는 자연의 순리에 전혀 맞지 않다. 지방은 지용성 용매로 향을 포집하는 역할도 하고, 이소프레노이드 계통의 분자, 콜레스테롤과 호르몬, 지용성비타민 A, D, E, K 등의 용매로도 작용한다. 우리 몸이 분해를 잘 안 하려고 한다는 것 말고는 흠잡을 것이 별로 없는 분자이다.

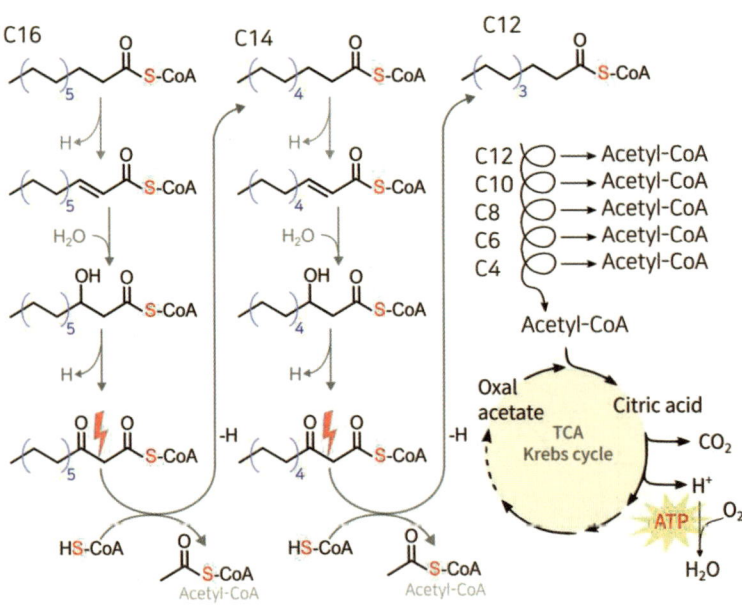

지방산의 베타산화

식품에서 지방의 역할

지방은 오감에 영향을 준다. 시각으로는 색과 윤기를 주어 외관을 좋게 하고, 촉각으로는 혀에 닿는 느낌을 부드럽게 하고, 후각으로는 가열할 때 만들어진 고소한 향으로 우리를 유혹하고, 청각으로는 튀김을 할 때 들리는 소리만으로도 군침이 돌게 한다. 기름은 바삭함을 주기도 하고, 스테이크에서 육즙의 느낌을 높여준다. 실제 우리의 내장 기관은 지방의 총량뿐 아니라 지방산의 종류별로 그 양이 얼마만큼 들어왔는지까지 체크한다. 단맛, 짠맛, 신맛, 쓴맛, 감칠맛에 이은 6번째 맛의 가장 강력한 후보가 지방인 것도 바로 그런 이유다.

물은 100℃에서 끓지만 기름은 200℃가 넘어도 끓지 않는다. 이 특성을 활용하여 튀김처럼 높은 온도로 가열하는 음식이 탄생한다. 고온에서 만들어진 고소한 향은 아주 유혹적이다. 지방 자체는 맛이 없고 느끼하지만 아미노산, 당과 함께 반응하면 너무나 매력적인 향이 만들어진다. 이것을 '메일라드 반응'이라고 하는데 당과 시스테인 같은 아미노산에 소기름이 있으면 소고기 향, 돼지기름이 있으면 돼지고기 향, 닭기름이 있으면 닭고기 향

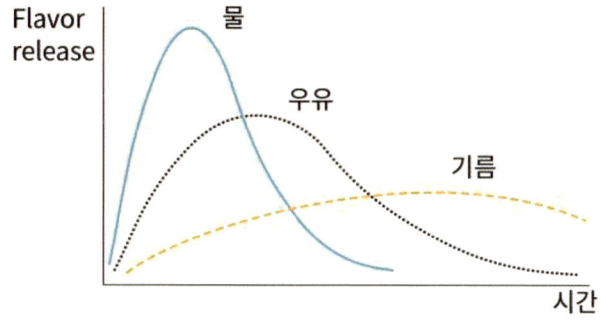

지방이 향의 방출에 미치는 효과

이 만들어진다. 그리고 향기 성분은 원래 지방에 잘 녹는 성분이라 가열 중에 생긴 향이 지방에 잘 포집되어 풍부한 향을 즐길 수 있다. 그래서 삼겹살이나 마블링이 좋은 고기가 맛이 있는 것이다.

지방은 향의 방출 패턴에 큰 영향을 준다. 지방이 있으면 향이 지방 속에 녹아 들어가 붙잡혀 있다가 조금씩 방출된다. 향료는 수십~수백 가지 물질로 구성되는데 물질별로 모두 지방에 녹는 정도와 방출되는 정도가 달라서 같은 향도 어디에 녹아 있는지에 따라 향의 느낌이 달라진다. 보통 지방이 있으면 향의 방출이 완만하고 느려진다. 그만큼 부드러워지며 약해지기도 한다. 향의 양이 많으면 약하다는 느낌 대신 풍성한 느낌을 준다.

지방은 이처럼 3대 영양소에 걸맞게 맛과 향에도 많은 영향을 주지만 물성에도 많은 영향을 준다. 지방이 많은 제품은 지방 자체의 물성 효과와 지방이 물에 녹지 않는 성질로 인한 물성 효과가 같이 일어난다.

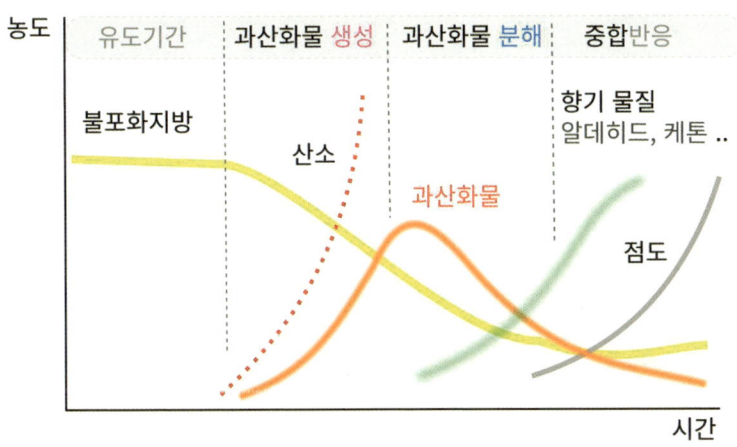

시간에 따른 지방산의 변화와 산패

구분	역할
외관	색, 기름짐, 윤기와 광택, 표면의 균일성
물성	점도: 자체가 점도가 있고, 유화물을 만들면 더 큰 점도를 준다. 유화: 마요네즈, 드레싱, 크림수프, 소스. 가소성: 제과, 아이싱, 페이스트리. 불용성: 물에 녹지 않아 차별성 부여.
식감	크림성, 바삭거림, 녹는 느낌, 크리미, 매끄러운 정도, 무거운 느낌. 입을 코팅하는 정도, 시원한 느낌 또는 따뜻한 느낌. 쇼트닝(바삭거림): 비스킷, 페이스트리, 케이크, 쿠키. 부드러움: 캔디, 시폰 케이크.
풍미	가열할 때 당류 아미노산과 반응하여 특유의 향이 만들어진다. 향의 release 시간에 따른 향미 프로파일에 많은 영향을 준다. 지방이 없을 때보다 탑노트는 약해지고, 상큼한 느낌은 줄어들지만, 부드럽고 풍부한 느낌을 준다.
포만감	자체로 포만감을 주며, 유화물로 만들면 더 큰 포만감을 준다.
열전달	튀김, 볶음에서 160도 이상의 고온 조리가 가능하게 한다. 수분을 쉽게 제거하여 바삭하는 식감을 갖게 한다.

지방은 가장 단순명료한 소수성 분자이다

- 지방은 탄화수소(Hydrocarbon), 탄소와 수소 위주의 단순한 분자이다.
- 탄소와 수소가 전자적 편중이 없이 배열되어 비극성이다.
- 지방의 특성은 지방산의 길이와 꺾인 정도가 결정한다.
- 지방족(Alipathic) vs 방향족(Aromatic).
- 직선형이면 지방족이고, 환형이면 주로 방향족이다.
- 직선형은 쉽게 분자끼리 정전기적으로 결합하여 융점이 높아진다.
- 방향족은 분자 간에 결합력이 적어 융점이 낮고 휘발성이 있다.
- 탄소 결합은 주로 포화 결합이고, 이중결합은 적고, 삼중결합은 드물다.
- 불포화 결합은 시스형과 트랜스형이 있는데, 자연은 주로 시스형이다.
- 시스형이 꺾인 구조라 융점이 낮고, 결정다형현상과 공융현상이 있다.

3. 제5 영양소, 이소프레노이드

식품의 주성분은 탄수화물, 단백질 같은 고분자 폴리머인데 아무도 관심 없는 또 다른 바이오 폴리머가 있다. 바로 말랑말랑한 천연고무와 씹는 껌의 치클이다. 이 자체로는 별 의미가 없을지 몰라도, 불포화 구조와 가지 구조를 동시에 가진 특별한 형태의 탄화수소로 정말 다양한 역할을 한다. 시작 물질이 되는 이소프렌(C_5H_8)은 끓는점이 34℃인 휘발성 액체이다. 따라서 자연에는 이 형태가 별로 없고, 이소프렌이 2개 결합한 터펜(Terpene)부터 눈에 띈다. 터펜과 세스퀴테르펜은 식물이 만드는 향기 물질의 절반을 차지할 정도로 향에서 중요하다. 감귤류 에센셜오일은 터펜 함량이 90%가 넘는다. 터펜이 3개 결합하면 콜레스테롤의 원료인 스콸렌(스쿠알렌)이 되고, 4개 결합하면 식물에 필수적인 카로티노이드가 된다. 이소프렌이 수천 개 결합한 것이 치클과 고무이다. 이런 이소프레노이드는 많은 것들이 비타민, 약리 성분, 항산화제로 찬양받았는데 유일하게 콜레스테롤만 천하의 악당 취급을 받고 있다.

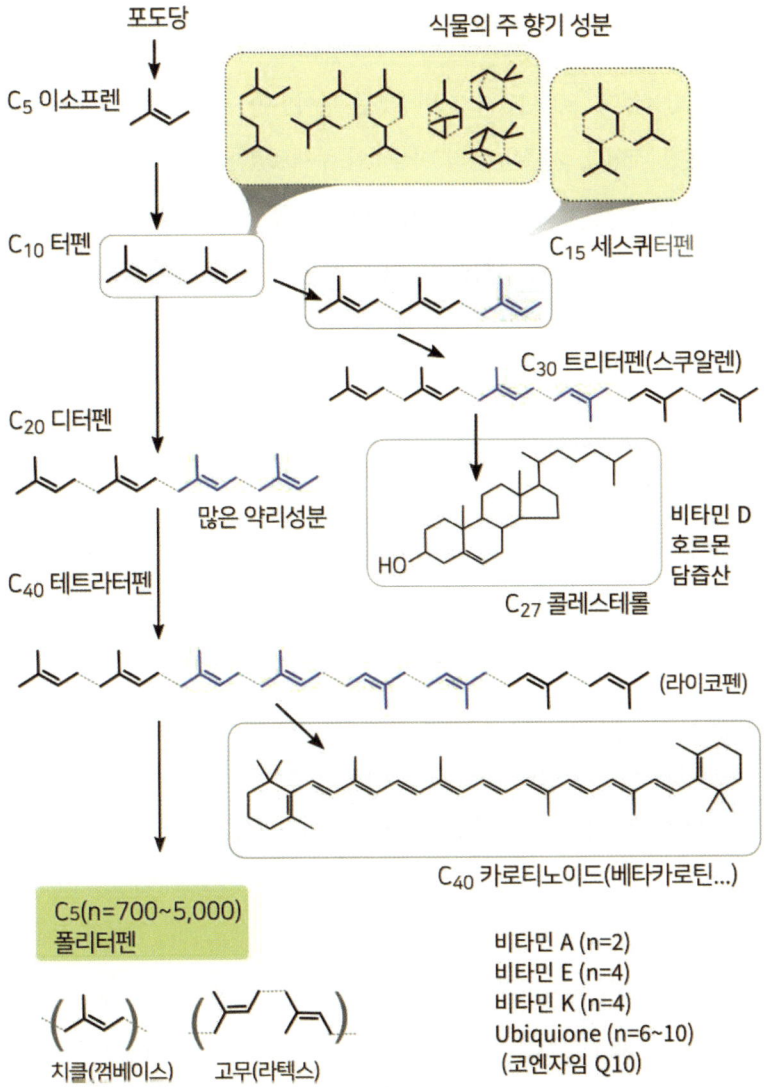

이소프레노이드의 대표적 경로

이소프레노이드: 고무와 치클 이야기

말랑말랑한 고무와 씹는 껌은 지방에 가까운 분자이다. 처음에는 껌을 중남미 지역에서 자라는 사포딜라 나무에서 나오는 고무의 일종인 치클(Chicle)로 만들었다. 800년경까지 번성했던 마야인이 즐기던 것을 미국인들이 재발견한 것이다. 치클은 껌의 이상적인 주재료였다. 부드럽고 탄력 있게 씹히고 제품의 향기도 오래 유지했다. 하지만 정글에서 자라는 20년 이상 된 사포딜라 나무에서만 수확할 수 있고, 불순물로 매우 강한 냄새가 나서 반드시 세척 공정을 거쳐야 한다. 게다가 한 그루에서 3~4년에 한 번씩만 채취할 수 있는 수액으로는 1kg 정도의 껌만 생산할 수 있었다. 그러다 치클이 이소프렌(Isoprene)으로 만들어진다는 것을 알게 되고, 합성을 통해 만들 수 있게 되었다.

껌은 보통 껌 베이스, 감미료, 향료, 유화제, 보습제, 산화방지제 등이 들어 있다. 많은 껌 베이스에 왁스를 혼합하면 고분자 가닥들 사이에서 윤활제로 작용해 껌을 부드럽게 한다. 왁스는 탄소가 24개 미만인 지방에 비해 2배 정도 긴 25~50개의 탄소로 되어 있다 카나우바 왁스와 밀랍이 대표적이다. 껌에 BHT나 토코페롤 같은 항산화제를 쓰는 이유는 껌 베이스의 기다란 사슬의 이중결합이 산소의 공격을 받고 교차결합이 생겨서 단단해지는 것을 억제하기 위함이다.

이소프렌으로 만들어진 또 다른 물질은 천연고무(Rubber)이다. 나무의 수액으로서 콜럼버스가 아메리카 대륙으로 떠난 제2차 원정(1493~1496년)에 발견되었다. 아이티섬에 상륙할 당시 섬 주민들이 수액으로 만든 탄력성 있는 공을 가지고 놀고 있는 모습을 본 것이다. 남아메리카나 중앙아메리카 원주민은 오래전부터 고무나무 껍질에 상처를 입히면 유백색의 액이 나온다는 것을 알고 수액을 채취하여 건조·응고시킨 뒤 탄력 있는 공이나 신발을 만들고, 항아리나 옷감에 발라서 방수용으로 썼다.

그 후 고무가 유럽에 소개되고, 찰스 굿이어가 1839년에 고무와 유황을 반응시키는 가황법을 발견함으로써 더욱더 탄력성 있는 고무가 개발되었다. 생고무는 세게 늘리면 원상태로 되돌아가지 않고, 오랜 기간이 지나면 노화하는 문제가 있었다. 그런데 여기에 유황을 첨가하여 반응시켰더니 고무의 폴리머 사이에 가교결합이 만들어져 잡아당겨도 고무 분자가 서로 미끄러지기 어렵게 되어 강한 탄력이 생기고, 노화에도 강해졌다. 이렇게 고무의 용도가 늘고, 고무가 이소프렌 분자가 수천 개 결합한 고분자라는 것을 알게 되자 1860년경부터 합성하려고 노력했지만 50년간 성공하지 못했다. 당시의 기술로는 아무리 해도 천연고무처럼 이소프렌을 시스 형태로 결합하지 못한 것이다. 그러다 1954년에야 이소프렌을 천연고무와 똑같은 구조로 중합하는 것에 성공했다.

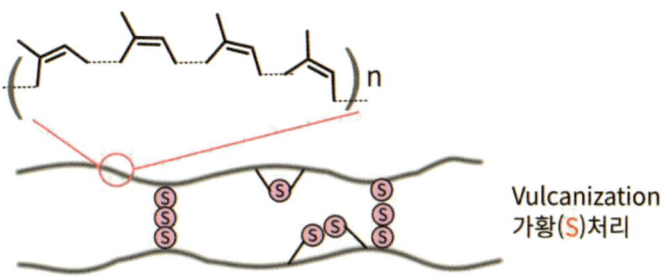

고무(Rubber) 분자의 cis 구조와 가황처리의 역할

콜레스테롤보다 억울한 물질도 드물다

세상에 콜레스테롤보다 억울한 물질도 없을 것이다. 미국의 심장질환은 1920~30년대부터 급격히 증가하여 50년 동안 부동의 1위를 유지한다. 그러던 1953년, 미국 미네소타 대학의 앤설 키스 교수가 22개국의 데이터 중 자신의 관점에 맞는 단 6개국의 자료만 선별하여 콜레스테롤의 '동맥경화' 이론을 발표하고, 1956년 이를 수정하여 포화지방과 콜레스테롤이 심장병을 일으킨다는 '지질 가설'을 만들었다. 이 가설을 절대적 사실로 받아들인 미국 심장협회는 1970년부터 포화지방은 나쁘고, 식물성 기름이 좋으며 목숨을 구해주는 기름이라고 선전했다. 이후로 육류 섭취가 심장병 발병과 동일시되었고, 콜레스테롤이 심장병의 원인이며, 포화지방과 콜레스테롤을 먹는 것은 마치 청산가리나 비소만큼 치명적일 수 있다고 주장했다. 빵과 버터, 달걀은 미국인의 가장 전형적인 아침 식사인데 한순간에 지탄의 대상이 된 것이다. 그래서 미국인은 동물성 지방 섭취를 줄이고 달걀 소비도 줄였다. 그러나 심장질환에는 아무 소용이 없었다.

달걀노른자는 60%가 지방이고, 지방의 70%가 LDL 콜레스테롤 상태이다. 달걀 한 개의 노른자에는 185~240mg, 100g당 550mg이 들어 있어 일상의 음식에서 달걀보다 콜레스테롤이 많은 것도 드물다. 그렇게 완전식품에서 한순간 최악의 음식으로 추락했지만, 실제로는 달걀을 아무리 먹어도 수치가 전혀 변하지 않는 사람이 많다. 오랜 시간 조사 끝에 내려진 최종 결론은 콜레스테롤을 섭취하는 양과 혈중 콜레스테롤 사이에는 별다른 연관성이 없다는 것이었다. 그래서 미국 심장학회는 "하루 콜레스테롤 섭취량을 300mg으로 제한한다"는 경고를 철회하게 되었다. 실제로 콜레스테롤은 80% 이상 내 몸이 만들고, 흡수량에 따라 합성량을 조절한다.

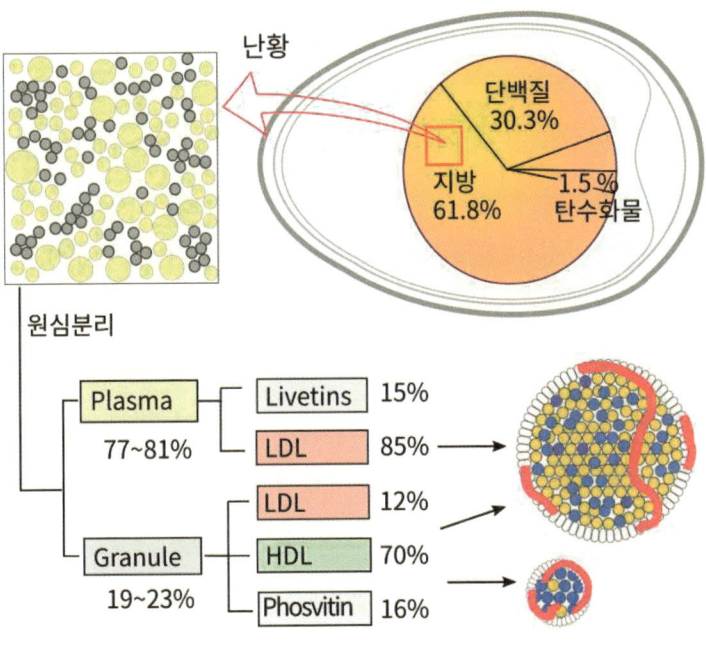

1961　　　　　　　1984　　　　　　　2014
Ancel Keys

콜레스테롤이 없으면 뇌에 큰 문제가 생긴다

뇌에 가장 많은 성분은 물과 지방이다. 뇌의 고형분은 60%가 지방이다. 이처럼 지방이 많은 것은 뇌 신경세포의 형태가 특별하기 때문이다. 신경세포는 많으면 1만 개 정도의 시냅스를 형성할 정도로 뾰족한 돌기가 많다. 그만큼 표면적이 넓을 수밖에 없고, 그것을 감싸려면 지방이 많이 필요하다. 뇌의 미엘린수초는 신경세포를 지방으로 감싸고 있어서 전기적 신호의 전달을 훨씬 효과적으로 할 수 있다.

지방이 많으면 그만큼 콜레스테롤도 많다. 뇌는 신체의 2%를 차지하지만, 우리 몸의 콜레스테롤 중 20~25%가 뇌에 있어서 다른 부위보다 10배 이상 많다. 넓은 세포막을 감당하려면 DHA 같은 불포화지방도 많이 필요하고, 이들의 약해진 세포막을 보완할 콜레스테롤도 많이 필요한 것이다. 우리 몸은 필요한 콜레스테롤의 80% 정도를 체내에서 합성하고, 20% 정도를 음식으로 공급받는데, 뇌는 특히 차단성이 커서 음식물에 포함된 콜레스테롤이 전달되지 않는다. 따라서 뇌는 하나하나 순수하게 자체 합성해야 한다. 그러므로 콜레스테롤 저하제가 뇌의 콜레스테롤 합성까지 막으면 심각한 타격을 받을 수 있다. 이처럼 콜레스테롤이 없으면 뇌가 정상적으로 작동할 수 없는데 아직도 콜레스테롤을 저주하는 사람을 보면 어이가 없을 따름이다.

우리 몸이 콜레스테롤보다 애써 만드는 물질도 드물다

콜레스테롤의 합성 과정만 생각해 봐도 콜레스테롤에 대한 비난은 너무나 이상하게 느껴진다. 우리 몸이 가장 어렵고 힘들게 합성하는 것이 콜레스테롤이다. 콜레스테롤은 포도당에서 심해 상어의 신비라고 떠들던 '스쿠알렌'이 만들어지는 것이 시작이다. 우리 몸은 이를 즉시 수십 단계의 어려운 과

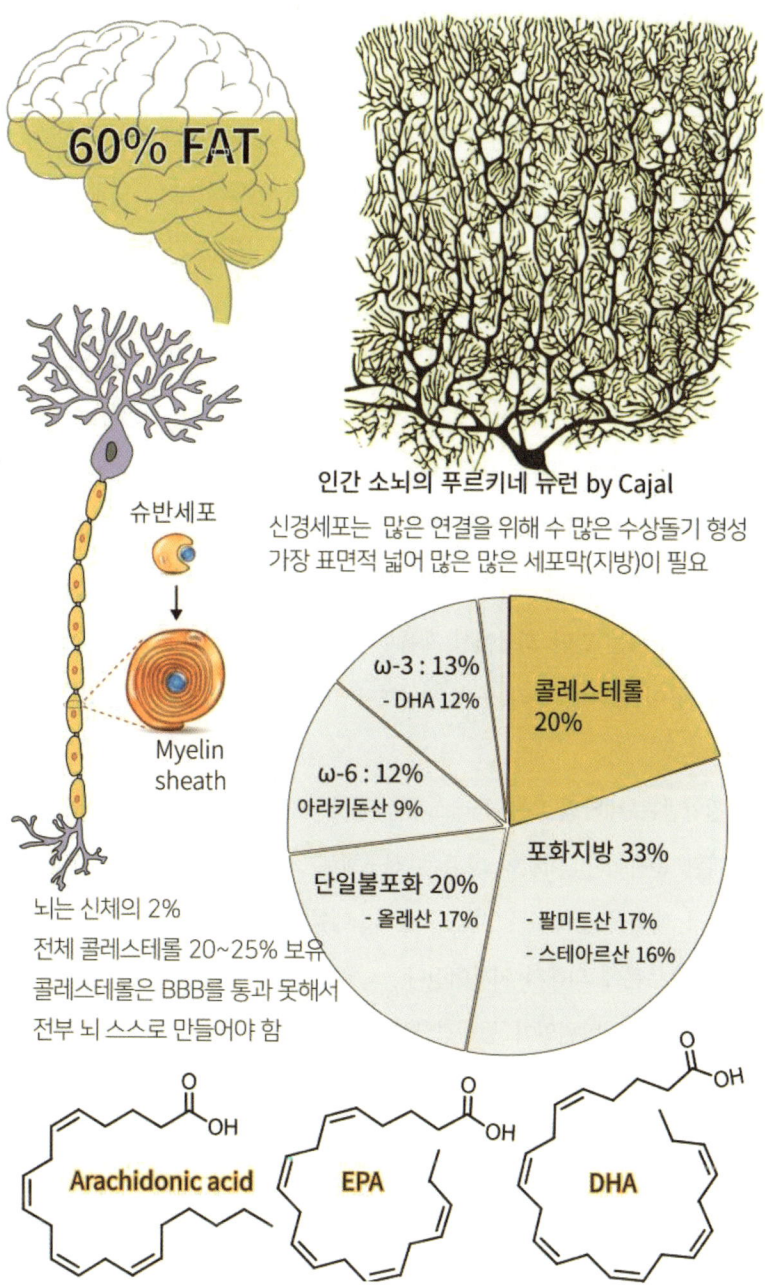

인간 소뇌의 푸르키네 뉴런 by Cajal

신경세포는 많은 연결을 위해 수 많은 수상돌기 형성
가장 표면적 넓어 많은 많은 세포막(지방)이 필요

슈반세포

Myelin sheath

뇌는 신체의 2%
전체 콜레스테롤 20~25% 보유
콜레스테롤은 BBB를 통과 못해서
전부 뇌 스스로 만들어야 함

ω-3 : 13%
- DHA 12%

ω-6 : 12%
아라키돈산 9%

단일불포화 20%
- 올레산 17%

콜레스테롤 20%

포화지방 33%
- 팔미트산 17%
- 스테아르산 16%

Arachidonic acid   EPA   DHA

정을 거쳐 콜레스테롤로 전환한다. 아무리 콜레스테롤이 없는 식품만 골라 먹어도 혈중 콜레스테롤이 감소하지 않는 것은 우리 몸이 그만큼 콜레스테롤을 더 만들기 때문이다. 합성 과정을 추적해 보면 도대체 왜 우리 몸은 효소 하나만 더 있으면 합성할 수 있는 비타민 C를 만들지 않고, 비교하기 힘들고 복잡하고 자원이 많이 필요한 콜레스테롤 합성을 포기하지 않을까 하는 질문이 나올 수밖에 없다.

콜레스테롤은 대체 불가능한 식물과 차별화된 조절 물질로 세포막의 안정과 투과성을 유지할 뿐 아니라, 지방 소화의 기본인 담즙산의 구성 원료다. 담즙산은 간에서 콜레스테롤로부터 하루에 0.2-0.6g 정도 생성되어 십이지장에서 소장으로 분비된다. 그래서 지방과 지용성 비타민(A, E, K), 조효소 코엔자임Q10 같은 지용성 물질을 몸 전체에 운반하는 역할을 한다. 분비된 담즙산의 95~98%는 말단 회장에서 재흡수되어 다시 간으로 이동한다. 이런 순환과 재사용이 없다면 우리 몸은 지금보다 10배 이상의 콜레스테롤을 합성해야 한다.

요즘 찬양받는 비타민 D는 콜레스테롤 분자 9번과 10번 결합이 자외선으로 파괴된 분자이다. 이것이 호르몬 전구체로 쓰인다. 이뿐 아니라 우리 몸에서 여러 핵심적인 호르몬 기능도 콜레스테롤의 형태를 조금씩 바꾼 스테로이드계 호르몬에 의해서 이루어진다.

미국인의 최대 사망원인이 동맥경화로 인한 심장마비일 때 그 원인으로 포화지방과 콜레스테롤이 지목되었지만, 정작 왜 혈류가 빠른 동맥에만 콜레스테롤이 쌓이고 정맥에는 쌓이지 않는지와 같은 가장 기초적인 질문조차 없었다.

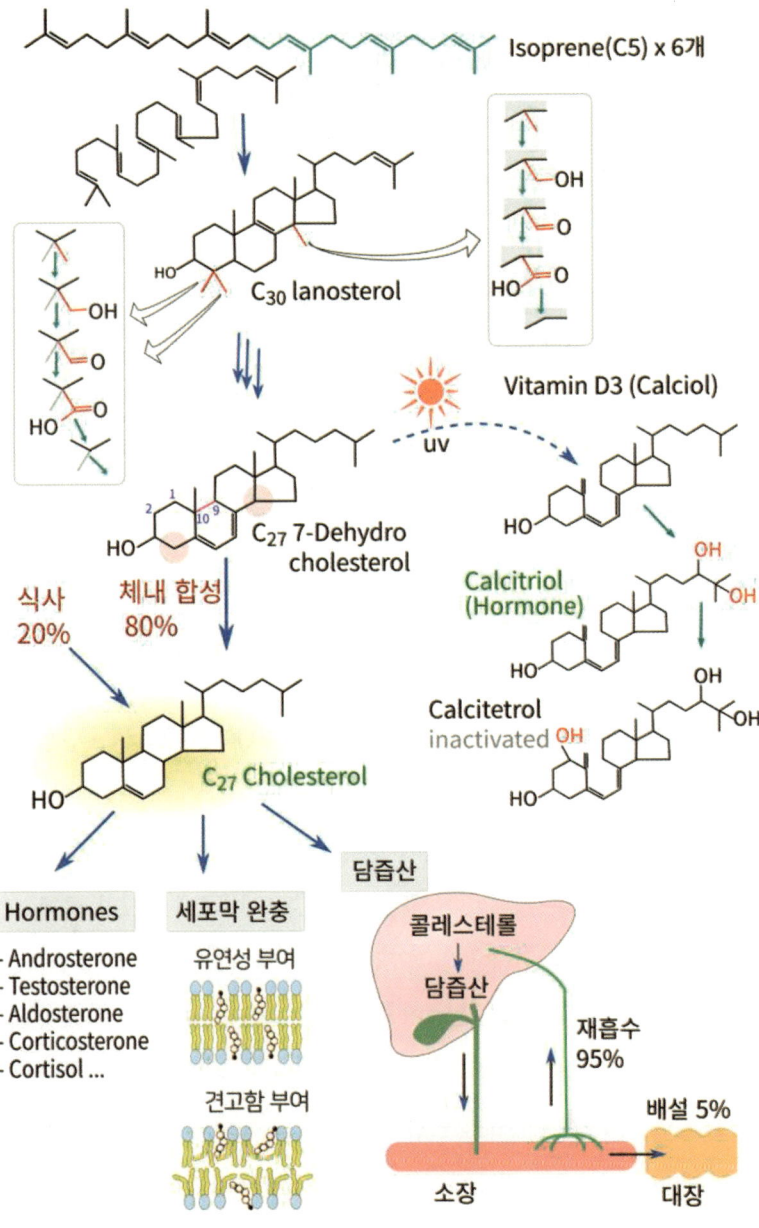

콜레스테롤 합성경로와 역할

HDL은 좋고 LDL은 나쁘다?

무조건 나쁘다던 콜레스테롤이 이렇게 중요한 역할을 하고, 대부분 우리 몸에서 합성한 것임을 알게 되자, 요즘은 좋은 콜레스테롤과 나쁜 콜레스테롤을 구분하여 비난하기 시작했다. 그런데 우리 몸의 콜레스테롤은 전부 효소로 만들기에 256가지 이성체 중에 단 한 가지의 형태의 콜레스테롤만 있는데 어떻게 착하고 나쁜 것으로 구분할 수 있다는 소리인지 알 수 없다.

담즙산의 도움으로 지방을 흡수하면 거대한 지방구가 되는데, 지방은 가벼워서 함량이 많을수록 저밀도(Low density)가 된다. 지방을 운반할 때는 양이 증가한 만큼 크기가 커지고 단백질과 콜레스테롤의 비율은 그만큼 낮아진다. 최초 지방 흡수 단계(Chylomicron)는 HDL에 비해 지름이 100배 정도에 부피는 100만 배나 크고, 99%가 지방의 상태이다. 지방을 혈관으로 이송하려면 유화를 하는 당연하지만, 지방구의 크기는 놀라운 것이다. 식품에서 킬로미크론 크기로 균질하려면 250바(Bar)이상의 고압균질기가 필요하고 VLDL 이하의 크기로 균질하려면 특수 기계로 1,500바 이상의 초고압을 걸어도 힘들다.

VLDL의 상태는 간에서 세포에 지방을 전달하는 과정이고, LDL은 체세포에 콜레스테롤을 공급하는 상태이다. 그리고 HDL은 체세포에 과도한 콜레스테롤이 있으면 회수하는 상태이다. 과도한 지방과 콜레스테롤은 문제이지만, 지방과 콜레스테롤이 생존에 필수적인 요소라 적당량 있어야지 무작정 HDL의 수치가 높다고 건강에 좋은 것은 절대 아니다. 기본적인 물성부터 이해하려는 노력 없이 제 입맛대로 실험하고 해석한 단편적인 연구 결과 때문에 많은 사람이 이리저리 휘둘리고 고통 받은 지난 60년의 지방에 대한 오해와 편견을 생각하면 너무나 안타깝다.

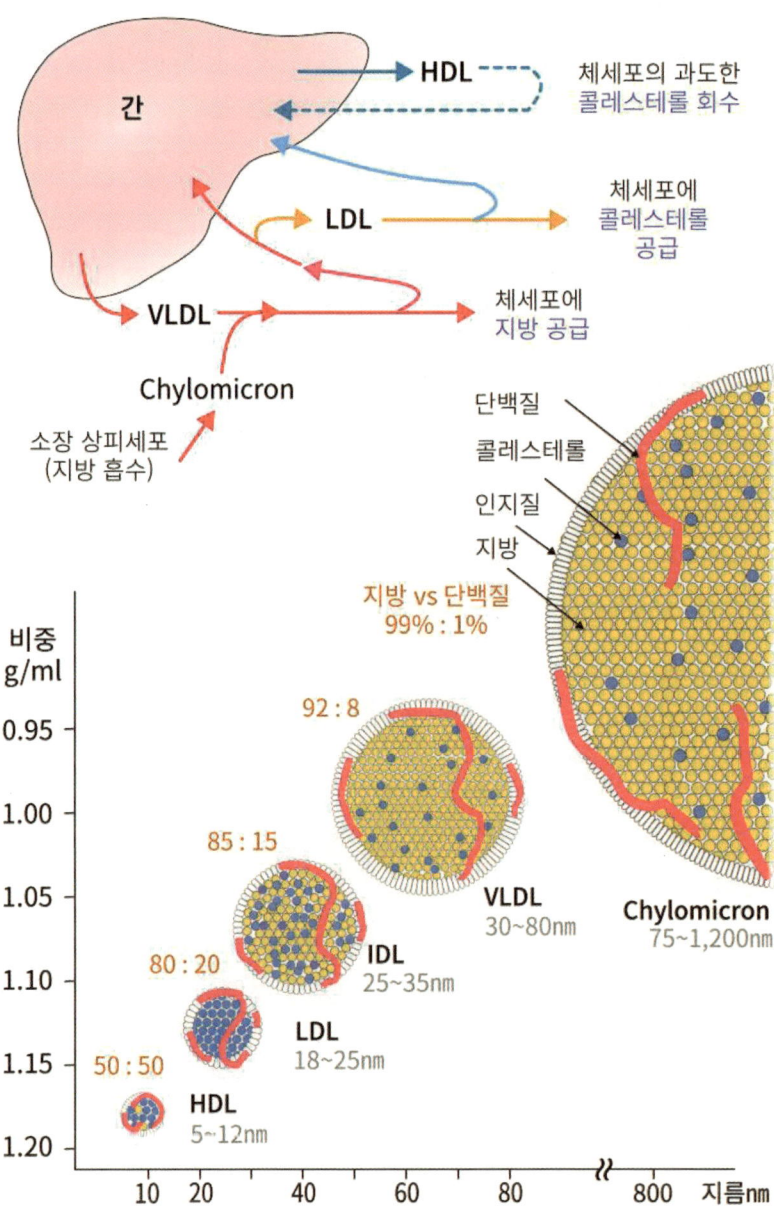

어떻게 하면 콜레스테롤 같은 가치판단의 오류를 줄일 수 있을까?

내가 어떻게 하면 식품에 관한 오해와 편견을 줄이기 위해 공부하다 보니, MSG처럼 간단한 문제부터 GMO처럼 복잡해 보이는 문제까지, 어떤 문제든지 그 본질을 찾아 비슷한 유형과 비교해 보거나 분자의 구조 자체를 알아보면 풀리는 문제가 많았다.

예전에 MSG가 위험하다는 주장 때문에 우리 몸은 왜 글루탐산을 감칠맛으로 느낄까에 관한 공부를 하다가 『내 몸의 만능 일꾼 글루탐산』이란 책을 쓴 것처럼 이소프레노이드라는 책을 쓰고 싶어질 정도였다. 이소프레노이드로부터 식물은 우리가 느끼는 향의 절반을 만들고, 카로티노이드를 만들어 광합성을 한다. 우리 몸은 콜레스테롤을 만들어 세포막을 유동성이 높으면서도 안정적으로 유지하고, 식물에 없는 분자 구조로 변형하여 호르몬으로 사용하고, 지방 소화에 필요한 담즙산도 만든다. 우리 몸이 가장 애써서 만드는 콜레스테롤에 대한 지금의 무참한 비난을 보면 도대체 건강 정보 중에서 한 가지라도 쓸 만한 것이 있기는 한 것인지 의심마저 든다. 그런 정보에 휘둘리는 것이 너무 한심하게 느껴지는 것이다.

결국 식품에 엉터리 불량지식이 많은 것은 단순명료한 원리로 촘촘히 연결된 견고한 지식의 프레임이 없기 때문일 것이다. 식품 전체를 이해하지 못하고 여기저기서 자신의 입맛에 맞는 일부분만 떼어 와서(부분적으로는 옳아도) 전체를 만들면 가장 위험한 지식이 되는데, 그런 지식에 마구 휘둘린 것이다.

식품을 하는 사람이 식품 현상의 전체를 온전히 설명해 보려고 노력이 너무 없었다. 각자 자기 일을 할 뿐 전체적이고 균형적인 시각에서 통합적 이해를 시도해 보지 않아 판단의 가이드라인이나 지도 원리가 없었다. 그러니 불량지식에 마구 흔들린 것이다.

  나는 물리학이 그런 것처럼 식품도 단순화할수록 깊이가 깊어질 것으로 생각한다. 세상은 생각보다 단순한 법칙으로 작동하고 한다. 그것이 3차원적으로 연결되었을 뿐이다. 자연이 3차원적이니 그것을 연구한 자연과학의 지식도 연결하면 3차원이 될 수밖에 없다. 하나를 설명하려고 해도 전체가 필요하고, 전체를 알려면 하나를 제대로 알아야 한다. 자연뿐 아니라 우리 몸과 식품도 그렇다. 단순한 현상들이 무한한 시행착오를 거쳐 가장 치밀하게 연결된 형태로 진화해 온 결과라 한 가지라도 제대로 알려면 모두 알아야 하고 한 가지를 제대로 알면 다른 것은 저절로 알게 되는 구조다.

- 식품을 말로 배울 것인가 vs 그림(분자 구조식)으로 배울 것인가?
- 내게 필요한 것만 공부할 것인가? 식품의 구조를 알고 내가 하는 일을 알 것인가?
- 감각만을 해결하려고 노력할 것인가? 논리와 이론적 배경을 이해해 시행착오를 줄일 것인가?

PART
3

적은 양으로
식품의 특징을
바꾸는 분자들

1. 식품첨가물과 식물의 2차 대사산물의 공통점

식품첨가물은 식물의 2차 대사산물과 같다

 10년 전까지만 해도 첨가물을 비난하는 사람이 정말 많았다. 하지만 그들 중 누구도 식물의 2차 대사산물의 위험성을 말하는 사람은 없었다. 첨가물이 사실상 식물의 2차 대사산물과 같은 물질인데 그랬다. 식물이건 동물이건 가공식품이건 천연식품이건 성분 대부분을 차지하는 1차 대사산물은 같다. 만약 가공식품과 천연식품을 수분 함량이 같도록 조절하여 믹서에 넣고 갈아 제공하면 어떤 것이 천연식품인지 구분할 수 있는 사람은 별로 없을 것이다. 성분을 분석해도 별 차이가 없다. 주성분(대량 성분)은 물, 단백질, 탄수화물, 지방일 수밖에 없고 이들은 천연물로 쓸 수밖에 없다. 천연밖에 없고 합성하려고 해도 너무 비싸진다. 석유는 천연이라 싼 것이고, 지방 등으로 합성 석유를 만들려면 너무 비싸지는 것과 같은 원리다.

 식물에서 맛과 향을 내는 물질은 정말 작은 양이다. 천연에 존재하는 미량성분을 추출하는 것은 비효율적이라 자연에 흔한 물질을 효소나 촉매를 처리하여 천연의 물질 그대로 만든 것이 첨가물이다. 출처만 다른 것이다. 자연에 없는 분자를 합성한 것은 합성색소, 합성 감미료 정도밖에 없다. 첨가물은 자연물과 전혀 달라 보이지만 사실은 천연 성분 중에 활성 성분을 따로 모아둔 것일 뿐이기도 하다. 합성색소를 진하다고 생각하지만, 천연색소를 합성색소만큼 고농도로 농축하면 합성보다 더 진해서 새까맣게 보인다. 천연향료도 마찬가지로 같은 농도이면 천연 향이 더 진하다. 첨가물은 자연에 존재하지 않는 수준으로 워낙 고농도로 농축되어 있어, 사용량에 제한이 있는 것도 있지만 그것은 천연물도 마찬가지다. 대부분의 첨가물은 아무런 사용 제한이 없다. 지금의 첨가물은 전 세계적으로 수십 년간 사용되면서 가장 혹독한 검증을 거쳐 살아남은 것들이다. 다시 말하면 그 목적을 달성하는데 그보다 안전한 물질은 별로 없다는 뜻이기도 하다.

천연식품과 가공식품의 공통점과 차이점

		천연식품	가공식품	비고
대량성분	물	5~99% (80%)	동일	천연물 그대로 사용됨
	탄수화물	식물에 많음	동일	
	단백질	동물에 많음	동물성 or 식물성(콩)	
	지방	야생은 적음	식물성 위주	
미량성분	향	0.1 이하	0.1 이하	가공식품은 추가 가능
	색소	0.01 이하	0.01 이하	
	비타민	0.1% 이하	0.1% 이하	
	미네랄	2% 이하	2% 이하	

맛: 감미료(천연, 합성), 산미료, 정미료(MSG).
향료: 천연 향 vs 합성 향.
색소: 천연색소, 합성색소, 발색제(아질산), 표백제(아황산).
물성: 증점제, 겔화제, 유화, 팽창, 밀가루개량제.
품질: 보존료, 산화 방지, 습윤제, 피막제, 고결방지제.
가공: 용제, 효소, 여과 보조제, 이형제.
영양: 비타민, 미네랄, 아미노산.

식품 이해하려면 개별 성분부터 다루어 보고 특성을 파악하는 것이 지름길이다. 이는 색을 이해하려면 3원색의 물감부터 섞어보는 것과 비슷하다.

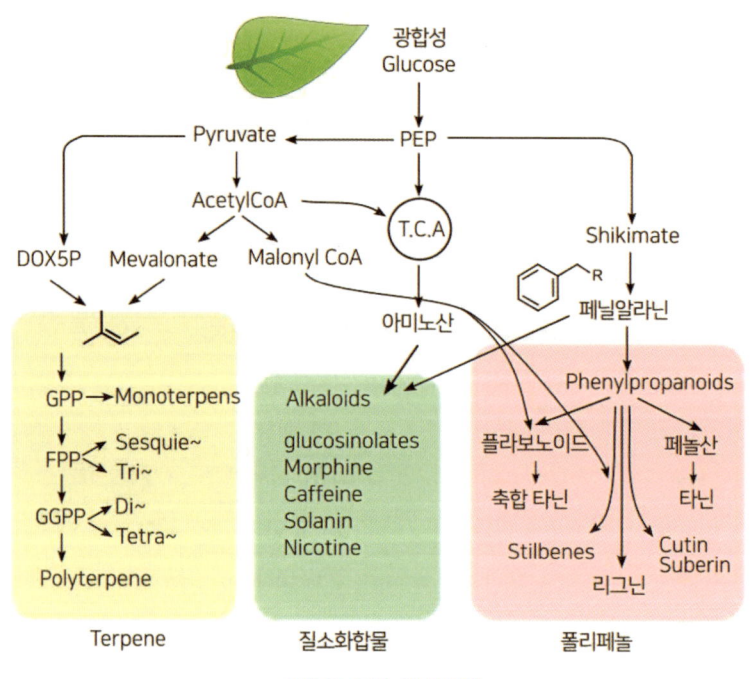

식물의 3차 대사산물

짠맛을 이해하려면 소금을 써보고, 단맛을 이해하려면 설탕을 가감해 보는 것처럼 식품에 특성을 부여하는 개별적 성분을 사용해 보면서 복잡한 성분이 상호작용을 이해하는 것이 훨씬 본질을 파악하기 쉽다. '식품 화학'과 '식품첨가물학' 책을 보면 온갖 분자가 등장하기 때문에 언뜻 가공식품을 위한 책처럼 보이지만 모든 천연식품의 성분을 설명할 때도 적용된다.

식품첨가물이나 식물의 2차 대사산물을 설명하려면 좀 더 많은 단분자가 등장하지만 그래도 식품의 성분은 대부분 CHON 4개의 원소가 핵심이다. 수질이나 미네랄을 다룰 때 나트륨(Na), 칼륨(K), 마그네슘(Mg), 칼슘(Ca), 염소(Cl) 같은 몇 가지 원소가 추가로 등장하는 정도이다.

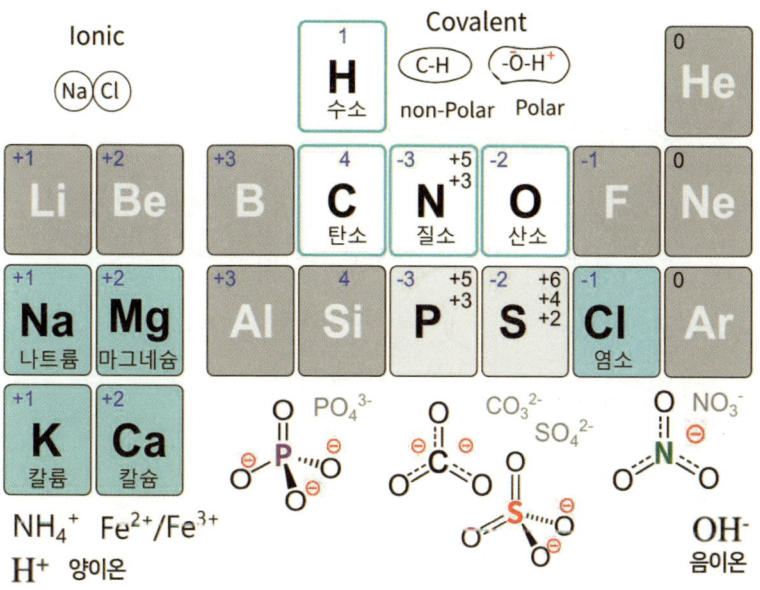

식품에 등장하는 원소

친수성 분자의 특징

앞서 식품의 주성분도 물과 관계로 설명했는데, 개별 분자도 물에 녹는지 안 녹는지와 같은 물과의 관계가 핵심이다. 식물은 2차 대사산물을 미리 만들어 액포에 보관하는데, 이때 물에 잘 녹는 당을 결합하는 배당체 형태인 경우가 많다. 합성 수용성 색소, 합성 감미료 등이 칼륨이나 나트륨을 결합한 형태로 만드는 것은 물에 넣으면 이들이 해리되면서 반발력에 의해 용해도가 크게 높아지기 때문이다.

향과 같은 2차 대사산물은 소량으로 특별한 기능을 하는 물질이고 이를 위해서는 수용성 물질보다 지용성이 유리하다. 캐러멜 반응을 통해 향기 물질을 만드는 기본 원리는 분자 탈수에 의한 친수기를 제거하는 것이다.

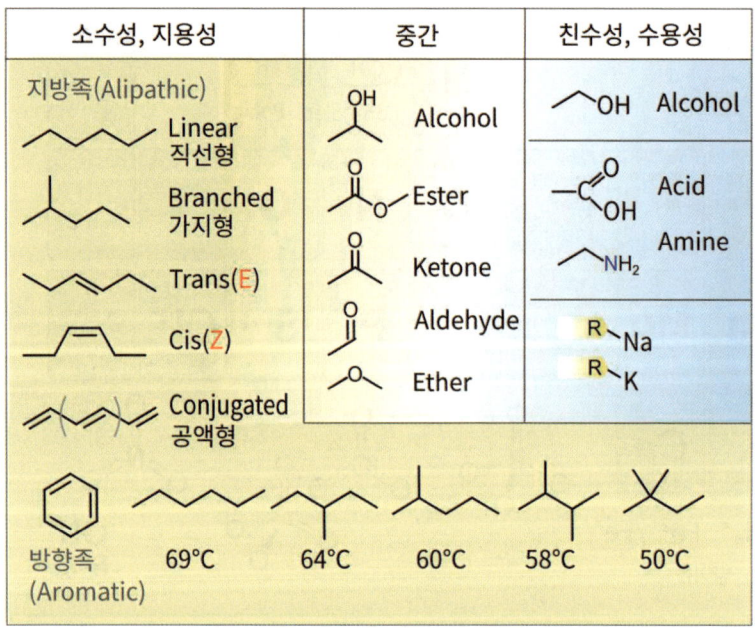

향기 물질의 배당체

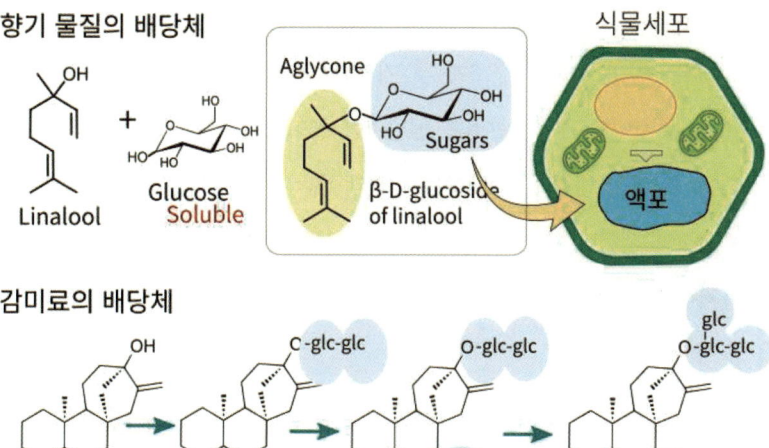

감미료의 배당체

Steviol → Steviolbioside → Stevioside → Rebaudioside-A

색소의 배당체

Crocetin 세포질
Crocin 액포
R=gentiobiose

다당류의 치환기

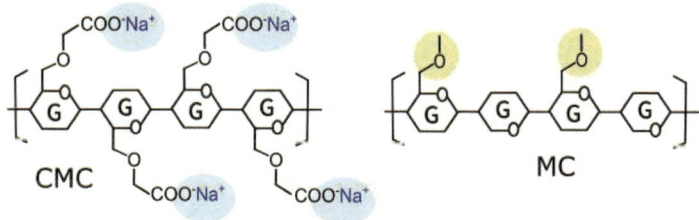

CMC   MC

친수성을 높이는 대표적 방법: 배당체, 친수기 치환

소수성 분자의 특성과 기타 특성

단분자에서는 알면 유용한 구조가 몇 가지 더 있다. 공액결합, 공명구조, 가지 구조, 에폭사이드 구조 등이다. 벤젠처럼 포화-불포화결합이 주기적으로 반복되는 것을 '공액결합'이라 하는데 공액결합의 길이가 증가하면 빛을 흡수하는 성질이 생긴다. 그만큼 빛에 의해 산화되기 쉬운 구조이다. 공명의 구조는 유기산과 항산화제의 특성도 부여한다. 형태가 바뀌면서 수소이온을 내놓을 수 있다.

에폭사이드는 반응성이 있어서 위험한 형태인데, 주로 간에서 만들어진다. 외부의 반응성 물질은 이미 반응하여 사라지지만 내 몸 안에서 만들어지는 반응성 물질은 대처가 힘들다.

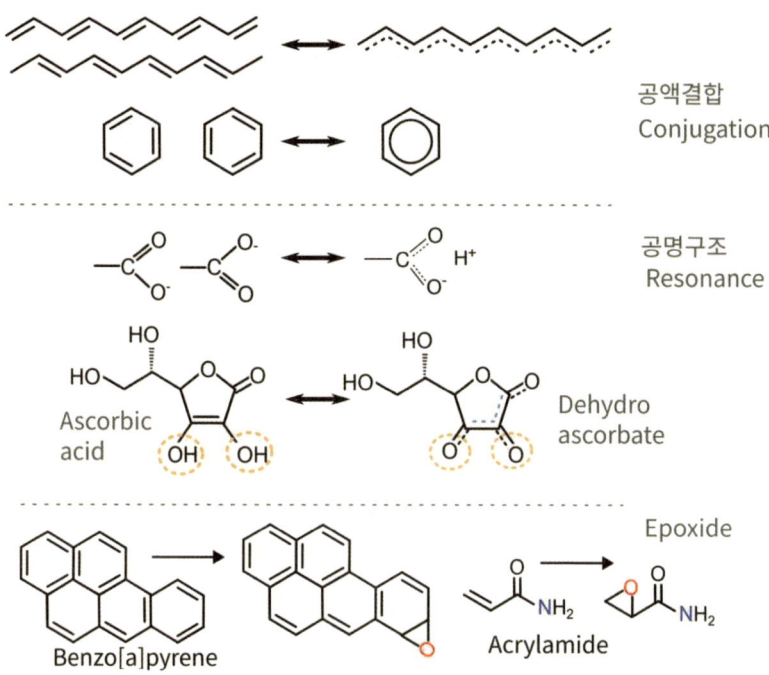

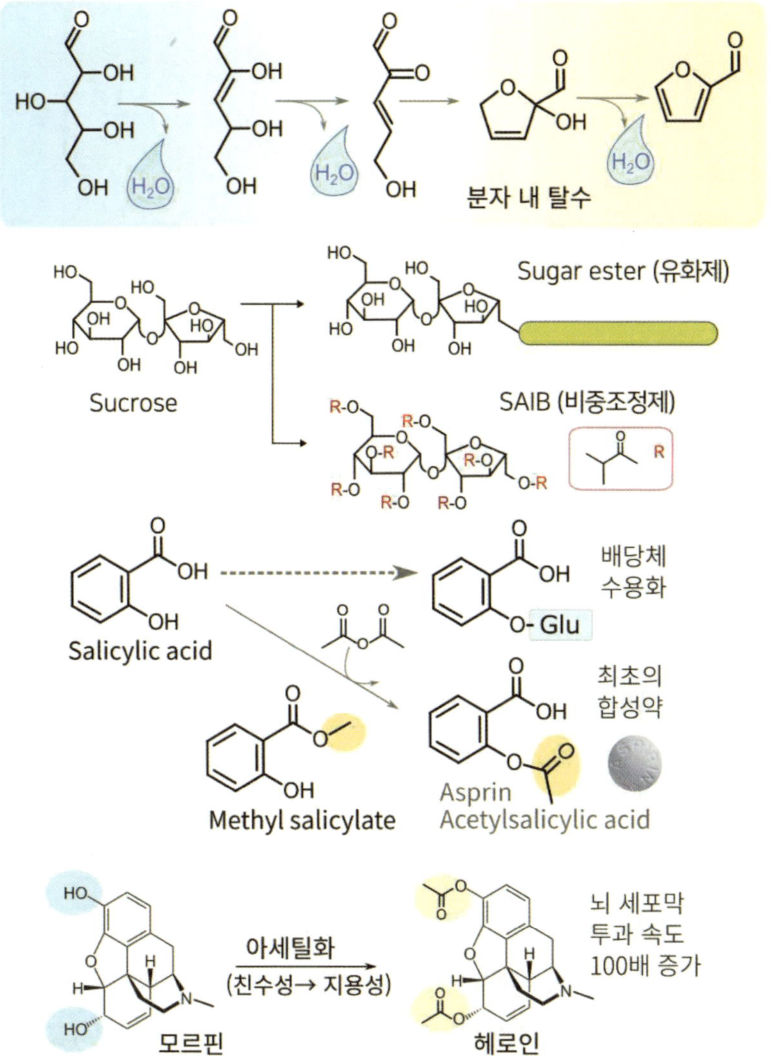

분자 내 탈수

Sucrose → Sugar ester (유화제)

SAIB (비중조정제)

Salicylic acid → 배당체 수용화 (O-Glu)

Methyl salicylate

Asprin
Acetylsalicylic acid — 최초의 합성약

모르핀 → 아세틸화 (친수성 → 지용성) → 헤로인
뇌 세포막 투과 속도 100배 증가

분자의 지용성을 높이는 방법과 달라지는 특성

2. 색소: 0.001%로 식품에 흥미를 부여하는 분자

시작은 빛이고 광합성이다

우리가 누리는 현실의 모든 것은 태양에서부터 시작되었다. 태양이 사라지면 단순히 어두워지는 것이 아니라 우리가 쓸 수 있는 대부분의 에너지가 사라진다. 태양이 생산하는 에너지 중 불과 1/22억 정도가 지구에 도달하지만, 그 양조차 3,850ZJ 정도라고 한다. 전 세계 전기 소비량은 0.0567ZJ(2005년)이니 이 양이 얼마나 엄청난 것인지 짐작할 수 있다. 태양에너지가 물의 순환에 힘을 주고 바람을 일으키고 지구 평균 14°C를 유지할 에너지를 준다. 광합성으로 포획하는 에너지가 3ZJ 정도로 1/1000도 안 되는 양이지만 우리가 먹는 모든 음식, 나무, 바이오매스를 제공한다.

내가 처음 분자 구조로 그 특성을 이해해 보려고 노력했던 것이 색소였다. 그리고 우리가 냄새를 지각하는 원리를 이해하기 위해 공부한 것이 시각의 원리였다. 많은 사람이 방사선을 무서워하지만, 태양의 에너지가 수소폭탄과 같은 원리로 만들어진 것이라 감마선 자체라는 것은 잘 모른다. 만약 태양 중심에서 만들어진 감마선이 바로 지구에 도달하면 지상에는 아무 것도 존재할 수 없다. 다행히 중심에서 표면까지 이동하는 20만 년 동안 주변의 입자와 부딪히면서 대부분 에너지를 잃고 주로 가시광선의 형태가 된다. 그래도 과거에는 자외선이 심해서 지상에는 아무것도 살지 못했는데 산소가 생겨서 오존층이 만들어지면서 생물의 육상에 진출이 시작되었다는 것이다. 색소는 광합성을 위해 가시광선을 흡수하는 것에서 시작되었다. 색소로 포획한 햇빛 에너지를 이용해 이산화탄소를 고정하는 것이 모든 유기물의 시작이다.

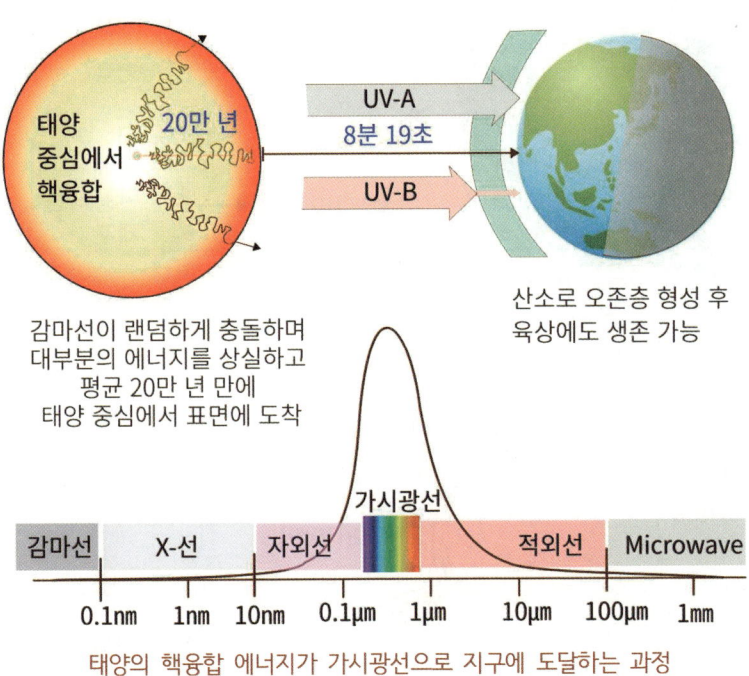

태양의 핵융합 에너지가 가시광선으로 지구에 도달하는 과정

색소 수용체에서 시각이 시작되는 과정

　시각도 색소에서 시작되었다. 빛에 반응하는 세포가 진화해 시각수용체가 되었는데, 시각수용체도 기본형은 후각수용체와 같다. 식물은 카로틴을 광합성의 보조색소로 사용하는데, 동물은 카로틴을 2개로 분해하여 빛을 포착하는 데 사용한다. GPCR에 카로틴을 분해한 레틴알이 결합하면 로돕신이라고 하고, 결합하지 않는 것을 옵신이라고 한다. 비타민 A는 레틴알의 보관용일 뿐 아무 일도 안 하는 셈이다. 후각과 색이 이렇게 연결되는 것을 보면 확실히 자연에는 매듭이 없고 과학에서 매듭이 없다는 것이 느껴진다.

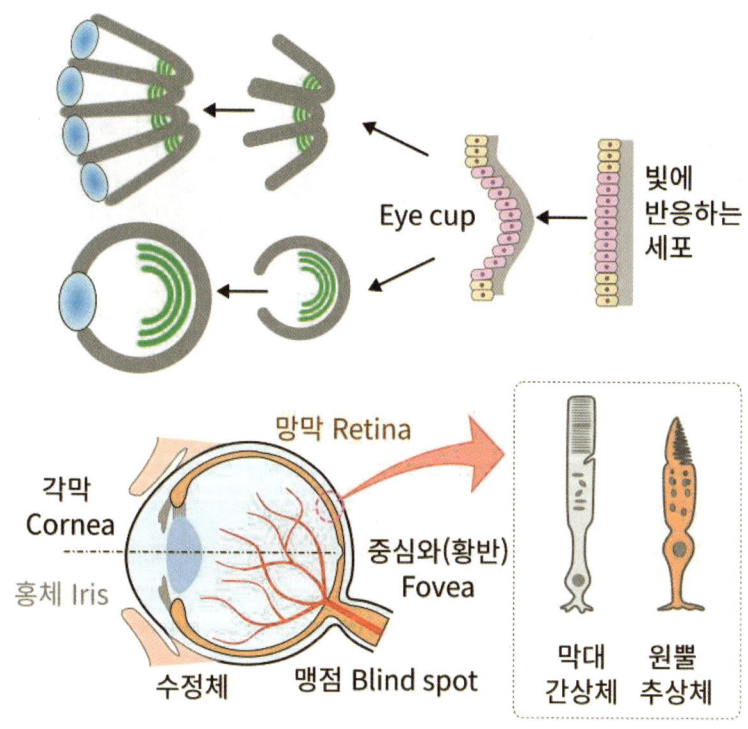

시각의 진화와 눈의 구조

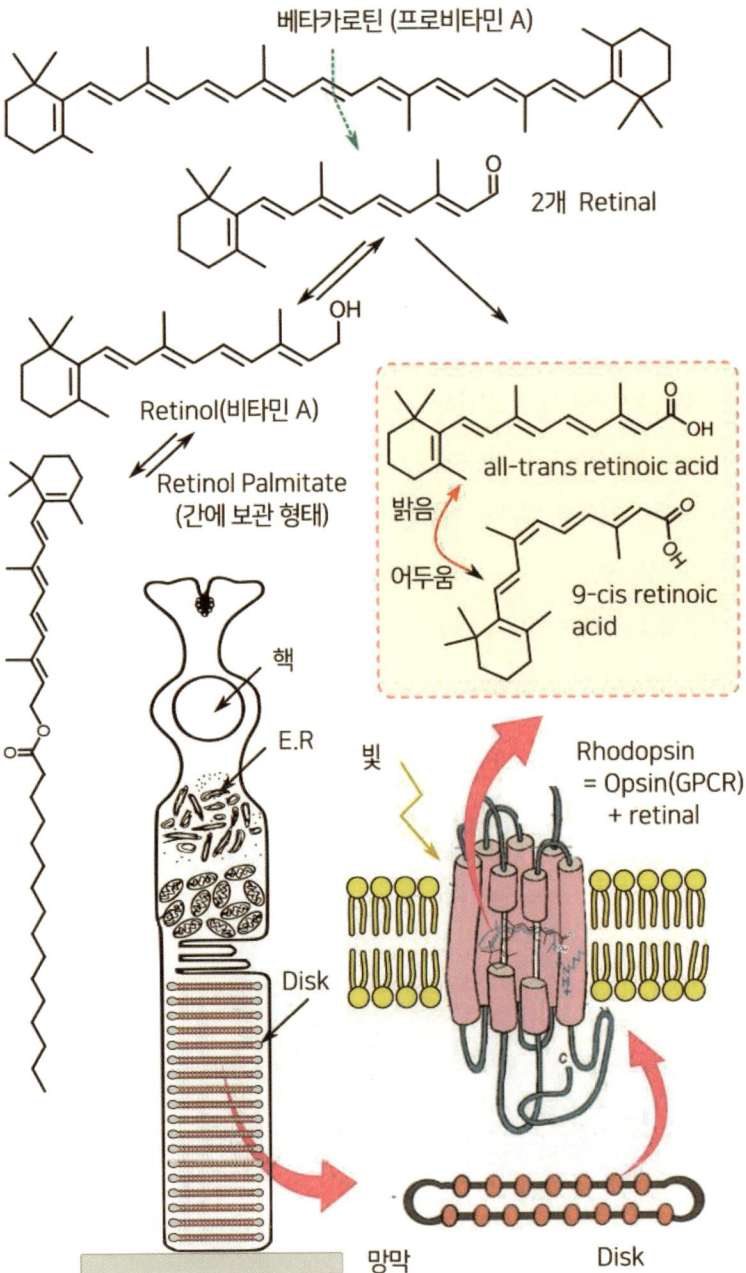

색은 가장 적은 양으로 식품에 흥미를 부여한다

오감 중 시각이 가장 빠르고 많은 정보를 처리한다. 그렇다 보니 맛에도 알게 모르게 많은 영향을 준다. 인터넷에 음식을 파랗게 물들인 사진이 화제가 된 적이 있다. 색만 바꾸었는데도 보는 사람의 식욕이 완전히 사라졌기 때문이다. 미각, 후각, 시각(색)은 따로 존재하지만, 우리가 맛을 느낄 때는 도저히 따로 존재한다고 말하기 힘들 정도로 서로 얽혀서 동시에 작동한다. 그중 한 가지라도 '전혀 아니다', '수상하다'라는 정보를 보내면 맛이 확 사라진다. 뇌는 수상함을 정말 싫어하기 때문이다.

음식의 색이 파란색이면 시원하다는 느낌보다 수상하다는 느낌이 압도적인 것에는 시각의 진화적 배경이 관여한다. 인류의 먼 조상을 포함한 포유류는 원래 야행성이었다. 공룡에 밀려 밤에만 활동한 것이다. 그래서 눈에 3가지 색 수용체를 가지고 있다가 2가지로 퇴화했다. 물고기가 빛이 없는 동굴에 갇히면 1,000년 안에 완전히 시력을 잃는다고 하는데, 이와 비슷한 변이가 일어난 것이다. 지금의 사람을 포함한 영장류가 3가지 수용체를 가지

자연에 파란색의 식재료는 없다

고 있는 것은 붉은색 파장을 보는 수용체를 회복한 덕분이다. 우리 조상이 나무 위에서 생활하던 시절, 붉은색은 과일이 익었는지 파악하는 데 중요했다. 빨갛게 잘 익은 과일을 빨리 찾을 수 있어야 먹이 확보에 유리하고, 새끼의 상태나 다른 개체의 표정 등을 잘 파악하는 데도 큰 도움이 되었다. 붉은 혈색은 건강 상태, 몸 상태, 감정의 변화 등을 반영하기 때문에 배란기나 상대의 표정을 읽는 데 유용했다. 자연에서 잘 익은 과일의 색은 노랑·주황·빨강 계열이고 지금 우리가 좋아하는 음식의 색도 그렇다. 사람들은 음식에 대해 매우 보수적이라 먹거리의 색이 파란색처럼 수상하면 생각보다 심한 거부감이 드는 것이다. 색은 0.001%로 모든 것을 바꾼다. 다음에 설명할 향기 물질과 맛 물질은 다른 책에 충분히 설명되어 있으므로 최소한만 다루고 색소에 관해서 좀 더 설명하려 한다.

색채감각의 진화는 음식을 찾는 데 결정적 수단이 되었다

엽록소: 광합성의 주인공

엽록체는 식물의 특별함을 만든다. 식물의 잎에 있는 세포 하나에는 수십 개의 엽록체가 있다. 엽록체는 지름 5μm 정도의 볼록 렌즈 모양의 소기관으로 여기에 빛을 흡수할 수 있는 여러 색소가 들어 있는데, 가장 중요한 것은 클로로필(엽록소)이다. 클로로필에는 여러 형태가 있지만 모두 핵심 구조는 포피린 센터에 마그네슘이 결합한 구조이다. 광합성에는 클로로필 말고도 카로티노이드 색소와 남조류, 홍조류, 녹조류는 다른 형태를 가지고 있다. 색소가 받아들인 빛에너지는 최종적으로는 클로로필 A에 전달되어 광합성의 원동력이 된다.

우리가 잎을 직접 먹지 않아서인지 클로로필 색소는 식품의 색으로 별 매력이 없지만, 이 색소가 실활되면 식품이 매력 없어 보인다. 가열하면 포피린에 결합한 마그네슘(Mg^{2+})이 떨어져 나가고, 보관 중에는 Chlorophyllase(냉동 상태에서도 작용)가 Phytol group을 분해하여 색이 변하며 빛에 장시간 노출되면 색소가 분해된다. 갈변을 막기 위해 아연($ZnCl_2$)이나 구리를 처리하면 밝고 안정된 색이 유지되지만, 구리 첨가는 미국에서는 허용되지 않는다.

포피린 분자의 중심에 마그네슘(Mg)이 있으면 엽록소이지만, 철(Fe)이 있으면 헤모글로빈이다. 그리고 코발트(Co)가 있으면 노란색의 비타민 B_{12}가 된다. 자연은 한번 성공적인 물질이 만들어지면 쓰고, 고쳐서 또 쓰는 편이다.

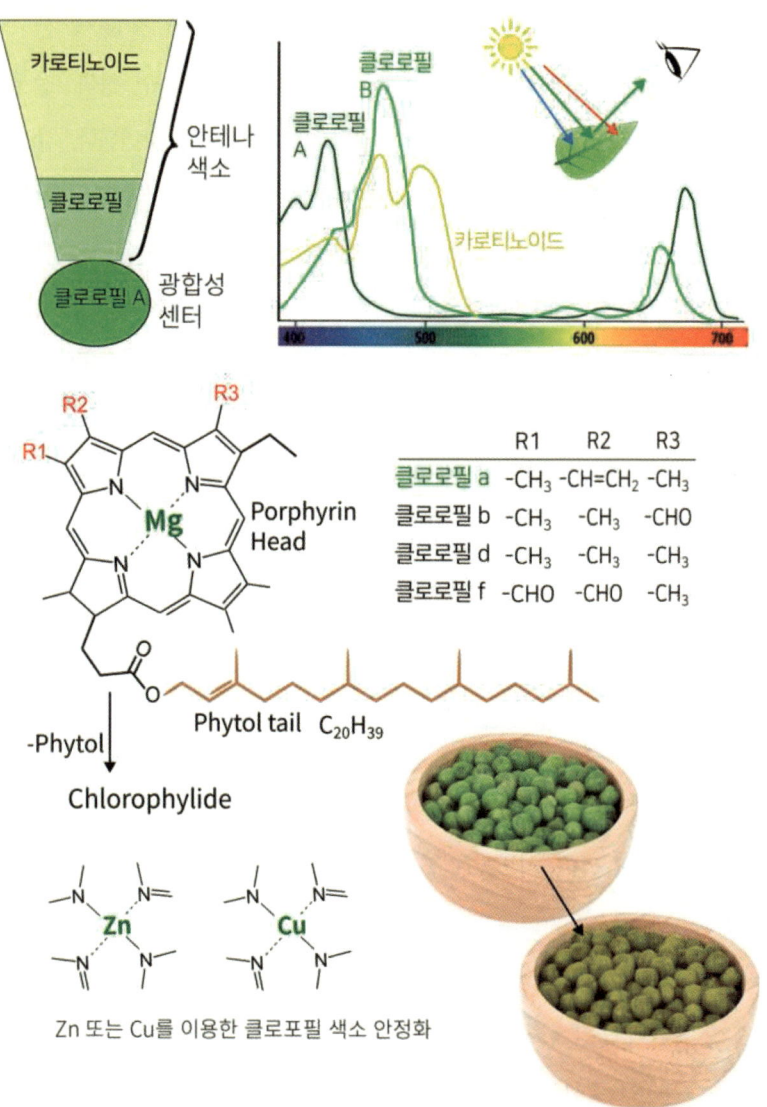

클로로필의 특성과 안정화 방법

혈색소, 육색소 그리고 발색제

포피린 분자의 중심에 철(Fe)이 있으면 헤모글로빈이 되는데, 철(Fe)에 산소가 결합하면 적색, 동맥의 피 색깔이고, 이산화탄소와 결합하면 청색, 정맥의 피 색깔이 된다. 가열하면 산소와의 결합은 쉽게 풀어져 갈변된다. 갈변된 고기를 선호하는 사람은 별로 없다. 철(Fe)에는 산소보다 시안(CN), 일산화탄소(CO), 산화질소(NO)가 강하게 결합한다. 그래서 아질산을 넣으면 산화되지 않고 선홍빛을 유지한다. 참고로 황화수소(H_2S)와 결합하면 녹색이 된다. 달걀을 오래 가열하면 녹색을 띠는 것은 황화철(FeS)이 되었기 때문이다. 색깔이 녹색이라면 이상하게 느껴지겠지만, 색은 원래 빛의 매우 좁은 파장에 반응하는 것이라 정말 사소한 차이에 따라 달라진다.

식육 제품에 아질산을 사용하던 이유는 미오글로빈의 산화 변색을 억제하기 위해서다. 햄이나 소시지를 만들 때 짠맛을 내기 위해 사용했던 암염이 고기의 색깔을 유지하고 보존성을 높이는 것은 오래전부터 알았는데, 나중에 암염에 있는 아질산의 효과로 밝혀졌다. 아질산에 생성된 산화질소(NO)가 미오글로빈의 철에 강력하게 결합해 탈색을 억제한 것이다. 아질산이 들어간 햄, 소시지에 대한 비난이 대단했지만, 아질산이 없으면 우리의 먹거리는 끝장이 날 수도 있다. 식물이 단백질을 만들려면 꼭 필요한 것이 질소원인데 공기 중에 질소를 뿌리혹박테리아 같은 세균이 암모니아로 고정한 후, 질화세균에 의해 아질산염과 질산염을 거쳐 식물이 활용한다. 아질산이 없으면 질소 순환의 중간 사슬이 끊겨버린다.

산화질소(NO)는 혈관을 팽창시켜 혈압을 낮추거나 혈류 흐름을 원활하게 하여 협심증 증세를 완화하는 약품으로도 쓰인다. 대부분 포유류 동물의 세포 내에서 생성되는 신호 전달 물질 작용하기 때문이다. 그래서 우리 몸에서 여러 중요한 기능을 한다. 아르기닌을 먹은 효과도 산화질소에 의한 것이다.

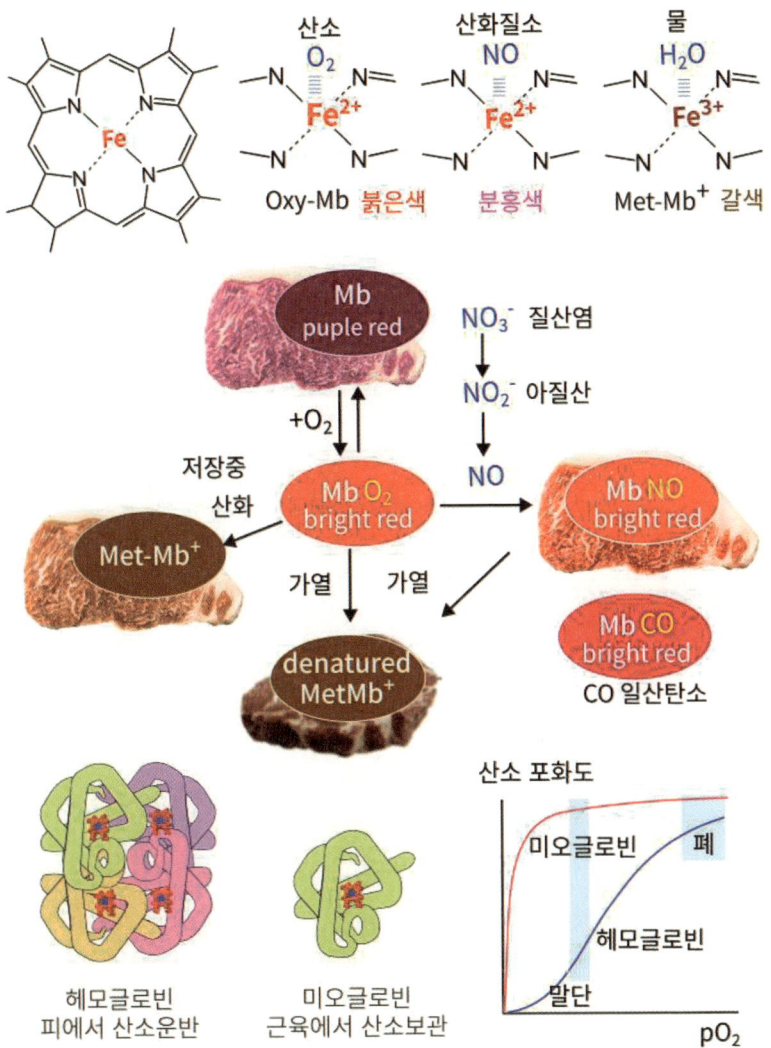

헤모글로빈과 미오글로빈의 색소 특정과 안정화 방법

카로티노이드: 광합성의 보조색소 그리고 향

엽록소가 광합성의 주 색소라면 카로티노이드 등의 유기색은 보조색소이다. 이들 유기색은 공액결합이 많아서 긴 파장의 빛을 흡수할 수 있다. 카로티노이드계는 포화와 불포화가 반복되는 11개의 공액결합, 즉 최소한 22개의 탄소를 가져야 한다. 지방산의 탄소 수가 보통 18개 이하인 데 비해 카로티노이드는 보통 탄소 40개로 만들어진 분자다. 카로티노이드계 색소는 라이코펜의 변형이다. 조색단이 없어서 pH 변화와 무관하게 일정한 색을 가지고 열에도 강하다. 그러나 대부분 지용성이고 산화에 약하다. 식물에서 카로티노이드가 하는 일은 다양한데, 그 가운데 하나가 엽록체에서 광합성을 돕는 역할이다. 즉 엽록소가 흡수할 수 없는 파장의 빛에너지를 흡수해 엽록소에 전달하고, 엽록소 대신 산화되어 엽록소를 보호하는 역할도 한다.

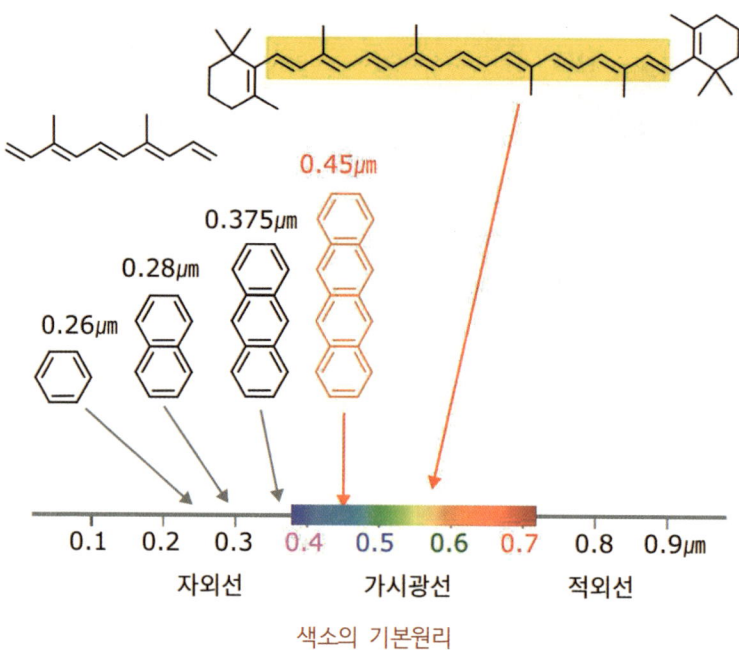

색소의 기본원리

Carotenoid

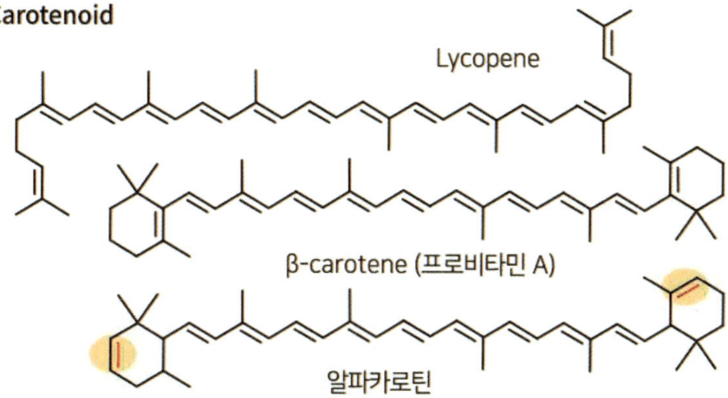

Lycopene

β-carotene (프로비타민 A)

알파카로틴

Xanthophylls

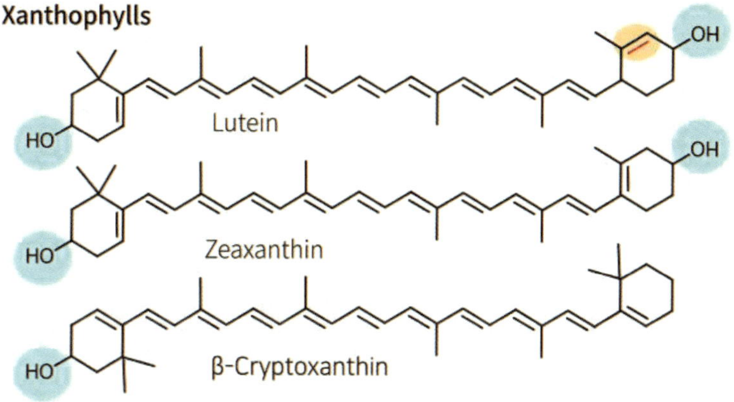

Lutein

Zeaxanthin

β-Cryptoxanthin

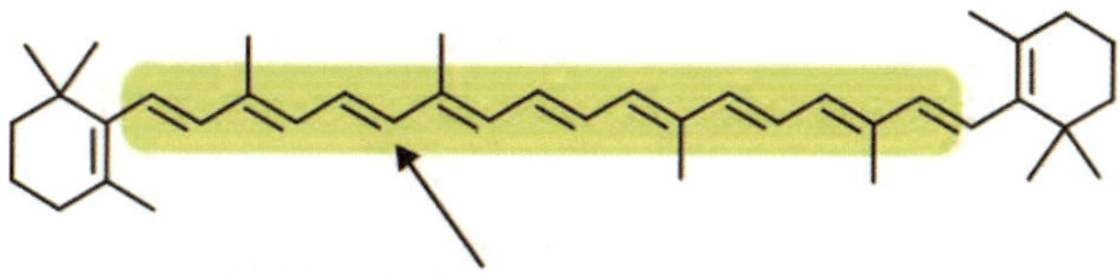

표백제: 산화제 or 환원제
이중결합 중에 한 개만 변화시키면 색소의 기능을 잃음

카로티노이드계 색소의 분자 형태와 표백의 원리

안토시아닌 색소: pH에 따라 달라지는 색

플라보노이드계 색소는 플라본을 기본 구조로 한다. 플라본 자체는 유용성이지만, 당이 결합하면 수용성이 되고 이를 안토시아닌이라 한다. 이 물질을 색소로 사용할 때 불편한 점은 pH에 따라 조색단의 효과가 달라져 색상이 크게 변화하는 것이다.

지시약은 소량으로 어떤 적정 반응의 종말점을 확인하기 위해 쓰이는 물질이다. pH에 따라 분자 구조가 미세하게 변하여 흡수할 수 있는 빛의 파장이 달라진다. 이런 성질을 이용하여 pH의 적정 등에 사용한다.

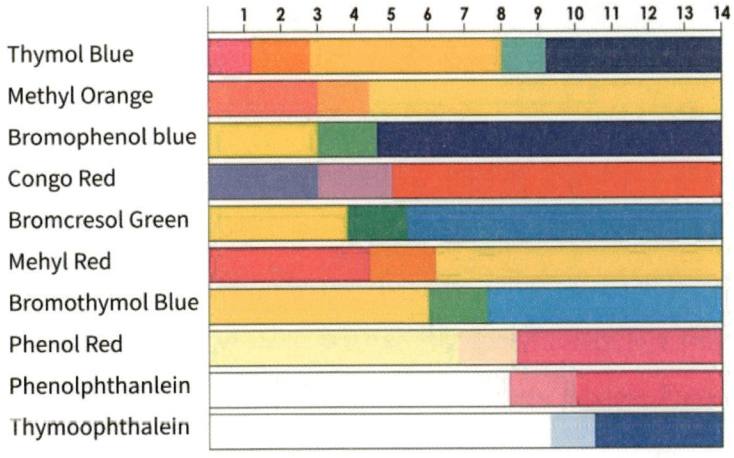

천연색소 vs 합성색소

　천연에 이상적인 색소는 없다. 카로티노이드계는 유용성이 대부분이며 산화에 약하고, 플라보노이드계는 산화에는 약간 안정하나 pH에 민감하다. 합성색소는 이런 결점을 줄인 것이다. 식용 합성색소를 조금만 넣어도 색이 진해지는 것을 보고 '역시 합성은 진해! 진한 것은 유독할 거야'라고 생각하기 쉽지만, 합성색소는 산화 안정하고 용해성도 높은 구조를 만들기 위해 분자량이 크다. 오히려 라이코펜 같은 천연색소가 구조가 단순하고 분자량도 적다. 그래서 같은 양이면 라이코펜이 합성 적색 색소보다 색이 3배 정도 진하다.

　새빨간 토마토의 색상을 내는 라이코펜은 토마토 100g당 0.002~0.008g에 불과하다. 티리언 퍼플 염료를 1.2g 얻기 위해 지중해 조개를 1만 2,000마리나 잡아야 했고, 코치닐 1kg을 얻기 위해 연지벌레 암컷을 10만 마리나 잡아야 했다. 천연은 그렇게 적은 양으로 강한 색을 내기 때문에 초기의 조악한 화학 기술로도 색소 산업이 가능했다. 천연색소는 순도 10%만 넘어도 너무 진해서 검게 보일 정도이다.

　라이코펜은 융점이 172℃, 베타카로틴은 융점이 181℃다. 융점이 높은 물질은 우리 몸에서 쉽게 처리하기 힘든 물질이고 배출도 쉽지 않다. 카로틴이나 라이코펜을 직접 손으로 만지고 씻어 보면 그것이 얼마나 끈적이고 녹지 않는 물질인지 알 것이다. 카로틴이 녹지 않고 배출도 안 되는 것은 당근을 많이 먹어 얼굴이 노랗게 되는 것으로도 알 수 있고, 치아 교정물에 카레가 물들면 씻어지지 않는 것으로 알 수 있다. 천연물은 오염 사고의 위험도 있고, 꼭두서니 색소는 신장암 유발 가능성으로 2004년 등록 취소되었다. 코치닐(연지벌레), 락(패충 분비물) 같은 동물성 색소가 얼마나 유지될지도 모를 일이다. 음식 속의 천연색소를 꺼릴 이유는 없지만 나는 합성색소보다 더 좋다는 말에는 동의하지 않는다.

합성색소의 분자구조

흰색은 색소가 내는 색이 아니다

　색소는 빛의 특정 파장을 흡수하는 것이지 색을 생산하는 것이 아니다. 가시광선의 일부를 흡수하거나 산란 또는 반사하면 색이 만들어진다. 그래서 색소가 없이 만들어진 색이 오히려 더 찬란하고 아름답기까지 하다. 대표적인 사례가 모르포(Morpho)나비다. 모르포나비는 색깔이 워낙 화려하고 아름다워서 과거에는 색소를 추출하려는 노력이 꽤 있었지만 100% 실패했다. 그 이유는 나중에 밝혀졌는데, 색소가 전혀 없이 단지 형태의 특성으로 나온 색이었기 때문이다. 모르포나비의 날개를 전자현미경으로 확대해 보면 마치 기와를 얹은 것처럼 규칙적인 배열이 나타나는데, 바로 이 나노 크기의 특별한 구조가 특정 파장의 빛만 반사하고 나머지는 통과시켜 신비한 색을 만든 것이다. 이런 형태의 색은 구조의 변화에 따라 색이 변한다. 그러니 나비의 색은 보는 각도에 따라 색이 바뀌고 더 찬란한 것이다.

　심지어 스스로 구조를 바꾸어 색을 바꾸는 경우도 있다. 카멜레온이 대표적인데 카멜레온은 주변의 환경에 따라 피부색을 순식간에 바꾼다. 이것이 색소에 의한 것이라면 카멜레온은 순식간에 색소를 합성하고 또 색을 분해하는 능력을 갖추어야 한다. 하지만 그렇게 빠른 속도로 색소를 합성하거나 제거하기란 불가능하다. 빠른 변색의 비결은 바로 구조의 변경에 있다. 카멜레온의 피부에는 빛을 반사하는 층이 2개 있는데, 피부를 당기거나 느슨하게 하는 방법으로 이 층에 있는 나노결정의 격자구조를 바꿀 수 있다. 격자구조가 변하면 흡수하는 빛의 파장대가 바뀌어 색이 변하게 된다. 카멜레온의 색은 색소 분자를 생합성한 결과물이 아니라 피부 운동의 결과인 셈이다.

모르포나비가 색소 없이 색을 내는 원리
(출처: 나비 사진 - Charles Patrick Ewing, 2016,
현미경 사진 - Potyrailo, R., Bonam, R., Hartley, J. et al., 2015)

형광단백질(Green fluorescent protein; GFP)

 2008년 노벨화학상은 해파리에서 빛을 내는 형광(螢光)단백질을 발견하고, 이를 유전자 기능 연구에 이용한 미국과 일본인 과학자 3명에게 돌아갔다. 일본의 시모무라 오사무(下村修) 교수는 1960년대에 해파리에서 자외선을 쬐면 녹색을 띠는 형광단백질을 발견했다. 그로부터 30년이 흐른 후 챌피와 첸 교수는 녹색형광단백질을 특정 유전자에 꼬리표처럼 달아 유전자의 기능을 확인하는 방법을 개발했다. 특정 기능을 가진 유전자를 생물에 주입해도 그것이 어디에 들어갔는지, 제대로 작동하는지 알기 힘들었는데, 꼬리표로 형광단백질도 발현시켜 빛을 통해 쉽게 파악할 수 있게 된 것이다. 이 기술을 이용해 살아있는 상태에서 신경전달 과정을 관찰할 수 있고, 접시 위를 기어다니는 파리 유충이나 접시 속에서 헤엄치는 물고기의 신경 활동을 시각화할 수도 있다.

 첸 박사는 GFP의 형광 메커니즘을 규명하여 이 단백질의 아미노산을 일부 바꾸거나 색소체의 구조를 바꾸면 형광 빛깔도 바꿀 수 있음을 확인했다. 초록색뿐 아니라 파란색, 청록색, 노란색 등을 내는 여러 가지 GFP를 만드는 것에 성공해 여러 단백질에 다양한 꼬리표를 붙일 수 있게 되었다. 여러 종류의 연구 대상에 각각 다른 색깔의 형광 단백질을 붙이면 한꺼번에 여러 개를 파악할 수 있어서 단번에 여러 단백질의 기능을 연구할 수 있는 기반을 마련한 것이다. 이때부터 GFP는 유전자 기능을 발견할 수 있는 획기적인 도구로 사용됐고, 앞으로도 청록색·붉은색·노란색 등의 화려한 이미지로 세포 안쪽에서 무슨 일이 벌어지는지 우리 눈으로 확인할 수 있게 해주고 있다. 과학에서 볼 수 있게 해주는 새로운 수단은 다음 단계로의 도약을 의미한다.

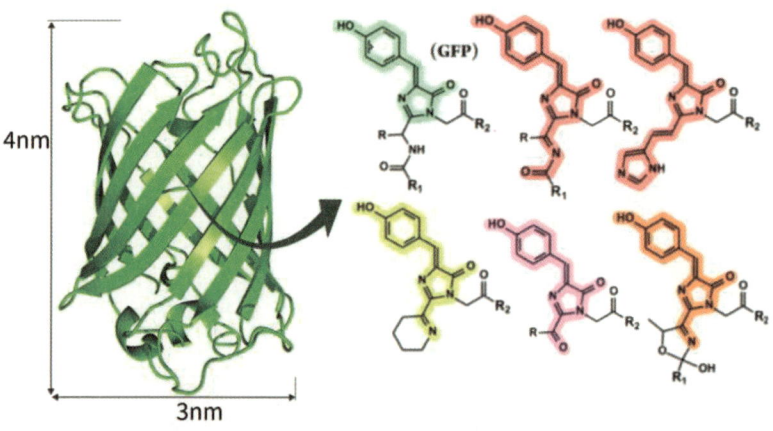
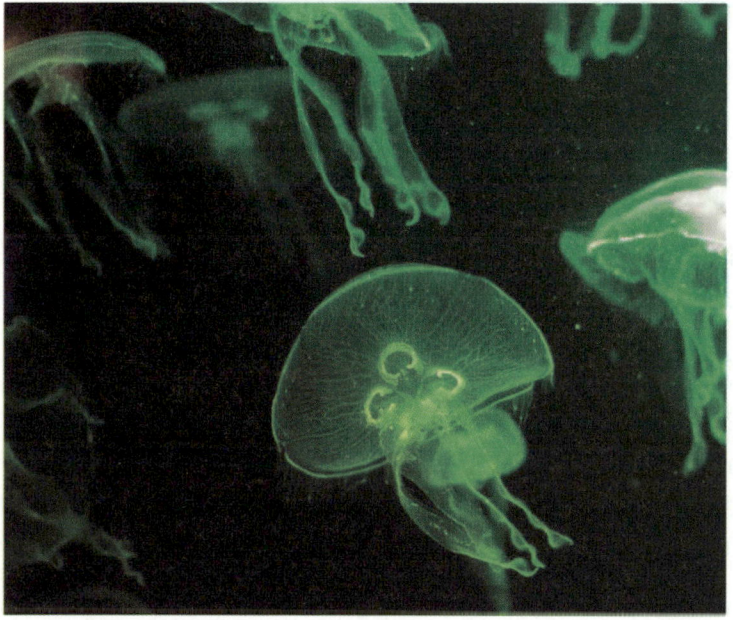

3. 향 성분: 0.01%로 음식의 다양성을 만드는 분자

향기 물질은 기름에 잘 녹는 아주 작은 분자

미각은 5가지뿐이고, 음식의 다양한 풍미는 0.1%도 안 되는 다양한 향기 물질에 의한 것이다. 향으로 작용하려면 휘발하여 코의 후각 세포에 닿아야 하므로 향기 물질은 분자량 300 이하(평균 150 이하)의 작은 분자이다. 이런 작은 분자가 물에 잘 녹으면 맛 성분이 되거나 향이 매우 약해진다. 물에 잘 안 녹고 기름에 잘 녹는 물질은 향기 물질이 되기 쉽다. 분자의 크기 즉 탄소 수가 적은 것은 자극적이면서 지속성이 짧은 냄새가 많다. 6개 정도는 흔히 풀 냄새(그린 노트)가 되고, 길이가 8~10개 정도일 때 우아한 향조(Flavor note)를 가진다. 그리고 길이가 더 길어지면 미묘하고 오래가는 냄새가 되는 경우가 많다. 분자가 작고 형태가 단순하면 냄새도 단순하고 빨리 느껴지면서 용매취 같은 느낌이 나고, 분자가 클수록 천천히 느껴지고 오래 남는다. 형태가 복잡할수록 더 다양한 수용체를 자극하기 때문에 느낌도 복잡해진다.

수용성 물질과 알코올은 향과 결합력이 모자라므로 빨리 휘발하여 강한 첫인상을 주지만, 유지가 많은 식품에서는 이들에 결합하여 천천히 휘발하므로 향의 강도는 낮고 은은하게 느껴지는 특성을 보여준다.

- 분자량이 증가하면 무게 대비 분자의 개수는 감소한다(향의 강도는 감소). 휘발성이 감소한다(강도 감소, 지속성은 증가).
발향단의 확률과 결합력은 향상한다(향의 강도 증가 효과).
- 탄소 수가 길어지면서 미묘하고 오래가는 향취가 된다.
- 이중결합은 분자의 형태를 완전히 바꾸어주므로 이중결합의 위치가 향조와 강도에 큰 영향을 준다.
- 단어가 짧을수록 냄새도 짧게 지속된다. 대체로 탄소 한 개가 증가하면 지속 시간이 두 배로 늘어난다.

		후각 물질	미각 물질
물리적 성질	끓는점	낮다(120~350℃) 휘발성이 필수	높다 비휘발성이 많다
	수용성	지용성	수용성
	극성	작다	크다
화학적 성질	분자량	17~300	1~20,000
	분자 구조	간단	간단~복잡
함량		적다(ppm~ppb)	많다(%~ppm)
감각 표현		복잡하다	단순하다

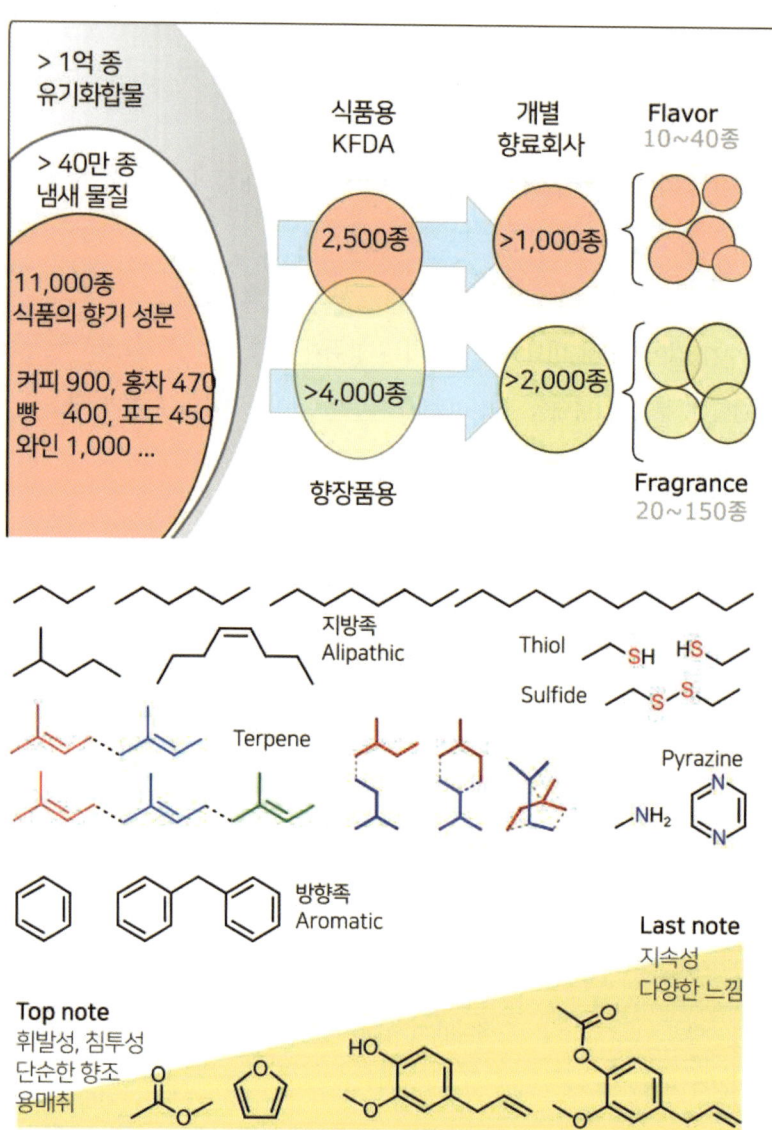

식물의 주 향기 물질: 터펜류, 방향족

이소프렌이 2~3개 결합한 터펜류가 식물이 만드는 향기 물질의 절반 정도를 차지한다. 카로티노이드의 분해로도 만들어진다.

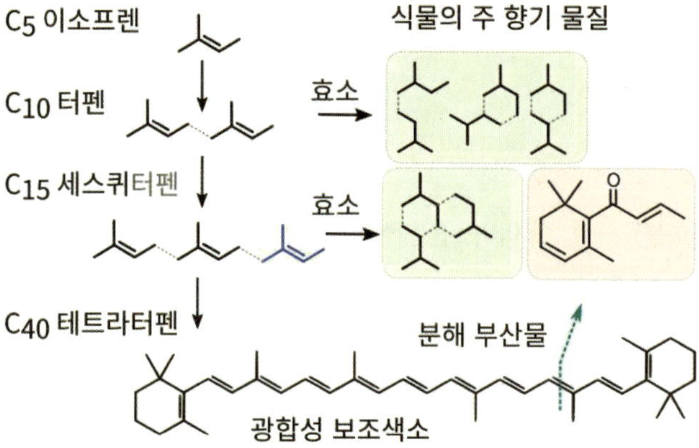

C5 이소프렌
식물의 주 향기 물질
C10 터펜
효소
C15 세스퀴터펜
효소
O
C40 테트라터펜
분해 부산물
광합성 보조색소

식물은 리그닌을 대량 생산하는데, 그 중간 과정에 벤젠 구조를 가진 방향족 향기 물질이 만들어진다. 많은 향신료의 개성 있는 향이 방향족 향기 물질이다.

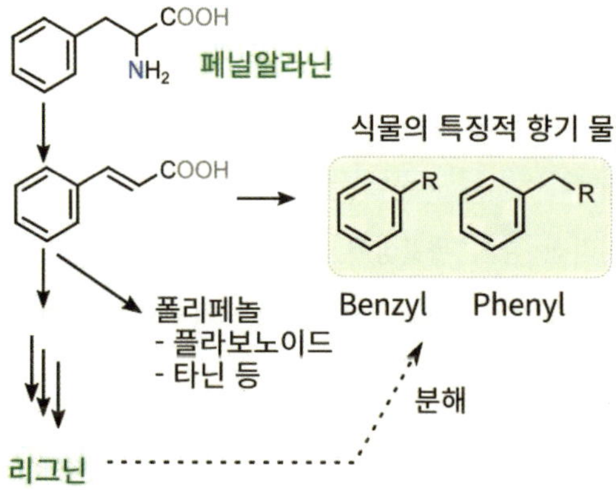

COOH
NH2
페닐알라닌
식물의 특징적 향기 물질
COOH
R
R
폴리페놀
- 플라보노이드
- 타닌 등
Benzyl
Phenyl
분해
리그닌

에스터 물질: 가장 다양한 종류의 향기 물질

유기산과 알코올이 탈수축합을 하면 에스터 향기 물질이 된다. 알코올과 유기산은 물에 잘 녹아 향이 없거나 약한데, 에스터가 되는 과정 중 친수기가 사라져 지용성의 물질이 되면서 향이 강해진다. 20가지 유기산과 20가지 알코올이 만나면 400종의 에스터가 만들어질 수 있는 만큼 향기 물질 중에 가장 다양한 편이다.

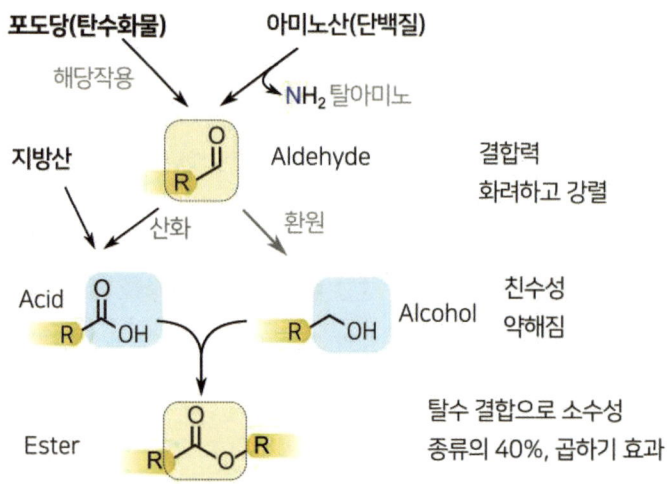

질소화합물, 황화합물

질소화합물 중 피라진 같이 내열성이 있는 향기 물질은 로스팅한 식품에서 큰 역할을 한다. 황화합물 중에는 향이 워낙 강력하여 소량으로도 특별한 역할을 하기도 한다.

향기 물질의 안정성과 숙성효과

향기 물질 중에는 반응성이 있어서 고농도로 장시간 보관하면 다른 분자와 축합반응을 하는 것들이 있다. 축합반응을 거칠고 자극적인 저분자 향기 물질들은 다른 분자와 결합하면서 향은 부드러워지는 경향이 있다.

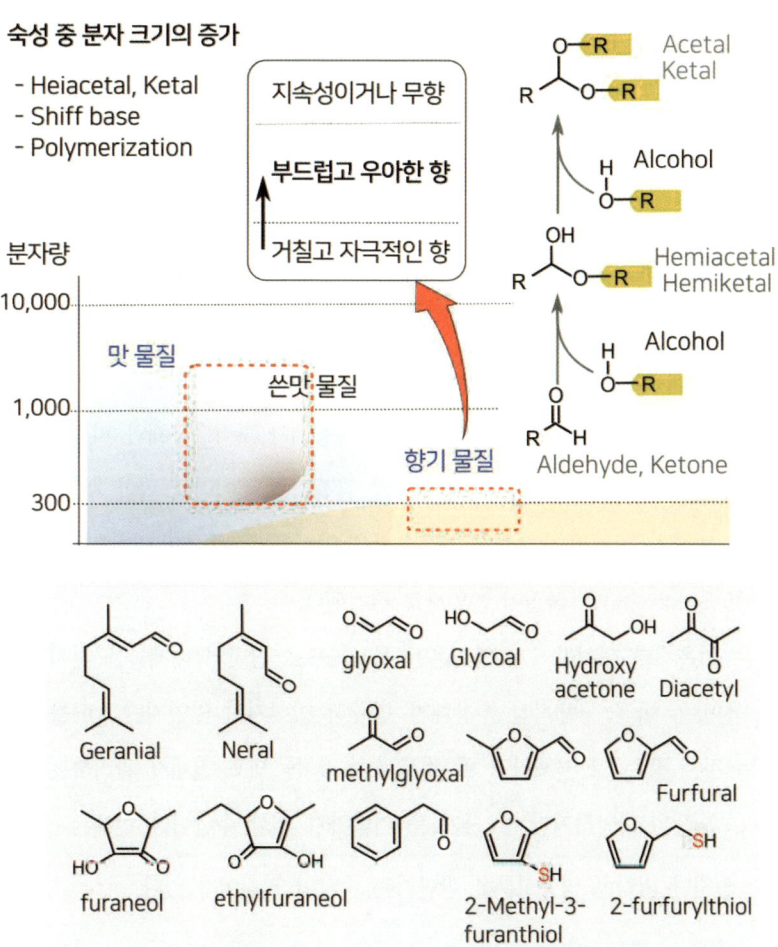

4. 맛 성분: 1%로 맛의 균형을 조절하는 분자

맛 성분은 물에 녹는 작은 분자

향은 400가지 수용체로 작용하는데 미각은 30가지 수용체로 작용한다. 맛 물질이 물에 녹아 혀의 미각수용체에 결합하는데 단맛, 감칠맛, 쓴맛 수용체는 후각과 같은 GPCR형이다. 특히 쓴맛 수용체가 후각수용체와 비슷하다. GPCR형은 분자의 일부를 더듬이 식으로 감각하는 것이라 결합할 수 있는 분자의 종류가 비교적 많은 편이다. 쓴맛은 맛으로는 1종류이지만 그 수용체는 25종이라 수많은 물질이 쓴맛으로 감각된다.

짠맛은 이온채널 형이라 1가 양이온만 통과하므로 짠맛의 대체물을 찾기 힘들다. 신맛은 아직 구체적인 수용체가 명확히 밝혀지지 않았지만, pH를 유지하는 것은 생존 그 자체라고 할 정도로 우리 몸 세포 전체가 관리하는 항목이다. 후각은 다양하지만, 그 물질을 기억하기 위한 수단이라 언제든지 바뀔 수 있지만 미각은 영양성분을 판단하는 수단이라 깊이가 있다.

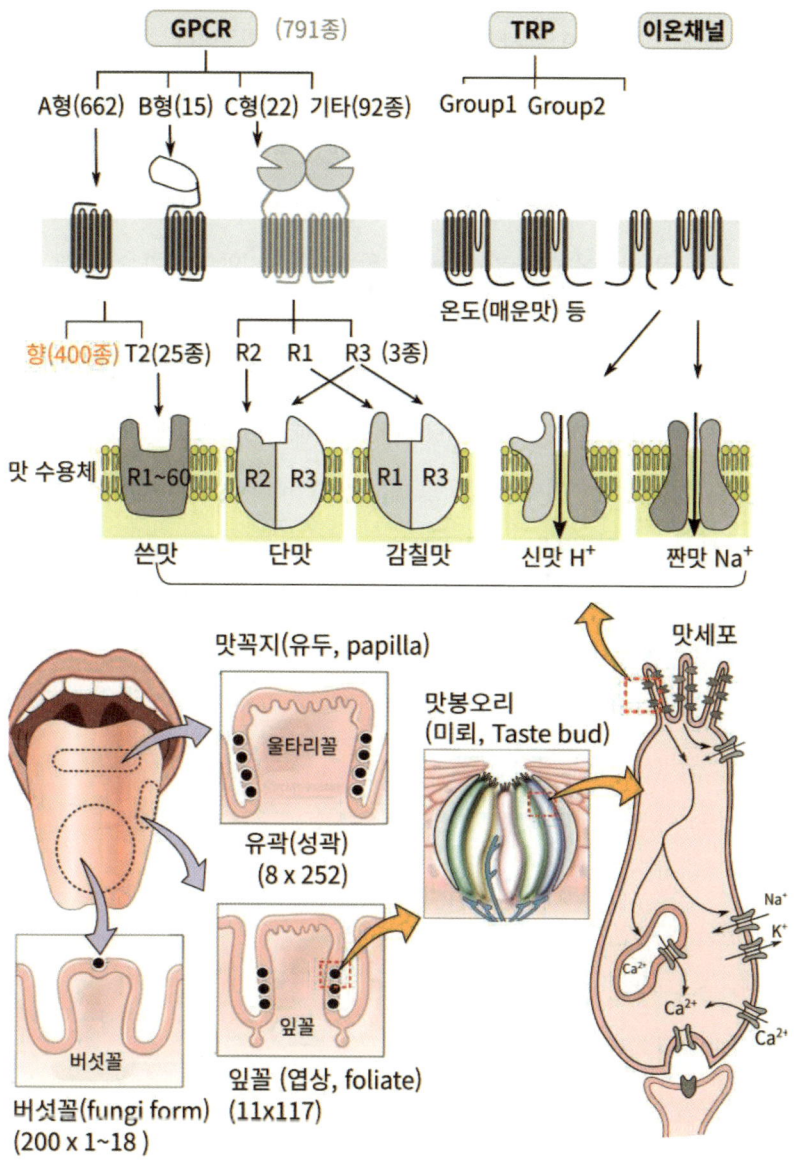

미각과 미각수용체의 구조

단맛 물질: 당류(폴리 알코올)

단맛은 원래 에너지원으로 사용할 당류를 포착하는 기능이다. 우리 몸에 가장 많이 필요한 것은 ATP를 합성하는 데 필요한 열량소이다. 그만큼 단맛 물질이 많이 필요해서 역치가 가장 낮다. 맛있으면 달다고 느낀다. 당알코올은 당류의 알데히드가 알코올 형태로 바뀐 것이라 거의 비슷한데, 우리 몸에서 소화가 잘 안되어 대체 감미료로 활용하고자 하지만 소화가 안 되는 만큼 장에 도달해서 트러블을 일으킬 수 있다.

설탕의 섭취가 워낙 많아, 이를 대체하기 위해 많이 노력하여 다양한 대체 감미료가 발견되었다. 그중에서 설탕보다 수백 배 단 물질도 발견되었다. 하지만 이것으로 설탕을 대체하려면 설탕이 주는 여러 기능도 해결해야 해서 완전한 대체가 쉽지 않다.

- **당류: 포도당 과당, 설탕, 맥아당, 젖당 등.**
- 당알코올: 솔비톨, 만니톨, 자일리톨 등.
- 아미노산: 글리신, 류신, 프롤린 등.
- 디펩타이드: 아스파탐, 알리탐.
- 단백질: 소마틴, 모넬린 등.
- 질소화합물: 베타인, TMAO, 테아닌.
- 배당체: 글리시리진, 스테비오사이드 등.
- 플라본: 네오히스피리딘 DC, 필로둘신.
- 설폰아미드: 사카린, 아세설팜 K, 사이클라메이트.

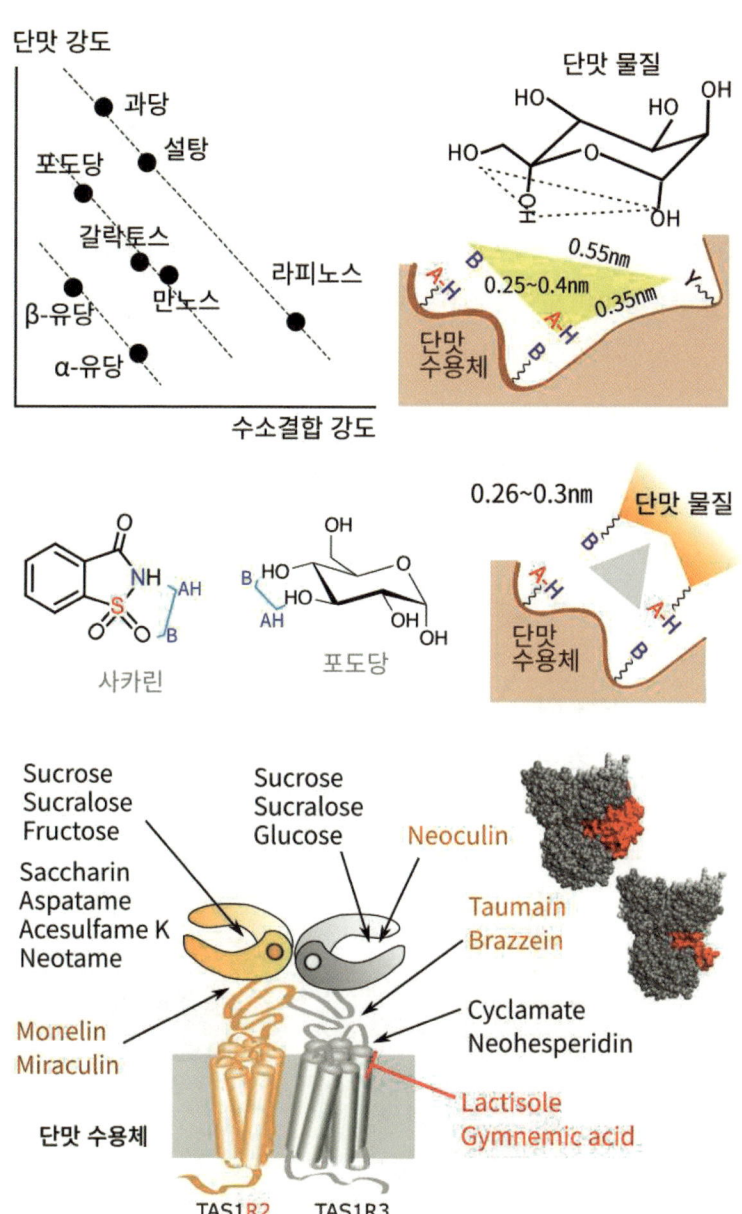

단맛과 단맛 수용체의 구조

신맛 물질: 에너지 대사

단맛을 좋아하는 것은 그만큼 많은 열량소가 필요하기 때문이다. 모든 열량소는 유기산 형태로 소비되며, 유기산에서 분리된 수소이온의 기울기를 이용해 ATP가 만들어진다. 무산소호흡은 젖산이나 알코올 단계에서 멈추므로 2 ATP가 만들어지고, 미토콘드리아에서 산소를 이용해 양성자를 제거하면서 완전히 분해하면 최대 38 ATP가 만들어질 수 있다.

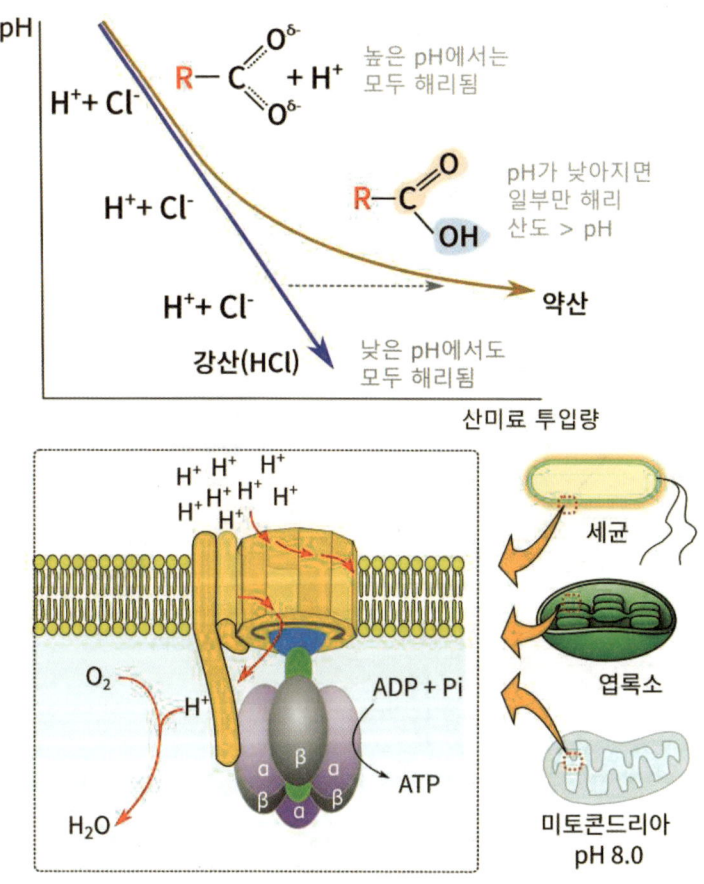

유기산을 약산이라고 하는데, 일정 농도 이상에서는 수소이온을 내놓지 않기 때문이다. 염산이나 인산 같은 강산은 주변에 수소이온이 많아도 해리되어 수소를 내놓는다. pH가 농도에 비례하는 강산이다. 같은 pH에서는 약산은 아직 내놓지 않은 수소이온이 있어서 맛을 볼 때는 침에 의해 해리되어 더 시게 느껴진다. 산도는 유기산의 총량을 측정하는 것이고, pH는 용액에 방출된 수소를 측정하는 것이다. 보존성이나 용해도에는 pH가 중요하고, 신맛에는 산도가 중요하다.

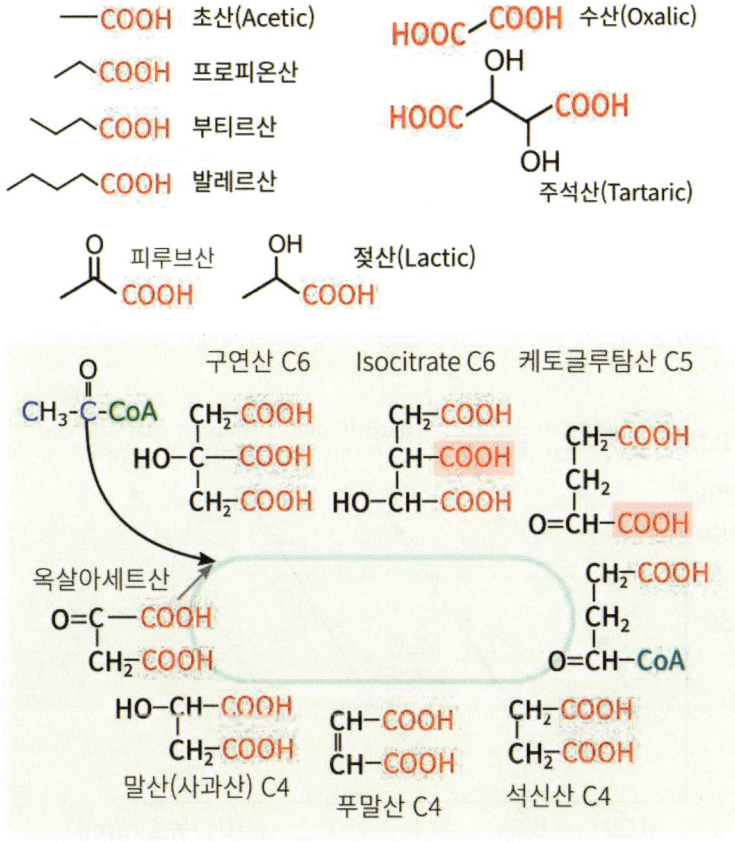

감칠맛 물질: 아미노산과 핵산

감칠맛은 5미 중에서 가장 나중에 발견되었는데, 그만큼 단일한 물질로 고농도로 존재하는 일이 드물다. 동물에 단백질이 많지만, 99%는 결합한 상태라 맛으로 느낄 수 없다. 단백질이 풍부한 콩을 분해한 장류가 중요했던 이유다. 감칠맛 소재는 크게 핵산 계통과 아미노산 계통으로 나눌 수 있는데, 단독으로 사용하는 것보다 IMP와 같이 쓰면 7배, GMP는 30배 정도 적은 양으로 같은 감칠맛을 느낄 수 있다.

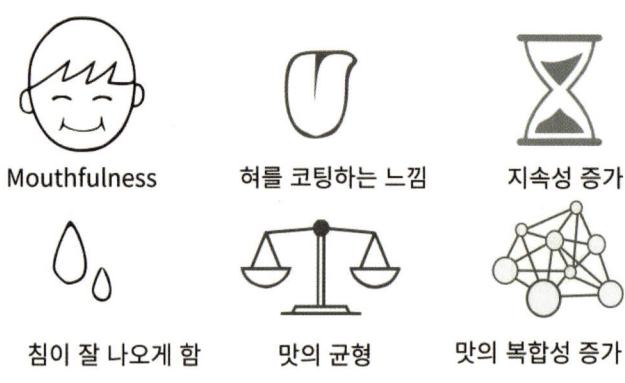

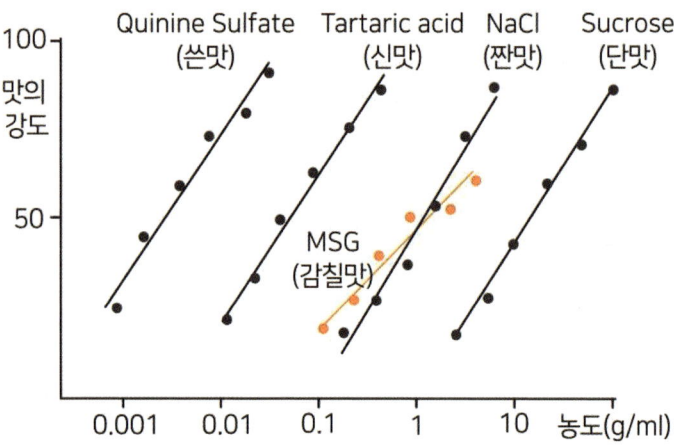

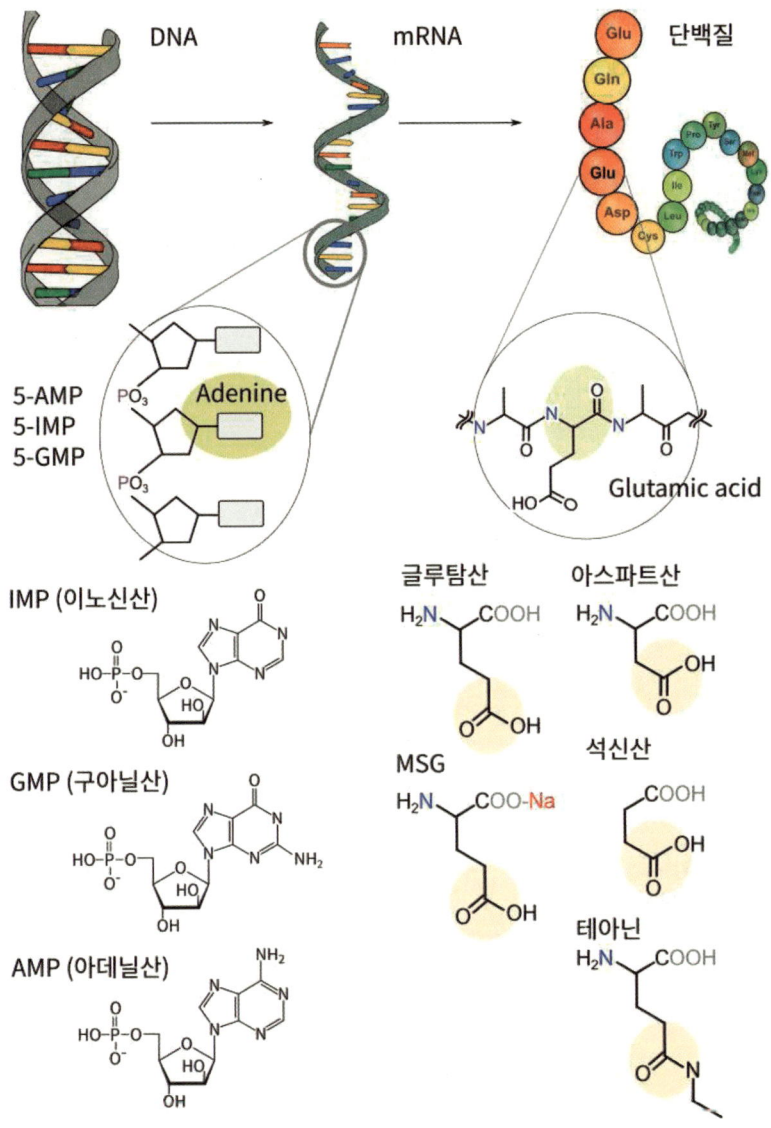

감칠맛의 출처와 대표적 물질

짠맛 물질: 나트륨은 짜고, 칼륨은 짜고 쓰다

짠맛은 이온채널형 수용체에 의해 감각된다. 나트륨과 같은 1가 양이온이면서 크기가 작은 리튬 정도만 상쾌한 짠맛을 낸다. 짠맛에는 음이온도 필요해서 염소도 중요하다. 식물에는 포타슘(K 칼륨)이 많다. 칼륨은 나트륨에 비해 초기에 쓴맛이 쉽게 발현된다. 다른 미네랄의 맛도 고농도에서는 쓴맛이거나 좋지 않은 맛을 낸다. 생수에는 미네랄의 함량이 매우 적어서 역치 이하로 느끼기 힘들거나 고농도일 때와 다른 맛을 낼 수 있다. 특히 마그네슘이 그렇다.

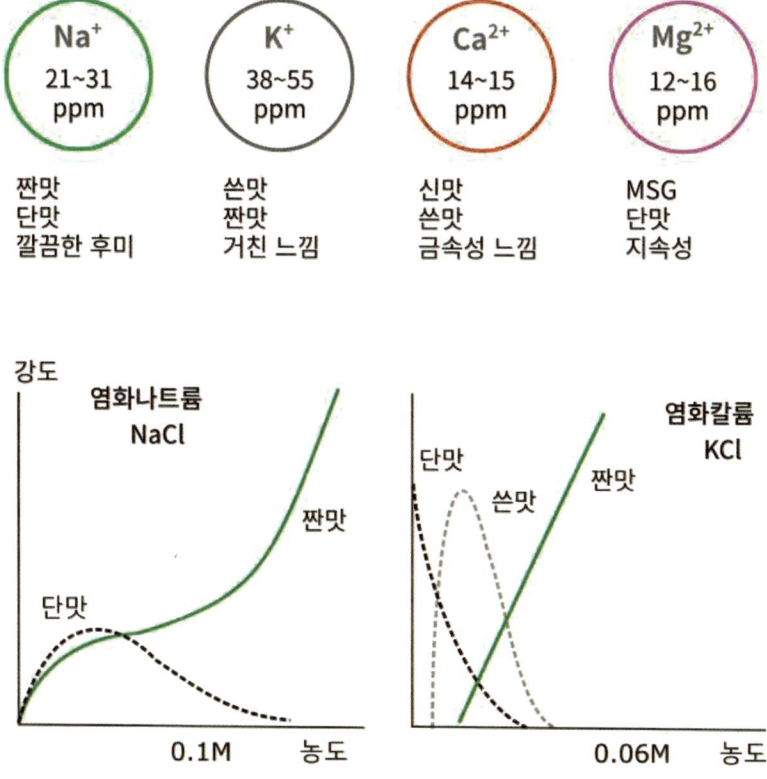

쓴맛의 특징은 가장 민감하고, 가장 다양하다는 것

다른 미각은 수용체가 1종류인데 쓴맛만 25종이고, 역치도 매우 낮다. 그만큼 피하기 쉽지 않다. 여자가 더 민감한 편이고, 10살 이후 점점 둔감해진다. 미맹 검사는 쓴맛 수용체 38번의 발현 정도를 평가하는 것으로 이 수용체가 덜 발달한 사람은 술의 쓴맛에도 둔감한 편이다. 이처럼 사람에 따라 쓴맛 수용체의 발현 정도가 달라 쓴맛의 종류에 따라 최대 1,000배까지도 개인차가 있다고 한다.

그만큼 쓴맛 물질이 다양한데, 그중 가장 유명한 것이 폴리페놀의 쓴맛이다. 폴리페놀은 방향족 물질이라 항산화력이 있고, 플라보노이드는 기능성 물질로, 타닌은 수렴성 물질로 유명하다. 타닌은 단백질(콜라겐)과 결합력이 있어서 가죽 산업에 필수 원료인데, 혀의 단백질과 결합하여 떫은 느낌을

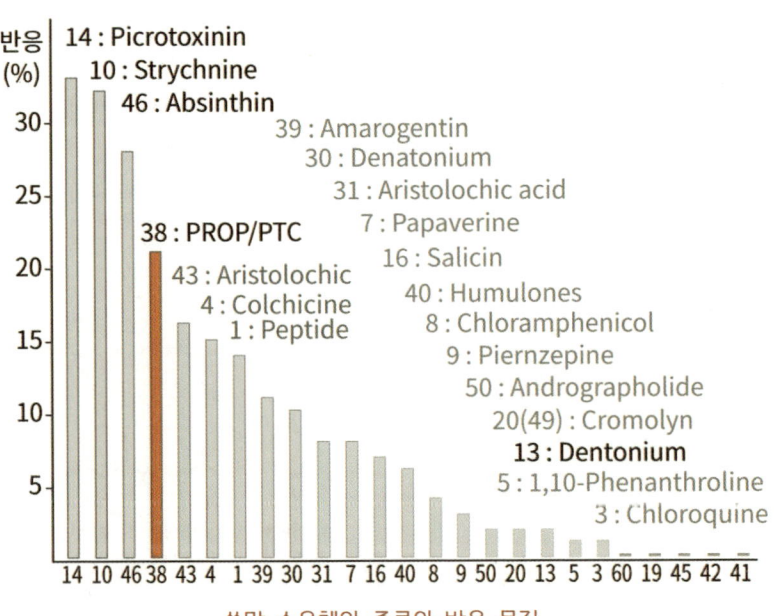

쓴맛 수용체의 종류와 반응 물질

주고, 시간이 지남에 따라 자기들끼리의 축합반응으로 고분자 상태가 되면서 떫은맛이 줄어드는 것을 이용해 차와 와인의 숙성 공정이 이루어진다.

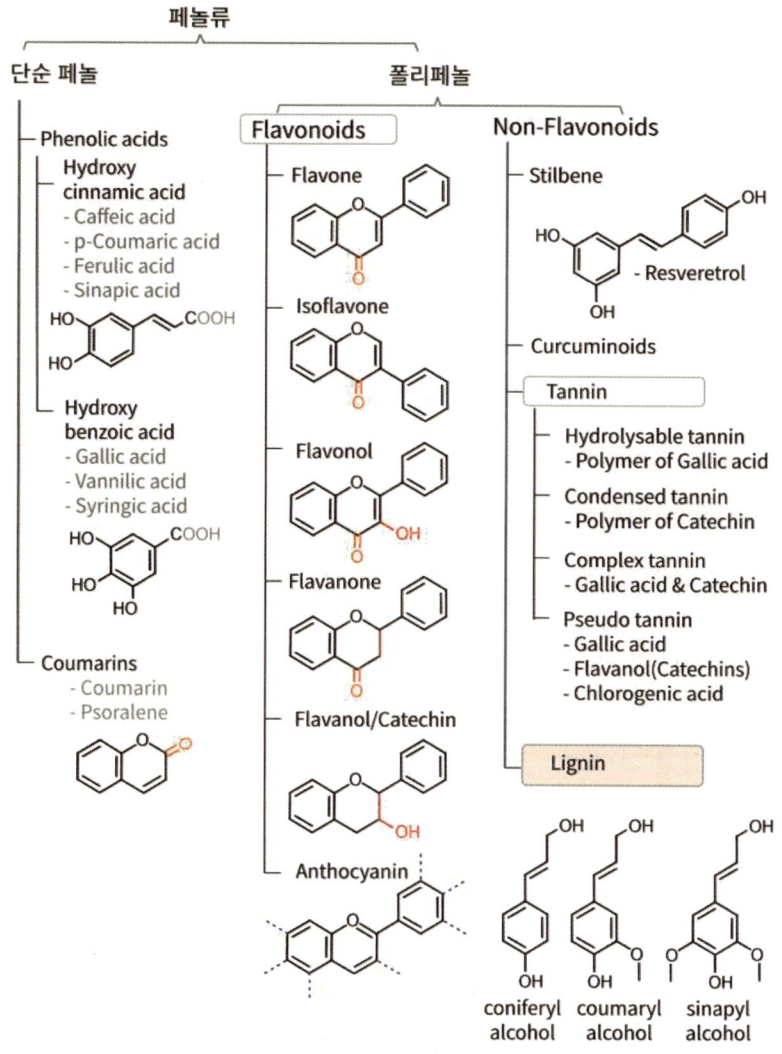

폴리페놀의 종류

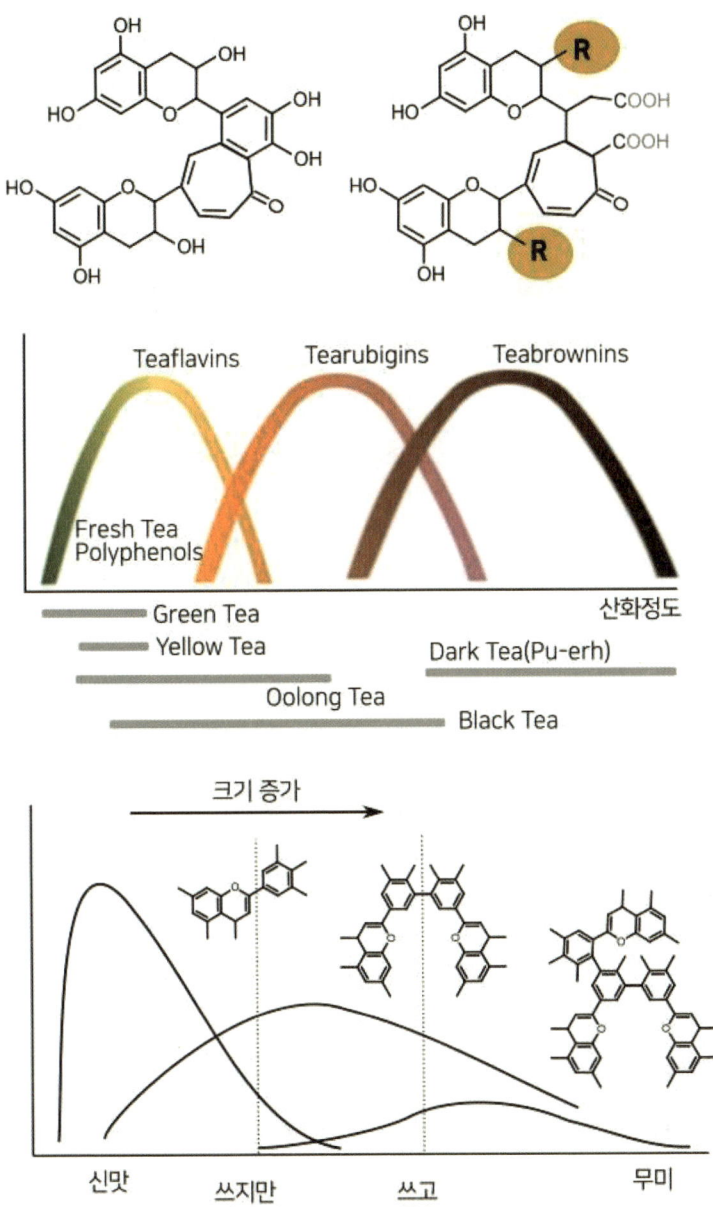

숙성에 따른 차의 쓴맛의 변화

매운맛은 미각도 통각도 아닌 온도감각

요즘은 많은 사람이 매운맛은 오미의 하나가 아니라는 것을 안다. 하지만 여전히 온도감각보다는 통각이라고 생각한다. 고추의 캡사이신은 혀의 가장 뜨거운 온도를 느끼는 수용체인 TRPV1을 자극한다. TRPV1은 42℃ 이상의 고온을 감지하는 수용체로서 갑자기 대량으로 활성화되면 뇌는 화상(통증, Hot)을 입은 것으로 착각한다. 그래서 뇌는 화상의 피해를 줄이기 위해 입에서 침을 분비하고, 머리와 얼굴에 땀이 흐르게 하며, 동시에 천연 진통제인 엔도르핀을 방출한다. 그러나 실제 화상이 아니므로 이내 통증은 사라지고 엔도르핀에 의한 쾌감으로 인해 가벼운 황홀경에 빠진다. 그렇게 매운맛에 빠져드는 것이다.

2021년 노벨상은 온도 수용체를 발견한 공로로 데이비드 줄리어스와 아템 파타푸티언 박사에게 돌아갔다. 우리 몸에서 온도를 감각하고 조절하는 것은 생각보다 대단히 중요한데, 30년 전까지는 우리 몸이 어떻게 온도를 감각하는지 몰랐다. 그러다 다소 엉뚱(?)하게 매운맛을 연구하던 중 그 기작이 밝혀졌다. 데이비드 줄리어스 박사 팀은 고추의 캡사이신이 어떻게 화끈한 작열감을 유발하는지 연구하다가 TRPV1을 발현하는 유전자를 찾아냈고, 이 수용체가 캡사이신에만 반응하는 것이 아니라 열(고온)에 의해서도 활성화된다는 사실을 알게 되었다. 최초로 온도를 감각하는 수용체를 찾아낸 것이다.

이 수용체는 원래 인간이 견딜 수 있는 가장 고온을 감각하기 위해 만든 수용체인데 우연히 캡사이신이라는 분자도 결합할 수 있다. 이러한 발견을 계기로 추가적인 온도 수용체도 발견되었는데, 시원함을 주는 멘톨을 이용해 TRPM8을 찾아냈고, 2004년에는 가장 저온을 감각하는 TRPA1도 찾아냈다. 향신료 중에는 유난히 이런 온도 수용체를 자극하는 성분이 많다. 사실 향신료가 유난히 대접받은 것은 향이 좋아서라기보다는 온도 수용체마저 자극할 정도로 입체적인 자극을 주기 때문이다. 고추냉이, 계피, 마늘 등의 향신료는 가장 낮은 온도를 감각하는 수용체(TRPA1)를 활성한다. 우리는 멘톨의 시원함은 잘 구분해도 화상의 통증(TRPV1)과 동상의 통증(TRPA1)은 잘 구분하지 못한다. 뇌에서 TRPV1이 전달되는 부위와 TRPA1이 전달되는 부위가 거의 겹치기 때문이다. 향신료가 맵다고 느껴지는 이유도 온도 수용체를 활성화하기 때문이다. 매운맛으로 통증이 발생하지만, 통각이라고 하면 확장성이 떨어지고 온도감각이라고 해야 더 많은 현상을 설명할 수 있다.

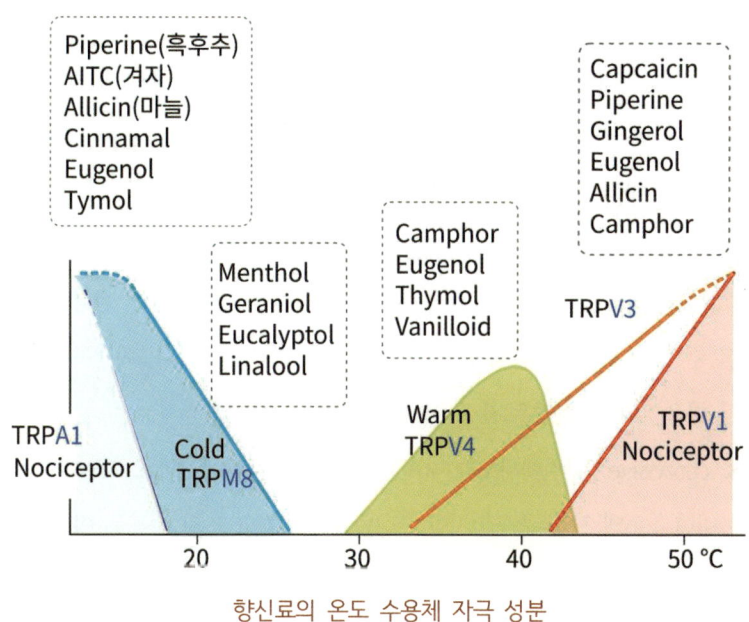

향신료의 온도 수용체 자극 성분

5. 보존료: 0.01%로 미생물을 억제하는 유기산

미생물의 성장에 중요한 것은 온도, 수분, pH, 영양분 등이다

    식품에서 가장 해결하기 힘든 과제는 미생물에 의한 식중독 사고이다. 미생물은 인간이 좋아하는 조건에서 잘 자라고 또 워낙 빨리 자라기 때문이다. 대장균은 20분이면 2배가 되고, 1시간이면 8배, 6시간이면 26만 배, 12시간이면 700억 배까지 증식한다. 다만 무게가 워낙 적게 나가기 때문에 한 마리가 700억 배로 자라도 1g이 되지 않는다. 만약 12시간이 더 지났을 때 1g이 4,700톤이 되고, 다시 24시간이 지나면 지구보다 큰 무게가 된다면 쉽게 느낄 수 있을 텐데, 그렇게 자랄 수 있는 환경은 불가능하다. 미생물이 하루 이상 마음껏 자랄 환경은 세상 어디에도 없다.

    효모(S. cerevisiae)는 진핵세포라 30℃에서 1.25~2시간에 2배로 자란다. 대장균에 비해 4~6배 느린 속도이지만, 크기에 비해 결코 느린 속도는 아니다. 발효는 미생물의 성장을 통제하는 것이 핵심이고, 특별한 조건이 아니면 일주일이면 충분하다.

미생물의 증식 속도

시간	개체 수 (분열시간 20분 기준)	무게(g)
최초	1	0.000000000001
1시간	8	0
2시간	64	0
3시간	512	0
4시간	4,096	0
5시간	32,768	0
6시간	262,144	0
7시간	2,097,152	0
8시간	16,777,216	0
9시간	134,217,728	0
10시간	1,073,741,824	0
11시간	8,589,934,592	0
12시간	(690억 배) 68,719,476,736	0
13시간	549,755,813,888	1
14시간	4,398,046,511,104	4
15시간	35,184,372,088,832	35
16시간	281,474,976,710,656	281
17시간	2,251,799,813,685,250	(2kg) 2,252
18시간	18,014,398,509,482,000	18,014
19시간	144,115,188,075,856,000	144,115
20시간	1,152,921,504,606,850,000	(1톤) 1,152,922
21시간	9,223,372,036,854,780,000	9,223,372
22시간	73,786,976,294,838,200,000	73,786,976
23시간	590,295,810,358,706,000,000	590,295,810
24시간	4,722,366,482,869,650,000,000	4,722,366,483
48시간		>지구 무게 능가

보존의 기술: 수분, 온도, pH, 산소나 영양

A. 수분: 식품의 보존성을 높이기 위한 가장 기본이 되는 방법은 수분 함량을 줄이는 것이다. 낮은 a_w(수분활성도)에서는 미생물이 이용할 수 있는 수분이 없어서 증식을 멈춘다. 건조뿐 아니라 설탕, 소금에 침지하는 것도 여기에 속한다.

B. 온도: 냉장 또는 냉동고에 보관하면 미생물이 죽지는 않아도 증식을 멈춘다. 병원성 균은 60℃만 넘어도 사멸되기 시작한다. 100℃로 가열하면 대부분 사멸되지만, 내열성 균의 포자가 살아남는 경우가 있어 121℃까지 가열하여 멸균한다. 그만큼 가열취가 발생하고 신선한 느낌이 줄어든다.

C. 낮은 pH: pH가 4.2 이하가 되면 미생물이 증식하기 힘들어서 산성의 음료는 멸균하지 않고 살균해도 된다.

D. 저산소: 진핵세포인 곰팡이는 산소를 제거하면 생장하지 못한다. 포장이 잘되어야 의미가 있다.

E. 에탄올 살균: 알코올이 15%가 넘은 술은 알코올의 살균력 때문에 균이 번식하지 못한다. 알코올은 75% 농도일 때 가장 살균력이 높아서 주정을 희석하여 손 세척 등 살균제로 많이 쓰인다.

F. 보존료: 산미료의 일종으로 미생물을 죽이기보다는 활동을 정지시키는 물질이다. 모든 산미료는 보존료의 기능을 하는데, 시큼한 맛이 있어 적용이 곤란한 제품이 많다. 그중 가장 사용량 대비 효과가 좋은 것이 보존료이다.

식품에 허용되는 보존료는 소브산, 안식향산, 파라옥시안식향산, 프로피온산 4종이 전부이다(디하이드로초산은 사용 실적이 없어서 승인 취소, OO나트륨, OO칼륨, OO칼슘은 물에 용해도를 높이기 위한 수단이라 역할은 같은 물질이다). 이 중 절반 넘게 쓰이고 있는 것이 소브산이다.

박테리아 세포의 내부 세포질 pH는 일반적으로 중성이다. 세포 내부의 산성화를 유발하면 모든 활동에 지장을 받으므로 박테리아 세포는 ATP를 소비하여 방출된 양성자를 외부 환경으로 밀어내야 한다. 박테리아 세포는 결국 증식할 수 없게 되어 어느 정도 정균 상태가 된다. 효소를 방해해도 정균 작용을 한다. 아세트산은 식초의 주요 성분인데 오래전부터 보존성을 높이기 위해 사용되었다. 곰팡이보다 효모와 박테리아에 더 효과적이다. 젖산은 발효 중에 젖산균에 의해 쉽게 만들어진다. 가공식품에 가장 많이 사용되는 것은 구연산이다. 맛이 가장 좋기 때문이다.

벤조산은 계피, 정향 및 대부분의 베리류에 자연적으로 존재한다. 벤조산은 물에 잘 안 녹아서(18°C, 0.27%) 염의 형태(20°C, 66.0%)의 상태로 사용하며 많은 미생물의 활성을 억제한다. 소브산도 물에 약간 녹는데(20°C, 0.15%) 소브산칼륨 같은 염형태는 물에 훨씬 더 잘 녹는다(58.2g).

	곰팡이	효모	호기성 포자균	혐기성 포자균	유산균	그램 양성균	그램 음성균
안식향산	○	○	○	○	○	○	○
소브산	◎	◎	○	×	×	○	○
파라옥시안식향산	◎	○	◎	○	○	◎	○
프로피온산	○	×	○	×	×	○	○

소브산은 젖산과 비슷하고 사과산과도 비슷하다. 세균의 효소는 소브산을 젖산이나 사과산으로 알고 덥석 결합한다. 그러면 다음 물질로 변환되거나 분리되어야 하는데 생선 가시에 걸린 것처럼 효소에서 좀처럼 빠질 생각을 안 한다. 젖산을 피루브산으로, 사과산을 옥살아세트산으로 변환시키는 경로가 막혀 미생물의 생육을 억제되는 것이다.

사람은 미생물과 효소가 다르고, 대사에 방해가 되는 물질을 분해하고 제거하는 해독 시스템 역시 미생물보다 사람 쪽이 훨씬 더 뛰어나기 때문에 인체에 무해하다. 소브산의 구조는 아주 단순하여 축적될 수 없고 그 양이 미미하다.

내가 식품첨가물 중에 가장 난센스로 여기는 것은 천연 향료, 천연 색소, 천연 보존료이다. 이들은 천연이라고 합성보다 안전할 가능성도 없고, 효율적이지도 않다. 오히려 검증되지 않은 성분이 많다. 천연에 대한 맹신이 만든 허구의 마케팅일 뿐이다. 사실 알 수 없는 성분이 두렵다면 커피를 마시지 않아야 한다. 커피는 다른 식품이라면 상상하기 힘든 200℃까지 가열되면서 무려 25%가 원래 성분과 완전히 다른 물질로 변성되고 축합된 알 수 없는 화학물질 덩어리이다. 가장 다양한 첨가물이 들어간 것도 아이들이 먹는 분유이다. 아미노산, 비타민, 미네랄 등의 모든 영양성분도 식품첨가물로 분류되기 때문이다. 그리고 상당 부분이 화학적으로 합성된 것이다. 천연 여부는 식품의 안전이나 영양적 가치와 전혀 무관하고 단지 정서적 가치만 있는 것이다.

식품 보존료 시장

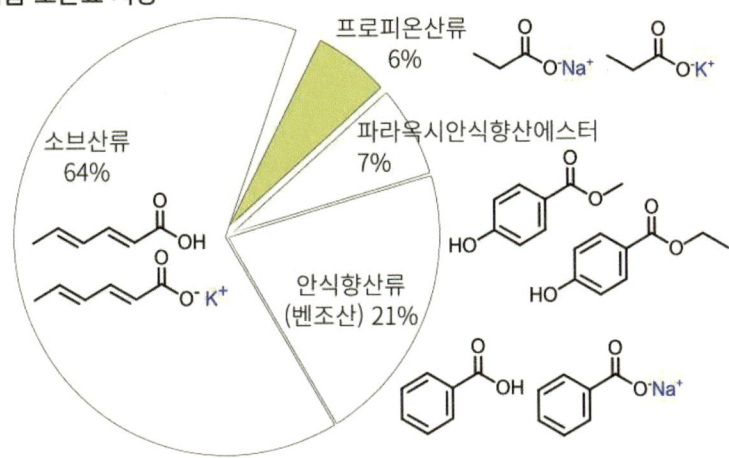

보존료 작용기작

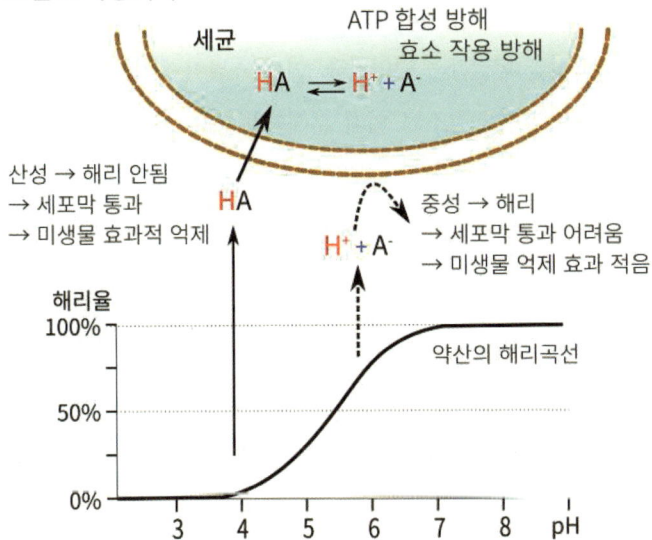

6. 식이섬유와 증점다당류: 1%로 식감을 바꾸는 분자

식이섬유(Dietary fiber)와 다당류

식이섬유란 인간의 소화효소로는 분해되지 않는 '난소화성(難消化性)' 물질이다. 이 용어는 1953년 힙슬레이(Hipsley)가 만들었는데 당시에는 셀룰로스, 헤미셀룰로스, 리그닌을 한정하는 단어였다. 이후 개념이 확대되어 식물과 동물을 포함하여 인간의 소화효소에 의해 분해되지 않는 성분을 통칭하는 말이 되었다.

식이섬유는 식물의 세포벽 또는 식물 종자의 껍질 부위 등 다양한 형태로 존재하며, 크게 수용성 식이섬유와 불용성 식이섬유로 구분한다. 수용성에는 폴리덱스트로스, 펙틴, 구아검 등 증점다당류가 있고, 불용성 식이섬유에는 셀룰로스, 헤미셀룰로스, 리그닌, 키틴 등이 있다. 과일에 많은 펙틴, 곤약 등에 많은 글루코만난, 다시마, 미역에 많은 알긴산, 우뭇가사리에 많은 한천은 오래전부터 사용되었다. 폴리덱스트로스와 난소화성 말토덱스트린은 작은 분자여서 물에 매우 잘 녹고 점도도 낮아서 일반 식이섬유와 차이가 있다.

식이섬유는 과거에는 우리 몸에 소화되지 않고 영양분의 소화 흡수를 방해하는 불필요한 물질로 알려져 있는데, 지금은 오히려 장점으로 작용한다. 소화관의 운동, 대변의 용적, 장내 통과시간, 장내세균 등에 긍정적으로 작용한다. 변비 및 대장암 등에 좋고, 콜레스테롤 조절, 식후 혈당 상승 억제 등에 도움이 된다. 보통 하루에 52~30g 이상 섭취를 권장한다. 그래서 구아검, 글루코만난, 귀리, 난소화성 말토덱스트린, 대두(비지), 아라비아검, 이눌린, 차전자피, 폴리덱스트로스, 호로파종자 등이 건강기능식품으로 인정받았다. 이런 식이섬유도 과량은 나쁘다. 과거 가뜩이나 먹을 것이 부족한 시기에 현미보다 백미를 선호한 것은 소화 흡수가 잘되기 때문이다. 과거에는 식이섬유는 너무 많았고 소화 불량으로 고생했다. 자연의 산물은 원래 소화가 잘 안 되는 것이 너무 많다.

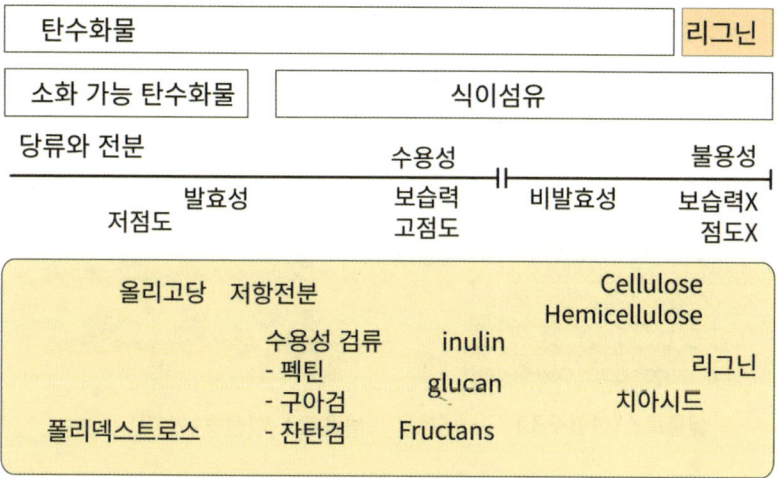

식이섬유의 종류와 특성

셀룰로스와 셀룰로스 검

셀룰로스는 워낙 견고하여 우리가 소화할 수 없지만, 이들의 단단함도 영원하지 않다. 단단한 나무도 시간이 지나면 결국 갈색부후균 등에 의해 분해가 된다. 이것은 세균이 과산화수소를 분비하여 일어나는 일련의 강력한 화학반응 때문으로 추측한다.

단단한 셀룰로스도 수산화나트륨(NaOH)이라는 강력한 알칼리 물질을 이길 수는 없다. 수산화나트륨 용액에 셀룰로스를 침지하면 크게 부풀게 된다. 팽윤 정도는 알칼리 농도, 온도, 셀룰로스 상태에 따라 다르지만, 순수한 셀룰로스로 구성된 면섬유는 17.5%의 수산화나트륨 용액에서 최대 팽윤한다. 이런 셀룰로스의 직선형 구조에 중간 중간 잔기(Side chain)를 붙인 것을 '셀룰로스 검(Gum)'이라고 하는데, 이 덕분에 사이에 공간이 확보되어 물을 흡수할 수 있고 용해될 수도 있다. 그래서 식품에 다양한 용도로 쓰인다.

- 셀룰로스 검의 종류: CMC만 해도 300가지 이상.
- 중합도(DP): 100~3,500.
- 치환도(DS): 0.4~1.2(포도당 1개당 붙은 잔기의 수).

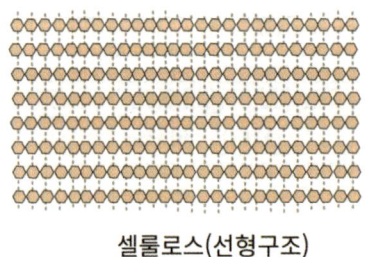
셀룰로스(선형구조)

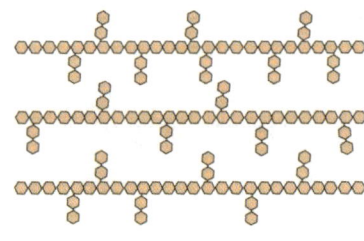
셀룰로스검(선형+가지)

증점다당류(친수성 다당류)의 특성

식이섬유 중에서 식품첨가물로 주로 쓰는 것은 증점다당류 즉, '친수성 다당류(Hydrophilic polymer)'이다. 물에 녹아서 많은 양의 물을 붙잡아야 점도를 높이거나 겔화할 수 있기 때문이다. 검류(Gum)나 안정제(Stabilizer)라고 부르기도 하고, 점도가 주목적일 때는 증점제나 호료(Thickener), 겔로 굳히는 목적일 때는 겔화제(Gelling Agent)라고 한다.

증점다당류의 카탈로그에는 여러 특성이 설명되어 있는데, 몇 ℃에서 녹고 몇 ℃에서 겔화되는지, 온도와 농도에 따른 점도의 변화, 산에 의한 안정성의 변화, 겔화 조건, 제품의 용도 등이다. 하지만 왜 그 물질이 그런 특성을 보이는지, 왜 분자량은 비슷해 보이는데 어떤 것은 겔화가 되고, 어떤 것은 겔화가 되지 않고 점도만 높아지는지 등의 특성에 대한 설명은 없다. 원료를 하나하나 여러 용도에 적용해 보면서 익혀나가는 방법밖에 없는 것처럼 보인다. 심지어는 제품 카탈로그에 설명되지 않는 특성까지도 유추할 수 있다. 이런 증점다당류의 개별적인 특성은 『물성의 기술』에서 자세히 다루었다.

증점다당류의 가장 기본적인 특성은 중합도(DP, Degree of Polymerization)에 달려 있다. 지방의 특성을 지방산의 길이가 좌우하는 것과 같은 원리이다. 폴리머의 길이가 n배 증가하면 점도는 n^3배로 증가한다고 생각하면 간편하다. 그만큼 적은 양으로도 많은 수분을 흡수할 수 있다. 대략 건조 중량의 1,000배 정도의 수분을 붙잡을 수 있으니, 그보다 잘 붙잡는 것과 못 붙잡는 것을 파악하는 것이 좋다.

폴리머가 매끈하게 직선형으로 있으면 중량 대비 수분을 붙잡는 효율이 높지만 녹이기 힘들고, 온도 및 pH에 따른 점도의 변화도 심하다. 사이드체인이 있으면 용해는 쉽게 되고 변화는 적지만 겔화는 잘 일어나지 않는다. 결국 치환도가 높다(=친수성의 사이드체인이 많다)는 것은 찬물에도 녹을 정도로 쉽게 수화가 잘된다는 뜻이고, 그만큼 겔화가 어렵다는 뜻이다. 구아검, 람다 카라기난, 잔탄검 같은 것은 찬물에도 녹고 그만큼 겔화가 힘들다. 젤란, 한천처럼 찬물에 녹지 않고 고온에서 녹는다는 것은 온도가 낮아지면 쉽게 겔화된다는 뜻이다.

사이드체인이 얼마나 많은지 뿐 아니라 사이드체인이 어떤 분자로 되어 있는가도 중요하다. 예를 들어 (-)극성을 띠고 있으면 분자 간에 반발력이 심해서 용해도가 높고 물을 흡수하는 성질도 좋다.

증점다당류의 분자 구조와 용해도의 특성

	분자구조	용해도와 특징
아라비아검	사이드체인이 많고 길다	점도가 가장 낮다
구아검	치환도가 높고 균일하다	물에 잘 녹고 겔화력이 없다
로커스트콩검	군데군데 치환되지 않는 부분이 있다	좀 더 고온에서 녹고, 시너지 현상이 있다
알긴산	잔기가 반발력이 있다	물에 잘 녹는다
카라기난	Lambda: 치환도가 높다	잘 녹는다
	Iota: 치환도가 중간	부분적으로 녹는다
	Kapa: 치환도가 낮다	가열해야 녹는다
잔탄검	치환도가 높고, 반반력이 있다	찬물에서 잘 녹는다. 분자량 대비 점도는 비효율적이지만, 내산성, 내염성이 있다

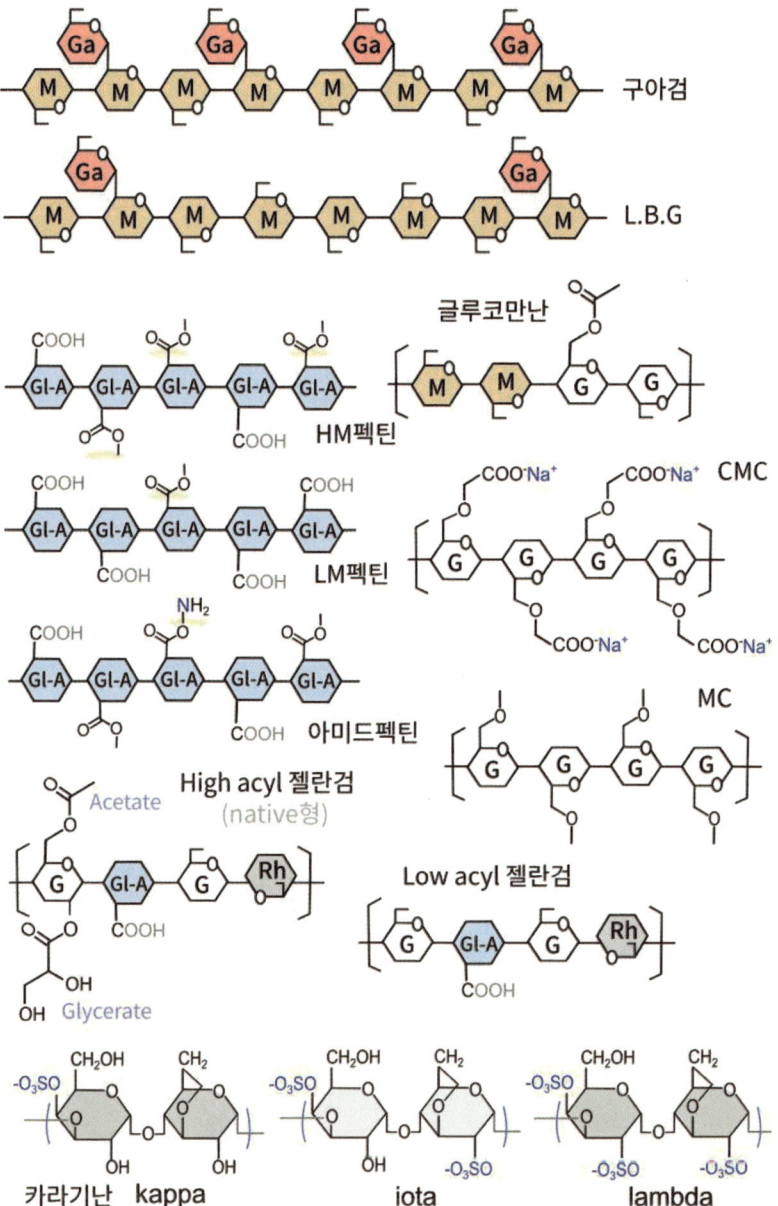

대표적 증점다당류의 분자 형태

7. 유화제와 용매

1) 식품에서 유화제는 지방의 일종

식품에 유화제는 지방산에 친수기를 결합한 형태이다. 실제 식품의 유화는 단백질이 하고, 유화제는 지방의 일종으로 쓰는 경우가 많다. 식품에서 유화라고 하면 단순히 물(액체)에 기름(액체)을 녹이는 것이라고 생각하기

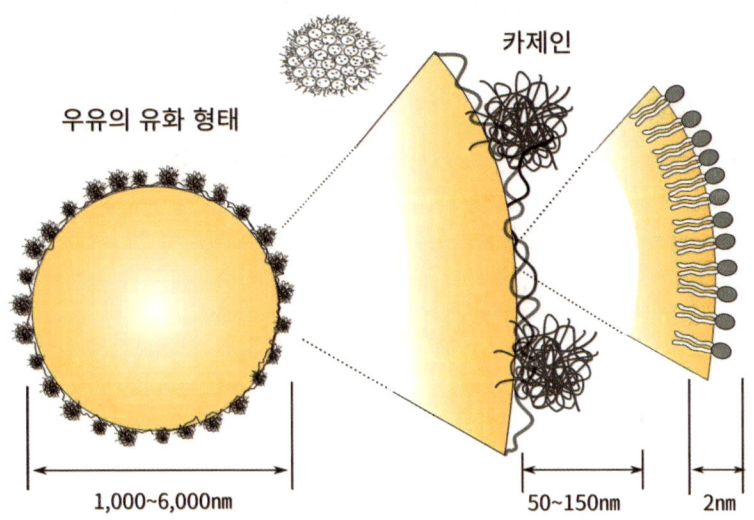

쉽지만, 유화는 모든 계면에서 일어나는 현상이라 생각보다 복잡하고 여러 형태를 가진다. 고체 기름인 코코아버터에 설탕 입자나 코코아 입자가 고르게 분산되는 것도 계면현상이고, 우유에 고체인 코코아 입자가 떠 있는 것도 계면현상이다. 고체 안에 액체를 담은 계면현상과 마시멜로처럼 고체에 기체를 포함한 계면 휘핑크림처럼 액체에 기체가 포함된 계면현상도 있다. 유화제는 이처럼 서로 섞이지 않는 두 가지의 물질의 경계면에 작용하는 물질이라 계면활성제라고도 한다. 이러한 유화제는 한 분자 내에 친유성기와 친수성기를 가지고 있는 경우가 많다. 친수성 물질로는 글리세롤(폴리글리세롤), 프로필렌글리콜, 솔비톨(솔비탄), 설탕이 쓰이고 소수성 분자는 주로 지방산으로 로르산, 팔미트산, 스테아르산, 올레산 등이 쓰인다.

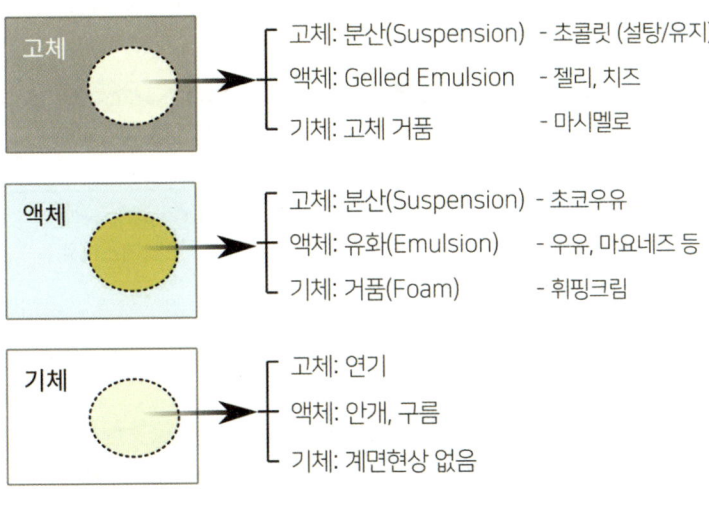

계면의 종류와 관련 제품의 예

친수성: 글리세롤(폴리글리세롤), 프로필렌글리콜, 솔비톨(솔비탄), 설탕.

소수성: 로르산, 팔미트산, 스테아르산, 올레산.

PG에스에르

모노글리세라이드

폴리글리세라이드(n=2~10)

솔리톨 모노에스테르

솔비탄 모노에스테르

폴리소르베이트 모노에스테르

슈가 모노에스테르

유화제가 오히려 유화를 불안정하게 만들 수 있다

보통 유화제를 물과 기름처럼 혼합하기 힘든 물질을 쉽게 섞이게 해주는 첨가물이라고 설명한다. 하지만 실제 식품용 유화제는 물과 기름을 쉽게 섞어줄 정도로 강력하지 않고, 그런 용도로 쓰이지 않는다. 오히려 빵과 같이 전분이 많은 식품에 지방의 일종으로 사용된다.

앞서 물성은 공정과 순서까지도 중요하다고 했는데 유화가 그 대표적인 현상이다. 유화제의 설명서를 보면, 한 가지 제품인데 "기포작용으로 휘핑이 잘되게 한다. 소포작용으로 거품이 일어나는 것을 막는다", "습윤 작용으로 수분을 붙잡아 준다. 방습작용으로 수분의 흡습을 막는다"처럼 정반대되는 작용을 한다고 설명한다. 이것은 유화제에 지능이 있어서 사용자의 목적대로 작용하는 것이 아니라, 사용자가 모든 조건이 맞추는 경우에만 제 기능을 하고 조건이 맞지 않으면 의도와 정반대로 작용할 수 있는 원료라고 보는 것이 맞다. 이런 유화에 구체적 설명은 『물성의 기술』을 참조하면 좋을 것 같다.

식품에서 유화제의 기능

구분	기능	제품 사례
계면 기능	유화(가용화, 분산) 해유화: Gelled emulsion	코코아 음료 아이스크림
	기포작용: 휘핑 소포작용: 거품 방지	케이크 두부
	습윤작용: 일정 수분 함량 유지 방습작용: 수분 흡습 또는 전이 억제	껌의 부착방지 다층 식품
복합체 형성	전분 복합체: 노화방지, 점착 방지등	빵, 케이크, 면류
	지방 복합체: 지방 융점, 결정 조정	특수유지
	단백질 복합체: 물성조정	빵 소지, 어묵

2) 용매와 에탄올

용매(溶媒, Solvent)는 용질을 녹이는 물질로 추출 등에 활용한다. 물 자체가 이미 뛰어난 용매로서 많은 친수성의 물질을 녹여낸다. 우리에게 물처럼 친숙한 에탄올도 뛰어난 용매이다. 용매는 보통 작은 분자인데 작을수록 격렬하게 진동하고 침투성이 좋아서 녹여내는 목적에 적합하다. 그리고 통상 끓는점이 낮아 휘발성을 가지고 있는 경우가 많다. 그래야 분리/농축이 쉽기 때문이다. 극성 용매로는 물, 에탄올, 아세톤 등이 있고, 비극성으로는 사이클로헥세인 사염화탄소, 벤젠 등이 있다.

에탄올은 매우 특별한 물질이다. 알코올은 뇌에서 도파민 분비를 촉진하여 탐닉에 빠지게 하는 중독의 물질이기도 하고, 긴장을 완화하고 활력을 부여하는 삶의 윤활유가 되기도 한다. 어떤 사람은 물보다 알코올에 호의를 느끼는 것 같다.

에탄올이 뛰어난 용매이자, 유화제이자, 살균제로 작용할 수 있는 것은 그 분자의 특별함에 있다. 알코올의 분자식은 CH_3CH_2OH이다. 단 2개의 탄

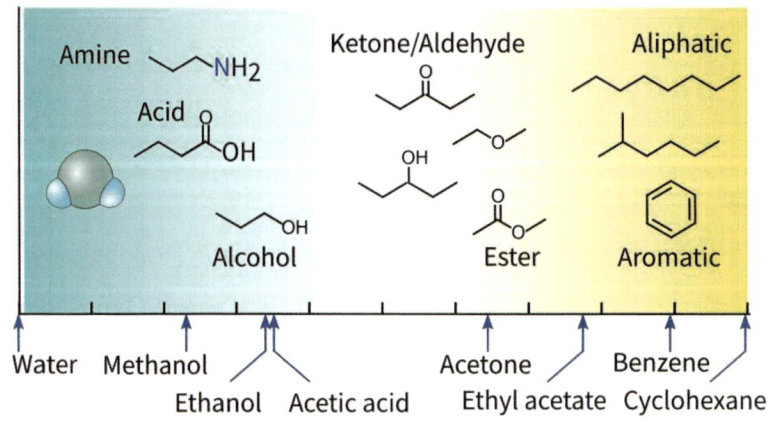

용매 종류별 친수성과 소수성의 정도

소 골격으로 이루어져 있다. 한쪽 끝인 CH_3- 소수성이고, $-OH$ 쪽은 친수성이다. 알코올은 친수성과 친유성을 모두 가진 만능 용매여서 물과 너무나 쉽게 섞이고, 지방, 향 분자들, 카로티노이드 색소들과 같은 지용성 물질과도 쉽게 섞인다. 그래서 예전에는 25도 소주에 과일과 온갖 약용식물을 넣고 유효성분을 뽑아낸 소위 약주를 많이 만들었다.

알코올은 뭐든 잘 녹여내기 때문에 다른 성분의 흡수를 돕기도 한다. 그래서 약을 먹을 때는 원래의 설계보다 너무 잘 흡수시키므로 조심해야 한다. 그리고 원하지 않는 쓴맛 성분까지 너무 잘 녹여내서 오히려 단점이 되기도 한다.

알코올은 물보다 휘발성이 더 강하여 끓는점이 낮고 쉽게 증발한다. 미생물 발효는 알코올 농도가 20%를 넘기기 힘든데 이보다 훨씬 독한 술이 많은 것은 78°C 이하에서 기화시켜 증류할 수 있기 때문이다.

알코올은 워낙 작고 친유성을 가진 분자라 지방으로 이루어진 세포막을

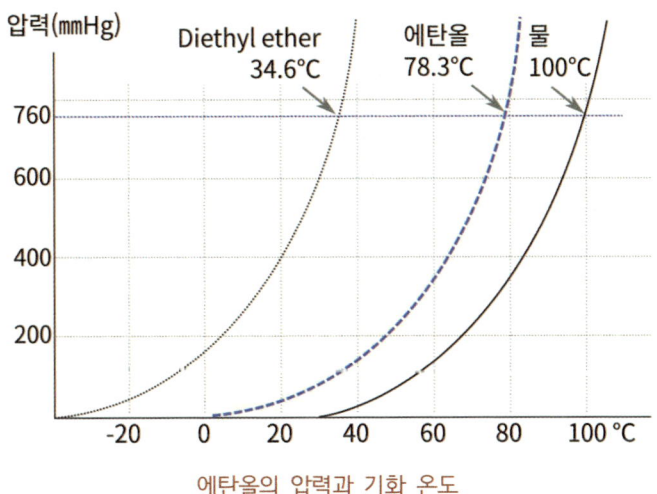

에탄올의 압력과 기화 온도

쉽게 통과한다. 그래서 술은 음식보다 훨씬 빨리 흡수되어 빨리 취한다. 고농도의 알코올은 세포막을 터뜨려 세포를 죽일 수도 있다. 알코올을 생성하는 효모 정도가 약 20% 농도까지도 견디는 것이 있고 대부분의 미생물은 그보다 훨씬 낮은 농도에서 죽는다. 그래서 알코올 함량이 높은 제품은 미생물이 자라 변질되는 경우가 별로 없다.

브랜디나 럼을 연료로 삼아 불길이 일렁거리는 화려한 요리를 만들 수 있다. 음식에 알코올을 붓고 태워도 음식이 그슬리지 않는 것은 연소열이 수분의 증발로 완전히 흡수되어 음식 온도가 그다지 높아지지 않기 때문이

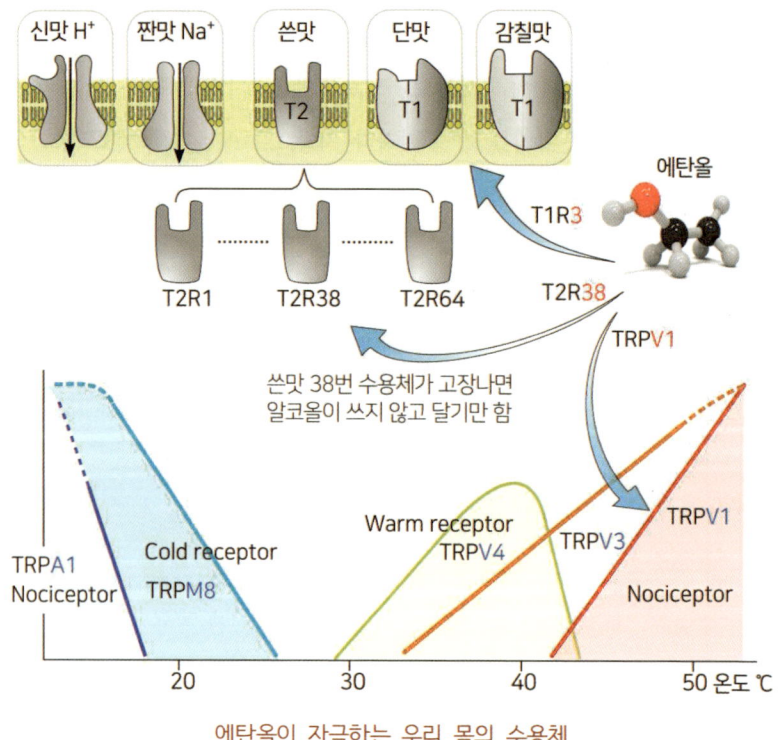

에탄올이 자극하는 우리 몸의 수용체

다. 알코올의 칼로리는 지방과 탄수화물의 중간인 7Cal이다. 이런 칼로리 덕분에 한겨울 연못 밑 붕어는 술에 기대어 생존한다고 한다. 연못이 꽁꽁 얼고 위에 눈이 쌓이면 바닥 깊은 곳까지 빛이 들어가지 못한다. 그러면 조류가 광합성을 하지 못하면서 물속의 산소가 고갈된다. 보통의 동물이면 이런 무산소 상태에서는 살 수가 없는데, 붕어와 금붕어는 간에 저장된 글리코겐을 분해해 에너지를 얻는다. 특이한 점은 다른 동물과 달리 젖산이 아니라 술을 발효하는 효모처럼 알코올로 분해한다는 것이다. 알코올은 젖산보다 분자량이 절반 정도로 적고, 독성도 적고, 배출은 쉽고, 부동액 효과도 2배로 크다. 알코올은 물보다 훨씬 낮은 -114℃의 어는점을 가지고 있어서 자신도 잘 얼지 않지만, 물에 녹아서 빙점을 낮추는 효과도 탁월하다. 그래서 알코올이 함량이 높은 술은 매서운 추위에도 얼지 않는다.

그리고 알코올은 가볍다. 같은 부피의 물 무게와 비교하면 80% 정도이며, 따라서 알코올과 물의 혼합물인 술은 순수한 물보다 가볍다. 기름도 물보다 가벼워서 술의 순도를 높게 잘 조정하면 커다란 기름방울을 넣어도 뜨거나 가라앉지 않고 완벽한 구형을 만들 수 있다. 이런 알코올의 비중 차이를 이용해 층위를 형성하는 칵테일을 만들기도 한다.

알코올은 맑고 색깔이 없는 액체다. 그리고 저분자 물질치고는 맛과 향이 매우 약한 편이다. 보통의 향기 물질은 ppm 단위로 존재하면서도 강한 향을 낸다. 술에 알코올이 너무 많이 있다 보니 어쩔 수 없이(?) 쓴맛과 특유의 냄새가 느껴지는 것이다. 만약 0.1% 이하로 있다면 우리는 그것을 느낄 수 없다. 에탄올은 농도와 분자의 배열에 따라 쓴맛이 달라질 수 있다. 분자의 소수성 부위는 대개 쓴맛을 내고, 친수성 부위는 단맛을 낸다. 술을 오랫동안 적절히 흔들어주거나 초음파로 적당한 진동을 부여하면 소수성 부위는 안쪽에 모이고 친수성 부위가 바깥쪽으로 배열된 구조가 될 수 있다. 이런 구조일 때는 같은 양이어도 입안에서 훨씬 부드럽게 느낄 수 있다. 칵테일을 만들 때 강한 셰이킹으로 미세한 공기 방울을 만들면 소수성 부위가 공기 쪽으로 정렬되어 쓴맛이 감소할 수 있다.

위스키에 물을 약간 떨어뜨리면 향이 좋아지는 이유는 무엇일까? 오렌지 껍질을 짜면 오렌지 향이 나는데, 이것은 물이 아니고 오일이다. 그래서 직접 음료에 쓰지 못한다. 음료에 쓰려면 용해도가 떨어지는 터펜계 물질을 상당히 제거해야 한다. 그 대표적인 방법이 희석 알코올을 사용하는 것이다. 향기 성분은 알코올에 정말 잘 녹는다. 그런데 알코올을 희석하면 향의 용해성이 떨어진다. 오렌지 오일을 적당히 희석한 알코올에 혼합하고 저온에 오랫동안 방치하면 용해도가 떨어지는 터펜류가 분리되어 상단에 떠오르며 이를 제거하면 수용성 향료를 만들 수 있다. 위스키는 고농도의 알코올로 오크통의 향기 성분을 극한까지 녹여낸 술이다. 여기에 소량의 물을 떨어뜨리면 겨우 녹아 있던 향기 성분이 더 이상 버티지 못하고 휘발한다. 코로 느낄 수 있는 향이 많아진다는 뜻이다. 하지만 이것은 물에 의해 향과 알코올이 분리되는 현상일 뿐 다른 특별함은 없다.

사실 술의 주인공은 알코올이고 풍미에 가장 영향을 주는 것도 알코올이다. 향기 성분들은 각각 알코올과 결합하는 정도가 달라서 향을 그냥 맹물에 넣은 것과 알코올에 넣은 것은 그 느낌이 다를 가능성이 있다. 또한 알코올은 향을 붙잡는 성질이 상당하여 기대했던 효과와 달라지는 경우도 많다. 음료나 우유에 적용하는 것보다 향의 종류에 따라 잘 표현되는 것도 있고, 아닌 것도 있다는 것을 고려할 필요가 있다.

8. 아미노산과 미네랄: 식물도 만들기 힘든 것

1) 광합성의 반대말은 질소화합물?

단백질을 구성하는 아미노산에는 탄수화물이나 지방과는 다른 한 가지 원소가 필수적이다. 바로 질소(N_2)이다. 질소는 우리 주변에 정말 흔하다. 냄새도 없고 독성도 없어서 잘 인식하지 못하지만, 공기의 78퍼센트가 질소다. 문제는 질소(N_2) 자체로는 대부분 생물에게 아무 쓸모가 없다는 것이다. 식물은 햇빛, 이산화탄소, 물만 있으면 자신에 필요한 것은 거의 다 만들지만, 질소만큼은 외부에 의존한다.

식물은 왜 질소를 이용하지 못하고, 질소를 고정하는 생명체는 왜 그렇게 드물까? 공기 중의 질소 분자($N\equiv N$)는 원자 사이의 결합이 삼중결합으로 너무나 강력해서 풀기가 어렵기 때문이다. 단순히 열로 그 결합을 깨려면 1,000°C 이상의 열이 필요하다. 자연에서 그 정도의 에너지를 가진 것은 번개 정도다.

질소를 고정하기 위해서는 먼저 효소의 작용기에 질소 분자가 결합해야 한다. 그리고 질소 원자(N) 1개당 3개의 수소 원자(H)가 붙어 암모니아(NH3)가 된다. 암모니아가 완성되면 효소와 분리되고, 그 효소는 다시 새로운 질소와 결합하여 질소고정을 반복한다. 질소고정 효소는 질소 1분자에서

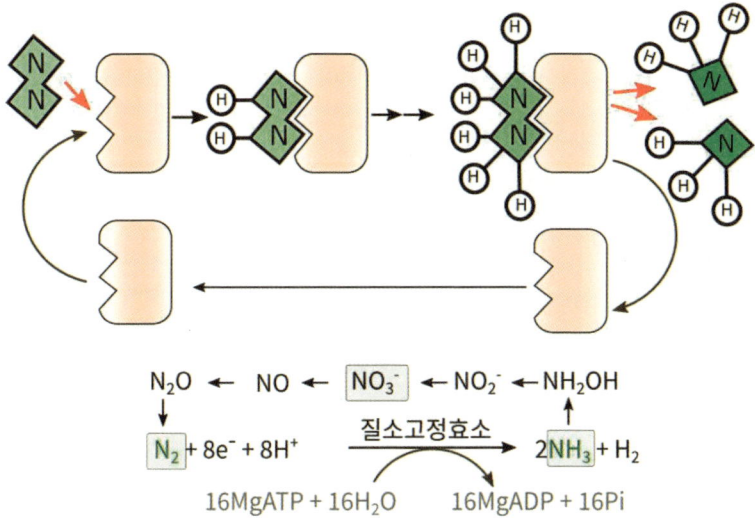

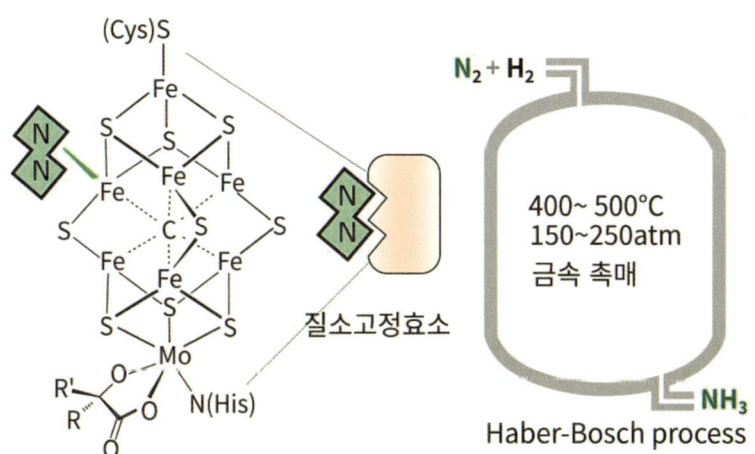

질소 고정의 과정

암모니아 2분자를 생산하는데, 이때 16개의 물 분자와 16개의 ATP를 소비한다. 정말 많은 양의 ATP가 소비되는 것이다. 하지만 에너지가 많이 필요하다는 것이 세상에 질소고정을 하는 생물이 드문 결정적인 요인은 아니다.

 질소고정 효소는 중심에 철과 몰리브덴 또는 바나듐을 포함한 매우 복잡한 미네랄 복합체를 가지고 있다. 문제는 이 미네랄 복합체에 질소보다 산소가 훨씬 더 쉽고 강력하게 결합한다는 것이다. 특히 철이 산소와 잘 결합하는 것이라 산소는 효소에서 질소가 결합할 자리를 차지하고 떨어지지 않는다. 효소가 본래 목적으로 작동할 기회가 없어져 버리는 것이다. 그러니 질소고정을 하려면 반드시 주변의 산소를 제거해야 한다. 콩과 식물은 해결사로 레그헤모글로빈(Leghemoglobin)을 사용하기도 한다. 레그헤모글로빈은 뿌리에서 자주 발견되는 단백질로 미오글로빈과 유사한 분자인데, 산소와 결합력이 인간의 헤모글로빈보다 10배 정도 높다고 한다. 그래서 질소고정 효소가 잘 작동하도록 산소를 제거해 준다. 질소의 고정에는 많은 양의 ATP가 소비되는데, 고효율로 ATP를 만들기 위해서는 산소가 필요하다. 이런 상반된 요구를 하나의 세포에서 동시에 만족하기가 힘들어서 질소고정 생명체가 그렇게 드문 것이다.

 질소고정이 가능한 생물체는 플랑크톤이나 지의류와 공생하는 남세균류와, 알팔파나 클로버 또는 콩과 식물의 뿌리에 공생하는 뿌리혹세균들이다. 이들이 질소화합물의 생산을 독점해 왔다. 식물은 포도당을 생산해서 질소고정균에게 주고 대신 질소를 얻는다. 한편, 식물이라는 숙주 없이 독립적으로 질소를 고정하는 세균도 있다. 이를 '독립 질소고정균'이라고 하는데, 시아노균(Cyanobacteria)이 대표적이다.

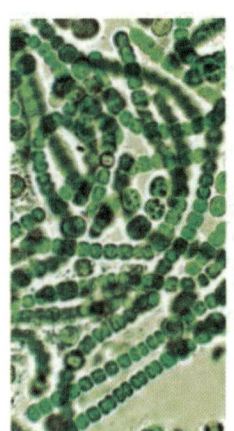

Stromatolites—fossils of earliest life on Earth

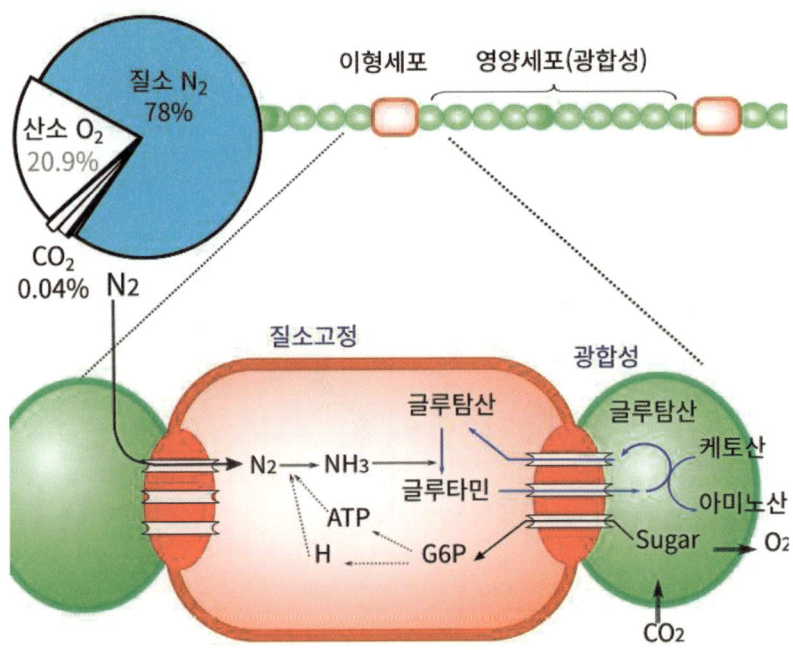

지구의 대기를 완전히 바꾼 시아노균의 질소고정과 광합성

필수 아미노산과 비필수 아미노산의 차이는?

아미노산의 형태는 공통적이지만 합성 경로까지 공통적인 것은 아니다. 포도당에서 아미노산이 합성되는 경로는 크게 5가지가 있다. 세린, 알라닌, 글루탐산, 아스파트산, 페닐알라닌의 5가지 아미노산이 만들어지고, 이 5가지 아미노산에서 3~5개의 아미노산이 파생되어 나온다.

필수 아미노산은 우리 몸에서 합성하지 못하는 아미노산이고, 비 필수 아미노산은 대사의 중심 회로에 있어서 쉽게 합성하는 아미노산이다. 우리는 음식을 통해 단백질을 섭취하며 개별 아미노산으로 섭취하지 않는다. 그리고 과잉으로 먹기 때문에 어떤 아미노산이 부족해질 염려가 없다. 동물 사료는 가장 적은 비용으로 가장 효과적으로 가축의 살을 찌워야 하는데, 단백질의 효율은 가장 부족한 성분에 의해 좌우되기 때문에 사료의 효율을 최대한 높이기 위해서는 부족한 필수 아미노산을 채워 넣는 것이 효과적이다.

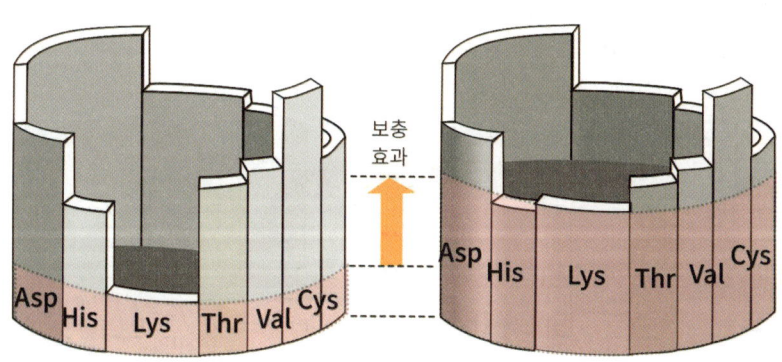

부족한 아미노산의 보충 효과

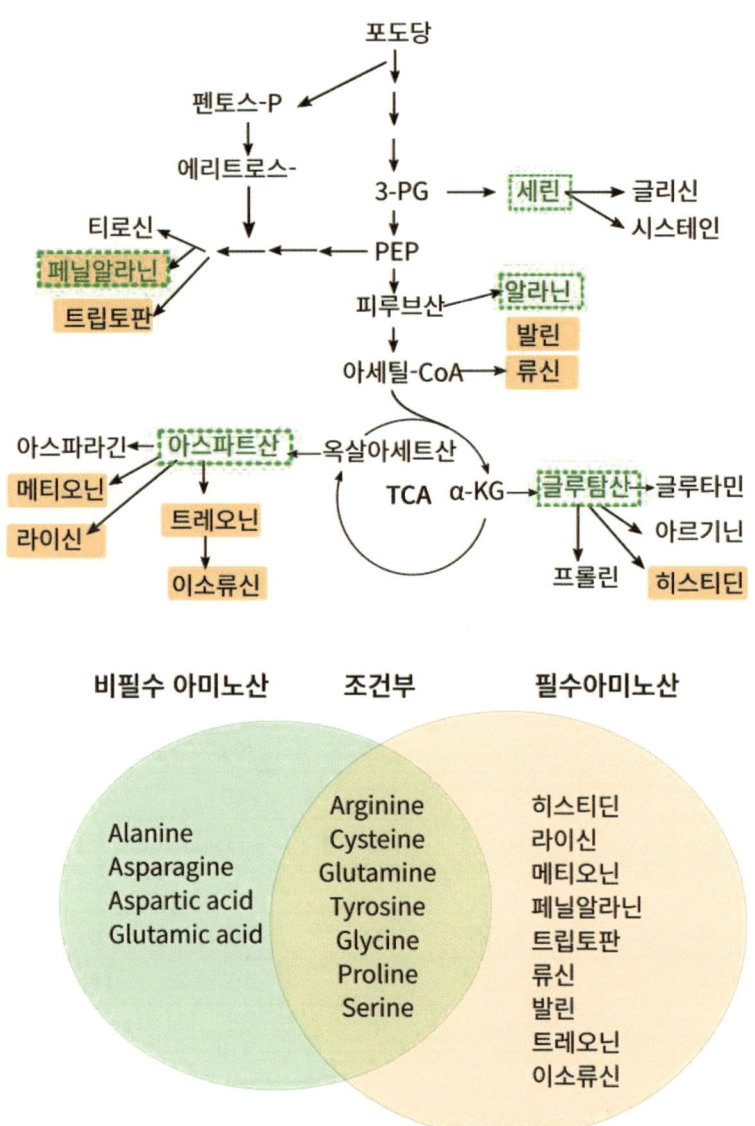

아미노산의 합성과정과 필수아미노산

2) 미네랄: 미네랄은 무기질과 다른가?

유기물은 생명체가 만든 탄소화합물이지만 무기물은 빅뱅과 초신성이 만든 태초의 물질이다. 따라서 모든 생명은 무기질을 합성하지 못하고 오로지 섭취로 보충해야 한다. 미네랄 중 압도적으로 많이 필요한 것이 나트륨(Na), 칼륨(K)이고 칼슘과 인, 마그네슘, 철과 아연 등이 필요하다.

원자	해수	식물	한국	미국
CHO		130,000		
N 질소		10,000	-	-
S 황	905	300	-	-
K 칼륨	380	2,500	3500	4700
Na 나트륨	10770	(-)	2000	1500
Cl 염소	19500	30	2300	2300
Ca 칼슘	412	450	700	1200
P 인	0.06	600	700	700
Mg 마그네슘	129	800	360	420
B 붕소	4.4	20	-	-
I 아이오딘	0.06	-	0.15	0.15
Fe 철	0.000055	20	10	18
Zn 아연	0.0005	3	10	11
Mn 망간	0.0001	10	10	2.3
Cu 구리	0.0001	1	0.6	0.9
Mo 몰리브덴	0.01	0.01	0.025	0.045

뼈는 인회석, 미네랄의 보관 창고

  흔히들 뼈는 칼슘으로 되어 있다고 생각하지만, 실제 뼈는 칼슘과 인이 결합한 인회석(Hydroxypatite)이다. 칼슘이 50~58%, 인이 37~40% 정도이다. 체내 칼슘의 99%가 뼈에 있고, 1%만 체액에 녹아 있는데 실제 중요한 기능은 이 1%가 한다. 배발생의 개시, 골격근, 심근, 평활근 등의 수축, 원형질 유동, 세포내 도입(Endocytosis), 세포외 배출(Exocytosis), 세포의 변형운동, 미세섬유의 운동, 세포 분열 등에 관여한다. 칼슘이 없으면 생명 현

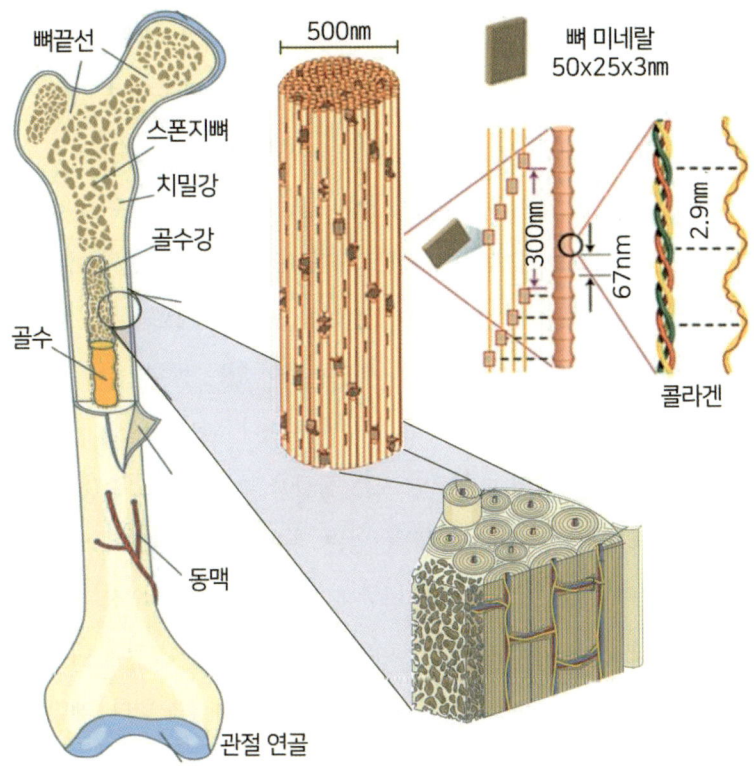

뼈의 구조

상 자체가 일어나지 않는다고 할 수 있다. 이처럼 중요하기에 뼈의 형태로 비축해 두는 전략을 사용한 것이지 칼슘이 단단해서 뼈를 만드는 것이 아니다. 킹크랩 같은 갑각류의 단단한 껍질은 칼슘은 전혀 없이 포도당과 유사한 당류로 만들어진 것이고, 나무의 단단함을 유지하는 셀룰로스도 포도당으로 만들어진 것이다. 칼슘은 생존에 필수적이지만 가장 위험한 미네랄이기도 하다. 절대 세포 안에 오래 머물러서는 안 된다.

체세포: 인(P)은 미네랄의 여왕이다

세포 안에서 가장 열심히 일하는 미네랄은 인(P)이다. 칼슘의 99%는 뼈에 인회석 상태로 있고 1%만 녹아서 활용되지만, 인은 80%가 뼈에 보관되고 20%는 세포 안에서 열심히 일한다. 대표적인 것이 ATP의 인이다. ATP는 매일 50kg 정도가 ADP ↔ ATP의 전환을 통해 '붙었다/떨어졌다'를 반복하기에 하루에 보충할 양이 1g도 되지 않아 정말 다행이 아닐 수 없다. 모든 세포에는 핵이 있고, 핵 속에는 두께는 불과 2nm에 불과하지만 길이는 2m나 되는 DNA가 들어 있다. 우리 몸속에 30조의 세포가 있으니 60,000,000,000km 길이의 인산이 주축인 사슬이 들어 있는 셈이다.

그리고 모든 세포를 감싸고 있는 세포막은 인지질이다. 인이 없으면 세포막이 만들어지지 않고, 세포막이 없으면 모든 물질이 빠져나가 그 순간 세포가 없어진다. 포도당을 분해하여 ATP를 얻는 과정에서도 끊임없이 인을 붙였다가 떼었다 해야 정상적인 대사가 이루어지고, 많은 효소가 인산화-탈인산화에 관여한다. 인은 가히 미네랄의 여왕이라고 할만하다. 그런데 이렇게 소중한 미네랄을 첨가물이라고 하면 갑자기 위험물질 취급을 한다. 제대로 된 가치 평가 기준이 없는 것이다.

새우나 오징어에 미량의 인산염을 처리하면 중량이 10% 정도 늘어나는데 인산 자체가 오징어의 중량을 늘어나게 하는 것은 아니다. 칼슘은 주로 단백질의 수축을 일으키지만 인은 풀리게 한다. 단백질이 풀리면 공간이 넓어져 더 많은 수분을 붙잡아 탱탱해진다. 고기에서 인산염에 의한 보수력 향상, 피자치즈가 쭉쭉 늘어나는 것도 같은 원리다. 인산염은 그야말로 다양한 기능을 한다. 그만큼 종류와 기능도 다양하다. 흔히 알려진 인산염의 용도는 콜라의 산미료(인산), pH 조정제(인산염), 케이킹 억제제, 팽창제, 안정제, 유화제, 산화억제제 등이다. 단독으로 작용하기도 하고, 다른 원료의 기능을 보조하는 역할도 잘한다. 금속이온의 봉쇄, 수분 결합력의 향상, 분말의 케이킹 현상 억제 등을 한다. 육가공에서 인산염의 활용은 아래와 같다.

- 근육 단백질 특성의 개선: pH 조정 효과를 통해 물의 보수력을 높이고, 사후강직의 조절로 고기의 품질을 높인다.
- pH의 완충 효과로 품질을 안정화하고 다른 염의 효과를 더 높인다.
- 철이나 구리 이온을 킬레이트로 봉쇄하여 항산화 역할도 한다.

ATP의 삼인산 부분은 친수성(Hydrophilic)이고, 나머지 부분인 아데노신은 소수성(Hydrophobic)이다. ATP는 세포 안의 농도가 세포 밖보다 10만 배 이상 높다. 세포손상으로 세포 밖으로 ATP가 나오는 순간, 면역체계는 이것을 위험신호(외부 침입자에 의한 세포손상)로 받아들여 면역세포들이 출동하게 된다. 세포 안에서 고농도로 유지되는 ATP는 수많은 수용성 단백질이 응집되는 것을 억제하고 이미 응집된 단백질들은 용해하는 역할을 한다. ATP가 고기의 강직 현상에서 주요 변수로 작용하는 것이다.

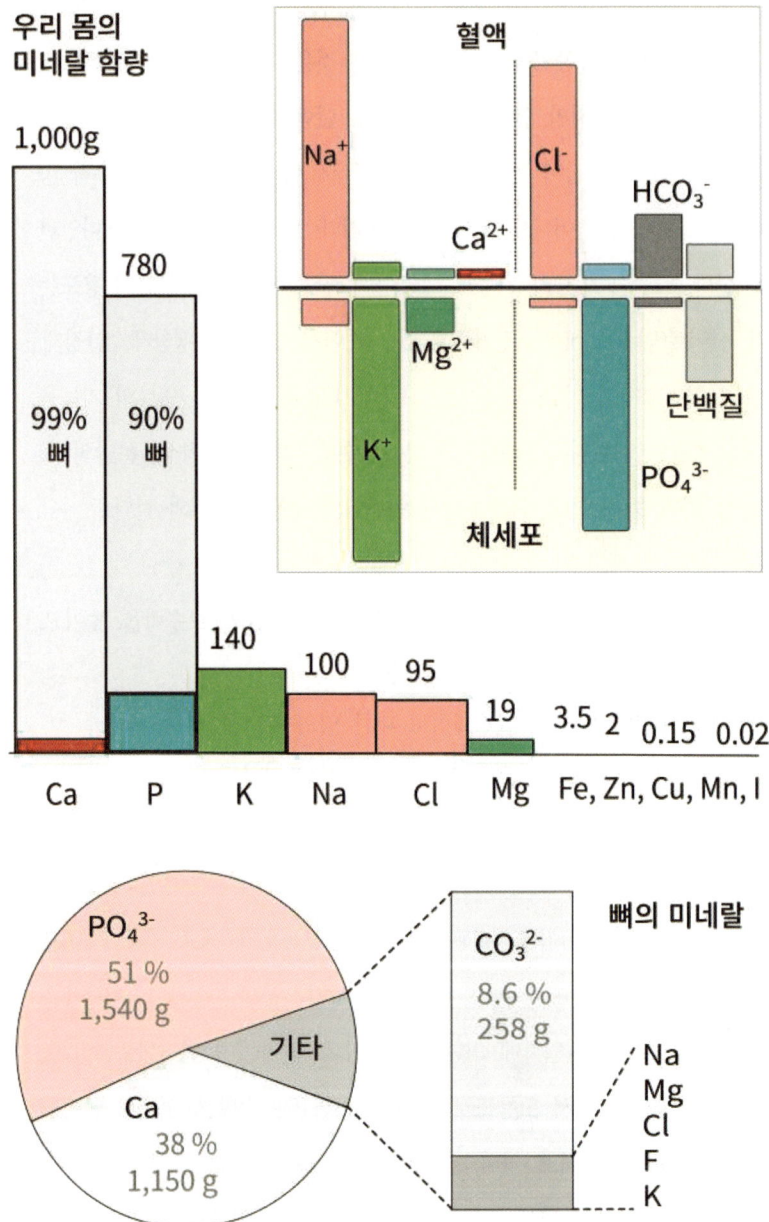

혈액: 미네랄의 86%는 NaCl

인간의 선조는 물고기이며, 바닷속의 생명체에서 진화를 거쳐 육지로 올라온 것이 약 3억 년 전이라고 한다. 그래서인지 인간의 체액이나 양수의 성분이 바닷물의 성분과 같고, 다만 그 농도가 인간의 경우 0.9%인데, 해수의 농도는 시간이 지남에 따라 차츰 진해져서 3.5%가 되었다고 한다.

우리 몸에 소금이 필요한 결정적인 이유는 삼투압과 전기적 신호이다. 혈액에 적절한 삼투압을 가져야 물을 흡수하여 적절한 체액량과 혈액량을 유지할 수 있다. 삼투압의 조절이 수분의 이동 방향에 대한 조절이다. 내 몸에서 장으로 이온들이 투입되면 물도 따라서 들어가고, 장에서 이온들이 회수하면 물도 따라서 회수된다. 많은 에너지를 사용해 이온을 내보내고, 재흡수하면서 물을 조절하는 것이다. 만약에 우리 몸에 물의 이송펌프가 있다면 소금물을 마셔도 농도 차를 거슬러 강제로 물을 흡수할 수 있을 것이다. 하지만 그런 장치가 없고 나트륨이나 칼륨 등의 이온을 이송하는 펌프만 있다. 이온들 통해 삼투압을 조절하고 그렇게 조절된 삼투압을 통해 물의 출입을 조절하는 것이다.

고농도의 소금물에 미생물이 살기 힘든 것은 소금물이 탈수를 유발하여 세균의 원형질 분리를 유발하며, 수분활성도를 낮추기 때문이다. 고농도의 소금에 절이는 방식인 염장은 소금의 이런 삼투작용을 이용한 저장법이다. 과거 냉장고가 없었던 시절에 생선 등을 절일 때는 바로 먹기가 불가능할 정도로 고농도의 소금을 사용했지만, 냉장고가 생긴 이후 소금 사용량이 많이 줄어들었다.

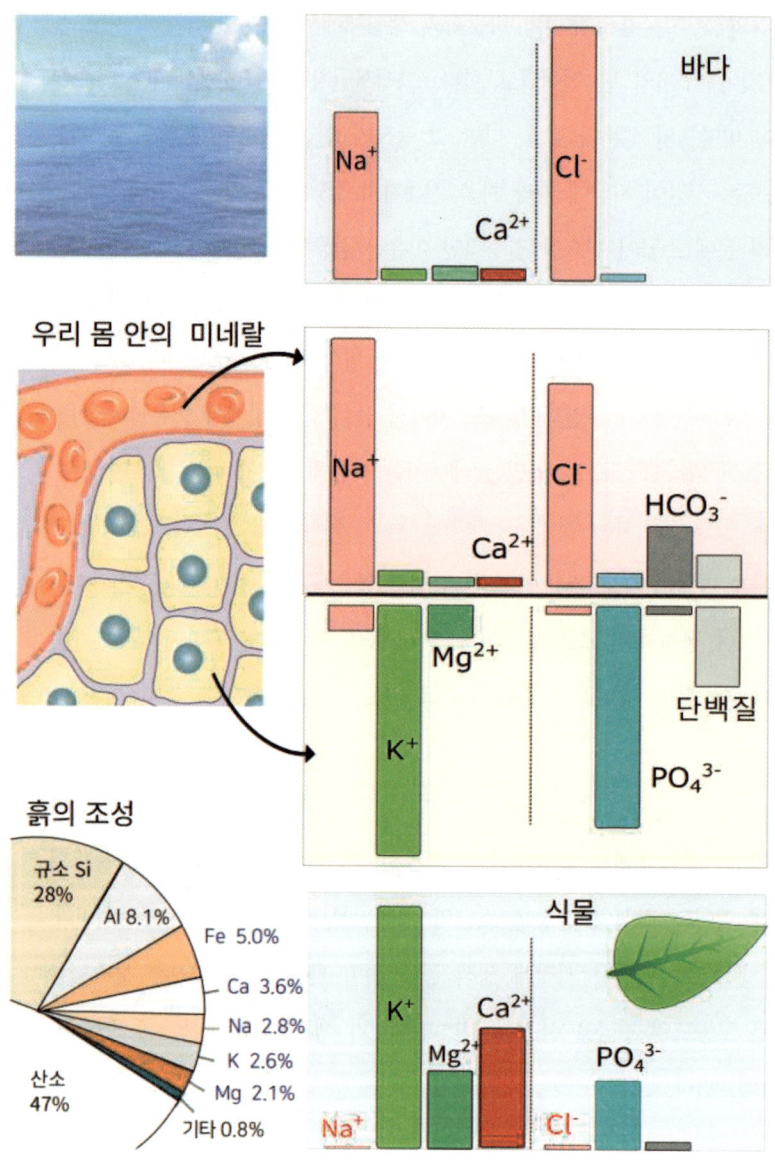

흙의 미네랄 - 식물의 미네랄 - 체세포의 미네랄

Na, Ca 전기적 신호를 만든다

콩팥의 사구체에서는 모든 작은 분자가 배출되었다가 재흡수되는데, 배출된 소금의 99%가 재흡수되어 다행이지 만약 그대로 배출되면 하루에 1.5kg을 섭취해야 한다. 우리 몸은 나트륨 펌프를 작동하는 데 우리가 사용하는 총칼로리의 무려 22%를 사용하기도 한다. 특히 뇌는 사용하는 전체 칼로리의 50%를 나트륨 펌프를 작동하는 데 쓴다. 뇌의 신경세포가 하는 일이 전기적 신호를 만드는 일인데, 세포막에 있는 나트륨 채널이 열리면 세포 밖에 있던 나트륨 이온이 세포 안으로 쏟아져 들어온다. 이것들은 1/100초 안에 다시 밖으로 내보내야 한다. 뇌가 전체 칼로리의 20%를 쓰는데 그것의 절반인 10%가 오로지 나트륨 펌프를 작동하는 데 쓰인다. 그리고 나머지 기관이 나트륨을 내보냈다가 다시 흡수하는데 12%를 사용한다.

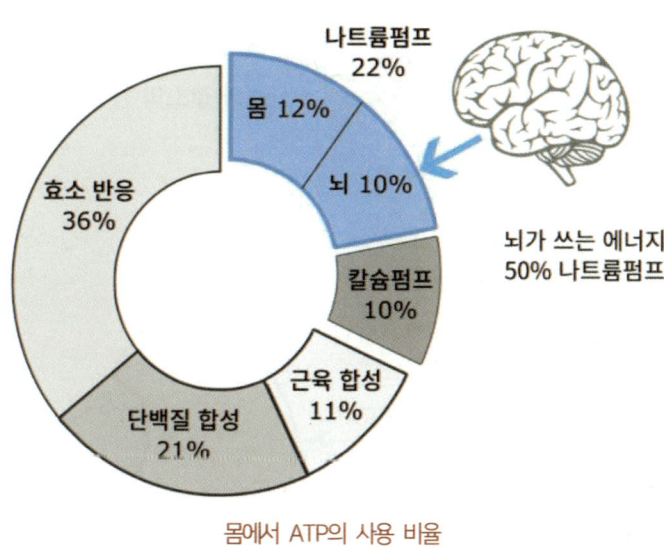

몸에서 ATP의 사용 비율

조효소: 미네랄 vs 중금속

미네랄과 중금속의 차이는 무엇일까? 중금속은 식품에서 가장 공통적인 관리 항목이다. 비중 5.0 이상의 무거운 금속을 중금속이라고 하므로 금속 중에서 알루미늄을 제외하면 모두가 중금속이다. 그러면 나쁜 중금속은 무엇일까? 사실 나쁜 중금속이 따로 있는 것은 아니다. 어떤 중금속이든 우리 몸에 이온 상태로 과량으로 존재하면 나쁜 중금속이 된다.

효소는 단백질로만 된 것이 많지만 일부는 다른 물질이 있어야 활성을 나타낸다. 일부 비타민과 미네랄이 조효소로 작용하며, 비타민 B군(群)은 주로 탄수화물, 단백질, 지방의 대사에 쓰이는 조효소이다. 미네랄이 조효소로 작용하는 효소도 많은데, 지금까지 확인된 것은 아연을 함유한 효소 28종,

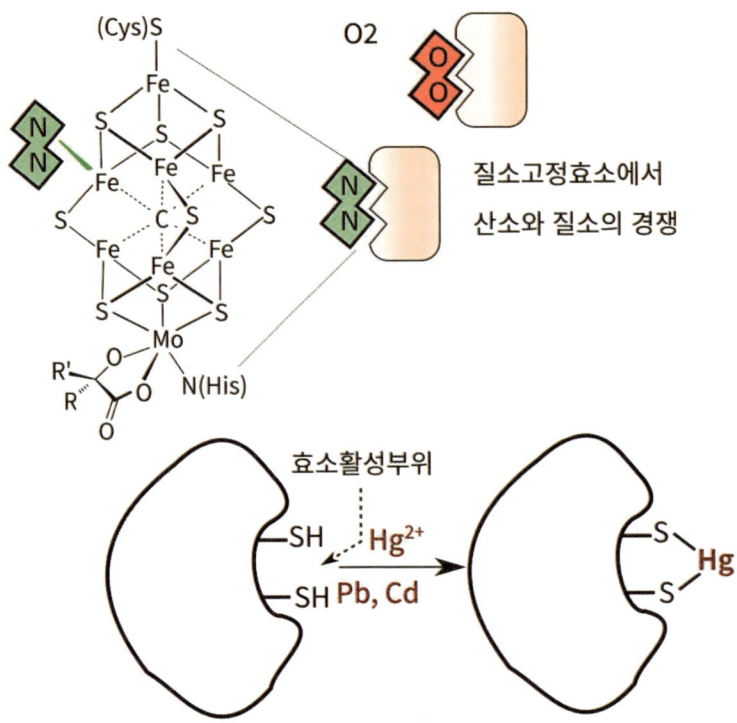

질소고정효소에서 산소와 질소의 경쟁

마그네슘은 7종, 망간은 26종, 몰리브덴은 7종, 구리는 21종, 철은 79종, 황은 9종 등이다. 미네랄을 함유한 효소는 미네랄의 특별한 결합력을 이용한 것이다. 그만큼 미네랄(중금속)이 엉뚱한 단백질과 결합하면 큰 문제를 일으킨다. 중금속이 축적되면 심각한 문제가 생기는 이유이다.

미네랄에 관한 질문

우리 몸에서 가장 많은 양을 차지하는 미네랄은?
가장 위험한/안전한 미네랄은?
가장 부작용이 적은/많은 미네랄은?
가장 흡수되기 쉬운/어려운 미네랄은?
가장 부족하기 쉬운/과잉 섭취하는 미네랄은?
가장 우리 몸에서 많이/적은 일을 하는 미네랄은?
가장 맛있는/맛없는 미네랄은?
가장 억울한 미네랄은? 가장 과도한 명성을 누리는 미네랄은?

비타민에 관한 질문

가장 많이 필요한 비타민은?
가장 안정적인/불안정한 비타민은?
가장 부작용이 적은/많은 비타민은?
가장 흡수되기 쉬운/어려운 비타민은?
가장 부족하기 쉬운/과잉 섭취하는 비타민은?
우리 몸에서 가장 결정적인 비타민은?
가장 과도한 명성을 누리는 비타민은?

이런 질문에 과연 정확한 답변이 가능할까?

9. 에너지 대사, 활성산소와 항산화제

우리가 먹어야 사는 이유는 명확하다

우리가 먹어야 하는 가장 중요한 이유는 우리 몸을 작동하는 데 필요한 에너지를 얻기 위함이다. 우리 몸은 37조 개의 세포로 되었고, 모든 세포는 ATP를 기반으로 작동한다. 1분에 사용하는 양이 35~40g이다. 우리 몸이 보관하는 양은 고작 60g이라 2분 사용량이 채 되지 않는다. 35g은 적은 양처럼 보여도 1시간에 2.1kg이고, 하루 24시간 쉬지 않고 사용하므로 하루에 51kg이 필요하다. 사람마다 다르겠지만, 대략 매일 자신의 체중만큼의 ATP를 소비한다고 생각하면 된다.

만약 51kg을 음식처럼 섭취해야 한다면 정말 끔찍한 숙제일 것이다. 하루 1.6kg의 음식을 먹는데도 상당한 시간이 필요한데, 36배가 넘는 양이다. 다행히 ATP는 재생된다. ATP는 ADP와 인산(Pi)으로 분해되면서 에너지를 방출하고 ATP 합성효소를 통해 다시 ADP에서 ATP로 재생된다. 이때 열량소가 사용되는데 포도당 1분자(분자량 180)를 미토콘드리아에서 산소로 완전히 연소시키면 30~38개의 ATP를 재생할 수 있다. 포도당(180)으로 포도당 무게의 90배(32x507)에 해당하는 ATP를 재생할 수 있다.

　모든 생명체에서 가장 중요한 것이 에너지 대사가 원활히 이루어지는 것이다. 이 과정에서 조금이라도 원활하게 이루어지지 않으면 목숨 자체가 금방 위태로워진다. 산소가 필요한 이유도, 심장이 쉴틈 없이 뛰는 이유도 다 에너지 대사 때문이며, 늙고 병드는 이유도 이 에너지 대사 때문이다.

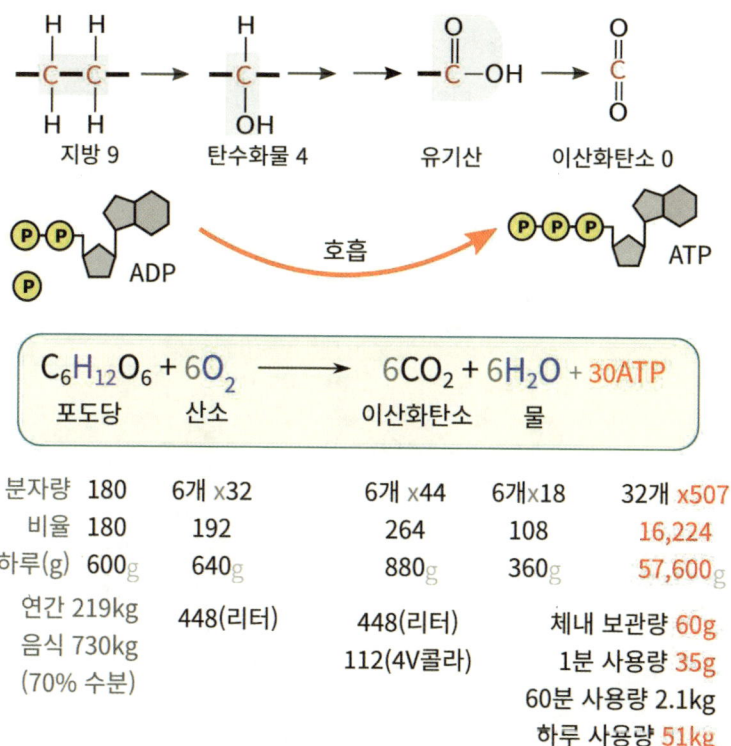

항산화제와 항산화시스템

식품 중에서도 지방(특히 불포화지방)은 보관 중 산화가 되지만 아주 천천히 조금씩 일어난다. 그러니 음식에 존재하는 적은 양의 항산화제로도 어느 정도 보호가 가능하다. 그런데 음식물이 우리 몸에 들어오면 몇 시간 안에 완전히 산화(소화)된다. 그만큼 엄청난 활성산소가 만들어진다. 우리는 하루에 2kg에 가까운 음식을 먹고 그 안의 유기물 대부분을 산화시켜 에너지로 만드는데, 그렇게 많은 산화물을 음식물에 존재하는 미량의 항산화제가 어떻게 감당할 수 있겠는가? 그것은 내 몸 안의 항산화 시스템이 하는 일이다. 알파-토코페롤은 분자량이 431이다. 그렇게 큰 분자에서 제공할 수 있는 수소(H)는 고작 1개이다. 만약 토코페롤이 한 번 쓰고 마는 일회용이라면 무슨 역할을 하겠는가? 항산화 시스템에 의해 단계별로 계속 재생되기

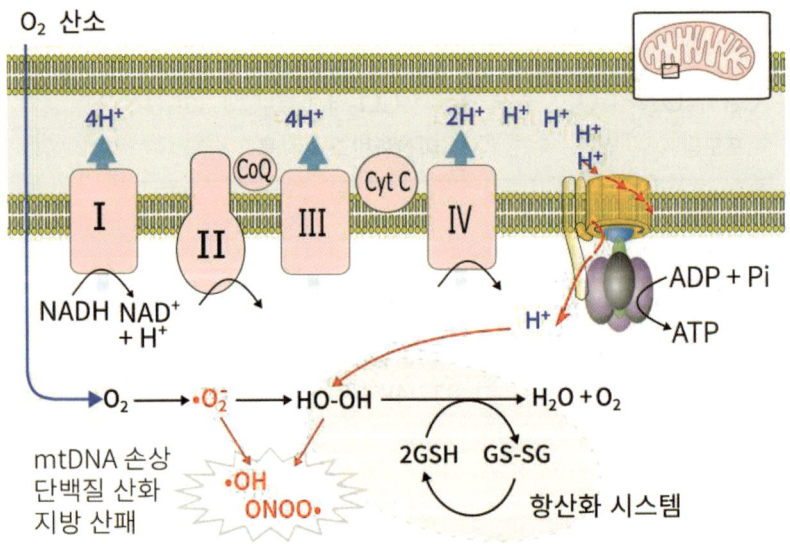

ATP 합성 기작과 항산화 시스템

에 그 역할을 하는 것이다. 우리 몸 안에 항산화제도 재생 시스템에 의해 그 많은 양의 활성산소에 대응한다. 항산화물질 섭취가 과도하면 항산화물질과 쌍둥이 관계인 산화 촉진 물질(Pro-oxidant)의 균형이 깨지면서 건강을 해칠 수 있다. 항산화제 자체도 과량이면 독으로 작용할 수 있는 것이다.

비타민 C의 기능은 무엇일까? 많은 사람이 막연히 몸에 좋다고 믿거나, 메가도스를 주장하는 사람은 면역력이 증진되어 감기 같은 병이나 암에 안 걸린다고 말한다. 그런데 비타민 C 분자 자체는 산화 형태로 바뀌면서 2개의 전자와 수소이온을 제공한다는 것 말고 다른 어떠한 기능도 없다. 포도당에서 간단히 합성되며 그 과정 중에 수소를 4개나 잃은 상태다. 그런데 왜 비타민 C는 항산화 기능을 하고 수소가 더 많은 포도당은 항산화 기능을 하지 못할까? 이런 간단한 질문에는 대답하지 못하면서 막연히 비타민 C를 숭배한다. 비타민 C의 가장 중요한 기능은 내 몸이 콜라겐 합성 과정에서 조효소로 쓰일 때이다. 콜라겐 합성에 필요한 요소는 정말 많은데 효소

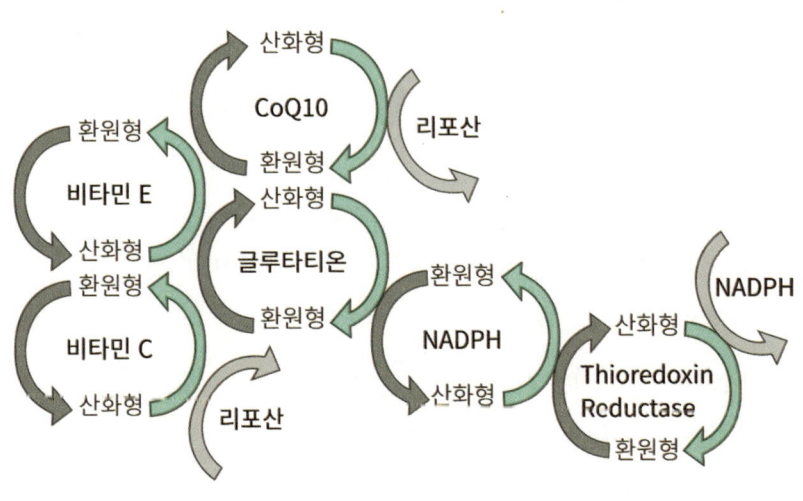

우리 몸의 항산화 시스템

의 역할을 보조하는 아주 미약한(?) 역할이다. 흔히 말하는 비타민 C의 기능은 사실 콜라겐의 기능인 것이다.

유지에 사용되는 항산화제 '토코페롤', BHT, BHA

항산화제가 가장 필요한 것은 기름이고, 기름에 가장 쓸 만한 항산화제는 토코페롤이다. 토코페롤은 좋은 기능이 많다. 그런데 우리가 흔히 쓰는 토코페롤은 콩에서 유래한 것이다. 토코페롤 성분은 지용성 성분이고 단백질과 전혀 무관하므로 설혹 GM 콩을 쓰더라도 GM, 알레르기와 전혀 무관하다. 하지만 우리나라에서는 이 토코페롤을 쓰게 되면 무조건 표기를 해야 한다. 그래서 훨씬 비싸면서 항산화력은 떨어지는 합성토코페롤을 써야 하는 어처구니없는 사태가 발생한다. 다른 기름에도 토코페롤 성분은 있다. 하지만 똑같은 성능이면서 가격만 비싸다.

항산화제 토코페롤의 또 다른 이름은 비타민 E이다. 통상의 범위에서 유해성은 없다. 하지만 지용성 물질이라 배출 속도가 느리고 초고용량의 토코페롤(비타민 E)은 다른 지용성 비타민(비타민 A, D, K)의 기능을 저해할 수 있으며, 하루에 1,000IU 이상 섭취하면 두통, 피로, 구역질, 근무력화, 위장 장애 등의 부작용이 나타난다고 보고되고 있다. 비타민 E를 과량 섭취하였을 때는 출혈 증가, 프로트롬빈 시간 증가, 혈소판 응집과 흡착 억제, 혈액응고 억제 등과 같은 출혈 독성이 문제가 될 수 있다. 특히 비타민 K가 부족한 상태이거나 항혈전제를 복용할 때는 더 위험하다.

세상에 완벽하게 안전한 물질은 없다. 천연 항산화제는 완전히 안전하고 합성 항산화제는 무조건 위험하다는 주장도 사실이 아니며, 합성 항산화제의 부작용보다 지방 산패의 부작용이 적다는 것은 전혀 사실이 아니다.

항산화제의 분자 형태

10. 비타민과 조효소

1) 지용성 비타민: A, D, E, K

비타민 A(Retinol)는 레티논산으로 전환된 후 GPCR에 결합하는 색소의 일종으로 빛에 의해 분자 구조가 바뀌면서 빛을 감각하는 기능을 돕는다. 비타민 D(Calciferol)는 콜레스테롤을 합성하는 과정에 분자의 일부가 파괴되어 만들어지고, 이것이 Calcitriol로 전환되면 칼슘 흡수를 돕는 단백질 합성량을 늘리는 호르몬으로 작용한다. 여기에 -OH기가 추가되어 Calcitetrol이 되면 불활성화된다. 비타민 D는 칼슘 흡수 조절호르몬의 전구체인 것이다. 비타민 E는 수소이온 하나를 제공하면서 지방의 항산화 기능을 한다. 비타민 E도 비타민 C처럼 결핍증은 드물며 식단 때문이 아니라 지방 흡수 또는 대사 이상일 때 발생한다. 비타민 K(Phylloquinone)도 수소이온의 제공 기능을 통해 혈액 응고기작에 조효소로 참여한다. 프로트롬빈 전구체에 카르복시기를 추가하여 프로트롬빈으로 혈액 응고 반응이 가능하게 하는 것이다.

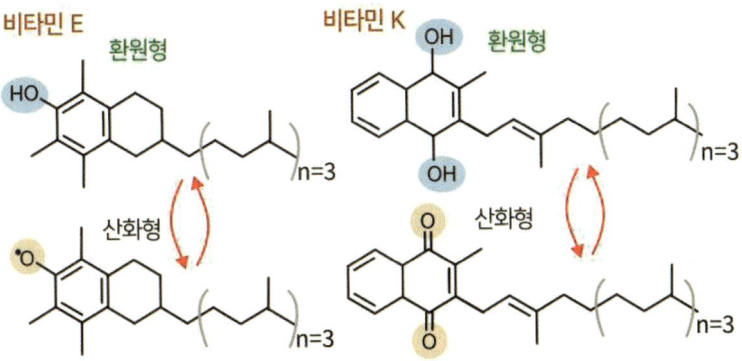

지용성 비타민의 구조와 기능

2) 비타민 C

비타민 C는 지금은 항산화 기능이 유명하지만, 그 역할이 밝혀진 것은 콜라겐 합성을 보조하는 조효소의 기능이다. 항산화 기능도 내 몸의 항산화 시스템의 일부로 참여할 때 의미가 있다. 만약 단독으로 작동하여 재생이 안 되면 하루에 1.6kg의 음식물을 이산화탄소로 산화해야 하는 상황에서 하루에 100mg도 안 되는 비타민 C의 항산화 능력은 별 의미가 없다.

혈장 비타민 C의 검사는 비타민 C의 섭취 상태를 알아보는 데 널리 사용하는 검사이다. 적정 수치는 50μmol/L, 저비타민증은 23μmol/L 미만, 결핍은 11.4μmol/L 미만으로 본다. 20세 이상 미국인인 2017년 평균 53.4μmol/L이었다. 혈장 농도는 약 65μmol/L로 포화상태로 간주하며, 이 농도는 100~200mg/일 섭취 시 달성된다. 섭취량을 더 늘려도 흡수 효율이 감소하고 초과분은 소변으로 배출되기 때문에 혈장이나 조직 농도가 더 이상 증가하지 않는다.

비타민 C의 특별함은 무엇일까? 모든 항산화제가 산화하기 쉬운 불안정한 분자이지만, 비타민 C는 유난히 불안정하고 반응성이 있는 분자라는 것이다. 다른 엉뚱한 분자와 반응하거나 분해 과정에 옥살산으로 변해 독으로 작용할 수 있다. 비타민 C가 가열이나 보관 중에 쉽게 손실되는 것은 분자 자체의 유별난 불안정성 때문인데, 마치 다른 모든 비타민의 고유한 속성처럼 말하면서 가공식품을 비난하는 근거가 되기도 했다. 열을 처리하거나 가공하는 과정에서 정말 소중한 영양분인 비타민이 몽땅 손실된다는 거짓말이다. 비타민 C만 성격이 유난히 난폭한 것인데 너무나 섬세하고 가련한 분자로 둔갑해진 것이다.

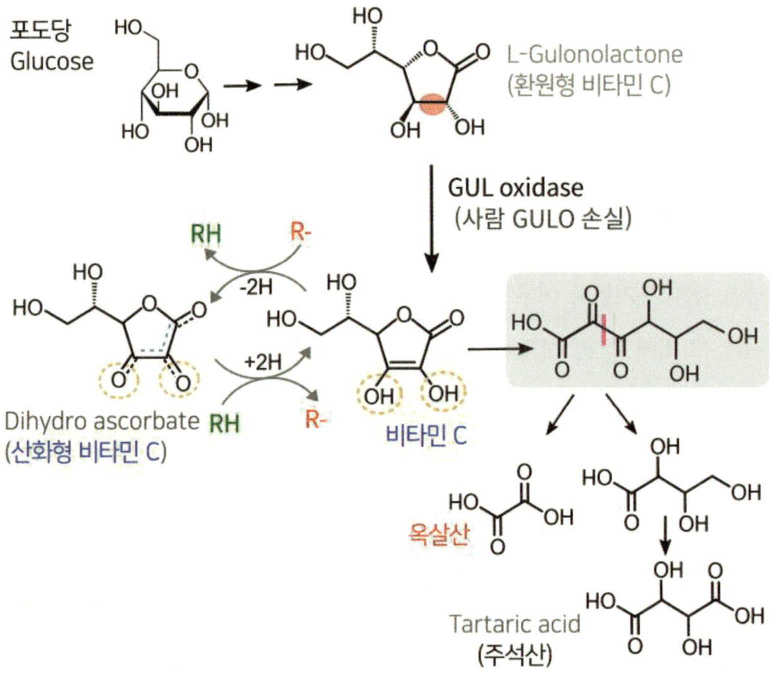

포도당
Glucose
L-Gulonolactone
(환원형 비타민 C)
GUL oxidase
(사람 GULO 손실)
RH
R-
-2H
+2H
Dihydro ascorbate
(산화형 비타민 C)
비타민 C
옥살산
Tartaric acid
(주석산)

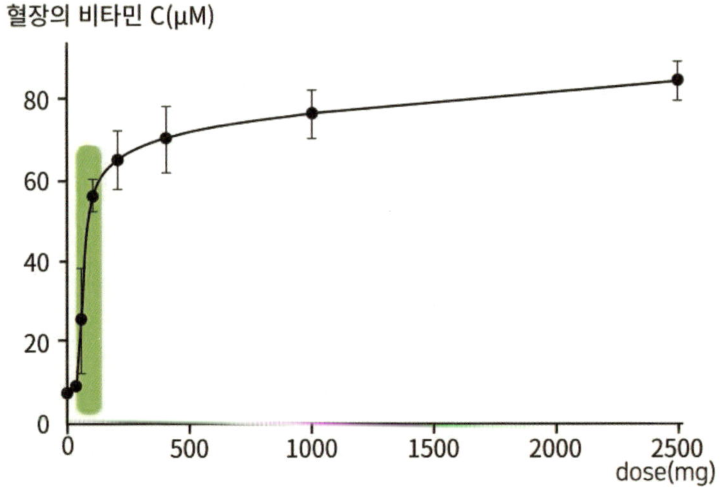

혈장의 비타민 C(μM)
80
60
40
20
0
0
500
1000
1500
2000
2500
dose(mg)

3) 수용성 비타민 B군, 조효소

조효소(助酵素, Coenzyme)는 효소(단백질)의 효소작용을 돕는 저분자 화합물이다. 조효소의 상당수는 비타민의 유도체로 알려져 있는데 비타민 B군에 속하는 이 대표적이다. 미네랄(금속계 보조인자)도 조효소로 역할을 하는 경우가 많다.

- 비타민 등의 유기물로 이루어진 보조인자.
- 주 효소에 비해 작고, 대체로 열에 강한 편이다.
- 특이성이 없어 여러 가지 효소에 작용할 수 있다.
- 주 효소에 결합하였다가 반응이 끝나면 떨어져 나온다.

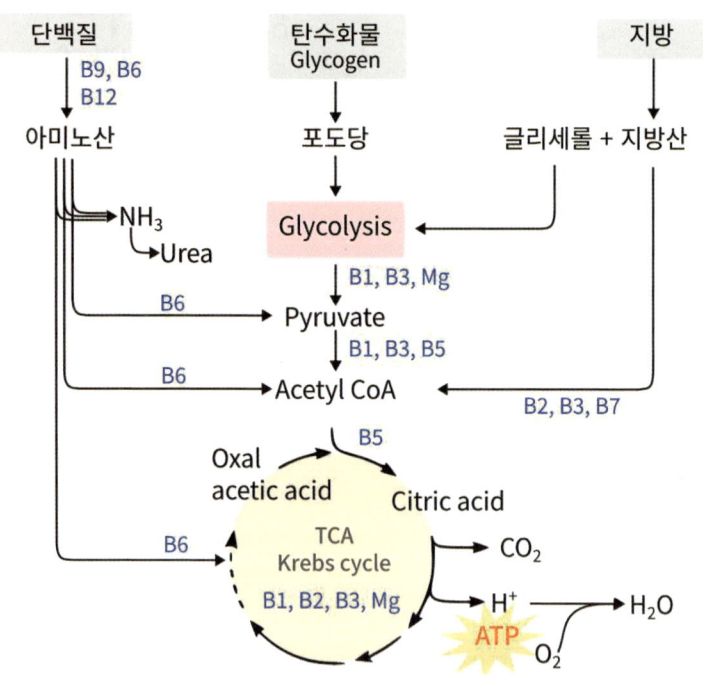

그러면 효소가 중요할까? 효소의 기능을 보조하는 조효소가 중요할까? 효소가 훨씬 중요하지만 단백질이라 합성이 되어서 별 관심이 없고, 비타민의 기능은 효소나 우리 몸의 다른 분자에 비해 전혀 특별하지 않은데, 단지 합성하지 못한다는 이유로 그렇게 숭배하는 것은 우리가 얼마나 분자적 특성은 모르고 과도한 의미를 투사하는지를 보여준다.

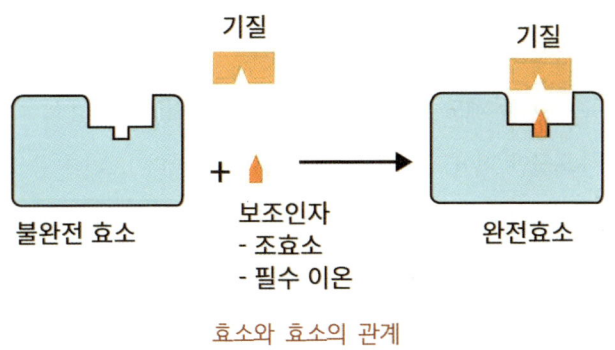

효소와 효소의 관계

비타민 B군	B1 티아민	B2 리보플래빈		B3 나이아신		B5 판토덴산	B6 피리독신	B7 바이오틴	B9 엽산	B12 코발아민
조효소	TPP	FAD	FMN	NAD	NADP	CoA	PLP	Biotin	TMP	B12
기능		H	H	H	H	Acyl			CH₃	
단백질대사		●					●		●	●
탄수→단백							●			●
탄수화물	●	●	●	●		●				●
단백→지방				●				●		
지방대사		●	●			●				●

비타민 B군을 포함하는 조효소와 물질대사.

비타민 B1(티아민)

비타민이라는 이름은 1911년 폴란드의 화학자 카지미르 풍크(Casimir Funk)가 처음으로 붙였다. 라틴어의 '생명'을 의미하는 'vita'와 'amine'을 합성한 말로써 생명 유지에 필수적인 물질이란 뜻을 가진다. 그런데 비타민 중에는 아민이 아닌 것이 더 많아 나중에 마지막 'e'를 빼면서 현재의 'Vitamin'이 됐다. 이런 비타민의 발견은 분명 영양학의 눈부신 발전이지만, 효능의 과장으로 만들어진 그림자도 많다. 필수영양소 부족으로 인해 초래될 수 있는 질병에 대한 공포가 시작된 것이다.

1900년대 초까지만 해도 많은 화학자는 사람은 3대 필수영양소, 즉 단백질, 지방, 탄수화물만 먹어도 건강할 수 있다고 생각했다. 그러다 풍크가 부족하면 각기병의 원인이 되는 수용성 '보조인자'를 분리하면서 이러한 생각에 일대 전환이 일어났다. 그리고 4년 뒤에 미국의 화학자 엘머 맥컬럼이 쥐 실험을 통해 부족하면 눈병을 유발할 수 있는 인자를 발견하여 '지용성 인자 A'라고 명명했다. 그러다 슬쩍 '비타민 A'로 이름을 바꾸어 풍크가 먼저 발견한 비타민을 'B'로 밀어냈다. 그리고 괴혈병을 예방하는 비타민 C와 구루병을 예방하는 비타민 D도 성공적으로 분리해 냈다.

당시 미국에서 괴혈병이나 구루병은 전혀 문제가 되지 않았는데, 이들의 발견을 언론이 대서특필하면서 온 국민이 관심을 두게 했다. 1921년 초 당시 저명한 의사였던 벤저민 해로우는 "비타민이 부족할 경우 끔찍하고 혐오스러운 증상이 유발될 수 있다. 수백만 명의 사람들이 비타민 부족으로 죽어가고 있다"라며 경고했고 대중들은 이에 민감하게 반응했다. 과학자들이 처음 비타민에 붙인 명칭은 '지용성 인자 A', '수용성 인자 B', '항괴혈병 C', 보조 인자 물질', '식품 호르몬' 등 무려 23개나 되었는데, 만약 이 이름들이 그대로 사용됐다면 그렇게까지 관심을 끌지 못했겠지만, 생명에 필수적인 요소라는 이름과 언론의 보도가 집중하자 소비자가 관심을 보였다.

 1920년 플라이시만 이스트는 "원시시대에는 익히거나 조리되지 않은 음식과 잎이 무성한 녹색 채소를 통해 비타민을 풍부하게 섭취할 수 있었지만, 지금은 식품에 대한 정제와 조작이 끊임없이 이뤄지므로 필수 영양소가 파괴되는 경우가 많다"라고 경고했다. 1922년에는 신문 광고에 "우리는 지나치게 많은 가공식품을 먹고 있고, 이는 위험한 상황을 초래할 수 있다. 가공식품은 편리하지만 생산 과정에서 중요한 영양소가 파괴된다"라는 주장이 실렸다. 벌써 100년 전부터 '현대의 식품 가공이 비타민을 파괴한다'라는 주장이 잘 먹힌 것이다.

 1941년 5월, 프랭클린 루즈벨트 대통령은 전국의 식품 및 영양 전문가 500명을 불러 워싱턴에서 '국민 영양 콘퍼런스'를 개최했다. 미국 국립연구회 식품과 영양위원회 회장 러셀 윌더 박사는 "75%에 달하는 미국인들이 '숨은 굶주림', 즉 잠재적 영양 불균형으로 고통받고 있다. 숨은 굶주림은 먹거리가 풍부해 배는 부르지만, 인체가 필요로 하는 필수영양소는 부족한 상태이므로 언제든 건강과 질병 사이의 경계를 넘나들 수 있다. 따라서 식량 부족이 주원인인 '속이 빈 굶주림'보다 '숨은 굶주림'이 더 위험하다"라고 경고했다. 윌더 박사는 자신이 주장했던 '미국의 생존이 티아민 부족으로 위협받고 있다'는 것을 증명하기 위해 4명의 젊은 여성 환자를 섭외해 인근 주립 정신병원에 입원시킨 후 극소량의 티아민이 함유된 식사를 제공했다. 그리고 5주가 지나자 여성들에게서 '거식증, 피로, 체중 감소, 변비, 종아리 근육의 극심한 변화' 등 많은 증상이 나타났다. 그 후 연구팀이 여성 환자 2명에게 티아민을 원래대로 보충한 식사를 제공하고, 불과 48시간이 지나자, 이들은 "전과는 다른 느낌의 이상하리만치 활력이 넘치는 행복감을 경험했다"라고 밝혔다. 이때부터 티아민은 '활력 비타민'이란 별칭으로 불리기 시작했고, 비타민 판매가 비약적으로 증가하여 1944년 미국인 4명 중 3명이 비타민을 복용하고 있다고 발표했다.

그리고 1946년 오랜 연구 끝에 비타민 효능에 대한 최종 보고서가 발표되었다. 실험 대상을 두 그룹으로 나눠서 캘리포니아의 비행기 공장노동자 250여 명에게 많은 비타민 보조제를 먹게 했다. 그 결과는 매우 실망스러웠다. 두 그룹의 작업 습관과 건강 상태에 거의 차이가 없었다. 이런 여러 연구 결과에도 불구하고 '비타민은 곧 활력'이라는 믿음은 흔들리지 않았다. 1973년 FDA가 비타민 업체들이 광고에 비타민의 건강상 이점을 명시하지 못하도록 제한하려는 움직임을 보이자 분노한 시민들은 엄청난 양의 편지를 의회 의원들에게 보냈다고 한다.

이후 이루어진 수많은 연구 결과를 종합해볼 때 비타민을 많이 복용한다고 해서 만성 질환이 예방되거나 수명이 연장된다는 어떤 증거도 없지만, 지금도 미국인이 비타민을 가장 많이 섭취해서 2023년 전 세계 비타민의 39%를 소비한다.

비타민 B1은 티아민으로 성인의 하루 비타민 B1 권장 섭취량은 1.2mg이며, 최적 섭취량은 5mg이다. 피루브산을 이산화탄소와 아세틸-CoA로 분해하는 과정에서 아실기를 붙잡아 잠시 보관하는 기능을 한다. 티아민으로 시작된 '활력 비타민'의 허구적 명성이 현대의 식품 가공 기술이 식품에 본래 내재한 필수 영양소를 파괴한다는 공포를 만들고 자연식품과 유기농 식품의 시대를 열어젖히는 데 중요한 촉매제로 작용했을 뿐 건강에 기여했다는 증거는 없다.

비타민 B2(리보플라빈) & 비타민 B3(니코틴산아미드)

비타민 B2(리보플라빈)은 FAD ↔ FADH2, FMN ↔ FMNH2의 산화환원 형태로 바뀌면서 에너지 대사에 참여한다. 참고로 성인의 하루 권장 섭취량은 1.4mg이다.

비타민 B3는 니코틴산 또는 니아신이라고 하며, 그의 활성형이 니코틴산아미드이다. 이들은 NADP ↔ NADPH, NAD ↔ NADH의 형태로 바뀌면서 에너지 대사에 참여한다. 이들이 없으면 에너지 대사가 정상적으로 이루어지지 않아 치명적이지만 실재하는 역할은 수소이온의 보관하는 기능이 전부이다.

Riboflavin
비타민 B2

Riboflavin
↓
FMN
↓
FAD

FADH2

FAD

Niacin
비타민 B3

Tryptophan
↓
Kynurenine
↓
Nicotinic acid
(Niacin)
↓
Nicotinamide
↓
NAD+, NADP

NADH

NAD

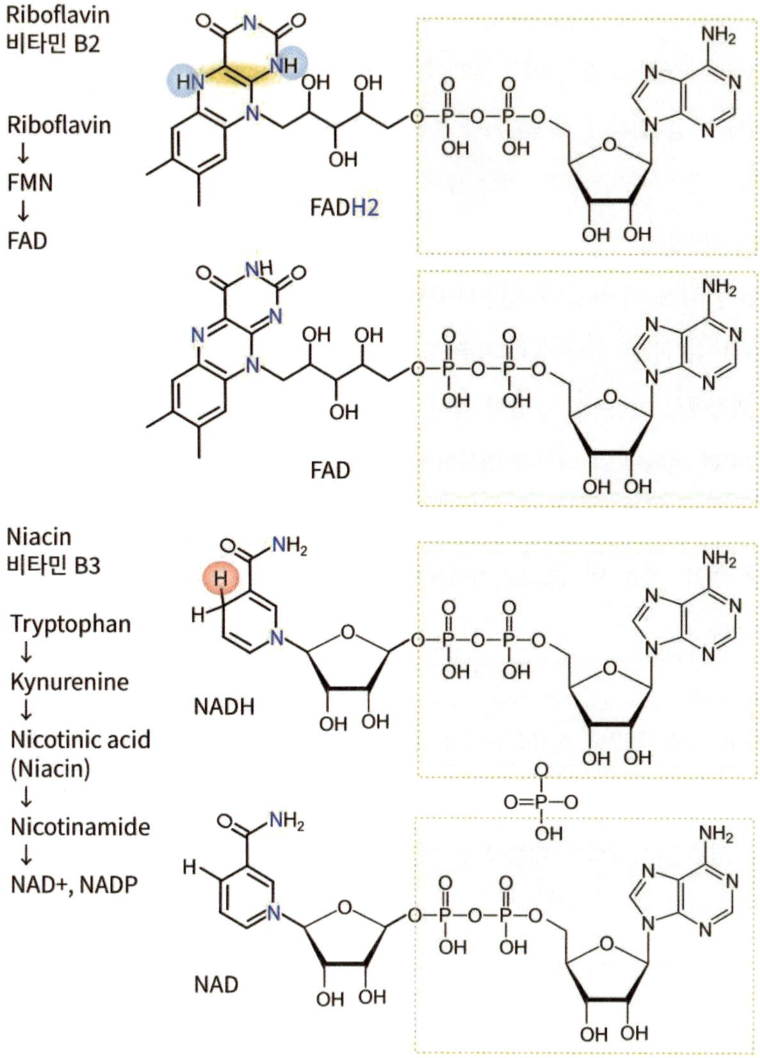

비타민 B5(판토텐산)

비타민 B5는 조효소 A(Coenzyme A, 이하 CoA) 일부이므로 B5의 기능은 CoA를 완성하는 데 있다. CoA의 대표적 기능은 피루브산을 아세틸-CoA와 이산화탄소로 분해할 때 조효소로 사용되는 것이다. 그리고 TCA 회로는 아세틸-CoA와 옥살아세트산이 결합하여 구연산이 만들어지면서 시작되는데, 아세틸-CoA가 만들어지지 않는 것은 산소가 없는 것과 마찬가지이다. 유산소 호흡이 이루어지지 않아 ATP 고갈로 3분 안에 생명 현상이 멈출 수 있다. 이뿐 아니라 지방산, 콜레스테롤 합성 등 수많은 과정에 참여하며 세포에 존재하는 효소들의 약 4%가 그 기질로 CoA를 사용할 정도다. CoA가 없으면 세포막의 형성에 필요한 지방산도 만들 수 없고, 지방이나 아미노산을 분해하여 에너지원으로 사용하는 기능도 하지 못한다. 콜레스테롤을 합성할 수 없으므로 호르몬과 비타민 D의 전구체, 담즙산 등도 만들 수 없다. 아세틸-CoA가 여러 대사의 가장 중추적인 역할을 하는 셈이다.

이런 CoA를 만들 때 필요한 분자가 시스테인, 판토텐산(비타민 B5), 아데노신삼인산(ATP)이다. 우리 몸은 시스테인과 ATP는 만들지만 판토텐산은 만들지 못해서 식물(음식)을 통해 섭취해야 한다. 그래서 비타민이라고 하지만 실제 하는 일은 없다. CoA에서 아세틸기를 붙잡거나 내어주는 역할은 시스테인에서 유래한 SH기가 한다. 그래도 판토텐산이 없어서 CoA를 만들지 못하면 즉시 사망할 수 있다. "산소가 없다. 숨을 쉬지 못한다. 심장이 뛰지 않는다. 과도한 출혈로 피가 없다. 포도당이 없다. 미토콘드리아가 없다." 등 ATP 생성과 관련된 요소는 단 하나만 없어도 치명적이다. 그런데 왜 지금까지 판토텐산의 고갈로 심각한 질병에 빠진 사례는 없는 것일까? 소모성이 아니고 워낙 소량 필요해서, 우리가 먹는 음식에 포함된 양으로 충분하기 때문일 것이다. 그래서 결핍으로 인한 부작용 사례가 없는 것이다. 정말 다양한 사람이 살고 그만큼 사람의 체질이 달라 잘 설계된 의약품에도

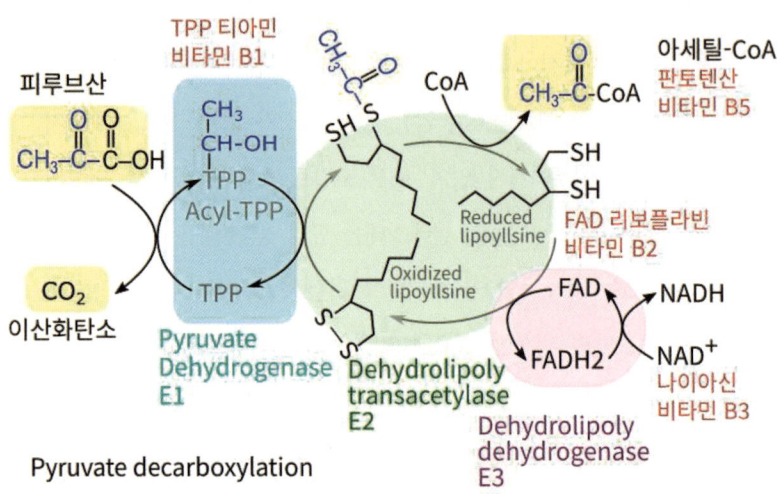

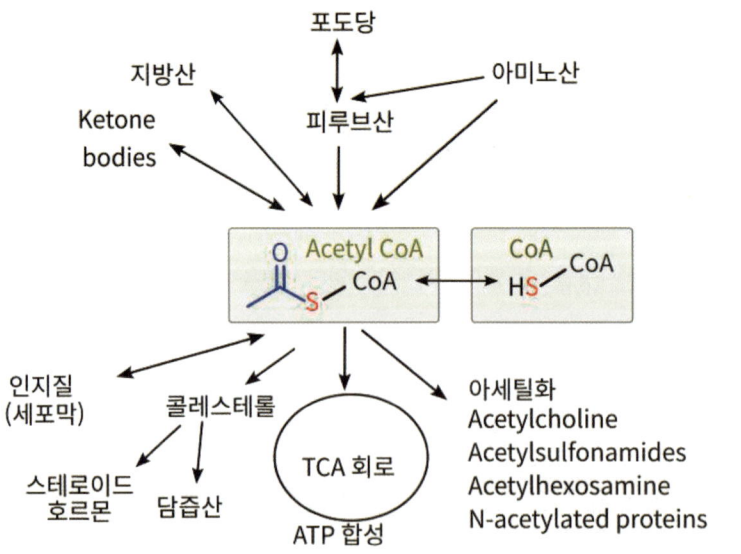

온갖 부작용 사례가 있는데, B5의 부족은 즉시 사망에 이를 정도로 치명적인데 아직 결핍으로 인한 부작용 사례가 보고되지 않은 것만으로도 비타민에 대한 과도한 의미 부여가 얼마나 쓸모없는 것인지 알 수 있다. 효소를 보조하는 일부 성분으로 작용하는 비타민이 본체인 효소보다 중요할 수는 없다. 단지 우리 몸이 합성하지 않는다는 사실이 밝혀졌을 뿐이다.

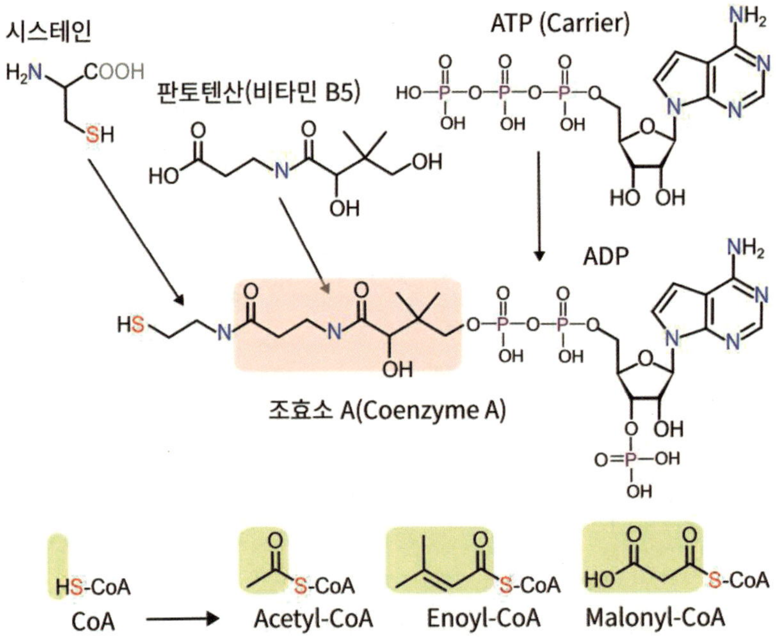

시스테인
판토텐산(비타민 B5)
ATP (Carrier)
ADP
조효소 A(Coenzyme A)

HS-CoA Acetyl-CoA Enoyl-CoA Malonyl-CoA
CoA

코엔자임A의 역할

비타민 B6(피리독신)

비타민 B6에는 피리독신, 피리독살, 피리독사민 등이 있으며, 그 중 피리독신이 의약품으로 사용된다. 단백질 대사(Transaminatioin)에 광범위하게 관여하며, 헤모글로빈의 합성과 호모시스테인의 분해에도 관여한다. 성인의 하루 비타민 B6 권장 섭취량은 1.5mg이며, 상한 섭취량은 100mg이다.

비타민 B7(비오틴)

비타민 H라고도 하는 비타민 B7은 탈탄산효소의 조효소로 작용한다. 성인의 하루 비타민 B7 권장 섭취량은 30μg이다.

비타민 B9(엽산)

성인의 하루 비타민 B9 권장 섭취량은 400μg이며, 상한 섭취량은 1,000μg이다. 태아의 신경관 손상을 예방하기 위해 임부에게는 임신 3개월 전부터 하루 400μg의 엽산 보충이 권장된다.

비타민 B12(시아노코발아민)

비타민 B12는 가장 복잡한 구조의 비타민이다. 식물도 합성하지 않아 채식주의자에게서 결핍되기 쉽다. 일부 미생물이 합성하고 동물성 단백질을 통해 섭취된다. 위산이 부족할 때는 비타민 B12의 흡수가 제대로 일어나지 않을 수 있다. Methylmalonyl-CoA mutase나 메티오닌 합성효소 등에 조효소로 사용된다.

시아노코발아민의 분자구조

4) 비타민의 부작용

많은 사람이 식품첨가물의 부작용을 걱정하지만 실제 식약처가 공식적으로 부작용을 인정하는 식품첨가물은 비타민 같은 우리 몸에 필요한 성분이다. 다른 식품첨가물은 대량 섭취하면 독성이 발생할 수 있을 경우 그 사용 가능량을 독성이 발생할 수 있는 양의 1/100로 제한하므로 실제 부작용이 없다.

비타민처럼 우리 몸에 필요한 성분은 제품마다 사용량이 다르므로 일괄적으로 사용량을 제한할 수 없다. 권장 섭취량과 상한 섭취량 같은 가이드라인이 있을 뿐이다. 지용성비타민은 축적성이 있어 과다 섭취 시 부작용이 발생하기 쉽고, 수용성 비타민은 배출이 쉬워 부작용이 적지만 비타민 B3, B6, B9 등은 과잉 섭취에 따른 부작용이 발생할 수 있다.

식품에 대한 불안감의 근본 원인이 우리가 섭취한 음식 중에 어떤 성분이 우리 몸에 독으로 작용할지 모른다는 불안감일 것이다. 이번 책에 분자

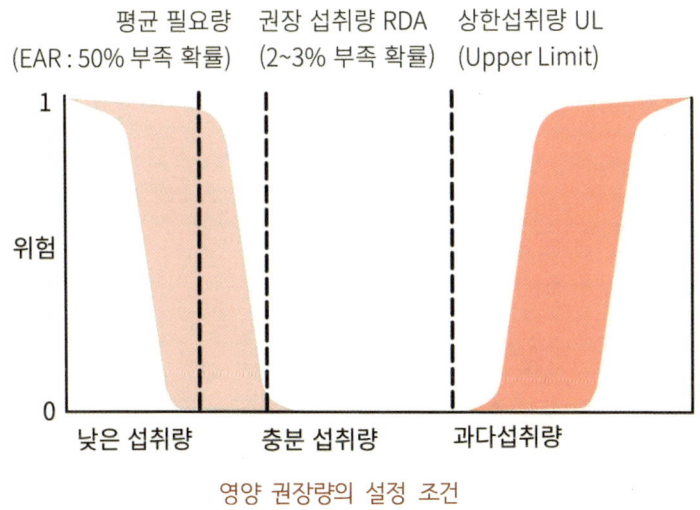

영양 권장량의 설정 조건

가 어떻게 우리 몸에 독으로 작용할 수 있는지 독의 원리까지 다루었으면 좋겠지만 한꺼번에 다루기에는 너무 방대한 주제 같다. 그래서 나중에 〈오미 시리즈〉의 하나로 쓴맛을 다룰 때 정리해 볼 계획이다. 그래도 이번 책을 통해 분자에는 크기, 형태, 움직임이 있지 그 자체가 특별한 효능이 있는 것이 아니라는 것만 확실히 알아도 독에 대한 이해의 실마리를 찾을 수 있을 것이다.

분자 자체에는 특별한 효능이나 독성이 없다. 우리 몸과의 상호작용으로 발현되는 특성이라 사람마다 다르고, 사람에게 약이 되는 것이 다른 동물에는 독이 될 수 있다. 분자의 기능과 내 몸의 기능을 구분할 수 있어도 지금 같은 혼란스러운 건강 정보에서 벗어나 식품을 담담하고 객관적으로 바라볼 힘이 생길 것이다.

	부작용
A	장기간 과량 섭취하면 구역, 구토, 가려움, 건조하고 거친 피부 등 급성, 만성 독성이 발현될 수 있다. 특히 임산부나 임신 가능성이 있는 여성은 하루 5,000IU 이상 복용하면 선천성 기형을 유발할 위험이 있다.
D	성인의 추천 용량 200~400IU의 5배를 초과해 복용하면 혈액 중 칼슘의 농도가 높아지는 등 독성이 나타나며, 특히 어린이에게 심각할 수 있다.
E	장기 복용 시 발진이나 구역, 근육 쇠약, 피로, 두통 등이 발생할 수 있다. 생리가 빨라지거나 생리량이 점점 많아지며 출혈이 지속될 수 있다. 하루 500mg 이상 섭취하면, 백혈구 기능이 손상된다는 보고가 있다. 과량은 비타민 A와 K의 흡수를 방해할 수 있으며, 지혈 시간을 지연시켜 수술 후 출혈이 초래되었다는 보고도 있다.
B1	복용 시 가려움, 두드러기, 무력증, 발한, 구역, 청색증, 호흡기 부종이 나타날 수 있다. 이 경우 즉시 의사나 약사와 상의해야 한다.
B2	복용 중에 오줌이 노랗게 변색되어 소변 검사에 영향을 줄 수 있으며, 구역, 식욕부진, 복부 팽만감 등의 증상이 나타날 수 있다.
B3	보충제를 과량 섭취하거나, 고지혈증을 치료하기 위하여 과량으로 복용할 때는 독성이 나타난다.
B5	하루 10,000mg의 판토텐산을 투여할 때 설사나 소화기장애와 같은 부작용은 약간 보인다.
B6	생리전증후군 등의 질병 치료를 목적으로 약제를 장기간 투여하였거나, 고용량을 장기간 복용하였을 경우 부작용이 나타날 수 있다. 과잉 증상으로는 손발의 무감각이나 쑤심, 걸음이 비틀거림 등의 신경장애, 피부병, 졸림 등이 나타난다.
B9	고용량(하루 15mg 이상)을 복용하면 수면 변화, 집중력 부족, 과잉행동, 과민성 흥분, 우울증, 혼돈, 판단력 장애 등 중추신경장애를 초래할 수 있으며, 식욕부진, 구토, 구역, 부종, 체중 감소 등을 일으킬 수 있다. 15mg/일 이상 1개월간 먹인 단기 연구에서 정신적 변화, 불면증, 위장관 기능에 영향을 주는 것으로 보고되었다.
B12	비경구적으로 투여하였을 때 피부발진이 보고되었으며, 쥐 실험에서는 경련, 신폐기능부전, 사망 등의 중추신경계에 영향을 주었다.
C	고용량 섭취 시 신장결석을 초래하거나 오심, 구토 등 이상 반응을 일으킬 수 있고 설사, 위관장 장애, 신장결석, 철분 과잉 흡수 등이 일어날 수 있다.

부록

식품의 가치에 대한 나의 생각 정리

식품은 과학으로 이해하고
문화로 소비할 때 최고의 가치를 가진다.

경험이 없는 이론은 공허하고, 이론이 없는 경험은 위태롭다.
　_ 임마누엘 칸트

식품에는 모든 것이 연결되어 조금만 깊이 알려 하면 길을 잃기 쉽다.
식품은 익숙한 것이지 쉬운 것이 아니며,
과학은 낯선 것이지 식품보다 어려운 것도 아니다.

진실의 반대말은 신념이고, 과학의 반대말은 체험담이다.

우리 몸은 오랜 세월 거친 자연에서 생존하면서 다듬어진 진화의 역작으로
완벽히 정교하지 않지만 어설픈 과학보다는 현명하다.
자연은 매듭 없이 모두 연결되어 있다.
그러니 자연이 빚은 결대로 통째 이해해야 한다.

의미와 가치는 사물에 있지 않고 관계에 있다.
식품과 영양의 가치도 성분이 아니라 관계가 결정한다.

식품에 관한 생각 정리

식품은 다양한 분자의 조합일 뿐이고, 의미는 내 몸이 부여한다

- 세상은 원자로 이루어져 있고 만물은 화학물질이다. 분자는 떨어지면 당기고, 밀착되면 반발하면서 영구히 운동한다. 그리고 이것이 조직화되고, 그 패턴은 시간과 주변 환경에 따라 변한다. 여기에 상상력만 조금 보태면 통째로 이해할 수 있다.
- 물질은 그저 물질이지 고귀하지도 고약하지도 않으며 무한히 변형할 수 있고, 어디에서 얻었는지는 전혀 중요하지 않다. _ 프리모 레비(1919~1987)
- 식품은 다양한 분자의 집합일 뿐이고, 의미와 역할은 내 몸이 부여한다. 세상에 독이나 약이 되는 분자는 없고, 그것을 독이나 약으로 받아들이는 시스템(몸)이 존재할 뿐이다. 모든 물질은 과하면 독이 되며, 물질에 따라 독이 되는 양만 다를 뿐이다.
- 분자에는 선의도 악의도 없다. 자연에 아름다움이 있다고 믿는 것은 단지 인간의 희망이 자연에 투사된 것일 뿐이다. 다양한 분자의 총합인 식품에도 각각의 특성이 있는 것이지 선악이 있는 것은 아니다.

생명을 구성하는 원자는 단순하다. 연결이 복잡하다

- 모든 생명체는 세포로 되어 있고, 세포는 ATP로 작동한다.
- 생명을 구성하는 대부분 원소는 CHON이고 분자는 4가지이다.
- 생명은 주로 물과 폴리머로 되어 있다.
- 에너지 대사는 CO_2에서 시작해서 CO_2로 끝난다.
- 열량소를 제외한 대부분 성분은 소모성이 아니다. 특히 미네랄은 만들어지지도 소비되지도 않는다. 배출된 만큼 보충할 뿐이다.

1. 식품은 건강의 필요조건일 뿐 충분조건은 아니다

- 먹어야 산다. 모든 생명체는 ATP로 작동하며, 움직이는 동물은 더 많은 ATP가 필요하고, 항온동물은 10배, 뇌가 큰 인류는 정말 많이 먹어야 살아갈 수 있다.
- 잘못된 것을 먹고도 건강할 수는 없다. 건강하기 위해서는 적절히 먹어야 한다. 좋은 음식이란 소화 흡수가 잘되는 평범한 음식이다. 특별한 효능이 있는 음식은 아프거나 특별할 때만 먹어야 한다.
- 생존과 건강에서 식품보다 중요한 것도 없지만 식품이 건강의 해결사는 아니다. 건강에 관여하는 요소는 음식 말고도 많다.
- 식품은 단순하고 내 몸의 활용이 복잡하다. 식품은 내 몸에 필요한 연료와 부품을 공급할 뿐 나머지는 내 몸의 몫이다.
- 먹거리는 한때 어떤 생명의 일부이거나 전부였던 물질이다. 각자의 생존을 위해 최선을 다한다. 그러나 자연 현상을 착하거나 악하다는 선악의 개념으로 평가하는 것은 전혀 맞지 않는다.
- 인간에게 안전하고 훌륭한 식재료가 되기 위해 태어난 생물은 없다. 최대한 고통을 주지 말아야 하고, 감사해야 한다.

- 세포는 세포가 만들지, 음식이 만들 수 없다.
- 세포가 필요한 것은 세포가 만들지 음식에 의존하지 않는다.
- 음식의 가치
- 먹지 않고 살 수 있는 생명체는 없다. 이 이상의 의미 부여는 혼란만 초래한다.

A. 당신이 먹는 것이 당신은 아니다. You are NOT what you ate!

뼈를 갈아 먹는다고 뼈가 튼튼해지지 않는다. 식품은 분자 단위로 분해되어 흡수되며, 내 몸의 필요에 따라 재구성된다. 가치는 내 몸이 부여하는 것이지 음식 자체에 있는 것이 아니다. (섭취 ≠ 소화 ≠ 흡수 ≠ 축적)

- 과거가 우습다고? (과거)
- 거북이나 자라는 오래 사니 자라를 먹으면 오래 산다?
- 야생동물을 먹으면 야생의 힘을 얻는다?
- 해구신을 먹으면 정력이 강화된다?
- 현재도 별 차이 없다 (현재)
- 지방을 먹으면 지방이 늘어난다?
- 콜레스테롤을 먹으면 콜레스테롤이 증가한다?
- 콜라겐을 먹으면 콜라겐이 늘어난다?

만물은 원자로 되어있고, 경계도 없이 끊임없이 상호작용을 한다. 우리 몸을 구성하는 원자마저 매년 절반 이상은 우리 몸 밖에 있던 다른 원자로 바뀌지만 그런데도 나는 나다. 우리는 독과 약을 쉽게 나누지만, 그것은 우리가 이해하기 쉽게 나눈 개념일 뿐 경계는 없다. 모든 것이 상호작용을 하며 흘러간다. 그것을 시간이라고도 한다.

B. 독과 약은 하나다. 양이 결정한다

약식동원은 음식에 대한 폄하이다. 아플 때나 먹는 것이 약이고, 먹을 때 행복한 것이 음식이다.

- 독과 약은 하나이며, 과하면 독이 된다, 물질에 따라 그 양만 다르다.
- 독을 희석하면 약이 될 수 있고 약이 지나치면 무조건 독이 된다.
- 중요한 것은 독성물질의 존재 여부가 아니고 그 양이다.
- 소량의 독이 오히려 건강에 도움이 되는 것을 호르메시스라고 한다.
- 독이 될지 약이 될지는 물질이 아니라 받아들이는 시스템이 결정한다.
- 과유불급, 지나치면 항상 독이 된다.
- 운동도 과하면 독이 되고, 비타민도 과하면 독이 된다.
- 알레르기, 청결도 지나치면 독이 된다.

- 급성독성 또는 반응성이 강한 물질은 판별이 쉽다.
- 피하기 힘든 독: 질병과 노화의 주범은 활성산소다.
- 분자 자체에 선악은 없다. 상호 관계만 있다.

  한국인의 식품과 건강에 대한 불안감은 지나치게 높다. 위험 정보를 판단하는 훈련을 받은 적이 없기 때문이다. 소비자가 식품에 대한 과도한 기대를 버리고, 위험 정보를 바르게 읽을 수 있어야 의미 없는 불안감에서 벗어날 수 있다.

C. 식품 문제는 결국 맛으로 인한 과식 문제다

- 식품 문제는 대부분 과식에 의한 비만 문제지 성분 문제가 아니다.
- 세상은 정규 분포하며, 식품도 보통의 것이 많고 유별난 것은 별로 없다.
- 과식 문제를 특정 음식 탓으로 돌리면서 재앙이 시작됐다.
- 지금 우리의 일상식은 100년 전이라면 왕도 먹기 힘든 화려한 음식이다.
- 평범하고 소화 잘되는 음식이 최고의 음식이다. 일상의 음식이 평범하고 편안할수록 축제의 음식이 빛을 발휘한다.
- 욕망은 타협의 대상이지 투쟁의 대상이 아니다.
- 과식의 문제는 적게 먹는 것 말고 다른 해결책이 없다.
- 소식(小食)이 그나마 검증된 유일한 건강 장수법이고, 실질적인 친환경이다.
- 배가 고플 때, 배가 고프지 않을 정도만 먹는 것이 핵심이다.
- 소위 좋은 음식을 과식하는 것보다, 나쁘다는 음식을 소식하는 것이 더 건강할 수 있다.

2. 인류 역사상 지금처럼 식품이 안전하고 풍요로운 적은 없었다

A. 한국인은 건강에 대한 걱정이 지나치다

인류는 역사상 가장 풍요롭고 안전한 식품을 먹고 있다. 한국인의 평균 수명은 세계에서 가장 빠른 속도로 증가하여 이미 세계 최장수 국가가 우리나라의 식품 환경은 세계에서 가장 훌륭한 편이다.

- 우리나라보다 안전한 식품을 먹는 나라는 없다.
- 세계에서 가장 까다로운 법규와 위생 기준으로 관리된다.
- 국토가 좁아서 유통기간이 짧고 신선식품이 많다.
- 우리나라가 세계에서 채소, 과일, 생선, 해조류를 가장 많이 먹는다.
- 식품기업은 매출을 추구하지, 첨가물이나 가공식품을 탐하지 않는다.
- 기업은 좋은 이미지를 구축하여 많은 매출을 일으키려 한다.
- 소비자가 구매하는 대로 제품이 바뀐다. 말과 구매 행동이 같으면 된다.
- 기업의 가장 큰 감시자는 경쟁 기업이다. 공정한 경쟁 환경이 안전도를 높인다.
- 한국인이 가장 건강한 편이다.
- 절대 안전이란 절대 없다.
- 의사도 암에 걸린다. 권력, 금력도 건강과 죽음 앞에는 평등하다.
- 안전은 가운데 있다. 이분법적 사고는 불안만 키운다.
- 우리 몸을 오랫동안 속이기는 힘들다.

B. 음식과 천연에 대한 과도한 환상이 있다

- 음식은 정말 소중하지만, 음식이 건강의 해결사는 아니다.
- 풀만 먹는다고 풀이 되지 않고, 소가 되지도 않는다.
- 음식도 세상의 모든 것과 마찬가지로 다양한 화학물질의 혼합물이다.
- 채식과 육식처럼 정반대의 음식이 서로 좋다고 우긴다. 이런 음식의 차이 정도는 우리 몸이 잘 적응한다.

- 좋은 것만 먹을 수 있는 갑부나 권력자도 더 건강하거나 오래 살지는 못한다.
- 중요한 것은 음식의 종류가 아니고 음식을 대하는 태도이다.
- 과거가 아름답고 안전했다는 생각은 환상일 뿐이다.
- 장수촌마다 먹는 음식이 다른데 장수식품을 말하는 것은 엉터리다.
- 자연식품, 유기농 천연 무공해 식품만 먹었던 100년 전 우리 선조의 평균 수명은 30세도 넘기기 힘들었다.
- 전통 식품도 그것이 만들어질 때는 가장 혁신적이고 낯선 것이었다.
- 건강 정보를 멀리 해야 더 행복할 수 있다.
- 세상에는 유해성 실험은 있어도 100% 안전을 보증하는 실험법은 없다.
- 조심은 지혜지만 과도한 불안감은 인생의 낭비이다.

C. 가공식품과 첨가물에 대한 오해와 편견이 많다
- 식품첨가물은 식품 성분 중 활성 성분을 고농도로 만든 것일 뿐이다
- 비타민과 미네랄도 식품첨가물이다.
- 천연과 합성의 차이는 대부분 순도와 용해도뿐이다.
- 첨가물이 속임수면 자연도 위대한 사기극이다.
- 천연색소, 천연 향 등 천연이 더 진하고 독하다.
- 천연이 가장 싸다. 석유도 설탕도 옥수수도 천연이라 싸다.
- 가공식품, 두부는 나무에서 열리지 않는다.
- 가공식품은 최고가의 설비와 가장 정밀한 제어로 만들어진다.
- MSG, 사용하기 쉽다고 쉽게 만들 수 있는 것은 아니다.
- 패스트푸드, 빨리 제공된다고 빨리 만들어진 것은 아니다.
- 슬로우푸드, 오래되었다고(숙성한다고) 무작정 좋아지지 않는다.
- 가공식품을 가장 많이 먹던 일본이 세계 최장수 국가였고, 지금은 홍콩이다.

3. 방법이 많다는 것은 관심만 많고 정답은 없다는 뜻이다

A. 우리가 모르는 기적의 건강 비결 따위는 없다
- 식품에서 남은 문제는 안전이나 영양이 아니라 음식을 배고프지 않을 정도로만 먹는 것뿐이다. 이것이 가장 난제이다.
- 방법이 많다는 것은 관심은 많으나 정답이 없다는 뜻이다.
- 치명적인 질병도 해결책이 나오면 관심에서 사라진다. 다이어트, 항암식품, 건강법처럼 방법이 많은 것은 아직 정답이 없다는 뜻이다.
- 실제 의미 있는 건강 상식은 '즐겁게 적당히 먹고, 적당히 운동하고, 스트레스를 관리하고, 적당한 휴식을 취하라.' 정도다. 나머지는 오늘 말과 내일 말 다르며, 이 사람 말과 저 사람 말 다른 엉터리 정보이다. 어떤 사람에게는 맞는다고 나에게도 맞는다는 보장은 없다.

B. 현재 식품의 문제는 성분이 아니라 욕망의 문제다
- 식품 문제는 과식에 의한 비만 문제이고, 과식은 맛 때문이다.
- 지금 살아남은 음식들은 모두 충분히 좋은 음식이다.
- 과식 문제를 특정 음식 탓으로 돌리면서 재앙이 시작됐다.
- 지금 일상으로 먹는 음식은 과거에는 왕도 먹기 힘든 축제의 음식이다.
- 평범하고 소화 잘되는 음식이 최고의 음식이다.

C. 기존의 다이어트 방법은 살찌는 데만 효과가 있었다
- 다이어트 식품이 실패하는 것은 우리 몸을 결국 속일 수 없어서이다.
- 살을 빼는 방법은 2만 가지가 넘는다. 2년을 넘길 방법이 없을 뿐이다.
- 비만율이 높은 나라일수록 사람들이 다이어트를 많이 하고, 다이어트를 많이 하는 나라일수록 사람들의 비만율이 높다.
- 중요한 것은 공복감과 포만감의 관리이다.

- 칼로리는 식량이 부족할 때 적절한 영양 분배에나 적합한 이론이다.
- 저지방, 제로 칼로리 따위는 다이어트에 별 의미 없다. 칼로리 대비 포만감/만족감이 얼마나 큰지가 핵심이다.
- 칼로리가 높아도 적게 먹고 만족하면 다이어트에 좋은 식품이고, 칼로리가 없어도 다음에 더 먹게 만들면 오히려 나쁘다.

4. 우리 몸은 충분히 똑똑하다

달면 삼키고 쓰면 뱉어야 한다. 우리의 감각이 틀린 것이 아니라 현대에 맞지 않을 뿐이다. 세상에 어떤 동물도 건강학과 영양학에 의지하지 않고 스스로 알아서 먹고 살아간다. 우리 몸에도 그런 생존 감각과 시스템이 있다. 항상 먹을 것이 부족했던 과거에 맞게 세팅되어 있어 필요량보다 많이 먹을 뿐이다.

A. 우리 몸 안에는 타고난 대책이 있다
- 면역, 아파야 산다.
- 면역은 강화의 대상이 아니고, 훈련의 대상이다.
- 암, 죽어야 산다.
- 죽음은 우연의 산물이 아니고 다세포 동물의 필연적인 발명품이다.
- 세포의 수명과 반감기.
- 내 몸 세포의 절반은 매년 새롭게 태어난다.
- 생명은 물처럼 흐른다. 이 또한 지나갈 것이다.
- 내 몸은 손상에 대비되어 설계되었고, 타고난 대책이 있다.
- 과거의 혹독한 환경에서도 살아남은 생존력이 있다.
- 인간의 위대성은 강인함이 아니라 탁월한 적응력에 있다.
- 자연은 편식한다. 인간보다 다양한 음식을 먹는 동물도 없다.
- 인간보다 다양한 지역, 기후에서 다양한 방식으로 사는 동물은 없다.

B. 완벽한 몸이란 없다

생명은 진화의 산물이고 완벽한 진화는 없다. 우리 몸은 원시적 흔적이 가득하다. 생명은 주변의 재료를 모아 뚝딱뚝딱 만들어 끝없이 개량하고 고쳐서 재사용한다. 과거의 유산에서 자유로울 수 없다.

- 진화란 환경에 적응 것이지, 우월해지는 것이 아니다.
- 생명에는 비용이 수반된다. 효율성이 없으면 도태되기 쉽다.
- 진화의 속도는 변이의 속도가 아니라 선택의 속도에 따라 달라진다.
- 진화의 산물이라 공통성이 많고, 진화의 산물이라 경계가 모호하다.
- 생명은 퇴화가 기본 모드이다.
- 생명은 정교하고 복잡하여 돌연변이는 1:200의 비율로 불리하게 일어난다. 성(Sex, 유전자 교환)이 필요한 이유이다.
- 몸의 변화 속도보다 문명의 진화 속도가 너무 빨랐다.
- 원시인 DNA를 가지고 현대를 살아가야 하니 어려움이 많다.

C. 불량식품보다 불량지식의 식별 능력이 점점 더 필요하다

Franken knowledge, 단편적 실험 결과와 체험담 중 제 입맛에 맞는 것만 골라 만든 불량지식이 많다. 진실의 반대말은 신념이고, 과학의 반대말은 체험담이다. 식품에는 과학적 사실보다 소수의 체험담을 신념을 가지고 말하는 사람의 말을 믿는 경우가 많다. 그런 불량지식을 피하는 판별력을 키울 필요가 있다.

- 전체를 모아본다.
- 세상의 위험 주장을 모두 합하면 먹을 것은 하나도 없고 몸에 좋다는 음식을 다 챙겨 먹으면 큰 탈만 난다.
- 개별 체험담으로는 대단해 보여도 모두 모아보면 별것 없다.
- 방법이 많다는 것은 아직 정답이 없다는 것이다.
- 과학의 반대말은 체험담이다. 체험담의 함정은 구체성과 생생함이다.

- 개인은 운명적이어도 집단은 통계적이다.
• 뒤집어 보고 균형을 찾아야 진짜 가치를 알 수 있다.
- 효능론: 좋다고 하면 그것이 아직 천하 통일을 하지 못한 이유를 찾아본다. 진짜 해법이 나오면 문제는 해결되고 관심은 순식간에 사라진다.
- 유해론: 나쁘다고 하면 그것이 아직 살아남은 이유를 추적해본다. 사람들은 싸고 좋은 면을 과용하고, 과용의 부작용을 그 물질의 부작용으로 생각해서 욕하는 경우가 많다.

D. 식품은 과학으로 이해하고 문화로 소비될 때 최고의 가치를 가진다

식품을 설계할 때는 안전, 위생, 영양 등을 가장 과학적으로 따지고, 소비할 때는 식품은 단순히 살기 위해 섭취하는 영양분이 아니므로 문화적일 필요가 있다. 그런데 우리는 식품을 이해할 때는 국산, 전통 등 문화적으로 이해하고 식품을 소비할 때는 비타민과 미네랄 같은 영양분이나 건강 성분 등 과학적으로 검증되어야 할 것을 들먹인다. 반대로 하니 항상 뒤집히는 것이다.

맛에 관한 생각 정리

> 맛(Food Pleasure) : 음식을 통한 즐거움의 총합
> = ∑ Rhythm X ∑ Benefit X ∑ Emotion
>   감각의 리듬   영양, 안전   감정, 심상
>   Sensory   Gut, Nutrition   Brain, Memory

A : 감각 Sensation : 맛은 입과 코로 듣는 음악이다.
　음식을 먹을 때 느껴지는 즐거움 Fast & Direct sensation
 - 감각 : 5미5감은 맛의 시작일 뿐이다.
 - 리듬 : 긴장(통제)의 쾌락 vs 이완(일탈)의 쾌락
   - Dynamic Contrast vs Satiety

B : 영양 Benefit : 맛은 살아가는 힘이다.
　먹은 뒤 천천히 다가오는 만족감 Slow & Hidden sensation
 - 달면 삼키고, 쓰면 뱉어야 한다.
 - 맛은 허기와 칼로리에 비례한다.
 - 감각적 타격감, 장과 세포 단위까지 느끼는 만족감

C : 감정 Emotion : 맛은 존재하는 것이 아니고 발견하는 것이다.
　먹을 것인가, 더 먹을 것인가, 또 먹을 것인가?
 - 감정(Emotion)은 행동(motion)을 위한 것이다.
 - 맛은 도파민 농도에 비례한다.
 - 쾌감에도 항상성이 있다 : 도파민은 차이, 더(More)에 반응

» 맛은 곱하기다 : 하나라도 0점이면 전체가 0점
» 맛은 인간의 모든 욕망이 투영된 것이라 당연히 복잡하다.

- 감각(Sensation): 오감을 통한 빠르고 직접적인 감각.
- 입과 코는 맛의 시작일 뿐, 오미 오감을 모두 합해도 맛(Food pleasure)의 30%도 설명하기 힘들다.
- 영양(Benefit): 내장 기관이 시상하부에 전하는 느리고 숨겨진 감각.
- 맛은 우리 몸에 필요한 안전한 음식을 구하기 위한 것이다. 혀뿐 아니라 우리 몸과 세포 하나하나까지 만족을 주어야 맛있는 음식이라고 최종적으로 판정한다.
- 감정(Emotion): 감정은 판단과 행동을 위한 것.
- 맛은 인간의 모든 욕망이 투영된 것이라 복잡하다.

- 맛은 곱하기이다.
- 한 가지 요소라도 0점이면 전체가 0점이 된다.
- 미각과 후각은 완전히 다른 것이지만 우리는 그것을 구분할 수 없다.
- 그래서 우리는 사과에는 단맛과 신맛 외에 사과 맛은 없고, 오직 사과 향만 존재한다는 것을 알기 힘들다.
- 맛은 분위기, 정보와 스토리, 신뢰와 맥락 등에 따라 달라진다.
- 같은 음식도 온도와 궁합, 심지어 먹는 순서에 따라서 맛이 달라진다.
- 좋은 것만 더한다고 최고가 되지 않는다.
- 때로는 쓴맛과 고통마저 맛의 즐거움을 높이는 작용을 한다.

1. 맛은 살아가는 힘이다

조물주는 인간이 먹지 않으면 살 수 없도록 창조하였으며, 식욕으로써 먹도록 인도하고 쾌락으로써 보상한다. _ 브리야 사바랭

A. 오미, 미각을 통해 영양을 감각한다

- 운명이 감각이고, 감각이 운명이다. 단맛 수용체가 없는 호랑이는 고기만 먹고, 판다는 감칠맛 수용체를 잃어 대나무만 먹는다.
- 달면 삼키고 쓰면 뱉어야 한다.
- 인간은 생존을 위하여 탄수화물(포도당)을 단맛으로, 단백질(글루탐산)은 감칠맛으로, 미네랄(소금)을 짠맛으로 감각하여 구하고 애쓴다.
- 맛(미각)은 단순하지만, 깊이가 있다.
- 맛 중독은 있어도 향 중독은 없다.
- 미각은 후각보다 독립적이다. 맛은 섞여도 최소한의 특성은 남는다.
- 세상의 맛은 크게 2가지다. 주식의 맛과 간식의 맛
- 주식(Savory): 짠맛, 감칠맛 + Savory flavor.
- 간식(Sweet): 단맛, 신맛 + Sweet flavor.
- 단맛, 우리가 먹는 것의 절반 이상은 포도당이다.
- 음식의 주목적은 탄수화물을 분해하여 ATP를 재생하는 것이지 피와 살이 되는 것이 아니다.
- 짠맛, 소금은 최초의 첨가물이자 최후의 첨가물이다.
- 세상에서 소금보다 맛있는 것은 없다. 지나치게 많을 때만 짜다.
- 신맛, 생명의 대사는 에너지 대사를 통해 유기산으로 연결된다.
- 수소이온의 농도 차로 에너지를 만든다.
- 감칠맛, 생명의 엔진은 단백질이며, 단백질을 만드는 아미노산의 시작과 끝을 담당하는 글루탐산이 감칠맛의 핵심이다.
- 독은 쓴맛으로 감각하여 피하려고 애쓴다.
- 자연은 무미거나 쓰다. 다른 미각은 1종인데 쓴맛만 25종이라 피하기 힘들다.

B. 향기, 후각을 통해 차이를 식별하고 기억한다

- 맛의 다양성은 향에 의한 것이다.
- 사과에 사과 맛은 없다. 사과 향만 있다.
- 맛은 5가지뿐이고, 음식의 수만 가지 다양한 풍미는 향에 의한 것이다.
- 후각은 동물의 지배적인 감각이고 향은 식물의 언어이다.
- 동물은 페로몬에 굴복하고 식물은 향으로 소통한다.
- 인간의 후각은 탐색 능력은 떨어져도 분별 능력은 압도적이다.
- 후각은 인체에서 가장 많은 유전자(400종)가 투입된 기능이다.
- 400종 수용체와 뛰어난 뇌로 인류는 1조 가지 향의 차이를 구분한다.
- 향기 분자는 크기가 작아 향은 0.1%로도 충분하다.
- 식품 성분의 98%는 물과 탄/단/지 같은 무미 무취의 성분이다.
- 향은 분자량 300 이하의 휘발성 물질일 뿐 자체에 어떤 의미나 가치는 없다.
- 좋은 향기와 나쁜 향기는 따로 없고, 농도와 맥락에 의해 결정된다.
- 향은 역치가 100만 배까지도 차이가 나서 양보다 역치가 중요하다.

C. 영양, 맛은 칼로리에 비례한다

우리의 몸은 충분히 똑똑하여 몸에 좋은 것을 맛있다고 느낀다. 단지 항상 먹을 것이 부족했던 원시인 시절에 있을 때 30% 정도 더 먹게 설정되어 있을 뿐이다.

- 허기가 최고의 반찬이다. 세상에 허기보다 강력한 반찬은 없다.
- 혀의 감각수용체는 나노 크기여서 분자 단위만 감각할 수 있다.
- 입과 코는 음식의 표정만 읽는 셈이고, 진짜 맛은 내장 기관이 본다.
- 입과 코는 잠시 속여도 내장 기관과 지방세포까지 속일 수는 없다.
- 입과 코로는 전분, 단백질, 지방 등 식품 성분의 대부분은 감각할 수 없지만, 내장 기관은 섭취한 음식을 꼬고 분해하여 총량과 개별 성분까지 낱낱이 삼각한다. 단지 그 결과물이 뇌의 무의식 영역에 전달되어서 우리가 그 강력함을 쉽게 눈치채지 못할 뿐이다.

- 인간의 행동은 무의식이 주인공이다.
- 무의식이 결정하고, 의식은 행동을 변명하는 수준이다.
- 우리 몸의 정교함과 무의식의 강력함을 모르고 무작정 칼로리를 줄인 다이어트 제품은 실패할 수밖에 없다.
- 칼로리는 열량의 단위지만 맛의 단위이기도 하다.
- 칼로리 밀도 5.0이 사랑받는 이유이다.

D. 맛은 도파민 분비량에 비례한다

우리 뇌에 쾌감 엔진은 단 하나뿐이다. 수백 종류의 즐거움과 중독은 같은 쾌감 엔 진의 산물이다. 감각은 자극의 위치와 정도를 전할 뿐이고 쾌감과 통증은 뇌가 만든 것이다.

- 뇌는 생존과 번식에 유리한 모든 행동에 도파민(쾌감)을 분출한다.
- 몸에 좋은 음식에 많은 도파민을 분비하고 맛있다고 기억한다.
- 도파민은 차이, 더(More)에 반응한다.
- 도파민은 행동을 위한 호르몬이다.
- 맛은 먹을지 말지, 더 먹을지 말지, 다음에 또 먹을지 말지를 결정하기 위한 것이지, 맛을 객관적으로 평가하기 위한 것이 아니다.
- 뇌는 선택과 행동을 위해 때로는 사소한 차이를 크게 증폭하고, 때로는 상당한 차이도 완전히 무시한다.
- 뇌에는 항상성이 있어서 지속되는 강한 쾌감은 둔감화시킨다. 그런 둔감화 현상이 더 강한 자극을 욕망하는 중독을 만든다.

2. 맛은 입과 코로 듣는 음악이다. 리듬이 핵심이다

아무리 잘 차려진 한 상의 음식도 한꺼번에 믹서에 넣고 갈면 맛의 즐거움은 완전히 사라진다. 리듬이 사라지기 때문이다.

- 대비(Contrast)를 통한 긴장과 절제를 통한 조화가 만족감을 만든다.
- 맛은 새로움에 의한 긴장의 즐거움과 익숙함에 의한 이완의 즐거움의 협연이다.
- 단맛은 낯선 음식을 쉽게 친해지게 만들지만 지루해지기 쉽고, 쓴맛은 까다롭지만 친해지면 깊어지고 오래간다.
- 새로움을 추구할 때는 생소함에 조심해야 하고, 익숙한 것은 지루함을 조심해야 한다.
- 새로운 것은 편안하게, 익숙한 것은 감각적으로 제공할 수 있는 능력이 핵심이다.
- 적절한 다양성이 리듬의 핵심이지만 불필요한 다양성은 자신감의 부족이고, 선택의 피로감만 높일 뿐이다.
- 물성이 다양성을 구현할 기반이 된다. Texture makes taste. 물성이 중요한 이유는 식감보다 이런 리듬감을 구현할 수 있는 바탕을 제공한다는 데 있다.

A. 익숙함(이완의 쾌락), 맛의 절반은 추억이다

우리의 유전자에는 매머드 사냥에 적합한 원시인의 몸과 욕망 그대로 남아있다. 논리적(가성비)으로 설명되지 않는 쾌락의 상당 부분은 원시인 DNA로 해석하는 것이 쉽다.

- 맛의 절반은 추억이고, 추억의 절반은 맛이다.
- 좋아하면 먹게 되고, 먹다 보면 더 좋아진다. You ate what you like, you like what you eat.
- 맛은 기억을 남기고, 기억은 맛을 결정한다.
- 우리가 맛을 볼 때마다 과거의 경험과 기억이 호출된다. 그리고 그 기억과 비교하여 맛있는지 맛없는지를 판단한다. 과거의 기억(경험)이 없으면 맛을 제대로 평가

하기 힘들다.
- DNA에 각인된 선조들의 기억도 있다. 맛의 욕망을 제대로 알려면 진화적 배경도 알아야 한다.
- 향에서 타고난 취향은 별로 없다.
- 신선함, 고소함, 잘 익은 과일 정도는 누구나 좋아하지만 나머지 향에 대한 선호는 대부분 학습으로 형성된 것이다. 그만큼 변덕스럽고 쉽게 바뀐다.

B. 새로움(긴장의 쾌락), 인간만이 유일하게 초잡식성 동물이다
- 인간보다 다양한 환경에서 살며 다양한 식재료를 먹는 동물은 없다.
- 대부분 초식이나 육식처럼 편식하고, 잡식도 제한적이다. 인간만이 진정한 초잡식성 동물이다.
- 잡식동물의 딜레마. 낯선 음식에 대한 의심과 두려움은 본능이다.
- 인간만이 요리한다.
- 두부는 나무에서 열리지 않고, 자연에 인간을 위해 준비된 식재료는 없다. 가공하고 조리하여 살균하고 소화력을 높인 것이다.
- 농사와 축산은 검증된 식재료이다.
- 지금의 농산물은 자연에서 그나마 나은 것을 고르고 또 골라 육종하고 개량한 것이다.

적절한 새로움은 즐거움을 주지만 적절한 익숙함은 감동까지도 준다. 식품은 가장 보수적이다. 안전과 생존의 문제이기 때문이다. 익숙한 것을 좋아하지만 이내 지루해하고, 새로운 것을 좋아하지만 생소한 것은 두려워한다. 문제는 새로움과 생소함에 별 차이가 없고, 개발자는 생소한 것을 새로운 것으로 받아들이기를 기대한다는 것이다. 개발자는 소비자보다 항상 새로운 것에 훨씬 많이 노출되었고, 정보에 의해 신뢰하고 있지만 우리나라 소비자는 항상 의심하도록 교육받고 있다. 새로운 것은 편안하게, 익숙한 것은 감각적으로 제공할 수 있는 능력이 핵심이다.

C. 맛은 조화와 균형의 게임이다

사람들은 최고의 정답을 찾으려 하지만 우리의 욕망은 결코 한 가지 상태에 머무르는 것에 만족하지 못한다. 쌍안정성이 있어서 오히려 상반된 욕망을 적당히 오가는 것이 오히려 인간적이다.

- 최고만을 합한다고 최고가 되지 않는다.
- 좋은 꽃향기에는 개별적으로는 악취인 물질도 포함되어 있다.
- 본연의 맛: 날 것 그대로의 맛이 아니라 우리의 조상이 고르고 고른 재료를 그 재료로 낼 수 있는 이상적인 맛을 낼 때 하는 말이다.
- 정점이동(Peak shift), 평균이 호감을 만들고, 정점이동은 최고를 만든다.
- 평균의 힘: 모든 얼굴을 평균 내면 균형 있고 예쁘게 보이듯이, 음식도 맛의 요소가 평균을 갖출 때 균형 있고, 맛있다고 느낀다.
- 매력 강조: 잘 조화된 평균에 좋아하는 요소가 강조되면 최고의 맛이 된다.
- 균형과 조화: 적절함의 극치인 황금 비율은 아주 사소한 차이로 위대한 차이를 만들기도 한다.
- 최고의 맛: 정점이동 그리고 균형과 조화(황금비, 음식궁합).

3. 맛의 절반은 뇌가 만든 것이다

우리가 어떤 음식을 먹을지 말지 결정하는 힘은 감정에서 나온다. 맛은 인간의 감정과 모든 욕망을 반영한 것이어서 대단히 복잡하다. 뇌를 아는 것이 맛을 아는 것이고, 맛을 아는 것이 뇌를 아는 것이다.

- 뇌는 상호작용 하는 신경세포의 네트워크일 뿐, 주인공은 없다.
  - 뇌는 가소성이 있는 하드웨어이다. 바꾸기 쉽지 않다.
  - 뇌는 차이 식별 장치이다. 절대 감각은 없다. 훈련으로 달라진다.
- 뇌는 생존을 위해 장치이다.
  - 뇌는 세상을 객관적으로 보기 위해 설계되지 않았다. 생존에 유리한 형태로 감각의 정보를 적당히 가공하고 재구성한다.
- 뇌는 적절한 행동을 위한 기관이다.
  - 행동의 95%는 무의식(자동화, 습관)이다.
  - 행동은 감정이 결정하고 의식이 변명한다.
  - 생각은 내면화된 운동이고 감정이 방향성을 부여한다.
- 예측이 먼저고 감각은 나중이다. 감각의 90%는 지각에서 온다.
  - 모든 감각에는 이미 뇌의 판단이 반영되어 있다. 그러니 세상에 순수한 눈(감각)은 없다. 인간의 동기와 가치가 물든 해석이다.
- 맛은 뇌의 끝없는 되먹임 구조로 작동한다.
  - 우리의 뇌는 모든 감각의 정보가 입력된 후에 그것을 차례차례 처리하여 판단하지 않는다. 선입견과 예측으로 판단하고 그것을 감각으로 확인하는 식으로 매초 감각과 판단의 되먹임 루프를 수십 번 돌린다.
- 맛은 감각의 상향식 흐름과 기억과 판단의 하향식 흐름이 대화하고 타협한 결과이다.
  - 맛이 가격을 결정하고, 가격이 맛을 좌우한다. 맛있으면 즐겁고, 즐거우면 맛있다고 느낀다.

A. 지각은 감각과 일치하는 환각이다

우리 눈앞에 펼쳐지는 장면은 단순히 거울에 비추듯이 망막의 정보가 뇌에 뿌려진 영상이 아니다. 뇌가 눈에 들어온 정보를 참고하여 하나하나 일일이 보정하여 그린 그림이다. 그러니 우리는 눈으로 세상을 보는 것이 아니라 뇌로 본다. 뇌는 눈(감각)에 들어온 정보를 바탕으로 눈앞에 펼쳐진 세상을 재구축하면서 기억에 저장된 모형과 비교하여 세상을 이해하며, 그것을 또 기억하여 세상에 대한 모형을 늘려나간다.

- 뇌는 구축된 모형과 따라 하기를 통해 세상을 이해한다.
- 인간은 세상에서 가장 탁월한 흉내쟁이다. 그리고 흉내보다 효과적인 학습법도 없다. 뇌는 눈앞에 펼쳐진 세상을 그대로 따라 재구축하면서 세상을 이해한다. 이런 모형(기억)과 따라 하기가 없으면 카메라가 찍는다고 세상을 보지 못하듯 우리도 세상을 보지 못한다. 보면 기억하고 기억이 볼 수 있게 한다.
- 맛 또한 뇌로 그린 그림이다.
- 음식의 성분은 맛의 시작일 뿐이고, 맛은 뇌가 그린대로 지각된다.
- 마약은 환각 능력을 부여하는 물질이 아니라 억제를 푸는 물질이다.
- 미러뉴런 매칭 시스템의 핵심은 감각과 불일치의 억제이다. 현실과 구분되지 않는 환각은 정말 위험하다.

초정상자극

지금 세상에 3일을 굶어도 '맛없다'고 할 정도의 음식은 없다. 세상은 이미 우리 감각의 목적을 넘어설 정도로 너무 맛있어졌다. 배가 불러도 맛이 있는 음식은 초정상자극(Supernormal stimuli)인 셈이다.

본질주의

"사람들은 와인을 마시면서 쾌락을 얻는 이유가 맛과 향 때문이고, 음악이 좋은 이유는 소리 때문이며, 영화를 즐기는 이유는 스크린에 나타나는 영상 때문이라고 말한다. 다 맞는 말이다. 아니 일부만 맞는 말이다. 사실은 우리가 쾌락을 얻는 대상의 참된 본질을 어떻게 생각하는지에 영향을 받는다."
"예술에서 얻는 쾌락의 대부분은 작품 이면에 존재하는 인간의 역사를 감상하는 데 있기 때문이다. 진품이라고 믿었던 그림이 위작으로 밝혀지면 그 순간 그림에서 느꼈던 즐거움은 눈 녹듯 사라진다."

B. 맛은 존재하는 것이 아니고 발견하는 것이다

- 감각은 사람마다 다르고, 나이와 환경에 따라 달라진다.
- 어떤 음식을 70% 이상이 최고라고 동의한다면 그것은 기적이다.
- 아무리 조명이 달라져도 항상 흰색은 하얗게 보이는 것처럼 맛도 꾸준히 뇌가 보정한다.
- 맛은 주관적이라 다양성이 있고, 객관적이라 과학이 있다.
- 맛은 개인적 취향이 있고, 사회적이라 유행이 있다.
- 맛은 보정과 타협의 결과물이다.
- 천차만별의 감각을 가진 사람들이 같은 음식을 좋아할 정도로 꾸준히 서로가 서로를 조율한다.
- 절대 미각이나 후각은 맛의 즐거움에 별로 도움이 되지 않는다.

감각한다고 감동할 수 있는 것이 아니다

- 세상에는 맛 물질도 향기 물질도 없다.
- 내 몸은 필요에 따라 애써 수용체를 만들어서 느낀다. 음식이 맛있는 것이 아니라 우리가 그것을 맛있게 느끼도록 진화해 온 것이다.
- 감각한다고 지각할 수 있는 것도, 지각한다고 감동할 수 있는 것도 아니다.
- 맛의 감동은 뇌가 감각의 결과를 얼마나 입체감 있게 펼치느냐에 달려있다.
- 관심과 훈련이 깊이와 섬세함을 다르게 한다.

C. 맛은 Food pleasure, 음식을 통한 즐거움의 총합이다

맛은 인간 현상을 들여다보기에 가장 좋은 창문의 하나이기도 하다.

- 먹는 즐거움과 식사의 즐거움은 다른 것이다. _ 브리야 사바랭
- 음악과 예술이 생존에 무관하게 가치가 있듯이, 맛도 그 자체로 가치 있다.
- 인정받고 싶은 욕망은 인간의 가장 근본적인 욕구이다. 정성이 느껴지는 음식에 감동하는 이유는 대접받는 느낌 때문이다.
- 미식은 행복을 위한 것이지 건강을 위한 것이 아니다. 건강은 절제의 현명함을 갖출 때 얻는 덤이다.
- 맛을 아는 것이 나를 아는 것이고, 나를 아는 것이 맛을 아는 것이다.

맛은 평생 날마다 찾아오는 유일한 즐거움이다

식사에서 식품이 차지하는 비중이 작을수록 수준 높은 식사가 된다. 영양을 얻기 위한 식사는 모든 동물이 가능한 식사이고, 문화를 즐기기 위한 식사는 인간만이 가능한 식사이다.

최고의 맛은 가장 아름다운 순간의 추억이다. 찬양할 것은 성분이 아니고 그 단순한 성분으로도 놀랍도록 다양한 경험을 선사하는 요리사의 창의성과 그것을 느끼는 우리의 몸이다.

EPILOGUE
그림으로 이해하는 식품의 과학

식품은 다양한 분자의 합이니 식품 현상은 분자의 크기, 형태, 움직임만 제대로 알면 대부분 설명이 가능할 것이라는 믿음으로 2009년부터 3년간 자료를 수집하고 정리하여 「그림으로 이해하는 식품의 원리」라는 자료집을 만든 적이 있다. 이때 가장 도움이 된 것이 구글의 이미지 검색이다. 특정 주제어를 입력하였을 때 가장 수준 높은 그림을 제공한 페이지를 찾아 내용을 읽어보면 확실히 내용의 수준이 높았다. 그림으로 그릴 수 있는 만큼 알고 있는 것이었다. 식품의 성분과 현상을 설명하는 그림을 모아 정리할수록 내 생각도 정리되었다. 그림 자료집을 보고, 그동안 읽었던 어떤 책보다 식품의 개념을 잡는 데 도움이 많이 되었다는 분도 있었다. 사실 이후의 책은 그 책의 그림을 글로 풀어보는 과정이기도 했다.

당시에 가장 아쉬웠던 것은 내가 직접 컴퓨터로 그림을 그리지 못했다는 것이다. 자료집의 그림을 디자이너에게 맡기기에는 양도 많지만 수정하고 싶은 내용도 너무 많았다. 글루탐산의 분자 하나만 찾아봐도 그리는 방식이 제각각이었다. 분자 구조라도 일관성 있게 그리면 좋을 것이라는 생각에 그림을 직접 그리기 시작한 것이 2018년부터이다. 이후 향기 물질을 포함한 모든 분자 구조를 다시 그렸다. 그러면서 점점 다른 책의 그림도 가다듬었다. 그림을 다듬는 과정이 글을 다듬는 과정이었다. 내용이 다듬어질수록 그림도 정리가 됐다.

내가 가장 하고 싶은 것 중 하나가 식품의 개요를 50장 이내의 그림으로 설명하는 것인데 사실 아직 요원한 일이다. 그래도 과거보다는 많이 다듬어져서 기분이 좋다. 『물성의 원리』에서는 4가지 성분만 주로 다루었는데 이번에는 사용량은 적지만 특별한 기능을 하는 성분들도 추가했다. 식물에서는 2차 대사산물 같은 것이고, 식품에서는 식품첨가물 같은 것이다. 예전에 식품첨가물 책도 썼는데 지금은 절판한 상태다. 이 책에는 첨가물에 관한 오해를 풀기 위한 내용이 많은데 지금은 그럴 필요가 적어졌고, 첨가물의 절반 이상이 기호성을 높이기 위한 것인데, 그들은 『향의 언어』, 『물성의 기술』 등에서 세세히 다루었기 때문이다. 그래서 이번 책에는 그런 분자들이 어떻게 그런 기능을 할 수 있는지 원리만 다루었다.

개정판 작업을 시작했을 때는 이번에는 정말 식품에 대한 나의 생각을 간결 명료하게 정리하여 제시할 수 있을 것이라는 기대가 충만했는데, 막상 책을 마무리하는 시점이 되자 변죽만 울린 것 같은 아쉬움이 크다. 그래도 이만큼의 정리라도 가능한 것은 주변의 많은 도움과 성원 덕분이다.

특히 지난 3년간 편안한 마음으로 책을 쓸 수 있도록 배려해주신 샘표 임직원 여러분과 박진선 대표님께 진심으로 깊은 감사를 드린다.

최낙언

참고문헌

『음식과 요리』 해롤드 맥기, 이희건 옮김, 백년후, 2011
『거품의 과학』 시드니 퍼코위츠, 성기완, 최윤석 공역, 사이언스북스, 2008
『햄 소세지 제조』 정승희, 한국육가공협회, 2011
『제과제빵재료학』 조남지 외, 비앤씨월드, 2000
『식품물성학』 이수용 외, 수학사, 2017
『이해하기 쉬운 식품효소공학』 노봉수 외, 수학사, 2017
『식품화학』 노봉수 외, 수학사, 2014
『식품화학』 조신호 외, 교문사, 2013
『분자요리』 이시카와 신이치, 홍주영 옮김, 끌레마, 2016
『부엌의 화학자』 라파엘 오몽, 김성희 옮김, 더숲, 2016
『괴짜 과학자 주방에 가다』 제프 포터, 김정희 옮김, 이마고, 2011
『원자와 우주사이』 마크 호, 고문주 옮김, 북스힐, 2011
『Dairy processing handbook, 2dn』 Tetrapack Hoyer, 2003
『Modernist cuisine』 Nathan Myhrvold, Chris Young, Maxime Bilet, Taschen, 2012
『Asian noodles』 Gary G, Hou, Wiley, 2010
『The science of cooking』 Joseph J. Provost 외, Wiley, 2016
『Edible structure』 Jose Miguel Aguuilera, CRC press, 2013

사진 출처

261p Gilbert, Rose. (2018). A multifaceted approach to improving management of sight-threatening non-infectious uveitis: patient perspectives and disease phenotyping for individualised patient therapy.

363p 나비 - Charles Patrick Ewing, 2016. 현미경 - Potyrailo, R., Bonam, R., Hartley, J. et al. Towards outperforming conventional sensor arrays with fabricated individual photonic vapour sensors inspired by Morpho butterflies. Nat Commun 6, 7959 (2015). https://doi.org/10.1038/ncomms8959)